彩图 1　不同波段和型号的测风雷达天线

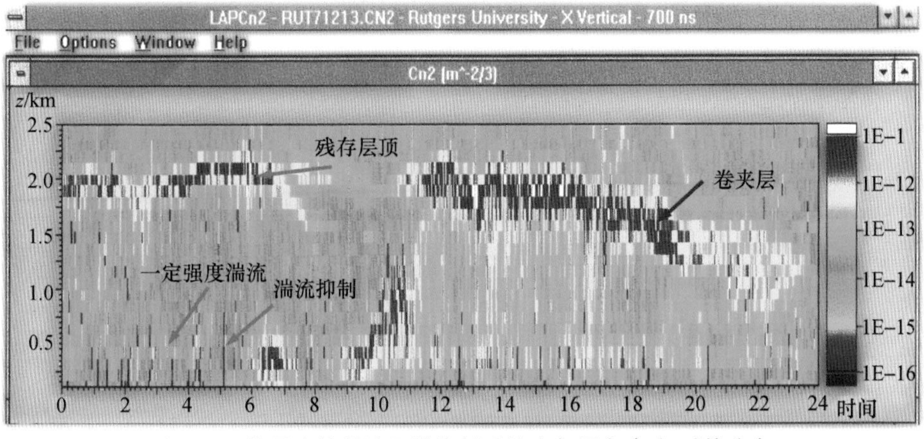

彩图 2　从风廓线雷达回波资料反演大气层各高度 C_n^2 的分布

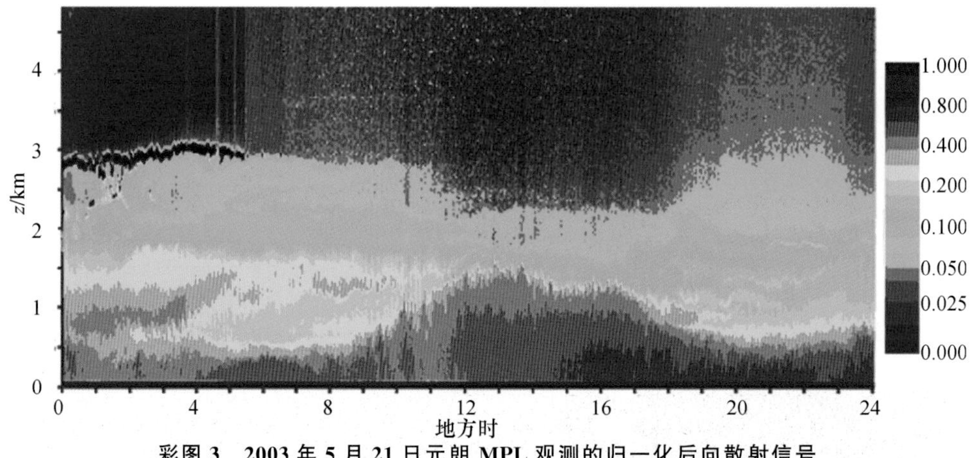

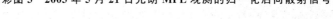

彩图 3　2003 年 5 月 21 日元朗 MPL 观测的归一化后向散射信号

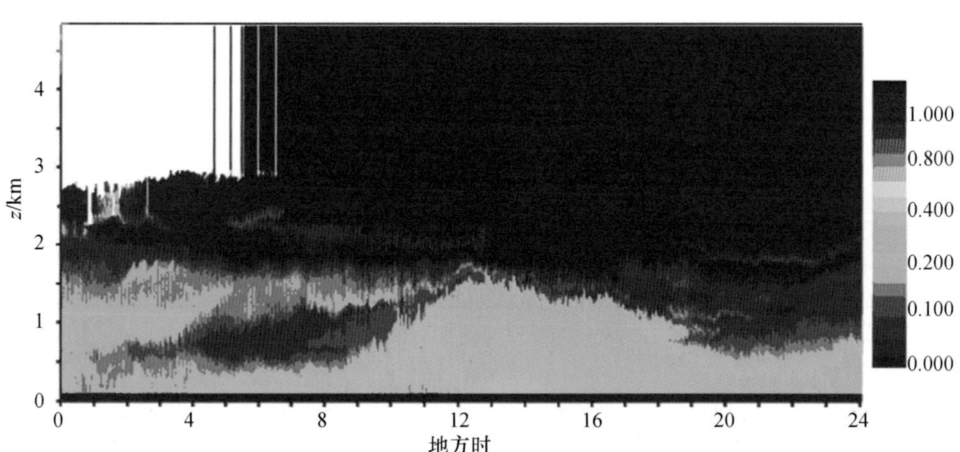

彩图 4　2003 年 5 月 21 日元朗 MPL 观测归一化后向散射信号反演的气溶胶消光系数

现代气象观测

（第 2 版）

张霭琛　等　编著

图书在版编目(CIP)数据

现代气象观测/张霭琛等编著.—2版.—北京:北京大学出版社,2015.1
ISBN 978-7-301-25096—9

Ⅰ.①现… Ⅱ.①张… Ⅲ.①气象观测—高等学校—教材 Ⅳ.①P41

中国版本图书馆 CIP 数据核字(2015)第 271530 号

书　　名:现代气象观测(第2版)
著作责任者:张霭琛　等编著
责 任 编 辑:王树通　王杰琼
标 准 书 号:ISBN 978-7-301-25096-9/P·0089
出 版 发 行:北京大学出版社
地　　址:北京市海淀区成府路205号　100871
网　　址:http://www.pup.cn
新 浪 微 博:@北京大学出版社
电 子 信 箱:zpup@pup.cn
电　　话:邮购部 62752015　发行部 62750672　编辑部 62767347　出版部 62754962
印 刷 者:三河市博文印刷有限公司
经 销 者:新华书店
787毫米×1092毫米　16开本　20.5印张　2彩插　490千字
2001年1月第1版
2015年1月第2版　2022年5月第4次印刷(总第10次印刷)
定　　价:44.00元

再版前言

本书第一版面世后共重印了三次，此次是在2007年电子版的基础上进行再版．借此机会增加了许多新的内容，这些内容与我国大气探测近年来的进展息息相关．本版尝试列入了一些启发性的习题．

当时电子版的面世得到很多人的支持和帮助。解放军理工大学的同行承担了全部电子版的技术制作；哈尔滨华良科技的周容先生撰写了“总线型自动气象站”一节；大气科学系李成才先生完成了“激光气象雷达”一节，我国新型GTS1型探空仪一节；上无23厂的李吉明先生则提供了大量技术资料的帮助．

再版时，大气科学系刘晓阳老师对气象雷达一章作了大幅改动．

张霭琛

2014年6月22日于北京大学

序

大气探测是人类认识自然的重要手段，是大气科学的基础．没有对大气状况准确、及时、连续、详尽的了解，就谈不上对灾害性天气变化规律的科学掌握，更谈不上预测预报、趋利避害、为人类造福．近年来气候变化已成为热门话题，人们关心自己居住的地球村向何处去．然而建立全球气候观测系统，真正客观、全面地确定气候的变化，仍然是科技工作者努力奋斗的目标．

国民经济发展、社会进步和人民生活水平的提高，对气象工作提出了越来越高的要求，而大气科学的发展、气象业务服务能力的提高、气象现代化建设的协调发展，都把加快发展我国大气探测系统、改变大气探测工作严重落后局面、实现综合探测系统现代化日益摆上了突出的重要地位。在国家的关心支持下，中国气象观测自动化系统建设正在迅速展开．

张霭琛老师重新编写的《现代气象观测》一书，恰如春天的及时雨，为培养跨世纪的大气探测工作者，包括有关院校、系科的教师和学生；从事大气探测工作的科技、业务工作者提供了一本难得的教材．新书继承和发扬了 1987 年《大气探测原理》一书的严谨的体例、明晰的思路和朴实的风格，又尽可能反映了十几年来飞速发展的现代观测技术的新成果．特别是新增添的第七章（天气现象的器测）和第八章（现代自动化气象观测系统），正是地面气象观测技术最新发展的焦点所在．为了获取对大气状况更高的时间分辨率及空间分辨率的资料，完全取代气象观测人员的艰苦繁重、日复一日的劳动，实现全自动化气象观测，科技工作者进行了不懈的努力．科学技术的发展，特别是传感技术、电子技术、计算技术和通信技术的日新月异，开辟了一条崭新的道路．对过去只能用人工目测手段进行的气象观测，特别是天气现象的观测，全部改用仪器自动观测采集数据的日子已经指日可待，“目测”这两个字，可能将只有在气象观测的辞典里才保留了它的存在．

张霭琛老师长期从事大气探测的教学科研，在这一领域耕耘工作了几十年，其同事及学生遍布海内外，我至今仍保留着老师四十年前为初涉气象科学的一批年轻人讲授地面观测的讲义．近年来，张霭琛老师又多方奔走，传授大气探测的最新技术，为中国大气探测技术和仪器装备生产摆脱落后状态、尽快赶上世界先进水平献计献策．其忧虑我国大气探测技术发展的拳拳之心，每每溢于言表，给我们极大的鼓励和激励．其治学严谨、追求创新、热情诲人，几十年来始终立于大气探测科学的前沿，更使我们后者敬佩和学习．

相信本书的出版,是人们了解大气探测科学的一本全面的指南,对我国从事大气探测工作的科技工作人员学习掌握最新的大气探测技术更是大有帮助,对我国现代气象观测事业的发展一定会有极大的推动.

愿中国大气探测事业在中国气象科学事业的发展和整个科技事业创新腾飞中绽放出更绚丽的花朵.

李 黄

1999 年 4 月 24 日于中国气象局

前　言

从 1987 年我和赵柏林教授等人出版《大气探测原理》一书以来，我一直希望重新编写一本更能反应近十几年飞速发展的现代气象观测教材. 从 1982 年到现在，我以访问学者、国外采购人员、外企顾问的身份比较全面地、深入地接触到气象仪器的科研、设计、生产以及商务部门，得到许多有利条件来获取各种资料，了解到许多书本上无法记载的经验性知识.

首先，我在本书完成之际，深切怀念我的导师严开伟先生，书中许多地方仍然存留着他的智慧和贡献. 另外本书第九、十两章中的不少段落基本上采用了王永生和张钧老师在《大气探测原理》一书中的文字，仅做了少量修改.

本书撰写过程中，我仍然不断向别人求教和求助，包括收集许多实际工作中发生的问题(书中尽可能给予了较详细的探讨). 要在这里表示感谢可能要列出一个长长的名单，但我还是要向那些给予极大帮助的人们予以感谢：首先是梁奇先学长，探空观测这一章是他和我一起讨论了框架，并向我介绍了一些最新资料；北农大的杨正明老师帮我撰写了农业气象土壤湿度等方面观测的初稿；南京大学的葛文忠老师编写了气象雷达一章，这恰好是我最不熟悉的方面.

本书的撰写惊扰了不少国外同行：首先感谢北京 MG 国际公司的麦燕冰女士和查贝克先生，他们允许我查阅公司保存的技术资料；Vaisala 公司驻京首席代表 Saxen 先生向我提供了 RS-80 和 RS-90 探空仪的技术公报；Dimensions 公司的总裁 Richard 先生给寄来了新研制的闪电定位系统的密级资料；Eppley 公司的总裁 Kirk 先生专门给我拍摄了他们公司的全套辐射仪器照片.

感谢我的同事杜金林老师，他是我最好的顾问，我们经常在一起探讨本书编写的细节，并由他对书稿做了详细的审阅和校订.

感谢成都气象学院的许丽生老师以及南京大学的同仁们，他们给我提供了机会将本书的部分内容作了试讲，使我有机会对一些新内容的讲述和编写方法进行斟酌，这将有利于本书内容的课堂教学.

我的夫人帮助打印和整理了全部文稿，否则本书不可能在短时间内完稿.

本书的内容仍然存在不少缺陷和遗憾，这在很大程度上与中国大气探测技术和仪器制造工艺落后有关. 例如，书中仍然保留了 59 型电码探空仪的内容. 希望再版时我能把中国新型探空仪介绍给我的读者和学生. 我想总有一天，我不是在澳大利亚 CSIRO 操作洲际基准气压表，而是在北京释放我国自行研制的 GPS 探空仪. 希望本书有助于我国现代气象观测事业的发展.

再次感谢那些曾经帮助过我的人们!

由于作者水平和经历的限制,书中难免存在不少错误,欢迎批评指正.更希望引用本书的其他作者保持慎重.书中250多幅图片是本人在计算机上用了近半年的时间绘制或改绘而成,希望复制者尊重本人的辛劳,部分图片涉及原提供厂商和作者,如有需要请与本人联系.

本书属于教科书性质,作者尽可能对一些章节介绍一本基本参考书籍,便于读者深入全面了解.有关文献将只列出1978年以后刊载的出处.

本人虽然尽了很大努力,仍然有一些内容应该纳入却未写进在本书之内,例如蒸发的测量,只能等再版时予以考虑.还有一些非常特殊的观测,例如飞机观测、云雾微结构观测原本就未列入本书的大纲.有关气象雷达和气象卫星的章节本书只介绍了最基本的内容,而且偏重于观测仪器部分,对那些希望深入钻研的专门人才可以阅读有关的专门书籍.本书内容的取舍以满足教学大纲要求为限.

张霭琛

1999年3月5日于北京大学

目　　录

第一章 引 言

1.1 大气探测的发展概况[1]

大气探测的发展经历了几个重要的阶段，初始阶段是一系列定量测量地面气象要素仪器的出现，其标志性仪器为1643年托里拆利发明的水银气压表．气压要素是分析地面天气系统最重要的参数，而且水银气压表的观测数据能够达到很高的精度，日常大气压力的测量值在1 000 hPa① 上下，水银气压表的读数精度可以轻易地达到0.1 hPa，也就是说，其相对误差为万分之一，这在物理量检测仪器中是很少见的．

在气压表出现的前后，一系列其他地面气象要素仪器开始应用，例如液体玻璃温度表、雨量器、毛发湿度表、风杯风速计以及黑白球日射表等等．1802年拉马契克进行了云状分类，逐步发展了现今使用的云与天气现象的目测内容．

在时间和地域上同步和连续的观测结果，对于天气预报的准确性具有重要的意义，因而提出了建立气象台站网的要求．第一个台站网是由拉马契克在欧洲建立的（1902—1915年）．从1643年到20世纪初的200多年里，是地面气象观测发展并趋于成熟的阶段．

20世纪20年代，随着无线电技术的发展，法国、前苏联、德国和芬兰开始研制无线电探空仪，以及高空风探测技术．大气探测进入了第二阶段，扩展到了更广阔的三度空间．40年代开始，探测高度从平流层底部、对流层顶部扩展到二三十千米，而火箭探测的应用，进一步把探测高度提高到100 km．

大气探测第三阶段是大气遥感系统的发展，从1941—1942年开始应用专门的云雨测量雷达，1960年4月美国发射第一颗气象卫星泰罗斯-1号．大气遥感技术不但扩展了大气探测的范围，也提高了大气过程探测的连续性．一颗极轨气象卫星每12小时就给出了一次全球气象观测资料，一台气象雷达可以对数百千米范围内的雷暴云雨系统分布及其结构进行连续性观测．

以60年代初声雷达的研制为标志，各种类型的遥感设备相继研制和试验成功，如激光雷达、风廓线雷达、微波辐射计等，90年代以来在一些中小尺度试验探测网上运行，都有了较好的效果，呈现出现代大气探测系列的基本特点．

90年代现代大气探测发展中的某些事件是很有意义的．首先是广泛地建立不少地面观测自动气象站网．由于测量探头的坚固性和稳定性的提高，低功耗控制板和收发系统的设置，即使在荒芜的地区和严酷的气候条件下，也能保证测站稳定可靠地运行．这些自动气象站系统还包括许多以往必须依赖于目测的项目，例如能见度和降水性质的鉴别等等．其次是一些遥测系统加入到了大气探测的日常观测业务中，例如带RASS系统的风、温廓线雷达，它能以很高的时间密度发送风和温度的垂直探测资料，具有较高的精确度和代表性，

① hPa，即百帕，1 hPa＝100 Pa．

成为一些中小尺度天气监测网中重要的设备.另一个重要的事件是即将进行的探空仪改型换代的任务、数字化信号传输以及GPS测风系统的引入,将会在高智能化的条件下实施探空仪的生产、施放和数据采集.也许在今后的10年之内,一个崭新的现代大气探测系统将会出现在气象部门的观测业务系统中.

1.2 探测原理

大气探测主要有直接探测和遥感探测.直接探测是将感应元件置放于测量位置上,直接测量大气要素的变化;遥感探测是通过大气信号(声、光、电波)传播的信息,反演出大气要素的时空变化.根据元件的物理、化学性质受大气某种作用而产生反应的特点,构成直接探测原理.例如电阻温度表在大气中,元件与大气进行热交换取得该处大气的温度状态,导致元件电阻值的变化.遥感探测原理是根据大气中声、光、电等信号传播过程性质变化所构成,例如透射式能见度仪,是利用光波在传播过程中的衰减程度确定出当时的能见距离.

遥感探测又可以分为主动遥感和被动遥感两种方式.主动遥感设备具有声、光、电磁波发射源,利用在其测量空间大气特性对其传播信号产生相应的吸收、散射、反射等作用的原理,最典型的设备是测云雨雷达;被动遥感则是直接测量来自大气的声、光、电磁波信号,例如水汽在1.35 cm波长处有强辐射信号,接收其微波辐射强度可反演出大气中水汽的含量.

同一种气象要素的测量,随其探测原理的差别,其仪器性能将会有很大的差别,例如同样是测量地表温度,可以将温度表放置在地表面上直接测量,也可以利用红外辐射表遥测地表的红外辐射,利用普朗克公式反演出地表温度;不同的直接或遥测手段,会组装成形式完全不同的仪表,例如测量大气压力,可以利用玻璃管顶端真空的水银柱与空气柱压力相平衡的原理来进行,也可以测量水的沸点温度与大气压力的关系进行.

1.3 探测仪器

仪器是大气探测的工具,充分了解仪器的性能,才能发挥它应有的功效.仪器性能的首要因素是感应原理,由感应原理决定了它的主要性能指标,包括灵敏度、精确度、惯性(时间常数)和坚固度(含稳定性).

仪器的灵敏度指单位待测量的变化所引起的指示仪表输出的变化,例如一个电阻温度表的输出为mV指示值,其灵敏度单位则为mV/℃.S仪器的灵敏度与它的感应原理有关.例如沸点气压表尽管存在许多优点,如仪器轻巧、实施温度测量比较方便,但其灵敏度在1 000 hPa时仅为0.03 ℃/hPa就是其最致命的缺陷.

仪器精确度是指测量值与实际值(真值)接近的程度,可以通过仪器误差的数值进行衡量.世界气象组织(WMO)对仪器测量准确度有明确的定义[2].仪器误差分为系统性误差和偶然性误差两大类.偶然性误差表现为随机形式,可能是由读数估计的偏差,操作上的细微差别,机械摩擦的变化以及仪器噪音等因素所引起.系统误差是仪器某些特殊性能在测量时所引起的反应,例如一些电学测温元件由于其流经元件的电流加热导致指示偏高,又如一些测试设备具有一定的温度系数.系统误差具有一定的规律性,可以予以适当地修正.两种不同性能的仪器测量同一要素时,或在同一气象台站更换新型仪器时都必须进行平行对比,以确定两者之间系统误差的代数和.

上面所提到的灵敏度必须与仪器本身的精确度相适应.例如精确度为 0.1 ℃的温度表,能用目力读出 0.01 ℃是没有意义的;相反,用目力估计温度表最小分格的 1/10 都不能达到 0.1 ℃,也无法适应 0.1 ℃精度的目标.

惯性指仪器的响应速率,它与电子仪器常用的时间常数的意义是相同的.惯性的大小由观测任务规定.例如一个悬挂在气球下、具有每分钟 300～400 m 升速的探空仪,其时间常数必须低达秒数量级;相反,在地面 2 m 高处测量平均气温,希望元件有较大的时间常数,对大气湍流引起的短暂温度脉动起伏产生一定的自动平均能力.

仪器坚固性是一个不太明确的概念,它大致包括下述这几方面的内容:

(1) 仪器无故障平均运行时间;

(2) 仪器运行对环境温度、湿度等要素变化范围的数值要求;

(3) 电源电压波动允许的范围;

(4) 仪器外装饰(例如涂层)出现明显锈蚀的时间长短.

大多数仪器,包括一些极不易损坏的仪器(例如玻璃温度表,只要没有被摔破,它可以较长时间地使用下去),影响仪器坚固性和精度的另一个重要因素是它的稳定性.稳定性主要是指被测量与输出信号(读数)之间的检定关系的年变化率.

一个完整的大气探测仪器或系统,包括观测平台、观测仪器和资料处理单元三个部分.观测平台是指仪器安装的设施,例如地面观测场地、气象铁塔、飞机、探空气球等等.资料处理单元则可将仪器输出信号实施采集、处理、传送和储存.

1.4 探测方法

探测方法及仪器与观测任务是不可分割的.仪器的基本感应原理决定了使用仪器应遵守的一般原则,在这个基础上根据任务的性质选用合适类型的仪器以及制定相应的探测方法.

直接探测式的仪器,其感应部分应与大气环境直接接触,仪器系统与大气环境的相互干扰可使感应元件四周的大气条件发生一定的畸变.而这种干扰导致的测量误差在总的观测误差中占有较大的比重,并且多为系统性误差.统一仪器的规格指标、安装方法和操作步骤,可使系统性误差的数值比较稳定,使观测资料在时间和空间上具有"可比较性".

大气遥感的误差来源有两部分:一是来自探测系统本身,即仪器的灵敏度和稳定性以及系统各部分的标定误差;二是来自反演的误差,大气传输过程的模拟只能尽可能地接近实际情况,例如雷达的散射回波将受到大气分子、气溶胶粒子、各种尺度的云滴的影响,反演过程是从这些综合回波信息探求其中某个要素的信息.尽管遥感探测具有不破坏自然状况的优点,目前投入使用的遥感仪器的探测精度仍低于直接观测.

探测任务是多种多样的,有一般的日常运行的台站网观测,也有特殊天气系统的探测网观测,也有为一些科研任务设置的探测系统.不同任务需要制定不同的观测方法,但也有需要共同遵守的原则,其中最主要的一条是资料的代表性.影响代表性因素有两条:一是观测地点的代表性;一是数据取样平均的代表性.

观测地点的选择必须注意周围的环境，大型障碍物、特殊的地面覆盖、水体、谷地、山崖都有可能产生局地小气候，如非特殊的观测目的，测点距离它们太近会使资料失去代表性.

由于大气湍流的存在，大气要素随时间和空间有较强的脉动起伏，一次瞬间的读数很难具有代表性，必须在一定空间尺度之间取多次或多点的平均. 取样时间的长短和空间尺度取决于要素本身变化的趋势，其空间分布特点以及仪器的惯性系数大小.

近些年来，大量计算机数据采集系统被引入资料的读数过程，由于仪器本身的暂时失效或外界的干扰，往往会在数据系列中存在一些被称为“野点”的异常值，任何一个观测系统需要在软件中设置剔除其野点的功能.

大气科学向深度和广度的进展，依赖于大气探测的实验基础. 科学技术的发展不断为大气探测提供新的装备，发现更多的新观测结果. 尽管来自用户的需求对大气探测的装备和探测方法提出了各种各样的要求，但其共同之处必然是，实时性更强、空间和时间密度更高、资料更加可靠精确.

实际工作证实，对于任何一种仪器或观测方法，影响其资料精度的关键因素往往只是其中的一两个最难突破的关键指标. 例如提高温度观测中防辐射设备的反射率和通风；增加湿度元件在低温低湿下的灵敏度；降低高空风测量的测风仰角下限等等. 这些方面的重大进展在大气探测的研究上具有很强的挑战性. 例如自动气象站的电源供应不足始终是设站的最大困难，自从使用了电子集成块，并使收发报机的值守电流大大降低之后，太阳电池充电板与低容量蓄电池的组合就能保证现今的自动气象站在最恶劣的天气条件下正常连续地工作.

第二章　温度的测量

2.1　ITS-90 温标

大气科学工作范围内的温度测量包括气温、水温和土壤温度的测量.

为了定量地表示温度,必须选定一个衡量温度的标尺,这是一个涉及理论和实验的课题.从理论上,热力学定义的热力学温标是指理想气体,在容积固定的条件下,容器内的气体压力每改变 1/273,相当于温度变化绝对温度 1 K.与此相联系的实验设备为气体温度表.由于分子量越小的气体与理想气体的订正偏差越小,测量固定容积容器内的氢气或氦气的压力变化,可以准确地实施绝对温度的标定.

从实用的观点,气体温度表这个庞然大物只能在条件较好的实验室内进行操作.国际计量委员会(CIPM)引入了一个在各个测温范围使用的测温标准元件系列,其中包括铂丝电阻温度表,辐射温度表和铂铑标准热电偶,利用它们进行温标确定的方法称做实用温标.

实用温标自 1927 年建立以来,在 1948、1960、1968 和 1970 经过四次修订,其中 1968 年的修订是变动较大的一次.但是时隔 22 年之后,国际计量委员会又进行了一次更为精确的修订,并在 1990 年 1 月 1 日在世界范围内实行 90 年国际实用温标(ITS-90)[1].下文将对与大气测量有关的 ITS-90 作简要的介绍.

实用温标首先规定了一系列的测温参考点.与大气测量有关的参考点如表 2.1(标准大气压力 p=1 013.25 hPa 之下)所示.

表 2.1　ITS-90 部分温度参考点

T_{90}/K	物　质	状　态	温度对压力的变率$(\mathrm{d}t/\mathrm{d}p)/(10^{-8}\ \mathrm{K/Pa})$	$W_r(T_{90})$
83.8058	氩	三相点	+25.0	0.215 859 75
234.3156	汞	三相点	+ 5.4	0.844 142 11
273.1600	水	三相点	− 7.5	1.000 000 00
302.9146	镓	熔点	− 2.0	1.1181 388 9
429.7485	铟	凝固点	+ 4.9	1.609 801 85
	二类参考点*			
194.686	二氧化碳	升华点	$T_s=194.686+12.264(p/p_0+1)-9.15(p/p_0-1)^2$	
234.321	汞	凝固点		
300.01	二苯醚	三相点		
395.49	苯甲酸	三相点		

* 二类参考点的精度低于一类参考点,但能满足大气科学工作的要求.

在大气环境中,测温范围通常在 −60～80 ℃之间.为了测温仪器校准上的方便,另设置了一些二类参考点.

在上述测温范围中,参考点之间的各个温度点的测温基准,为一支基准铂电阻温度计.

它是由无应力铂丝制成，并满足 $W(29.7646)\geqslant 1.11807$ 和 $W(-38.8344)\leqslant 0.844235$ 的条件. 其中 $W(T_{90})$ 称做比电阻，等于 $R(T_{90})/R(273.16\ \mathrm{K})$，即该温度下的电阻值与水三相点温度下的铂电阻值之比.

作为产生 90 标尺所制作的第一系列铂电阻标准温度计，其 $W(T_{90})$ 值是固定的，标识为"$W_{\mathrm{r}}(T_{90})$"，国际计量委员会给出了 $W_{\mathrm{r}}(T_{90})$ 的计算公式如下：

从 13.8033 K 到 273.13 K 为

$$\ln[W_{\mathrm{r}}(T_{90})] = A_0 + \sum_{i=1}^{12} A_i \left\{ \frac{\ln \dfrac{T_{90}}{273.16} + 1.5}{1.5} \right\}^i \tag{2.1a}$$

从 0 ℃到 961.78 ℃为

$$W_{\mathrm{r}}(T_{90}) = C_0 + \sum_{i=1}^{9} C_i \left\{ \frac{T_{90} - 754.15}{481} \right\}^i \tag{2.1b}$$

对应(2.1a)和(2.1b)的逆变公式为(2.2a)和(2.2b)：

$$\frac{T_{90}}{273.16} = B_0 + \sum_{i=1}^{16} B_i \left[\frac{W_{\mathrm{r}}(T_{90})^{\frac{1}{6}} - 0.65}{0.35} \right]^i \tag{2.2a}$$

$$T_{90} - 273.15 = D_0 + \sum_{i=1}^{9} D_i \left\{ \frac{W_{\mathrm{r}}(T_{90}) - 2.64}{1.64} \right\}^i \tag{2.2b}$$

A_i，B_i，C_i 和 D_i 的值如表 2.2 所示.

表 2.2 ITS-90 换算公式系数

i	A_i	B_i	C_i	D_i
0	−2.135 347 29	0.183 324 722	2.781 572 54	439.933 854
1	3.183 247 20	0.240 975 303	1.646 509 16	472.418 020
2	−1.801 435 97	0.209 108 771	−0.137 143 90	37.684 494
3	0.717 272 04	0.190 439 972	−0.006 497 67	7.472 018
4	0.503 440 27	0.142 648 498	−0.002 344 44	2.920 828
5	−0.618 993 95	0.077 993 465	0.005 118 68	0.005 184
6	−0.053 323 22	0.012 475 611	0.001 879 82	−0.963 864
7	0.280 213 62	−0.032 267 127	−0.002 044 72	−0.188 732
8	0.107 152 24	−0.075 291 522	−0.000 461 22	0.192 203
9	−0.293 028 65	−0.056 470 670	0.000 457 24	0.049 025
10	0.044 598 72	0.076 201 285		
11	0.118 686 32	0.123 893 204		
12	−0.052 481 34	−0.029 201 193		
13		−0.091 173 542		
14		0.001 317 696		
15		0.026 025 526		

世界各国的计量组织根据国际组织的技术规范，制造了自己的铂电阻标准温度表，但其各个温度下 $W(T_{90})$ 值与相应的 $W_{\mathrm{r}}(T_{90})$ 值未必相等，即偏差函数 $W(T_{90})-W_{\mathrm{r}}(T_{90})$ 不等于零. 国际计量委员会推荐了确定各个测温段偏差函数的方程.

由氩三相点(83.8058 K)、汞三相点(234.3156 K)和水三相点(273.16 K)对摄氏零下段的校正公式为

$$W(T_{90})-W_r(T_{90})=a_1[W(T_{90})-1]+b_1[W(T_{90})-1]\times\ln W(T_{90}) \qquad (2.3)$$

在上述三个标准点上,测出自身的 $W(T_{90})$值以及代入相应的 $W_r(T_{90})$值,可得到三个方程,求出上式中的 a_1和 b_1值,作为计算该支铂电阻温度表的函数偏差方程.

由水三相点(0.01 ℃)到铟凝固点(156.5985 ℃)的推算零度以上的方程则比较简单.

$$W(T_{90})-W_r(T_{90})=a_2[W(T_{90})-1] \qquad (2.4)$$

在上述两个标准点上,测出自身的 $W(T_{90})$值以及代入相应的 $W_r(T_{90})$值,可得到两个方程,求出上式中的 a_2值,作为计算该支铂电阻温度表的函数偏差方程.

因此,ITS-90 测温标准系列需要由三个环节组成:首先确定出一系列的测温参考点;而后制作出国际标准铂电阻温度表,并由测温参考点推算出 T_{90}与比电阻 $W_r(T_{90})$的转换关系式;最后,各国计量部门制作出各自的铂电阻温度表,在参考点上确定出偏差函数 $W(T_{90})-W_r(T_{90})$. 每次测温先由测出的 $W(T_{90})$值换算成 $W_r(T_{90})$,再根据 2.1 和 2.2 式计算出温度测定值.

2.2 测温元件

2.2.1 液体玻璃温度表

液体玻璃温度表的构造如图 2.1 所示. 玻璃球中充满水银或酒精等液体,与之相连的是中空的玻璃毛细管. 毛细管另一端封闭. 毛细管背后衬有白瓷刻度板,外有保护外套管. 温度变化时,引起测温液体体积膨胀或收缩,使进入毛细管的液柱高度随之变化.

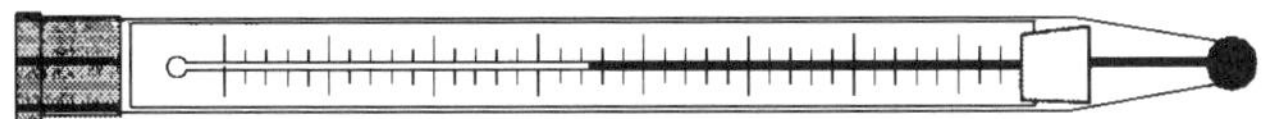

图 2.1 玻璃温度表

设 0 ℃时表内液体的体积为 V_0,当温度升高 Δt,毛细管中液柱长度变化为 ΔL:

$$\Delta L=\frac{V_0}{S}(\mu-\gamma)\Delta t \qquad (2.5a)$$

式中,S 为毛细管截面积,μ 为液体的热膨胀系数,γ 为玻璃球的热膨胀系数. 若将上式改写为

$$\frac{\Delta L}{\Delta t}=\frac{V_0}{S}(\mu-\gamma) \qquad (2.5b)$$

等式左边称做温度表的灵敏度,表示温度改变 1 ℃引起的液柱高度的变化,灵敏度高的仪器刻度精密. 常用的有下列几种玻璃温度表:

1. 水银温度表

水银的凝固点是 −38.862 ℃,沸点是 356.9 ℃,在 18 ℃时的热膨胀系数为 1.82×10^{-4} ℃$^{-1}$,导热系数为 0.418 55 J/(cm^2·s·℃),比热为 0.1256 J/(g·℃). 用水银作温度表的优点是:① 纯水银容易得到;② 比热小;③ 导热系数高;④ 对玻璃无湿润;⑤ 饱和蒸气压小. 缺点为:① 温度在 −38.862 ℃以下不能用;② 膨胀系数小.

对于低温的测量可采用含铊4%的汞合金，可以在−62 ℃以上的温度条件下使用.

2. 有机液体玻璃温度表

常用的液体有酒精和二甲苯两种.酒精的凝固点是−177.5 ℃，沸点是+78.5 ℃. 18 ℃时的热膨胀系数为1.10×10^{-3} ℃$^{-1}$，导热系数为15.9×10^{-4} J/(cm^2·s·℃)，比热为3.68 J/(g·℃).用有机液体作玻璃温度表的优点是：① 可用于低温；② 膨胀系数大.缺点为：① 湿润玻璃，易发生断柱现象；② 导热系数小，球内温度分布不均匀；③ 饱和蒸气压高，温度降低时会有液体小滴凝结在毛细管上部中空部分.

3. 最高、最低温度表

最高温度表的特点是：在玻璃球部焊有一根玻璃针，其顶端伸至毛细管的末端，使与毛细管之间的通道形成一个极小的狭缝，如图2.2所示.升温时，水银膨胀，进入毛细管；但在降温时，毛细管内的水银不能通过狭缝退到球部，水银柱则在此处中断.因此水银柱顶可指示出一段时间内(例如一天之内)的最高温度.

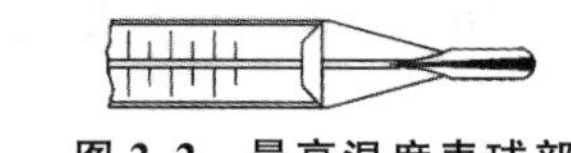

图2.2 最高温度表球部

最低温度表的构造特点是：毛细管较粗，内装透明的酒精.毛细管酒精柱内有一根长约10 mm的塑料游标.感温球部多呈叉状，用以增加散热面积和减小球部内温度分布不均匀，如图2.3所示.

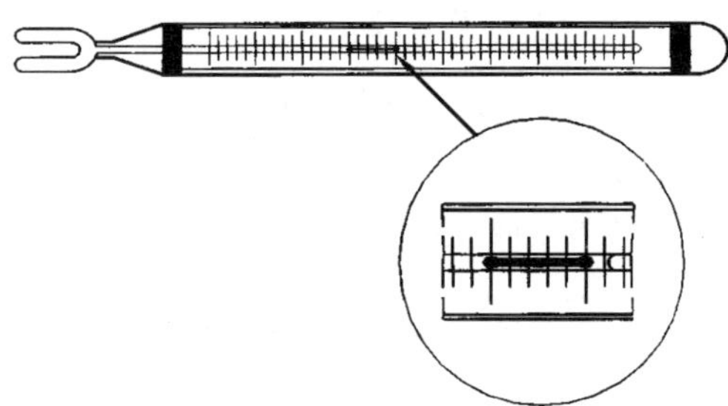

图2.3 最低温度表

观测时将游标调整到酒精柱的顶端，游标很轻，不会突破酒精柱的液面.然后将温度表放平.升温时，酒精会通过游标与毛细管之间的狭缝逸出，而游标对毛细管的摩擦力又足以使它在原处不动.如果下降到低于游标的初始位置时，由于液柱顶端的表面张力作用，将使游标随之向球部方向移动.因此游标指示的温度只降不升，远离球部的一端将指示出一段时间内(例如一天之内)的最低温度.

4. 液体玻璃温度表的仪器误差

(1) 基点的永恒位移

玻璃温度表球部的容积随时间有缩小的趋势，以至于基点下端提高，即所谓基点的永恒位移，这在制成温度表的初期很明显，以后位移逐渐减小.

制造玻璃温度表要求使用专门的测温玻璃，标准的测温玻璃成分如表2.3所示.

表 2.3 测温玻璃成分

成 分	SiO_2	Na_2O	ZnO	CaO	Al_2O_3	B_2O_3
含量/(%)	67.5	14.0	7.0	7.0	2.5	2.0

用这种玻璃制造的温度表，五年中基点的永恒位移仅为 0.05 ℃，以后提升甚微.

(2) 球部变形引起的误差

当温度由低温升至高温后，再令其急速冷却到初始的温度时，温度表的指示会偏低. 而后逐渐恢复正常，称之暂时跌落. 升温的范围，升温和降温的速率以及玻璃的种类对跌落值的大小都有影响. 反之，当高温降至低温，再令其急剧增温时，则温度表的指示会偏高.

温度表经过重复冷热处理进行人工老化，可以减小暂时跌落.

(3) 刻度误差

划分刻度是在一定范围内进行等分. 由于毛细管截面积的不均匀性，液体和玻璃膨胀系数的非线性，都将使温度表的刻度出现误差.

2.2.2 热电偶温度表

两种不同的金属或合金在 1、2 两点焊接一起，构成一个闭合回路，如图 2.4 所示. 回路中将会产生电动势，1、2 两点的温度差异越大，电动势越高.

如令焊点 1 维持在已知温度下，焊点 2 的温度可借助于回路的电动势来确定. 维持已知温度的一端称为参考端，另一端称为工作端.

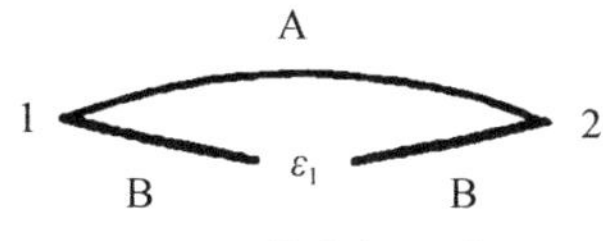

图 2.4 热电偶示意图

由两种导体 A 和 B 构成的简单回路里，在冷接点处电流如果由 A 流向 B，那么对 B 而言，A 是正电导体. 下面列举几种金属的热电序：镍铬合金、铁、镍铬铁合金、铜、银、铂$_{90}$、铑$_{10}$、铂、钴、镍基热电偶合金($Ni_{94}Al_2Mn_{2.5}Si_1Fe_{0.5}$)、镍、康铜、铋. 如果从上面热电序中任取两种金属作热电偶，则排列在后的金属为正电导体.

气象上使用的热电偶几乎都是铜或锰铜-康铜，主要原因是：

① 热电灵敏度较高(40 μV · ℃$^{-1}$)；

② 检定线稳定性较好；

③ 价格低廉，焊接工艺简便.

热电偶的电动势与温差之间的关系为

$$\varepsilon_T = \alpha(t_2 - t_1) + \beta(t_2 - t_1)^2 \tag{2.6a}$$

由于系数 $\beta \ll \alpha$，当温差不大时可用下式：

$$\varepsilon_T \cong \alpha(t_2 - t_1) \tag{2.6b}$$

温差电动势的测量可以使用检测电动势的仪表，例如电位差计、电子电位差计、数字电压表等(见图 2.5). 一个实用的线路往往还包括其他部件，有热电偶、引线、接线板、切换开关以及测试仪表，如图 2.6 所示.

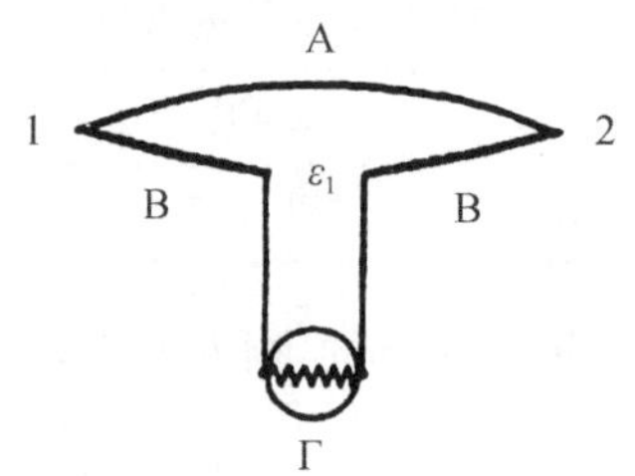

图 2.5 热点偶与测量仪表

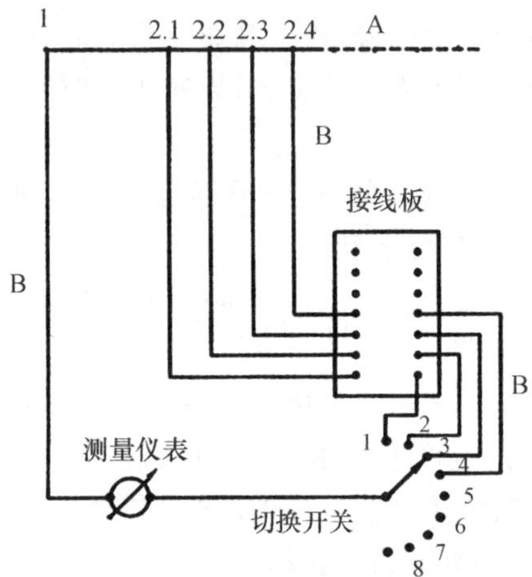

图 2.6 热点偶实际测量线路

使用这样的线路时，必须熟悉下述热电偶电路和元件结构的运作要点：

(1) 均一性回路定律

热电性质均一的导体，如纯度较高的金属或质地均匀的合金，不论其导线各段温度相差如何悬殊，不会产生附加热电动势.

例如图中引线 B，它的长度较长，由于太阳的辐射可能存在温度差异，但是它是同一种金属材料，因此铜导线的温差不会引起热电动势.

(2) 非均一性回路定律

如果回路中任意一部分其温度分布均一时，不论其热电性质差别如何悬殊，也不会产生附加的热电动势.

例如图 2.6 中的测量仪表、换路开关等部件必须保持温度均一，避免附加的热电动势，减小由此引起的测量误差.

金属导线的热电性质是否均一必须认真加以检查. 一般来说，多股绞合可抵消或大大减小这种热电非均一性.

除上述两条外，还有一条具有实用意义的定律.

(3) 温度叠加定律

当电偶参考端温度为 0 ℃，工作端温度为 t_1 时，回路热电动势为 ε_1；如果参考端温度为 0 ℃，工作端温度为 t_2 时，电动势为 ε_2；当参考端温度和工作端温度分别为 t_1 和 t_2，如果 $t_1-0=t_2-t_1$，而热电动势 $\varepsilon_3=\varepsilon_2-\varepsilon_1\neq\varepsilon_1$.

在实际工作中，参考端温度一般固定在 0 ℃，改变工作端温度，得到 ε_t-t 检定曲线(见

图 2.7). 如果在测量温度时,参考端的温度实际处于 t_1,纵坐标的实际零点须移到 t_1 和 ε_1处.

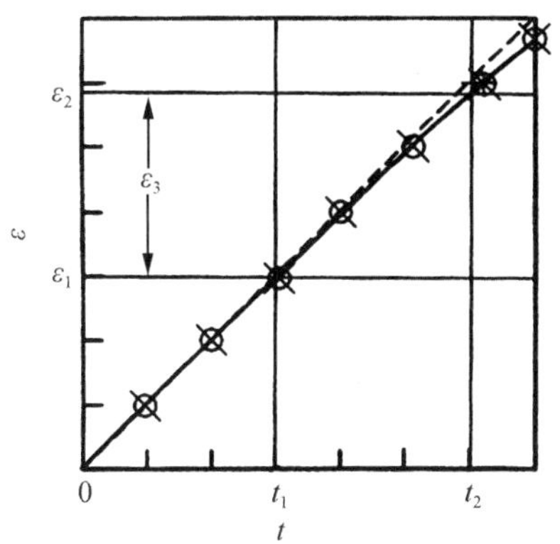

图 2.7 温度与热电动势的关系曲线

除上述讨论之外,使用热电偶还有一些关键技术:

① 消除化学电动势. 如果焊点没有清洗干净,一些杂质电解,就会产生附加的化学电动势.

② 导线导热的误差. 导线温度与接点温度不同时,热量将沿导线传至电偶接点、引起测量误差. 导热系数大的金属如银、铜,引起的误差大. 制作电偶时,必须在接点附近使相当长的一段导线保持与接点温度相同. 电偶头部可制成如图 2.8 所示的螺线形式.

图 2.8 热电偶焊接头部构造

2.2.3 金属电阻温度表

金属导体电阻的阻值随温度变化的关系如下式所示:

$$R_t = R_0(1 + \alpha t + \beta t^2) \tag{2.7}$$

其中 R_0 为 0 ℃的电阻,α 和 β 为电阻的一次和二次项温度系数. 温度表的金属材料选择主要考虑以下几点:① 温度一次项系数较大;② 电阻与温度关系的二次项系数远小于一次项系数,即 $\beta \ll \alpha$;③ 电阻率大,易于绕制高阻值的元件;④ 性能稳定.

气象上常用的金属材料有以下几种,如表 2.4 所示.

表 2.4 金属导体电阻的物理性质

材 料	铂	镍	铁	钨	铜
电阻率/($\mu\Omega \cdot$ cm)	10	6.844	10	5.51	1.692
α/($10^{-3} \cdot$ ℃$^{-1}$)	3.925	4.300	5.200	4.200	3.920

除了一些合金丝外,大多数金属材料的一次项系数比较接近,可根据用户的测温要求选择金属材料. 由于铂的性能稳定,常用它制成标准温度表;镍的温度系数二次项较大,但为正值,利用较简单的线路可以线性化;铜的电阻率虽小,但其线性度和稳定性很好;钨丝

则多用在高温测量中.

电阻温度表测量线路多采用不平衡电桥，线路如图 2.9 所示. 图中 r_1，r_2 和 r_3 为固定电阻. r' 为导线电阻，为了补偿导线电阻随温度的变化，测温元件常采用三根导线. 由于两个对称桥臂 r_3 和 R_t 上都接上导线电阻 r'，就可以大大减小导线电阻随温度变化的影响. 例如在电桥平衡时：

$$\frac{r_3 + r'}{r_2} = \frac{R_t + r'}{r_1}$$

$$\frac{r_3}{r_2} = \frac{R_t}{r_1} + \left(\frac{r'}{r_1} - \frac{r'}{r_2}\right)$$

如选择 $r_1 = r_2$，则上式可简化为

$$\frac{r_3}{r_2} = \frac{R_t}{r_1}$$

在这种特例下，则可完全消除导线的影响. 即桥臂对称，并保持 $r_3 = R_t$ 电桥处于平衡条件下，方能完全消除导线的影响；当 $r_3 \neq R_t$ 时，G 的输出电压仍然会受 r' 数值的影响.

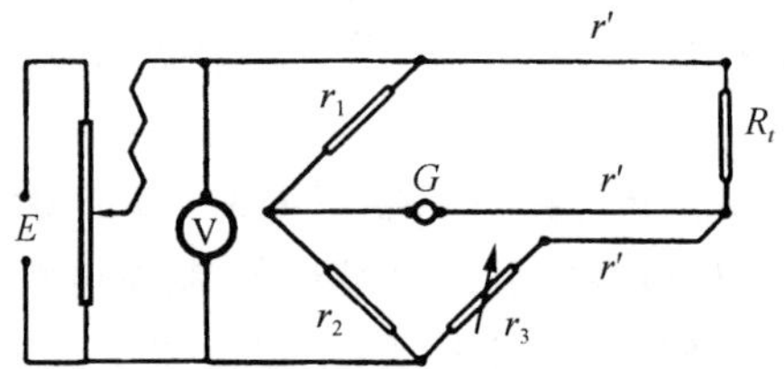

图 2.9　电阻温度表测量电桥

现今市场上可以购买到带组件的测温电阻. 元件组常带有四根引线，两根电源线 V_+ 和 V_-，以及两根测量信号线 A_+ 和 A_-. 常串有一个标准电阻 R_L. 假如 R_t 和 R_L 的导线电阻相同，以恒定电流通过测温电阻，测定标准电阻两端的压降，估算出导线电阻的阻值；再测定测温电阻两端的压降，计算出其精确的电阻值(图 2.10).

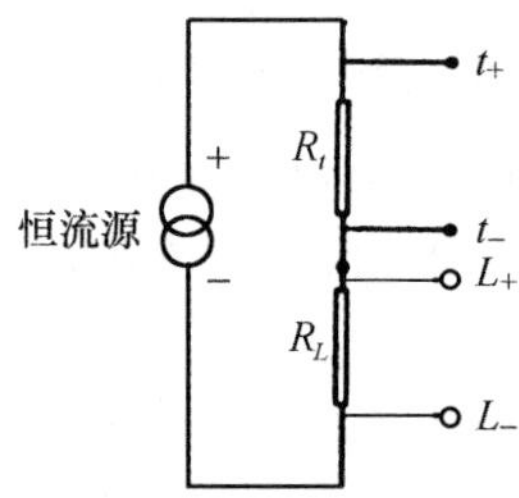

图 2.10　四引线阻温度表

在线路设计中解决输出与温度关系的线性化是最佳方案，对测温铂电阻将遇到两大难点：一是线性化后的电路将使输出灵敏度降低；二是对于 $\beta < 0$ 的电阻材料，无法利用简单的电桥配置设计线性化线路. 因而对于这种线性输出偏差不大的测温元件，最好利用软件进行订正.

应用金属电阻测温时，必须考虑元件电功率的增温效应，测温电阻受电功率增温的同时，将通过元件表面向外散热，在两者平衡的条件下，测温电阻的实测温度将高于气温. 可以近似表达为

$$i^2 R_t' = hS\Delta t$$

$$R_t' = R_t(1+\alpha\Delta t)$$

式中，Δt 为元件增温误差，h 为散热系数，S 为散热面积.

在实际工作中可采用简单的方法进行估算，将电桥电压人为加大一倍，流经元件的电流同时增加一倍，则元件上的电功率加大三倍. 根据上式同样可得

$$4i^2 R_t'' = 4hS\Delta t$$

$$R_t'' = R_t(1+4\alpha\Delta t)$$

因而可估算出无电流增温效应时，元件的电阻值 R_t

$$R_t = \frac{4R_t' - R_t''}{3} \tag{2.8}$$

根据估算出的电阻值 R_t，与实测 R_t' 进行对比计算出增温误差 Δt，无须测定公式中的 h 和 S 值.

2.2.4 热敏电阻温度表

测温热敏电阻的原料是某些金属氧化物的混合物，例如氧化镁、氧化铜、氧化钴和氧化铁的混合物，在 800～900 ℃的高温下烧结而成.

常见的有棒状、珠状和片状，引出线可以在烧结前嵌入，也可在元件两端涂上金属胶，加热到一定的温度，使元件上附着一层可供焊接的金属层. 烧结后的元件经过适当老化，性能稳定. 实验指出，在气象测温范围内，热敏电阻电阻值 R_T 与绝对温度 T 的关系如下式

$$R_T = Ae^{\frac{b}{T}} \tag{2.9}$$

式中，A，b 为元件系数，A 的大小反映了元件的电阻大小，b 的大小反映了 R_T 对温度的灵敏度. 设温度为 T 时元件的阻值为 R_{T_0}，则

$$A = R_{T_0} e^{-\frac{b}{T}}$$

$$R_T = R_{T_0} e^{\frac{b}{T}-\frac{b}{T_0}}$$

对上式取对数，得到

$$\ln R_T = \frac{b}{T} + \left(\ln R_{T_0} - \frac{b}{T_0}\right)$$

热敏电阻的温度系数变化很大，为了与金属电阻的温度系数 α 相比较，定义温度为改变 1 ℃所引起的电阻阻值相对变化率为 α_T

$$\alpha_T = \frac{1}{R_T}\frac{dR_T}{dT} = -\frac{b}{T^2} \tag{2.10}$$

因此，热敏电阻具有负温度系数，在气象测温范围内为 $-1\times10^{-2}\sim7\times10^{-2}$ 之间，远大于金属电阻的温度系数. 由于 α_T 与 T^2 成正比，因此 α_T 的绝对值在低温时大于高温. 表 2.5 列举出 α_T 的相对变化.

表 2.5 热敏电阻温度系数随温度的变化

T/℃	40	20	0	−20	−40	−60
$\alpha_T(t)/\alpha_T(40°)$	1.00	1.14	1.31	1.54	1.81	2.16

由于热敏电阻与温度的非线性关系，通过一定的线路设计，使其输出与温度关系的线

性化比其他测温元件更为迫切.热敏电阻温度表输出线性化的方法主要有两种：一种是三点拟合法；一种是消去二次项法.

三点拟合法的实质是通过线路使输出强制满足下述关系

$$T = T_{\min},\quad R_T = R_{T_1},\quad V_{\text{out}} = 0 \text{ 或 } V_1;$$
$$T = T_{\max},\quad R_T = R_{T_2},\quad V_{\text{out}} = V_1 \text{ 或 } 0;$$
$$T = (T_{\max} + T_{\min})/2,\quad R_T = R_{T_0},\quad V_{\text{out}} = V_1/2.$$

图 2.11A 中，虚线表示为理想化的输出电压与温度的线性关系；实线表示为实际输出与温度的关系.从图 2.11A 可以看出，三点法只能达到一定程度的线性近似，只要实际最大偏差不超过测量精度的要求.

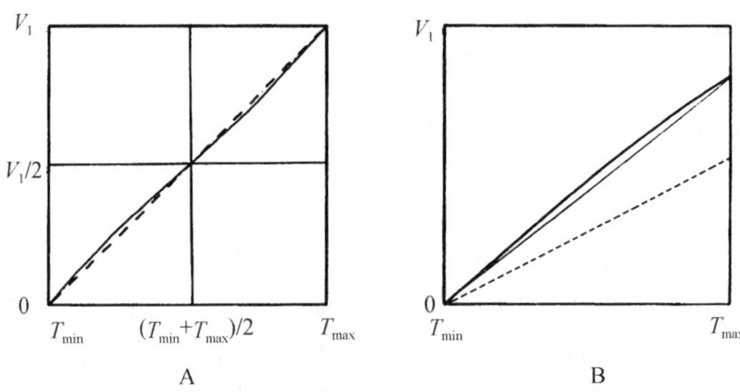

图 2.11 两种线性化电路的检定曲线

消去二次项法的实质是将 T 与 V_{out} 的关系转换成一个级数关系，例如

$$T = a_0 + a_1 V_{\text{out}} + a_2 V_{\text{out}}^2 + a_3 V_{\text{out}}^3 + \cdots \tag{2.11a}$$

只要满足 $a_1 \gg a_2 \gg a_3 \cdots$ 可设计适当的线路使上式转换为

$$T = b_0 + b_1 V_{\text{out}} + b_3 V_{\text{out}}^3 + b_4 V_{\text{out}}^4 + \cdots \tag{2.11b}$$

并使 b_3、$b_4 \cdots \ll b_1$，便能得到相似性很好的线性关系.图 2.11B 中粗实线为未经线性化电路处理的 t_0 与 V_{out} 的关系曲线；虚线为线性化电路实际输出与温度的关系；细实线为理想化的输出与温度保持线性的关系.

举一消去二次项的典型例证，图 2.12A 为其线路简图，图 2.12B 为其等效线路图，条件为 r_1、$r_2 \ll r_3$、R_T.

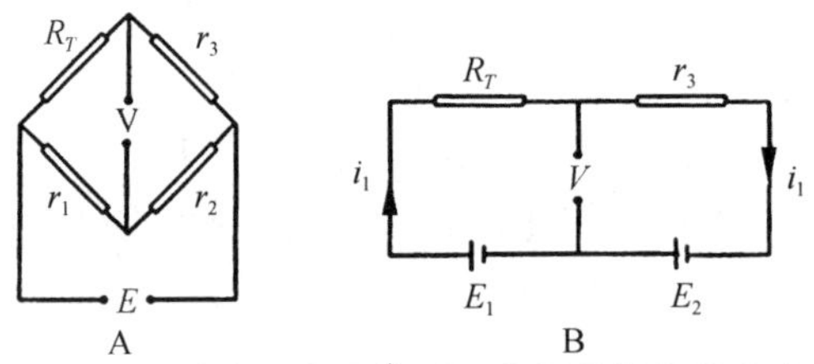

图 2.12 消去二次项的测温电桥及其等效电路

利用基尔霍夫定律，可得

$$\begin{cases} E_1 = i_1 R_T - V \\ E_2 = i_1 r_3 + V \end{cases} \tag{2.12}$$

对上式微分,得

$$\begin{cases} i_1 \mathrm{d}R_T + R_T \mathrm{d}i_1 = \mathrm{d}V \\ r_3 \mathrm{d}i_1 = -\mathrm{d}V \end{cases} \tag{2.13}$$

经过适当整理可得

$$\frac{\mathrm{d}R_T}{R_T} - \frac{\mathrm{d}V}{E_2 - V} = \frac{\mathrm{d}V}{E_1 + V} \tag{2.14}$$

积分上式,假设 $R_T = R_{T_0}$ 时 $V=0$,并令 $E_2 = \delta E_1$(即 $r_2 = \delta r_1$),得到

$$\ln \frac{R_T}{R_{T_0}} = \ln\left(1 + \frac{V}{E_1}\right) - \ln\left(1 - \frac{V}{\delta \cdot E_1}\right) \tag{2.15}$$

运用热敏电阻感温原理公式

$$\ln \frac{R_T}{R_{T_0}} = \frac{b}{T} - \frac{b}{T_0}$$

并令 $\Delta t = T - T_0$,得到

$$\ln \frac{R_T}{R_{T_0}} = \frac{b}{T_0}\left(\frac{T_0}{T} - 1\right) = -\frac{b}{T_0} \frac{\frac{\Delta t}{T_0}}{1 + \frac{\Delta t}{T_0}}$$

将上式展成级数

$$\ln \frac{R_T}{R_{T_0}} = -\frac{b}{T_0}\left(\frac{\Delta t}{T_0} - \frac{\Delta t^2}{T_0^2} + \frac{\Delta t^3}{T_0^3} - \cdots\right) \tag{2.16}$$

将(2.16)式右边的对数项展成级数,则变为

$$-\frac{b}{T_0}\left(\frac{\Delta t}{T_0} - \frac{\Delta t^2}{T_0^2}\right) = \left(\frac{V}{E_1} - \frac{V^2}{2E_1^2}\right) + \left(\frac{V}{\delta \cdot E_1} + \frac{V^2}{2\delta^2 \cdot E_1^2}\right)$$

要求输出电压 V 与 Δt 成线性关系,需使上式的一次和二次项分别相等,即

$$-\frac{b\Delta t}{T_0^2} = \left(1 + \frac{1}{\delta}\right)\frac{V}{E_1}$$

$$\frac{b \cdot \Delta t^2}{T_0^3} = \left(\frac{1}{\delta^2} - 1\right)\frac{V^2}{2E_1^2}$$

解上述方程,可得

$$\delta = \frac{b - 2T_0}{2T_0 + b} \tag{2.17}$$

根据上述推导,先使 r_1 和 $r_2 \ll r_3$、R_{T_0},R_{T_0} 大约为 10^4 欧[姆],r_1 和 r_2 可在 10^2 欧[姆]量级.利用热敏电阻元件的 R_T 和 T 的检定曲线,计算出 b 值,并利用上式计算的 δ,使 $r_2 = \delta r_1$,因为要在 T_0 时要求电桥平衡,因此 $r_3 = \delta R_{T_0}$.

同样,如图 2.12 的线路,电桥可利用三点法逼近线性输出[2],电桥的输出电压为

$$V = E\left(\frac{r_3}{r_3 + R_t} - \frac{r_2}{r_1 + r_2}\right) \tag{2.18}$$

令 $T = T_{\min}(R_{\min})$ 时,$V=0$;$T = T_{\max}(R_{\max})$ 时,$V = V_{\max}$;$T = (T_{\min} + T_{\max})/2 = T_0(R_0)$ 时,$V = 0.5V_{\max}$,可以得出方程组(2.19):

$$0 = E\left(\frac{r_3}{r_3 + R_{\max}} - \frac{r_2}{r_1 + r_2}\right)$$

$$0.5V_{max} = E\left(\frac{r_3}{r_3 + R_0} - \frac{r_2}{r_1 + r_2}\right)$$
$$V_{max} = E\left(\frac{r_3}{r_3 + R_{min}} - \frac{r_2}{r_1 + r_2}\right) \tag{2.19}$$

解得

$$r_3 = \frac{R_0(R_{max} + R_{min}) - 2R_{max}R_{min}}{R_{max} + R_{min} - 2R_0}$$

并同时满足条件

$$\frac{r_3}{R_{min}} = \frac{r_2}{r_1}$$

根据测量条件，一般应满足 r_1、$r_2 \ll r_3$ 的同时由上式求出 r_3，并由 r_3/R_{min} 的比值换算出相应的 r_2/r_1 比值.

上文提到，三点法线性化，一般应在测温范围的最低值、中值和最高值处完全符合推导要求的线性点上，而在最低温度与中值、最高温度与中值之间的中间点(约在测温范围的1/4 和 3/4 位置)上具有最大的偏差，最大偏差值的大小与测温范围以及热敏电阻的 b 值有关，表 2.6 给出 $b=2\,000$ 时，在不同测温范围下根据(2.18)式计算所得的非线性最大偏差.

表 2.6 热敏电阻测温三点法线性化的最大偏差

测温范围/℃	0～20	0～30	0～40	0～50	0～60	0～100
线性偏差/℃	0.02	0.06	0.14	0.26	0.43	1.58

一般说来，热敏电阻的阻值在几十千欧，不到 10 欧[姆]的导线电阻随温度变化的影响完全可以忽略不计. 但是必须注意元件表面的漏电，元件表面受潮后，可能使它并联进去一个与元件阻值相当的漏电电阻，因而产生较大的测温误差. 投入使用前的热敏电阻，必须在它的表面涂上较好的防潮材料.

使用热敏电阻，须特别注意电流对元件的电功率增温. 在较大的电流下，热敏电阻的负温度系数有可能导致过热失控. 电流增温使元件阻值减小的同时，将进一步增大流经的电流，并同时加大增温效应. 热敏电阻的电桥供电电压应保持在零点几伏，从图 2.12A 电桥臂 r_1 和 r_2 的电阻一般比 R_T 和 r_3 小许多，因此流经其电流显著低于流经 r_1 和 r_2 的电流. 将图 2.12B 的线路简化为图 2.13 的形式.

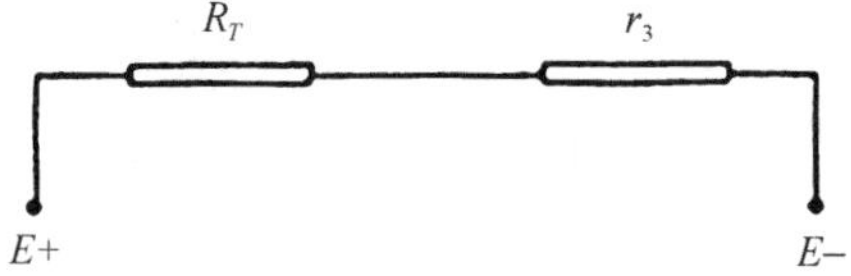

图 2.13 估算电流增温的等效电路

则加热到热敏电阻上电功率为

$$W \cong \frac{E^2}{4R_T} \tag{2.20}$$

其热量平衡方程为

$$\frac{E^2}{4R_T} = hS \cdot \Delta T \tag{2.21}$$

例如：若增温误差要求低于 0.05 ℃，静风时的散热系数取为 4×10^{-3} W/(cm^2 · ℃)，热敏电阻阻值取作 10 kΩ，散热面积为 0.15 cm^2，电桥电压应低于 1.2 V.

2.3 测温元件的热滞效应

当测温元件从一个环境迅速转移到另一个温度不同的环境时，温度表的示度不能立即指示新的环境温度，而是逐渐趋近于新的环境温度，这种现象称为温度表的热滞(或滞后)现象. 在它的示度尚未达到新的环境温度之前进行读数，就会产生误差，称做温度表的滞差. 其他各种气象要素在测量时，它的感应元件也存在同样的现象.

造成测温仪器滞后的原因有两个：一是元件与四周环境的热交换需要一个过程；二是指示系统有延迟特性(例如测量仪表的阻尼). 前者称为热滞效应，本节将讨论感温元件的热滞.

2.3.1 表示热滞的参量——热滞系数

元件在 $\mathrm{d}\tau$ 时间内与四周介质交换的热量为

$$\mathrm{d}Q = -hS\cdot(T-\theta)\mathrm{d}\tau \tag{2.22}$$

式中，T 与 θ 分别为元件和环境温度，S 为测温元件的有效散热面积，h 为热交换系数.

元件得到(或失去)热量 $\mathrm{d}Q$ 后，增温(或降温)$\mathrm{d}T$，则

$$\mathrm{d}Q = c_pM\cdot\mathrm{d}T \tag{2.23}$$

c_p 为比热，M 为元件的质量. 合并上述两式，可得

$$\frac{\mathrm{d}T}{\mathrm{d}\tau} = -\frac{hS}{c_pM}(T-\theta)$$

令 $\lambda=\dfrac{c_pM}{hS}$，则

$$\frac{\mathrm{d}T}{\mathrm{d}\tau} = -\frac{1}{\lambda}(T-\theta) \tag{2.24}$$

式中的 λ 称热滞系数，单位为秒(s). 元件的热容量越大，散热面积越小，热滞系数则越大. 热交换系数的大小则取决于环境介质的性质以及它的通风量.

2.3.2 环境温度恒定时的滞差

求解微分方程 2.24 式，设 θ 和 λ 皆为常数；并设初始条件 $\tau=0$ 时，$T=T_0$ 则

$$\frac{T-\theta}{T_0-\theta} = \mathrm{e}^{-\frac{\tau}{\lambda}} \tag{2.25}$$

从上式可见 $\tau\to\infty$ 时，$T\to\theta$；当 $\tau=\lambda$ 时，测温元件指示的温度和环境的温度的降低至初始差值 36.8%的时间.

$$\frac{T-\theta}{T_0-\theta} = \frac{1}{\mathrm{e}} \cong 0.368 \tag{2.26}$$

对两边取以 10 为底的对数，得到：

$$\lg\frac{T-\theta}{T_0-\theta} = -\frac{1}{2.3}\,\frac{\tau}{\lambda} \tag{2.27}$$

因此，示度与环境的温差达到初始差值 1/10 时，需要 2.3λ；达到 1/100 则要 4.6λ. 这就指出，一个热滞系数为 300 s 的测温元件，在初始温差 10 ℃的条件下，欲使滞差达到 0.1 ℃，则需要 1 380 s，即 23 min.

2.3.3 环境温度呈线性变化引起的滞差

环境温度如不恒定，由于测温元件的热滞，示度将会始终落后于实际温度变化. 环境升温时示度偏低，降温时示度偏高. 这里先讨论温度呈线性变化的情况.

$$\theta = \theta_0 + \beta\tau$$

其中变温率 β 等于常数，将上式代入(2.24)式求解，并设初条件 $\tau=0$ 时，$T=\theta_0$，有

$$T - \theta = -\beta\lambda\left(1 - e^{-\frac{\tau}{\lambda}}\right) \tag{2.28}$$

当 $\tau \ll \lambda$ 时，上式可简化为

$$T - \theta = -\beta\lambda \tag{2.29}$$

例如，实际气温每小时升温 3 ℃，$\beta = 1/1\,200$ ℃・s^{-1}，对一个系数小于 300 s 的元件，滞差可达 0.25 ℃；当热滞系数小于 60 s 时，滞差可达 0.05 ℃.

2.3.4 环境温度呈周期性变化时的滞差

环境温度以周期 P，振幅 A_0 呈简单的正弦变化，则

$$\theta = \theta_0 + A_0 \sin\frac{2\pi\tau}{p}$$

代入(2.24)式求解，可得

$$T = \theta_0 + Ce^{-\tau/\lambda} + \frac{A_0}{\sqrt{1+\frac{4\pi^2\lambda^2}{p^2}}}\sin\left(\frac{2\pi\tau}{p} - \tan^{-1}\frac{2\pi\lambda}{p}\right)$$

常数 C 由初始条件确定. 当 $\tau \gg \lambda$ 时，

$$T = \theta_0 + \frac{A_0}{\sqrt{1+\frac{4\pi^2\lambda^2}{p^2}}}\sin\left(\frac{2\pi\tau}{p} - \tan^{-1}\frac{2\pi\lambda}{p}\right) \tag{2.30}$$

由上式可得出下述几点结论：

① 温度表示度也呈周期为 P 的正弦变化；

② 示度的振幅 A 小于实际振幅 A_0，即

$$A = \frac{A_0}{\sqrt{1+\frac{4\pi^2\lambda^2}{p^2}}}$$

③ 示度的正弦变化位相落后，相移角为

$$\alpha = \tan^{-1}\left(\frac{2\pi\lambda}{p}\right)$$

表 2.7 列出不同的 λ/p 时所对应的衰减和位相落后.

表 2.7 温度表热滞对温度周期性变化的影响

λ/p	5	2.5	1	0.5	0.25	0.1	0.05	0.025	0.018
A/A_0	0.032	0.064	0.157	0.303	0.537	0.346	0.954	0.988	0.994
α^*	88.2	86.4	81.0	72.3	57.5	32.1	17.4	8.9	6.5

根据实际观测资料估计，1.5 m 高处百叶箱内的气温日变化可看做日振幅，一般可取作 5 ℃的周期性变化. 如果保证记录下来的日振幅误差小于 0.05 ℃，则可估计出测温元件的热滞系数应小于 2 000 s.

$$\frac{4.95}{5.00} = \left(1 + \frac{4\pi^2\lambda^2}{86\,400^2}\right)^{-\frac{1}{2}}$$

假若同时要求最高(和最低)温度出现的时刻位相落后所引起的误差不超过 5 min，则可估计出测温元件的热滞系数应保持在 300 s 以下.

$$\tan\left(360 \times \frac{5}{1\,440}\right) = \frac{2\pi\lambda}{86\,400}$$

根据上述讨论可见，进行气象观测时应规定元件的热滞系数，以求资料的可比较性以及减小测温元件的滞差. 世界气象组织对地面观测中气温测量的元件要求为：当通风速度为 5 m/s 时，热滞系数在 30～60 s 之间.

2.3.5 热滞系数和风速的关系

热滞系数和风速的实验关系为

$$\lambda = K\,(\rho v)^{-n} \tag{2.31}$$

式中，ρ 为空气密度，它和通风速度 v 的乘积称通风量. 表 2.8 列举了玻璃温度表的 λ，K 和 n 值.

表 2.8 常用温度表的热滞参数

温度表类型	球部形状	直径/cm	λ/s	v/(m/s)	K	n
玻璃水银	球形	1.12	56	4.6	117	0.48
玻璃水银	球形	1.07	50	4.6	98	0.43
玻璃酒精	球形	1.44	85	4.6	158	0.41

2.4 气温测量中的防辐射设备

由于太阳的直接辐射、地面的反射辐射以及其他各种类型的天空和地面辐射，将使测温元件的指示温度与实际气温存在差别. 在白天强日射的情况下，将使元件温度高于气温，导致较大的辐射误差. 气温测量中的关键问题是对它的辐射误差的防护. 防止辐射误差的途径有以下几种：

① 屏蔽，使太阳辐射和地面反射辐射不能直接照射到测温元件上；

② 增加元件的反射率；

③ 人工通风，促使元件散热；

④ 采用极细的金属丝元件，细丝具有较大的散热系数.

上述四种方法中,屏蔽法简单易行,使用最广泛;其次是人工通风法,不过该法多在一定的屏蔽条件下进行.不论屏蔽与否,元件和屏蔽外表面应具有较高的反射率.由于细金属丝直接暴露在空气中,线路比较复杂,维护也较困难,只在特殊观测中使用.下面列举三种常用的防辐射设备.

2.4.1 百叶箱

我国气象的百叶箱构造如图 2.14 所示,箱的四周由双层百叶窗组成,叶板与水平面成 45°倾角,箱顶和箱底由三块宽 110 mm 的木板组成,中间一块与边上两块在高度上错开,使空气能通过错缝流通.箱顶上方还有一块向后倾斜的屋顶.整个箱子涂上白漆,并经常保持清洁,使它具有良好的反射率.

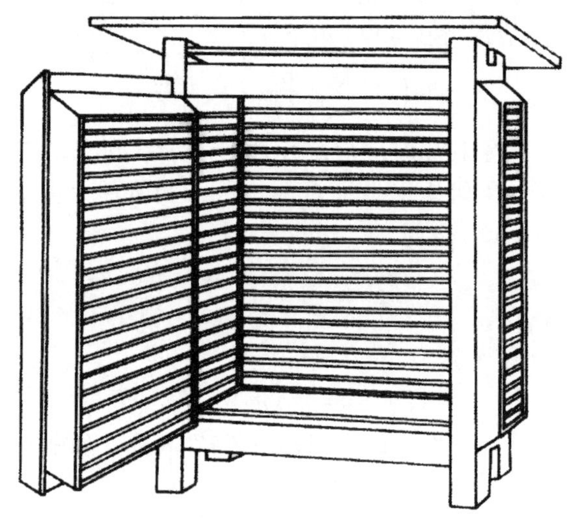

图 2.14 百叶箱

目前中国台站使用的百叶箱一套两个:较大的一个高 612 mm、宽 460 mm、深 460mm;小型百叶箱高 537 mm、宽 460 mm、深 290 mm,用于安放干湿温度表和最高、最低温度表以及毛发湿度表.

百叶箱安装在高度为 1.25 m 的架子上,箱门朝正北,箱底保持水平.

2.4.2 阿斯曼通风干湿表

通风干湿表用来测量空气的温度和湿度,内装两支温度表.温度表球部处于双层防辐射套管的中心,套管外表面电镀上具有良好反射率的铬层.仪器上部是一个通风器,它可以发条或微型电动机为动力,通风器扇叶旋转时将空气从温度表球部所处的套管口吸入,经叉管和主管流至扇叶,然后排出仪器之外,如图 2.15 所示.

整个仪器的关键部位是双层防辐射套管.在结构上必须注意下列几点:

① 内、外套管之间有隔热垫片;

② 外套管与叉管之间有隔热环;

③ 外套管表面电镀层保持高反射率;

④ 通风器吸进的空气必须先与温度表球部接触;

⑤ 保持一定的通风速度,温度表球部附近的通风速度在 2～3 m/s.

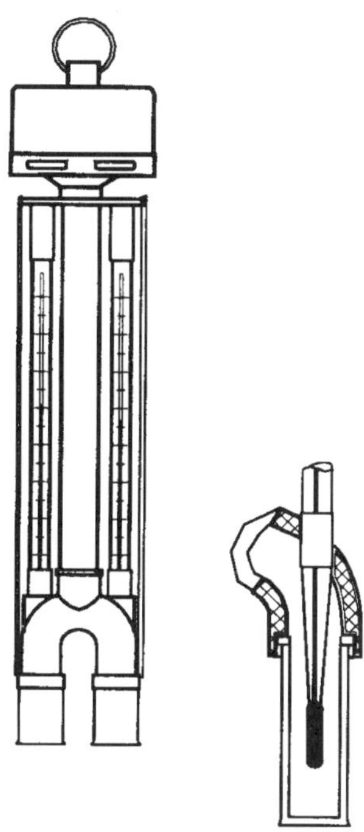

图 2.15 阿斯曼通风干湿表

2.4.3 防辐射罩

防辐射罩是一种利用自然通风，结构简单的防辐射设施，适用于野外考察，如图 2.16 所示.

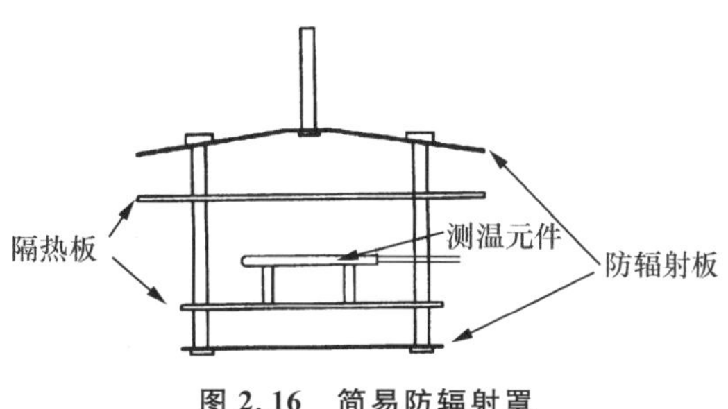

图 2.16 简易防辐射罩

罩的上板为伞形金属薄板，下为金属平板. 金属板向外的一面涂铬，使它具有良好的反射率；向里的一面涂黑，以便吸收照射到内层的辐射，不致反射到元件上. 在两块金属板之间有两块透明的有机玻璃板，测温元件安置在它们之间的夹层中. 有机玻璃板的作用是隔绝金属板上的热对流.

伞形辐射罩的缺点是，当太阳高度角较低（日出和日落）时，太阳辐射能直接照射到元件上.

在一些测温精度要求较高的观测中，常把通风管和伞形罩结合起来使用，如图 2.17 所示.

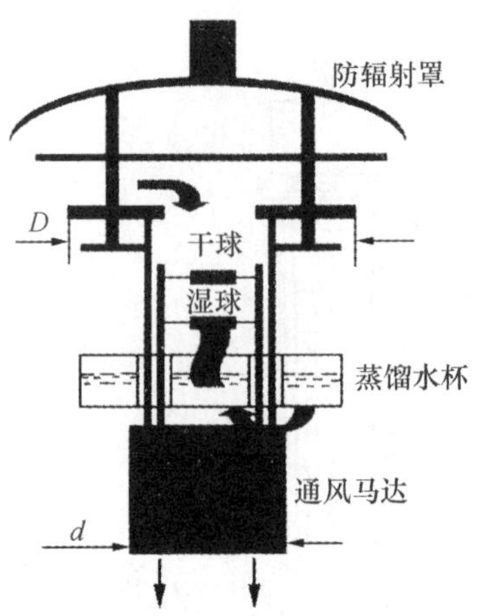

图 2.17 通风管和伞形罩结合的测温防辐射设备

通风器的搅动对自然状况有一定的破坏作用.小风时,吸入管口的气流速度将超过自然风速,破坏作用将更为显著.结合型的通风管可使吸入流速低于一般风速.设通风管的管口直径为 d,伞形罩的底板直径为 D(见图 2.17),则罩边吸入流速 v 将降低至 $v=v_0\cdot d/D$,其中 v_0 为通风管吸入流速.

另有一种性能更好的通风管防辐射装置,它将通风器置于吸入口的远端(图 2.18),这种阿斯曼通风干湿表多用于精度要求较高的微气象梯度观测.

图 2.18 微气象观测使用的通风管

任何形式的防辐射设备应尽量避免设备本身对大自然状况的破坏,降低测温元件四周的小气候差异,否则将引起测温误差.这种误差可能由三个基本因素引起:

(1) 设备外壁对辐射仍然具有一定的吸收作用,特别是在涂料老化后,吸收作用迅速加大. Fuch 和 Tanner 试验了各种常用的反射涂料,测定它们的短波吸收率 a_s 和长波吸收率 a_t(见表 2.9),表中还列举了相隔 100 余天所测的 a_s 数值.

表 2.9　各种涂料的短波和长波吸收率

涂　料	a_s(1964.4.17)	a_s(1964.8.7)	a_t(1964.8.7)
玻璃板背面涂黑	0.94	0.93	0.91
玻璃板背面镀银	0.07	0.07	0.91
镀铬铜板	0.28	0.28	0.12
铝箔	0.12	0.13	0.05
非铅烧结白瓷(TiO_2,19%)	0.24	0.28	0.91
铝化聚脂树脂	0.19	0.22	0.91

在强日射的情况下,气温测量误差会比较大. 以百叶箱为例,表 2.10 列出了在波士顿进行的两年实验结果,实验采用的百叶箱是斯蒂芬逊式(高 41.9 cm、宽 44.5 cm、深29.2 cm). 表 2.10 中所列的数值为百叶箱气温与通风干湿表的气温读数差值.

表 2.10　百叶箱气温与通风干湿表的气温读数差值

时　间	7:00	14:00	21:00
利用全部资料所得差值/℃	+0.02	+0.20	−0.14
强日射条件下所得差值/℃	+0.08	+0.40	−0.03

(2) 阻止了内外气流的交换,实际上使设备内气温的变化大大落后于箱外. 谢尔巴科娃对苏式百叶箱(即我国现阶段使用的百叶箱)内通风速度的实测表明,它只达到箱外风速的 1/3(表 2.11)

表 2.11　百叶箱内外通风速度对比结果

箱外风速/(m/s)	0.8	1.26	1.67	2.13	2.26	3.22	4.21
箱内通风/(m/s)	0.38	0.47	0.51	0.66	0.79	1.08	1.43

(3) 设备及其框架和通风器的搅动破坏了气温的垂直分布.

由于自动气象站在世界范围内的大规模的布设,为了维护方便,其温湿度的观测元件多置于一个小型的叠盘式防辐射罩内,无人工通风,类似一个迷你型的百叶箱,图 2.19 为其中的一款. 直到 20 世纪末才有人关心到它在测温时的辐射误差.

根据 Brock 等人[3]的风洞模拟的结果,在 1 080 W・m^{-2} 的强辐射下和2 m・s^{-1} 风速下,其增温误差仍然在 1 ℃上下(图 2.20).

对于这种防辐射罩,国际上对其结构、尺寸和材料还没有一个统一的技术标准,有可能使不同类型的仪器存在一定程度的系统误差. Brock 等人[3,4]的研究成果指出,至少有下列几点应予以关注:

① 罩内自然通风速度仅为罩外风速的 1/5～1/3;

② 适当加宽叠盘的间距,可避免罩内自然通风的不均匀分布;

③ 在罩内加上微弱的人工通风,可以明显减小其增温误差;

④ 增强元件表面的反射率,可以明显减小其增温误差.

图 2.19 叠盘式防辐射罩

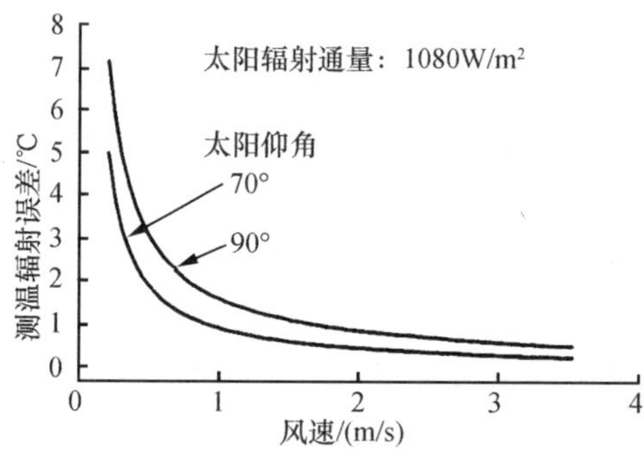

图 2.20 在强辐射下,叠盘式防辐射罩的测温误差

第三章　湿度的测量[1]

3.1　湿度的定义和单位

本节内容虽然曾在大气物理学或气象学中讨论过，但是我们这里不是简单的重复，而是从中反映与湿度测量技术的关系.

室内大气湿度测量最精确的方法是称量法(或称绝对法)，该法直接称量出湿空气样本中所含的水汽质量.因此，大气湿度能确定的量应首先定义混合比和比湿.

(1) 混合比 γ.湿空气中水汽质量 m_v 与干空气质量 m_a 之比，单位 g/kg.

$$\gamma = \frac{m_v}{m_a} \tag{3.1}$$

(2) 比湿 q.湿空气中水汽质量与湿空气总质量(干空气加水汽)之比，单位 g/kg.

$$q = \frac{m_v}{m_a + m_v} \tag{3.2}$$

(3) 绝对湿度 ρ_w.单位体积的湿空气中所含水汽的质量，单位 g/m^3.

$$\rho_w = \frac{m_v}{V} \tag{3.3}$$

(4) 水汽压 e'.多数的测湿元件直接测量的量，单位为 hPa.最初的水汽压的定义以满足道尔顿分压定律的理想气体作为理论前提，但对于湿空气中的水汽，这条定律只能近似地满足.因此当总压力为 p，混合比为 γ 时，湿空气的水汽压 e' 按(3.4)式定义只是一个近似，虽然在气象测量的范围内偏差很小.

$$e' = \frac{\gamma}{0.62198 + \gamma} \cdot p = x_{\rm v} \cdot p \tag{3.4}$$

式中，$x_{\rm v}$ 为水汽的相对摩尔数，定义为

$$x_{\rm v} = \frac{\dfrac{m_{\rm v}}{M_{\rm v}}}{\dfrac{m_{\rm a}}{M_{\rm a}} + \dfrac{m_{\rm v}}{M_{\rm v}}} = \frac{\dfrac{m_{\rm v}}{m_{\rm a}}}{\dfrac{M_{\rm v}}{M_{\rm a}} + \dfrac{m_{\rm v}}{m_{\rm a}}} = \frac{\gamma}{0.62198 + \gamma} \tag{3.5}$$

式中，M_a 和 M_v 分别为干空气和水汽的摩尔质量.

(5) 饱和水汽压 e_s.饱和水汽压应分别对水面和冰面定义.水面饱和水汽压 $e_{\rm sw}$ 是指，在固定的气压和温度下，水汽和平面纯净水面达到气液两相中性平衡时纯水蒸汽的水汽压；冰面饱和水汽压 $e_{\rm si}$ 指的是，在固定的气压和温度下，水汽和平面纯净冰面达到气固两相中性平衡时纯水蒸汽的水汽压.

饱和水汽压和绝对温度的关系符合克劳修斯-克拉贝龙方程.

$$\frac{{\rm d}e_{\rm sw}}{{\rm d}T} = \frac{\gamma}{TV} \tag{3.6}$$

$$\gamma = L + \beta,\ \beta = L\frac{v'}{v - v'} \tag{3.7}$$

公式中,L 为水的蒸发潜热;v'为液体水的比容;v 为水汽的比容. 利用精确的实验结果,3.7式可写

$$\gamma = a + bT + cT^2 + dT^3 + \cdots \tag{3.8}$$

维里的实际气体方程如(3.9)式,其中 Z 称为压缩因子.

$$e_{sw} v = \frac{R^*}{M_v} TZ \tag{3.9}$$

将(3.8)、(3.9)式代入(3.6)式积分求解,就可得到水面饱和水汽压与温度的关系式. 如代入 v'冰的比容,L 升华热与温度的实验关系式,同理可得到冰面饱和水汽压与温度的关系式:

$$\begin{aligned} Z &= 1 + B'(T)e_{sw} + C'(T)e_{sw}^2 + \cdots \\ B' &= \left[\frac{0.4086}{T} - \left(\frac{665.19}{T^2}\right) \times 10^{72\,000/T^2}\right] \times 10^{-5} \\ C' &= 2.374 \times \left[\frac{0.4086}{T} - \left(\frac{665.19}{T^2}\right) \times 10^{72\,000/T^2}\right] \times 10^{-8} \\ R^* &= 8.31432 \times 10^{-2}\ \text{hPa} \cdot \text{m}^3/(\text{mol} \cdot \text{K}) \end{aligned} \tag{3.10}$$

为了得到(3.6)式的精确结果,必须确定(3.8)、(3.9)和(3.10)式的一些常数. 目前公认最精确的结果是由 Waxler 做出的,但世界气象组织建议采用较为简单的 Goff-Gratch 公式.

纯水表面的饱和水汽压的对数为(0~100 ℃)

$$\begin{aligned} \lg e_{sw} =& 10.795\,74\left(1 - \frac{T_1}{T}\right) - 5.028\,00\lg\frac{T}{T_1} \\ &+ 1.504\,75 \times 10^{-4}\left[1 - 10^{-8.2969\left(\frac{T}{T_1}-1\right)}\right] \\ &+ 0.428\,73 \times 10^{-3}\left[10^{4.769\,55\left(1-\frac{T}{T_1}\right)} - 1\right] \\ &+ 0.786\,14 \end{aligned} \tag{3.11}$$

式中,T_1 为水的三相点温度,等于 273.16 K. 上式可用到 −50 ℃的过冷却水面,没有明显的误差.

冰面的饱和水汽压的关系式为(0~−100 ℃)

$$\begin{aligned} \lg e_{si} =& -9.096\,85\left(\frac{T_1}{T} - 1\right) - 3.566\,54\lg\frac{T_1}{T} \\ &+ 0.876\,82\left(1 - \frac{T_1}{T}\right) + 0.786\,14 \end{aligned} \tag{3.12}$$

表 3.1 和表 3.2 分别列出各个温度下的 e_{sw} 和 e_{si} 数值.

但是必须指出,公式(3.11)和(3.12)是指纯水汽对于平面水面的饱和水汽压,应用到湿空气中时还应进行适当订正. 定义在空气中,气压 p 和温度 T 下相对于水面和冰面的饱和水汽压为 e'_{sw} 和 e'_{si}

$$e'_{sw} = \frac{\gamma_{sw}}{0.621\,98 + \gamma_{sw}} p \tag{3.13}$$

$$e'_{si} = \frac{\gamma_{si}}{0.621\,98 + \gamma_{si}} p \tag{3.14}$$

式中,γ_{sw} 和 γ_{si} 分别代表湿空气对水面和冰面的饱和混合比,e'_{sw} 和 e'_{si} 称做有效饱和水汽压,

并定义为

$$e'_{sw}/e_{sw} = f_w(p,T)$$
$$e'_{si}/e_{si} = f_i(p,T)$$

比值 f_w 和 f_i 是 p 和 T 的函数. 表 3.3 给出它们的数值. 在气象测量的范围内，f 值可以认为等于 1，误差在 0.5%之内，但较(3.4)式的近似误差要大.

(6) 相对湿度 U_w. 压力为 p、温度为 T 的湿空气，其水汽压 e' 与水面饱和水汽压 e'_{sw} 的比值的百分数.

$$U_w = \frac{100}{100}\left(\frac{e'}{e'_{sw}}\right)_{p,T} \tag{3.15}$$

(7) 露点温度 T_d 和霜点温度 T_f. 热力学中，温度为 T，混合比为 γ 的湿空气，维持气压 p 不变冷却至 T_d，使其对水面达到饱和，即此时温度 T_d 为露点温度，即

$$\frac{\gamma(p,T)}{\gamma_{sw}(p,T_d)} = 1$$

倘若冷却至 T_f，对冰面达到饱和时的温度 T_f 为霜点温度，即

$$\frac{\gamma(p,T)}{\gamma_{si}(p,T_f)} = 1$$

表 3.1 水面饱和水汽压与温度的关系

t/℃	0.0	0.1	0.2	0.3	0.4	0.5	0.6	0.7	0.8	0.9
	单位：0.1 hPa									
−50	0.6354									
−49	0.7222	0.7041	0.6962	0.6883	0.6805	0.6728	0.6652	0.6576	0.6501	0.6427
−48	0.7973	0.7884	0.7796	0.7708	0.7622	0.7536	0.7452	0.7368	0.7285	0.7203
−47	0.8916	0.8817	0.8719	0.8623	0.8527	0.8432	0.8339	0.8246	0.8154	0.8063
−46	0.9959	0.9850	0.9742	0.9635	0.9529	0.9424	0.9320	0.9218	0.9116	0.9015
	单位:hPa									
−45	0.1111	0.1099	0.1087	0.1075	0.1064	0.1052	0.1041	0.1029	9.1018	0.1007
−44	0.1238	0.1225	0.1212	0.1199	0.1186	0.1173	0.1161	0.1148	0.1136	0.1123
−43	0.1379	0.1364	0.1350	0.1335	0.1321	0.1307	0.1293	0.1279	0.1265	0.1252
−42	0.1533	0.1517	0.1501	0.1485	0.1470	0.1454	0.1439	0.1424	0.1409	0.1394
−41	0.1704	0.1686	0.1668	0.1651	0.1634	0.1617	0.1600	0.1583	0.1566	0.1550
−40	0.1891	0.1871	0.1852	0.1833	0.1814	0.1795	0.1776	0.1758	0.1740	0.1722
−39	0.2097	0.2075	0.2054	0.2033	0.2012	0.1991	0.1971	0.1951	0.1931	0.1911
−38	0.2322	0.2299	0.2276	0.2252	0.2230	0.2207	0.2184	0.2162	0.2140	0.2118
−37	0.2570	0.2544	0.2519	0.2493	0.2468	0.2443	0.2419	0.2394	0.2370	0.2346
−36	0.2841	0.2813	0.2785	0.2757	0.2730	0.2702	0.2675	0.2649	0.2622	0.2596
−35	0.3138	0.3107	0.3976	0.3046	0.3016	0.2986	0.2957	0.2927	0.2898	0.2870
−34	0.3463	0.3429	0.3395	0.3362	0.3329	0.3297	0.3264	0.3232	0.3201	0.3169
−33	0.3817	0.3780	0.3744	0.3708	0.3672	0.3636	0.3601	0.3566	0.3531	0.3497
−32	0.4204	0.4164	0.4124	0.4085	0.4045	0.4007	0.3968	0.3930	0.3892	0.3854
−31	0.4627	0.4583	0.4539	0.4496	0.4453	0.4411	0.4369	0.4327	0.4286	0.4245

（续表）

t/℃	0.0	0.1	0.2	0.3	0.4	0.5	0.6	0.7	0.8	0.9
−30	0.5087	0.5039	0.4992	0.4945	0.4898	0.4852	0.4806	0.4761	0.4716	0.4671
−29	0.5508	0.5536	0.5484	0.5433	0.5382	0.5332	0.5282	0.5233	0.5184	0.5135
−28	0.6133	0.6076	0.6020	0.5965	0.5909	0.5855	0.5800	0.5747	0.5693	0.5640
−27	0.6726	0.6664	0.6603	0.6543	0.6483	0.6423	0.6364	0.6306	0.6248	0.6190
−26	0.7369	0.7303	0.7236	0.7171	0.7105	0.7041	0.6977	0.6913	0.6850	0.6788
−25	0.8068	0.7995	0.7924	0.7852	0.7782	0.7712	0.7642	0.7573	0.7505	0.7437
−24	0.8826	0.8747	0.R669	0.8592	0.8515	0.8439	0.8364	0.8289	0.8215	0.8141
−23	0.9647	0.9562	0.9477	0.9393	0.9310	0.9228	0.9146	0.9065	0.8985	0.8905
−22	1.0536	1.0444	1.0352	1.0261	1.0172	1.0082	0.9994	0.9906	0.9819	0.9732
−21	1.1498	1.1398	1.1299	1.1201	1.1104	1.1007	1.0911	1.0816	1.0722	1.0628
−20	1.2538	1.2430	1.2323	1.2217	1.2112	1.2007	1.1904	1.1801	1.1699	1.1598
−19	1.3661	1.3545	1.3430	1.3315	1.3201	1.3089	1.2977	1.2866	1.2755	1.2646
−18	1.4874	1.4749	1.4624	1.4501	1.4378	1.4256	1.4135	1.4016	1.3897	1.3778
−17	1.6183	1.6048	1.5913	1.5780	1.5648	1.5516	1.5386	1.5257	1.5128	1.5001
−16	1.7594	1.7448	1.7303	1.7160	1.7017	1.6875	1.6735	1.6595	1.6457	1.6320
−15	1.9114	1.8957	1.8801	1.8646	1.8493	1.8340	1.8189	1.8038	1.7889	1.7741
−14	2.0751	2.0582	2.0414	2.0247	2.0082	1.9917	1.9754	1.9593	1.9432	1.9273
−13	2.2512	2.2330	2.2149	2.1970	2.1792	2.1615	2.1440	2.1266	2.1093	2.0921
−12	2.4405	2.4209	2.4015	2.3822	2.3631	2.3441	2.3252	2.3065	2.2879	2.2695
−11	2.6438	2.6228	2.6020	2.5813	2.5607	2.5403	2.5201	2.4999	2.4800	2.4601
−10	2.8622	2.8397	2.8173	2.7951	2.7730	2.7511	2.7293	2.7077	2.6863	2.6650
−9	3.0965	3.0724	3.0484	3.0245	3.0008	2.9773	2.9540	2.9308	2.9078	2.8849
−8	3.3470	3.3219	3.2962	3.2706	3.2452	3.2200	3.1950	3.1701	3.1454	3.1209
−7	3.6171	3.5893	3.5618	3.5344	3.5072	3.4802	3.4533	3.4267	3.4002	3.3739
−6	3.9055	3.8758	3.8463	3.8169	3.7878	3.7589	3.7301	3.7016	3.6732	3.6451
−5	4.2142	4.1824	4.1508	4.1194	4.0882	4.0573	4.0265	3.9959	3.9656	3.9355
−4	4.5444	4.5104	4.4766	4.4430	4.4097	4.3765	4.3436	4.3109	4.2785	4.2462
−3	4.8974	4.8610	4.8249	4.7890	4.7534	4.7180	4.6028	4.6478	4.6131	4.5786
−2	5.2745	5.2357	5.1971	5.1588	5.1207	5.0829	5.0453	5.0079	4.9708	4.9340
−1	5.6772	5.6358	5.5946	5.5536	5.5130	5.4726	5.4325	5.3926	5.3530	5.3136
−0	6.1070	6.0627	6.0188	5.9751	5.9317	5.8886	5.8458	5.8032	5.7609	5.7189
0	6.1070	6.1515	6.1963	6.2414	6.2868	6.3324	6.3784	6.4247	6.4712	6.5181
1	6.5653	6.6127	6.6605	6.7086	6.7570	6.8057	6.8547	6.9040	6.9536	7.0035
2	7.0538	7.1044	7.1553	7.2065	7.2581	7.3099	7.3621	7.4247	7.4675	7.5207
3	7.5743	7.6281	7.6823	7.7369	7.7918	7.8470	7.9026	7.9585	8.0148	8.0714
4	8.2284	8.1858	8.2435	8.3015	8.3599	8.4187	8.4778	8.5374	8.5972	8.6575

（续表）

t/℃	0.0	0.1	0.2	0.3	0.4	0.5	0.6	0.7	0.8	0.9
5	8.7181	8.7791	8.8405	8.9023	8.9674	9.0269	9.0898	9.1531	9.2168	9.2808
6	9.3453	9.4102	9.4754	9.5411	9.6071	9.6736	9.7405	9.8077	9.8754	9.9435
7	10.012	10.081	10.220	10.290	10.361	10.432	10.432	10.503	10.575	10.648
8	10.720	10.794	10.867	10.941	11.016	11.091	11.166	11.242	11.319	11.395
9	11.473	11.550	11.628	11.707	11.786	11.866	11.946	12.026	12.107	12.189
10	12.271	12.353	12.436	12.520	12.688	12.604	12.773	12.858	12.944	13.031
11	13.118	13.205	13.293	13.382	13.471	13.560	13.650	13.741	13.832	13.923
12	14.016	14.108	14.202	14.295	14.390	14.485	14.580	14.676	14.772	14.870
13	14.967	15.065	15.164	15.263	15.363	15.464	15.565	15.667	15.769	15.872
14	15.975	16.079	16.184	16.289	16.395	16.501	16.608	16.716	16.824	16.933
15	17.042	17.152	17.263	17.374	17.486	17.599	17.712	17.826	17.940	18.055
16	18.171	18.288	18.405	18.522	18.641	18.760	18.880	19.000	19.121	19.243
17	19.365	19.48R	19.612	19.737	19.862	19.988	20.114	20.242	20.370	20.498
18	20.628	20.758	20.889	21.020	21.153	21.286	21.419	21.554	21.689	21.825
19	21.962	22.099	22.238	22.376	22.516	22.657	22.798	22.940	23.083	23.226
20	23.371	23.516	23.662	23.809	23.956	24.104	24.254	24.404	24.554	24.706
21	24.858	25.011	25.165	25.320	25.476	25.633	25.790	25.948	26.107	26.267
22	26.428	26.590	26.752	26.915	27.080	27.245	27.411	27.577	27.745	27.914
23	28.083	28.254	28.425	28.597	28.771	28.945	29.120	29.296	29.472	29.650
24	29.829	30.009	30.189	30.371	30.553	30.737	30.921	31.106	31.293	31.480
25	31.668	31.858	32.048	32.239	32.431	32.624	32.819	33.014	33.210	33.407
26	33.606	33.805	34.005	34.207	34.409	34.613	34.817	35.023	35.229	35.437
27	35.646	35.856	36.067	36.279	36.492	36.706	36.921	37.137	37.355	37.573
28	37.793	38.014	38.236	38.459	38.683	38.908	39.135	39.362	39.591	39.821
29	40.052	40.284	40.517	40.752	40.988	41.225	41.463	41.702	41.943	42.184
30	42.427	42.671	42.917	43.163	43.411	43.660	43.910	44.162	44.415	44.669
31	44.924	45.181	45.439	45.698	45.958	46.220	46.483	46.747	47.013	47.280
32	47.548	47.817	48.088	48.360	48.634	48.909	49.185	49.463	49.741	50.022
33	50.303	50.587	50.871	51.157	51.444	51.732	52.022	52.314	52.607	52.901
34	53.197	53.494	53.792	54.092	54.394	54.697	55.001	55.307	55.614	55.923
35	56.233	56.545	56.858	57.173	57.489	57.807	58.126	58.447	58.769	59.093
36	59.418	59.745	60.074	60.404	60.735	61.069	61.404	61.740	62.078	62.417
37	62.759	63.101	63.446	63.792	64.140	64.489	64.840	65.193	65.547	65.903
38	66.260	66.620	66.981	67.343	67.708	68.074	68.441	68.811	69.182	69.555
39	69.930	70.306	70.6n4	71.064	71.446	71.829	72.214	72.601	72.990	73.381
40	73.773	74.168	74.564	74.961	75.361	75.763	76.166	76.571	76.978	77.387
41	77.798	78.211	78.625	79.042	79.460	79.880	80.303	80.727	81.153	81.581
42	82.011	82.443	82.876	83.312	83.750	84.190	84.632	85.075	85.521	85.969
43	66.4i9	86.870	87.32b	87.78Q	85.238	88.698	89.160	89.624	90.091	90.555
44	91.029	91.502	91.976	92.453	92.932	93.413	93.896	94.381	94.869	95.358

（续表）

t/℃	0.0	0.1	0.2	0.3	0.4	0.5	0.6	0.7	0.8	0.9
45	95.850	96.344	96.840	97.339	97.839	98.342	98.847	99.354	99.863	100.38
46	100.89	101.41	101.92	102.44	102.97	103.49	104.02	104.55	105.08	105.62
47	106.15	106.69	107.24	107.78	108.33	108.87	109.43	109.98	110.53	111.09
48	111.65	112.22	112.78	113.35	113.92	114.49	115.07	115.65	116.23	116.01
49	117.40	117.98	118.57	119.17	119.76	120.36	120.96	121.56	122.17	122.78
50	123.39	124.00	124.62	125.24	125.86	126.48	127.11	127.74	128.37	129.01

表 3.2　冰面饱和水汽压与温度的关系

t/℃	0.0	0.1	0.2	0.3	0.4	0.5	0.6	0.7	0.8	0.9
	单位：0.00001 hPa									
−100	1.4020									
−99	1.7174	1.6830	1.6494	1.6163	1.5B39	1.5521	1.5209	1.4903	1.4603	1.4309
−98	2.0989	2.0574	2.0167	1.9767	1.9375	1.8991	1.8613	1.8243	1.7880	1.7523
−97	2.5594	2.5094	2.4603	2.4121	2.3648	2.3184	2.2728	2.2281	2.1842	2.1411
−96	3.1160	3.0538	2.9948	2.9367	2.8798	2.9239	2.7690	2.7151	2.6622	2.6103
−95	3.7807	3.7084.	3.6374	3.5677	3.4993	3.4321	3.3662	3.3014	3.2378	3.1753
−94	4.5802	4.4936	4.4086	4.3250	4.2430	4.1624	4.0833	4.0055	3.9292	3.8543
−93	5.5373	5.4337	5.3319	5.2320	5.1338	5.0374	4.9426	4.8496	4.7582	4.6684
−92	6.6804	6.5568	6.4353	6.3160	6.1988	6.0836	5.9704	5.8592	5.7500	5.6427
−91	8.0432	7.8960	7.7513	7.6091	7.6693	7.3320	7.1971	7.0645	6.9342	6.8062
−90	9.6646	9.4896	9.3175	9.1484	8.9822	8.8189	8.6583	8.5005	8.3454	8.1930
−89	11.590	11.382	11.178	10.977	10.780	10.586	10.396	10.208	10.024	9.843
−88	13.872	13.626	13.384	13.147	12.913	12.683	12.457	12.235	12.016	11.801
−87	16.572	16.281	15.995	15.714	15.438	15.166	14.898	14.635	14.377	14.122
−86	19.760	19.417	19.080	17.748	18.421	18.100	17.784	17.474	17.168	16.868
−85	23.518	23.114	22.717	22.326	21.961	21.562	21.190	20.824	20.463	20.109
−84	27.940	27.465	26.998	26.538	26.085	25.640	25.20Z	24.770	24.346	23.929
−83	33.134	32.576	32.028	31.488	30.956	30.433	29.918	29.412	29.915	28.423
−82	39.224	38.571	37.928	37.295	36.672	36.059	35.455	34.861	34.Z76	33.700
−81	46.353	45.589	44.837	44.096	43.367	42.649	41.942	41.247	40.562	39.888
−80	54.684	53.792	52.913	52.068	51.196	50.357	49.532	48.718	47.918	47.129
−79	64.404	63.364	62.340	61.330	60.337	59.358	58.394	57.445	56.511	55.591
−78	75.727	74.516	73.323	72.148	70.991	69.851	68.728	67.622	66.533	65.461
−77	88.894	87.486	86.100	84.734	63.389	82.063	80.757	79.471	78.204	76.956
−76	104.18	102.55	100.94	99.355	97.793	96.254	94.738	93.244	91.772	90.322
	单位：0.001 hPa									
−75	1.2191	1.2002	1.1815	1.1631	1.1450	1.1272	1.1096	1.0923	1.0752	1.0584
−74	1.4243	1.4024	1.3808	1.3595	1.3386	1.3179	1.Z976	1.2775	1.2578	1.2383
−73	1.6614	1.6361	1.6112	1.5866	1.5624	1.5386	1.S150	1.4918	1.4690	1.4465
−72	1.9351	1.9060	1.8772	1.8489	1.8209	1.7934	1.7662	1.7395	1.7131	1.6871
−71	2.2506	2.2170	2.1839	2.1512	2.1190	2.0873	2.0560	2.0251	1.9947	1.9647

（续表）

t/℃	0.0	0.1	0.2	0.3	0.4	0.5	0.6	0.7	0.8	0.9
−70	2.6136	2.5749	2.5368	2.4993	2.4622	2.6257	2.3897	2.3542	2.3191	2.2846
−69	3.0307	2.9863	2.9426	2.8995	2.8569	2.8149	2.7735	2.7327	2.6924	2.6527
−68	3.5094	3.4585	3.4084	3.3589	3.3100	3.2619	3.2144	3.1675	3.1213	3.0757
−67	4.0580	3.9997	3.9423	3.8856	3.8296	3.7744	3.7200	3.6662	3.6133	3.5610
−66	4.6858	6.6192	4.5554	4.4886	4.4245	4.3614	4.Z991	4.2376	4.1769	4.1171
−65	5.4034	5.3273	5.2521	5.178C	5.1049	5.0327	6.9615	4.8912	4.8218	4.7534
−64	6.2224	6.1356	6.0499	5.9653	5.8818	5.7994	5.7181	5.6379	5.5587	5.4805
−63	7.1560	7.0571	6.9595	6.8631	6.7679	6.6740	6.5813	6.4898	6.3995	6.3104
−62	8.2189	8.1064	7.9952	7.8855	7.7772	7.6703	7.5648	7.4606	7.3578	7.2562
−61	9.4275	9.2996	9.1733	9.0486	8.9255	8.8039	8.6839	8.5654	8.4484	6.3329
−60	10.800	10.655	10.511	10.370	10.230	10.092	9.9557	9.8211	9.6882	9.5570
−59	12.357	12.192	12.029	11.869	11.710	11.554	11.399	11.267	11.096	10.947
−58	14.120	13.934	13.790	13.568	13.38B	13.211	13.036	12.863	12.69Z	12.513
−57	16.115	15.905	15.693	15.491	15.286	15.087	14.889	14.693	14.500	14.309
−56	18.371	18.133	17.897	17.665	17.436	17.209	16.985	16.763	16.545	16.329
−55	20.916	20.648	20.382	20.120	19.861	19.605	19.352	19.102	18.855	18.612
−54	23.787	23.484	23.185	22.889	22.597	22.309	22.024	21.742	21.463	21.188
−53	27.020	26.679	26.342	26.010	25.681	25.356	25.036	26.717	26.403	26.093
−52	30.657	30.274	29.895	29.521	29.151	20.785	28.424	28.067	27.714	27.365
−51	34.745	34.314	33.889	33.468	33.053	32.642	32.236	31.834	31.437	31.045
−50	39.334	38.851	38.373	37.901	37.435	36.973	36.517	36.066	35.621	35.180
−49	44.479	43.938	43.403	42.874	42.350	41.833	41.322	40.816	40.316	39.822
−48	50.244	49.638	49.038	48.446	47.860	47.280	46.707	46.141	45.581	45.027
−47	56.694	56.016	55.346	54.683	54.027	53.379	52.738	52.104	51.477	50.857
−46	63.905	63.147	62.990	61.657	60.924	60.200	59.483	58.774	58.073	57.300
−45	71.958	71.112	70.276	69.440	68.630	67.821	67.020	66.229	65.445	64.671
−44	80.942	77.999	79.066	78.143	77.230	76.327	75.434	74.551	73.677	72.813
−43	90.954	89.904	88.865	87.836	86.819	85.813	84.818	83.833	82.859	81.895
	单位：hPa									
−42	0.1021	0.1009	0.0998	0.0986	0.0975	0.0964	0.0953	0.0942	0.0931	0.0920
−41	0.1145	0.1192	0.1119	0.1106	0.1094	0.1001	0.1069	0.1057	0.1045	0.1033
−40	0.1283	0.1268	0.1254	0.1240	0.1226	0.1212	0.1198	0.1185	0.1171	0.1158
−39	0.1436	0.1420	0.1404	0.1388	0.1373	0.1357	0.1342	0.1327	0.1312	0.1297
−38	0.1606	0.1588	0.1570	0.1553	0.1536	0.1519	0.1502	0.2485	0.1468	0.1452
−37	0.1794	0.1774	0.1755	0.1735	0.1716	0.1697	0.1679	0.1660	0.1642	0.1624
−36	0.2002	0.1980	0.1959	0.1937	0.1916	0.1895	0.1874	0.1854	0.1834	0.1814

（续表）

t/℃	0.0	0.1	0.2	0.3	0.4	0.5	0.6	0.7	0.8	0.9
−35	0.2232	0.2200	0.2184	0.2161	0.2137	0.2114	0.2091	0.2069	0.2046	0.2024
−34	0.2487	0.2460	0.2434	0.2408	0.2362	d.2356	0.2331	0.2306	0.2281	0.2257
−33	0.2768	0.2730	0.2710	0.2681	0.2652	0.2624	0.2596	0.2560	0.2541	0.2514
−32	0.3078	0.3046	0.3011	0.2982	0.2951	0.2919	0.2889	0.2858	0.2020	0.2798
−31	0.3420	0.3385	0.3349	0.3314	0.3280	0.3245	0.3211	0.3178	0.3144	0.3111
−30	0.3797	0.3758	0.3719	0.3680	0.3642	0.3604	0.3567	0.3530	0.3493	0.3456
−29	0.4212	0.4168	0.4126	0.4083	0.4041	0.4000	0.3958	0.3917	0.3877	0.3837
−28	0.4668	0.4620	0.4573	0.4526	0.4480	0.4434	0.4389	0.4344	0.4300	0.4255
−27	0.5169	0.5116	0.5065	0.5013	0.4963	0.4912	0.4862	0.4813	0.4764	0.4716
−26	0.5719	0.5661	0.5604	0.5548	0.5492	0.5437	0.5382	0.5328	0.5275	0.5221
−25	0.6322	0.6259	0.6197	0.6135	0.6074	0.6013	0.5953	0.5894	0.5835	0.5776
−24	0.6983	0.6914	0.6846	0.6779	0.6712	0.6645	0.6579	0.6514	0.6449	0.6385
−23	0.7708	0.7632	0.7556	0.7483	0.7410	0.7337	0.7265	0.7194	0.7123	0.7053
−22	0.8501	0.8418	0.8336	0.8255	0.8175	0.8095	0.8016	0.7938	0.7861	0.7784
−21	0.9368	0.9277	0.9188	0.9099	0.9012	0.8924	0.8838	0.8753	0.8668	0.8584
−20	1.0315	1.0217	1.0119	1.0022	0.9926	0.9031	0.9737	0.9643	0.9551	0.9459
−19	1.1350	1.1243	1.1136	1.1030	1.0925	1.0821	1.0718	1.0616	1.0515	1.0415
−18	1.2479	1.2362	1.2246	1.2130	1.2016	1.1903	1.1790	1.1679	1.1568	1.1459
−17	1.3711	1.3563	1.3456	1.3330	1.3205	I.3082	1.2959	1.2838	1.2717	1.2596
−16	1.5053	1.4913	1.4775	1.4638	1.4502	1.4367	1.4234	1.4101	1.3970	1.3840
−15	1.6514	1.6362	1.6212	1.6062	1.5914	1.5768	1.5622	1.5478	1.5335	1.5193
−14	1.8104	1.7939	1.7775	1.7613	1.7452	1.7292	1.7134	1.6977	1.6821	1.6667
−13	1.9833	1.9653	1.9475	1.9299	1.9124	1.8950	1.8778	I.8607	1.8438	1.8270
−12	2.1712	2.1517	2.1323	2.1132	2.0941	2.0753	2.0566	2.0380	2.0196	2.0014
−11	2.3752	2.3540	2.3330	2.3122	2.2916	2.2711	2.2508	2.2306	2.2106	2.1908
−10	2.5966	2.5737	2.5509	2.5283	2.5059	2.4837	2.4616	2.4397	2.4180	2.3965
−9	2.8368	2.8119	2.7872	2.7627	2.7384	2.7143	2.6903	2.6666	2.6431	2.6198
−8	3.0970	3.0700	3.0433	1.0167	2.9904	2.9643	2.9384	2.9126	2.8871	2.8618
−7	3.3989	3.3497	3.3207	3.2920	9.2634	9.2352	3.2071	3.1792	3.1516	3.1242
−6	3.6840	3.6524	3.6211	3.5899	3.5591	3.5285	3.4981	3.4679	3.4380	3.4083
−5	4.0141	1.9799	3.9460	3.9123	3.8790	3.8458	3.8130	3.7803	3.7480	3.7159
−4	4.3709	4.3340	4.2973	4.2610	4.2249	4.1890	4.1535	4.1182	4.0833	4.0485
−3	4.7564	4.7165	4.6769	4.6377	4.5987	4.5600	4.5216	4.4835	4.4457	4.4081
−2	5.1727	5.1296	5.0869	5.0445	5.0024	4.9606	4.9191	4.8780	4.8372	4.7966
−1	5.6219	5.5754	5.5293	5.4836	5.4381	5.3931	5.3483	5.3039	5.2598	5.2161
0	6.1064	6.0563	6.0065	5.9572	5.9082	5.8596	5.9113	5.7634	5.7159	5.6687

表 3.3 水面和冰面饱和水汽压对湿空气饱和水汽压的比值(f_w 和 f_i)

f_w											
	5	10	30	50	100	200	300	500	700	900	1 100
	p/hPa										
t/℃											
−50	1.0000	1.0001	1.0002	1.0003	1.0006	1.0012	1.0018	1.0030	1.0042	1.0053	1.0065
−40	1.0001	1.0001	1.0002	1.0003	1.0006	1.0011	1.0017	1.0028	1.0038	1.0049	1.0060
−30	1.0001	1.0001	1.0002	1.0003	1.0006	1.0011	1.0016	1.0026	1.0036	1.0046	1.0955
−20	1.0001	1.0002	1.0003	1.0004	1.0006	1.0011	1.0015	1.0024	1.0034	1.0043	1.0052
−10	1.0001	1.0002	1.0004	1.0005	1.0007	1.0011	1.0015	1.0024	1.0032	1.0041	1.0049
0		1.0002	1.0005	1.0006	1.0008	1.0012	1.0016	1.0024	1.0032	1.0040	1.0047
10					1.0010	1.0014	1.0018	1.0025	1.0032	1.0040	1.0047
20					1.0012	1.0016	1.0020	1.0027	1.0034	1.0041	1.0048
30							1.0023	1.0030	1.0037	1.0044	1.0050
40							1.0026	1.0034	1.0041	1.0048	1.0054
50								1.0037	1.0045	1.0052	1.0059
60									1.0048	1.0056	1.0064
f_i											
	5	10	30	50	100	200	300	500	700	900	1100
	p/hPa										
t/℃											
−100	1.0001	1.0001	1.0003	1.0005	1.0010	1.0020	1.0030				
−90	1.0000	1.0001	1.0003	1.0004	1.0009	1.0018	1.0027	1.0045			
−80	1.0000	1.0001	1.0002	1.0004	1.0008	1.0016	1.0024	1.0040	1.0057	1.0073	1.0089
−70	1.0000	1.0001	1.0002	1.0004	1.0007	1.0015	1.0022	1.0036	1.0051	1.0066	1.0080
−60	1.0000	1.0001	1.0002	1.0003	1.0007	1.0013	1.0020	1.0033	1.0046	1.0059	1.0073
−50	1.0000	1.0001	1.0002	1.0003	1.0006	1.0012	1.0018	1.0030	1.0042	1.0054	1.0066
−40	1.0001	1.0001	1.0002	1.0003	1.0006	1.0011	1.0017	1.0028	1.0039	1.0050	1.0061
−30	1.0001	1.0001	1.0002	1.0003	1.0006	1.0011	1.0016	1.0026	1.0036	1.0046	1.0056
−20	1.0001	1.0002	1.0003	1.0004	1.0006	1.0011	1.0015	1.0024	1.0034	1.0043	1.0052
−10	1.0001	1.0002	1.0004	1.0005	1.0007	1.0011	1.0015	1.0024	1.0033	1.0041	1.0050
0		1.0002	1.0005	1.0006	1.0008	1.0012	1.0016	1.0024	1.0032	1.0040	1.0048

3.2 干湿球湿度表

3.2.1 基本原理

干湿球湿度表的全套仪器由两支温度表构成(图 3.1)：一支温度表的球部包扎着纱布，用蒸馏水湿润后，所指示的温度称湿球温度 t_w；另一支温度表用来测量空气温度 t，称干球温度表.

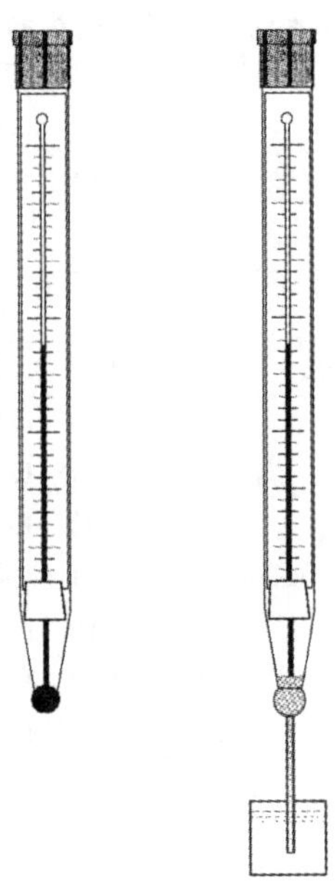

图 3.1 干湿球湿度表

由于蒸发，湿球表面不断地消耗蒸发潜热，使湿球温度下降；同时由于气温与湿球的温差使四周空气与湿球产生对流热交换. 在稳定平衡的条件下，蒸发支出的热量将等于与四周空气热交换得到的热量.

单位时间通过单位面积的空气与湿球对流热交换传递给湿球的热量为

$$Q = h(T - T_w) \tag{3.16}$$

式中，h 为热扩散系数.

单位时间通过单位湿球面积蒸发水分的质量为

$$M = k[\gamma_s(T_w) - \gamma]$$

式中，γ 为空气的混合比，$\gamma_s(T_w)$ 为湿球温度等于 T_w 时的饱和混合比；k 为水汽扩散系数. 因此，湿球蒸发消耗的热量为

$$Q_m = KL(T_w)\,[\gamma_s(T_w) - \gamma] \tag{3.17}$$

在湿球未结冰时，$L(T_w)$ 为水的蒸发潜热，$\gamma_s(T_w)$ 为湿球温度下水面的饱和混合比；当湿球结冰时，$L(T_w)$ 则为冰的升华热，$\gamma_s(T_w)$ 为湿球温度下冰面的饱和混合比.

令 $Q=Q_m$，并设 $\gamma\approx 0.622\times e/p$，$\gamma_s(T_w)\approx 0.622\times e_s(T_w)/p$，可得到湿度计算公式：

$$e = e_s(T_w) - Ap(T - T_w) \tag{3.18}$$

其中，$A=\dfrac{1}{0.622L(T_w)}\cdot\dfrac{h}{k}$，称做干湿球湿度表系数，可近似取为 6.2×10^{-4}.

3.2.2 干湿球湿度表系数的特性

Monteith 从热量和质量交换的相似理论出发，在不考虑蒸发潜热与 T_w 关系的情况下，得到 A 与风速 u 和湿球直径 d 的微弱关系（见表 3.4）.

Harrison 利用理想的开放系统的热力学内焓守恒原理，得到 A 为 6.465×10^{-4}. Wylie 和 Lalas[2] 在 1981 年研制的标准干湿球湿度表仪器. 他们所提出的 A 如表 3.5 所示（摘录原文部分数据），也可认为 A 在 6.20×10^{-4} 上下.

表 3.4　A 与湿球直径 d 以及通风风速 u 的关系

d/cm	u/(m/s)			
	10	50	100	300
	$A(\times10^{-4})$			
0.01	6.15	6.15	6.19	6.19
0.1	6.15	6.19	6.24	6.24
0.5	6.19	6.24	6.24	6.24

表 3.5　Wylie 标准干湿表 $A\times10^{-4}$(K^{-1})值(u=4.5 m/s)

p/hPa	t/℃	相对湿度 U_w(%)					
		0	20	40	60	80	100
1000	0	6.11	6.11	6.12	6.13	6.14	6.14
	20	6.19	6.20	6.21	6.22	6.22	6.22
	40	6.23	6.24	6.22	6.19	6.14	6.09
800	0	6.13	6.14	6.15	6.15	6.16	6.17
	20	6.20	6.22	6.23	6.23	6.23	6.22
	40	6.25	6.25	6.21	6.16	6.09	6.02
600	0	6.16	6.17	6.18	6.19	6.20	6.20
	20	6.23	6.25	6.25	6.25	6.24	6.23
	40	6.28	6.26	6.19	6.10	6.00	5.88

(1) 由表可见,A 是一个变动很小的常数.但是根据实验结果,下述现象值得注意:

① A 随风速变化很大,风速小时数值较大,随风速的增加而迅速减小.当风速超过 3 m/s时,A 的变化很小,逐渐接近理论值(或称临界值).

② 不同类型的温度表的 A 有差异,但在高风速时差异很小.

③ 元件的特征直径 d 越小,A 随风速的变化越不明显,即在低风速时就可较早地趋近于临界值.

图 3.2 给出我国百叶箱内所用的 HM-5 型通风干湿表的 A 与通风风速的关系曲线(曲线 A),图中同时给出 Wylie 的关系曲线(曲线 W).

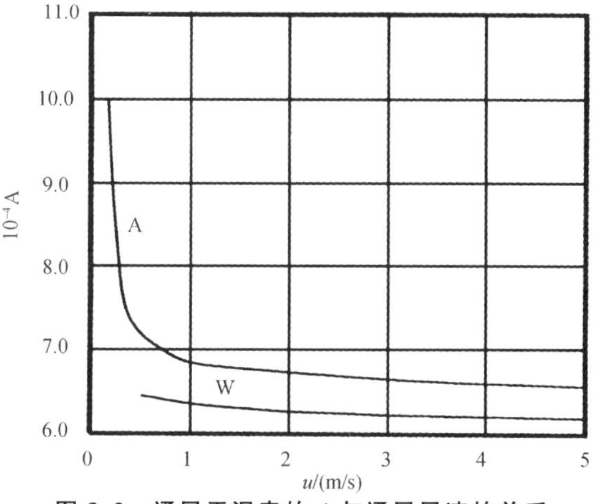

图 3.2　通风干湿表的 A 与通风风速的关系

上述现象存在的主要原因是，在推导(3.18)式时忽略了湿球温度表与空气之间的辐射热交换 Q_R.

$$Q_R \approx 4\sigma T_w 3(T-T_w) \approx h_R(T-T_w) \tag{3.19}$$

(2) 考虑到辐射热交换 Q_R，整个湿球温度表的热交换过程将在蒸发消耗潜热与辐射热交换加上对流热交换之间进行平衡.

$$Q+Q_R=(h+h_R)(T-T_w)$$

则(3.18)式将变为

$$e=e_s(T_w)-A\left(1+\frac{h_R}{h}\right)\cdot(T-T_w)p \tag{3.20}$$

而实际应用的干湿球温度表系数 A' 为

$$A'=A\left(1+\frac{h_R}{h}\right) \tag{3.21}$$

Monteith 提出：

$$\frac{A'-A}{A} \propto u^{-n}d^{1-n} \tag{3.22}$$

根据 $n\approx 0.5$，即实际干湿表系数 A' 的相对误差与风速的二次方根成反比，与湿球直径的二次方根成正比.

从物理过程可以看出，对流热交换随风速的增加而增加，而辐射热交换的热量却变化很小. 因此，当风速较大时，可以不考虑辐射热交换的影响. 其结果是，大风速时的 A 值接近于它的理论推算值.

(3) 除了辐射热交换之外，还可能由其他的热交换项参加总的热量平衡，例如：

① 湿球温度表的上部(未包扎湿球纱布部分)往下传递热量；

② 湿球的蒸馏水杯通过湿球纱布往上传递热量；

③ 当湿球温度表距防辐射罩或套管壁较近时，湿球表面与通风罩内壁之间会产生辐射热交换.

上述这些因素，在某些情况下可以造成较大的影响，需要采取必要的措施减小或消除这种影响，否则将使湿球温度的测量结果产生误差.

3.2.3 湿球结冰时的湿度计算公式

湿球结冰时，湿球的冰面直接升华成水汽. 冰的升华损耗的热量与对流热交换相互平衡. 因此公式(3.18)将改写为

$$e=e_s(T_w)A_i p(T-T_w) \tag{3.23}$$

3.2.4 干湿球温度表的测湿精度与气温的关系

一般的玻璃温度表其读数可以估计到±0.1 ℃. 假设干球或湿球中任意一支温度表误读 0.1 ℃，对计算相对湿度产生的误差如表 3.6 所示.

表 3.6　不同气温下,干球或湿球温度误读 0.1 ℃对相对湿度计算的误差

气温/℃	−30	−20	−10	0	15	30
相对湿度误差/(±%)	18	8	4	2	1	1

同样结果可从图 3.3 中看到.图中给出不同相对湿度下,在不同干球温度时干湿球温度差的变化.可见相对湿度变化 1%,干湿球温度差的变化低温时比高温时要小得多.例如,在−40 ℃时,相对湿度由 20%变化至 100%,湿球温度只增加了 0.25 ℃.

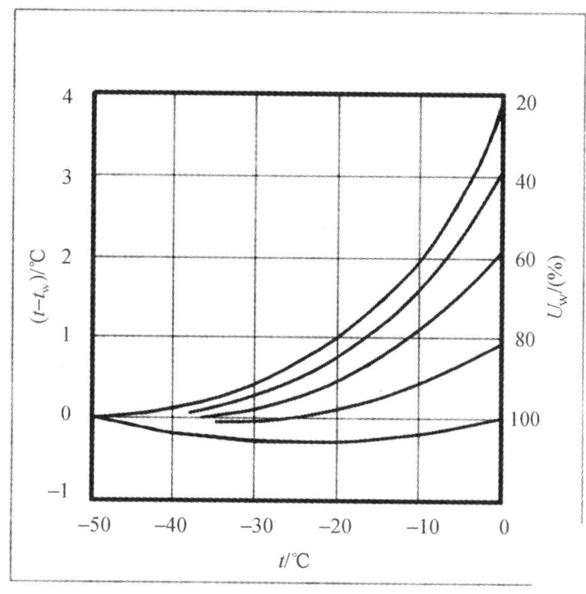

图 3.3　干湿球温差与气温高低的关系

因而干湿球温度表不适于在低温下测量大气湿度.按照我国现行规范,−10 ℃以下就需停止使用干湿球温度表.

3.3　露点测定法

在一个光洁的金属镜面上等压降温,当温度降低至空气的露点温度(T_d)时,金属面上开始有微小的露珠凝结.测定金属片的表面温度,就可确定流过镜面样本空气的露点温度.当气温低于零度,镜面上的凝结物可能是小水滴,也可能是小冰晶,后者所处温度则为霜点温度(T_f).如果空气中的水汽压不变时,有

$$T_f > T_d$$

$$e_{si}(T_f) = e_{sw}(T_d) = e$$

最简单的露点仪的雏型如图 3.4 所示(探空仪上所装配的露点仪与其极为相似).仪器的主体是一根铜棒;薄的金属镜面放在它的顶端,镜面必须是导热较好的金属材料,正面抛光后镀铬或镀成黑色的金属氧化物层,但必须保证该氧化物不溶于水;测温元件紧贴在镜面的背后;铜棒的下半段可浸泡在冷冻液中(液态空气或冷冻酒精),它的中间有一个电阻丝缠绕的加热器,加热器通电后,可以通过调整电流,达到控制镜面温度的目的.

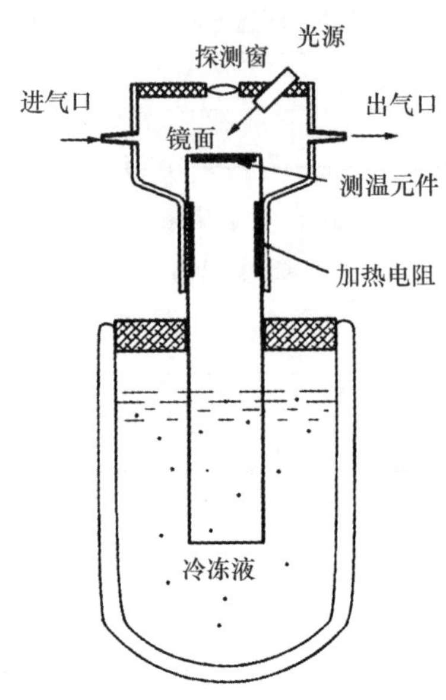

图 3.4　简易型露点仪

样本空气可借助于抽气或压气设备流经测示器，小功率光源将光线投射到镜面上，然后借助于显微镜头观察镜面上的凝结现象.

测量前，先将加热电源接通，使镜面不至于立即发生凝结，然后将冷冻液注入，调整加热电流的大小，先使镜面维持在气温附近. 打开样本空气的循环系统，使待测样本空气不断流过镜面的上方，然后逐渐减小加热电流，降低镜面温度，直到能从显微镜观察到镜面上的凝结生成露斑(露滴的聚集区).

由于种种原因，露斑出现时刻的镜面温度 t_d^- 已低于实际露点，然后加热镜面，当镜面升温到 t_d^+ 时观察到露斑的消退，此时的镜面温度将高过露点温度. 有经验的观察员能及早地发现露斑生成、操纵电流得当，使 t_d^- 和 t_d^+ 的差异维持在 0.5 ℃之内. 多次重复上述过程，读取五组 t_d^+ 和 t_d^- 的数值，然后求其平均值.

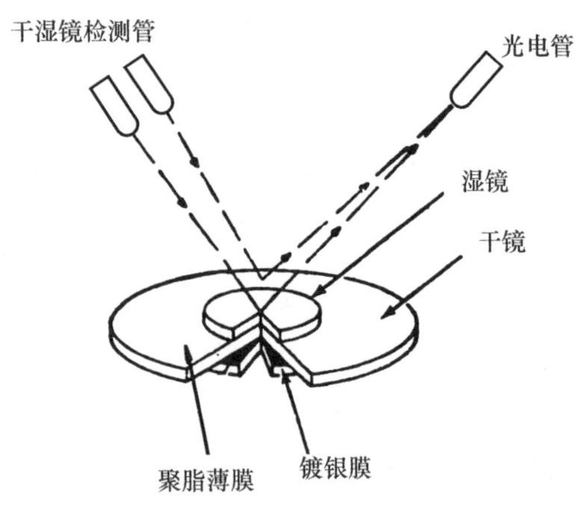

图 3.5　观测精度和速度较高的露点仪镜面

为了提高观测的精度和速度，可以使用光电系统监视露滴的生成和消退. 光源也可使用水滴散射或吸收较强波段的单色光. 图 3.5 为其中的一种. 它是一种使用微处理器控制的重镜双光系统. 其最大特点是使用这个系统修正镜面污染的影响. 重镜由干镜和湿镜组成，两者具有相同的热特性，但保持干镜始终处于高于露点的状态，因而干镜不会产生凝结. 两个相同的发光二极管交替发光照射干镜和湿镜，其各自的反射光交替被同一光检测管所接收，从而将干镜的信号作为湿镜信号本底抵消其镜面污染物的散射.

新型露点仪多采用半导体制冷系统,可以控制使初始阶段的冷却速度较快,而后在接近露点前逐渐减缓其冷却速率.一旦首次从镜面检测到露或霜的形成,半导体制冷系统则在露点附近进行数次冷却和加热过程,形成几次露滴的生消,直到其温度显示在露点上下做很小幅度的摆动.其工作原理图如图 3.6 所示.

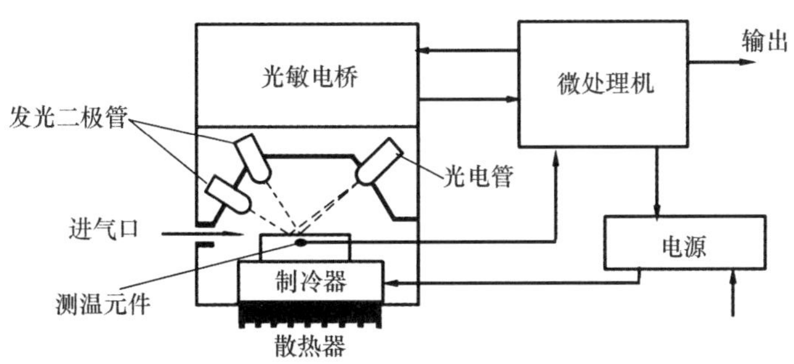

图 3.6 带半导体制冷器的露点仪

露点温度检测的精确度取决于湿镜表面与镜面下的铂电阻温度表之间的温度梯度的大小,镜面用低熔点的银焊料焊接在一个紫铜基座槽内.

露点仪的测量精度可用克拉贝龙方程进行估计,

$$\frac{\mathrm{d}e}{e} = 5\,408\,\frac{\mathrm{d}T_{\mathrm{d}}}{T_{\mathrm{d}}^2},$$

并改写为

$$\frac{\mathrm{d}U_{\mathrm{w}}}{U_{\mathrm{w}}'} = \frac{\mathrm{d}[e/e_{\mathrm{sw}}(t)]}{e/e_{\mathrm{sw}}(t)} = 5\,408\,\frac{\mathrm{d}T_{\mathrm{d}}}{T_{\mathrm{d}}^2} \tag{3.24}$$

表 3.7 给出要求相对湿度测量误差低于±1%时,所允许的露点测量误差.

表 3.7 不同环境条件下,相对湿度测量误差为±1%时露点仪测温所要求的精度

U_{w}/(%)	T/℃					
	30	15	0	−15	−30	−45
	ΔT_{d}/℃					
100	0.2	0.2	0.1	/	/	/
80	0.2	0.2	0.2	0.2	/	/
60	0.3	0.2	0.2	0.2	0.2	0.2
40	0.4	0.3	0.3	0.3	0.3	0.2
20	0.7	0.7	0.6	0.5	0.5	0.4

注:T 低于零度时,假设镜面凝结物为冰晶.

从表中可见,露点仪测湿的灵敏度在低温时降低得很少.例如在低至−45 ℃时,相对于+30 ℃时的测湿灵敏度,降低还不足 50%.与其他的测湿方法对比,露点仪是在低温条件下测湿的唯一有效方法.

影响露点测量精度有下列因素：

(1) 凯尔文效应. 初期生成的露珠直径约为 5 μm，弯曲水面的饱和水汽压 $e_{sw,r}$ 与平面饱和水汽压 e_{sw} 的关系如下：

$$kT\ln\frac{e_{sw,r}}{e_{sw}}=\frac{2\sigma}{r}\nu \tag{3.25}$$

其中 k 为玻尔兹曼常数，σ 为水的表面张力系数，r 为露滴的曲率半径，ν 为水的分子容积.

同温度下露滴的饱和水汽压高于水面饱和水汽压，因此镜面的结露温度低于真实的露点，其误差约为 1 ℃.

(2) 拉乌尔特效应. 由于空气和镜面不干净，将有一定量的可溶物质溶入露滴中，使水溶液的饱和水汽压低于同温度下水的饱和水汽压，降低的数值与溶液的克分子浓度有关. 这种效应将使露点测量示值偏高.

(3) 部分压力效应. 仪器的空气循环系统可使测试空间内外存在一定的气压差. 根据道尔顿分压定律，进入测试空间空气样本的水汽压将按压差以同样的比例降低. 如果要求水汽压测量的精度达到 0.5%，则在大气压力为 1 000 hPa 时，测试室内外的压差应低于 5 hPa.

(4) 判断镜面凝结相态. 当露点或霜点温度低于 0 ℃，必须判断镜面上凝结物的相态. 将水滴判断为冰晶或将冰晶判断为水滴，将影响湿度的测量精度，温度愈低误差愈大. 根据 Kobayashi 的实验结果，在温度低到 −32 ℃的情况下，镜面上仍然可能出现露滴.

人工操纵和观测的仪器可以借助目力判断镜面凝结相态，光电系统则无法做到. 为了保证镜面凝结的冰晶稳定地发生于较高的温度下，Kobayashi 建议在镜面上涂溶有碘化银的硅油，使凝结物在 −10 ℃以下时稳定地显现出冰晶.

(5) 操作失误. 露点仪是一个比较精密复杂的仪器，要求观测人员有较高的技术水平，精心维护. 任何操作失误和维护不当将给测量结果带来很大误差. 例如降温太低；降温和升温速度太快或太慢；镜面上和空气导管内严重污染；光电探测系统灵敏度显著降低，等等.

3.4 电学湿度表

3.4.1 碳膜湿度片

元件用溶胀性较好的高分子聚合物，羟乙基纤维素和聚丙烯酰胺为感湿材料，加上导电材料碳黑，以及分散剂凝胶配制成胶状液体浸渍到聚苯乙烯片基上. 片基尺寸为 101.6 mm×17.46 mm×0.79 mm，长边两侧溅射上银电极.

高分子聚合物吸湿后膨胀，使悬浮于其中的碳粒子接触概率减小，元件的电阻增大；反之，当湿度降低时，聚合物脱水收缩，使碳粒子的相互接触概率增加，元件的电阻值减小. 通过测量元件的电阻值可以确定空气的相对湿度.

为了制定标准化检定曲线，取相对湿度 33%时的电阻值 R_{33} 为基准，在其他各个相对湿度下取比电阻值 R_U/R_{33} 与相对湿度建立对应关系，如图 3.7 所示.

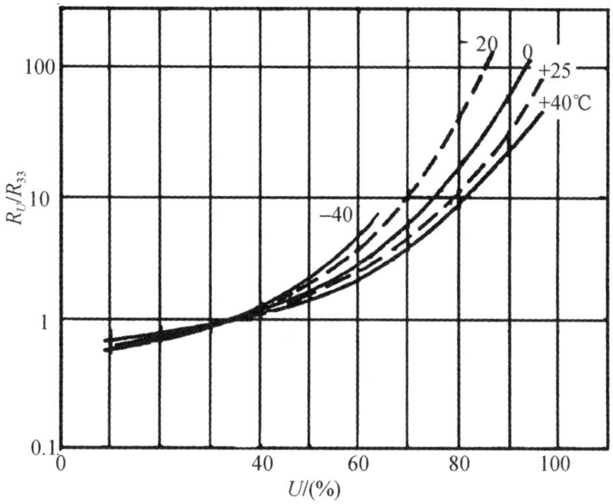

图 3.7　碳膜湿度片的检定曲线

碳湿敏元件存在一定的升湿和降湿滞差.即在湿度上升时指示偏高.在同一相对湿度下,两组检定线存在一定的差值.这种滞差有别于动态测量中的滞后效应,是一种永久性的落后效应.图 3.8 是一组典型的升湿和降湿电阻与相对湿度关系曲线.由图可见下列几个现象:

① 相对湿度 33%时,元件没有滞差;

② 相对湿度低于 33%时,元件表现为超差,即升湿时指示反而偏高,降湿时反而偏低;

③ 相对湿度在 95%以上,元件阻值变化很小,或元件阻值随湿度加大反而减小.这种现象称驼峰效应.

上述这些现象目前还难于给出确切的解答.

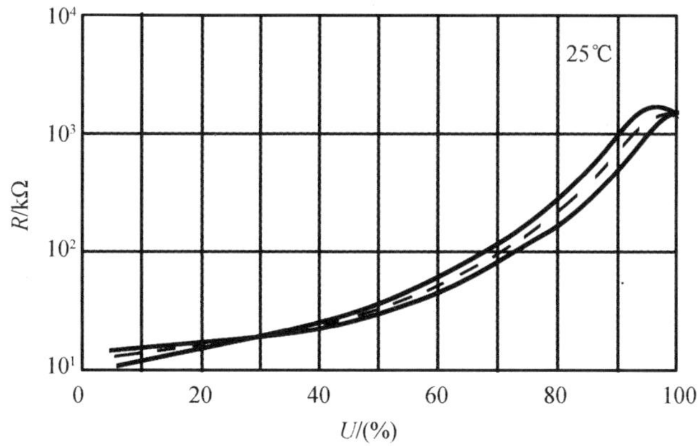

图 3.8　碳膜湿度片的滞差

碳湿敏元件的另一个缺点是存在明显的温度系数.图 3.7 给出了各个温度下的检定曲线.

3.4.2 高分子薄膜湿敏电容

高分子薄膜湿敏电容由芬兰 Vaisala 公司最先开发的,英语上称为"Humicap".其结构如图 3.9 所示.传感部分完全平铺在一片玻璃基底上.首先在基底上真空喷涂一层金膜作为电容器的一个基本电极.然后在基片电极上均匀喷涂 0.5～1 μm 厚的吸湿材料——醋酸纤维素.最后在吸湿材料上真空喷镀上表面电极.表面电极的厚度为 0.02 μm,保证水汽分子能通过表面电极渗透进入吸湿层.由于表面电极的厚度太薄,因而无法进行任何引线的焊接,基本电极实质上是由两块相互分离的金属膜组成,并分别引出焊接线,它们分别对表面电极形成两个电容 C_1 和 C_2.因而从基底引线测量其电容量,实际上为 C_1 和 C_2 的串联值.元件在相对湿度为零时,其总电容量约为 40 pF,相对湿度达到 100%时其电容量可增加 30%～35%.

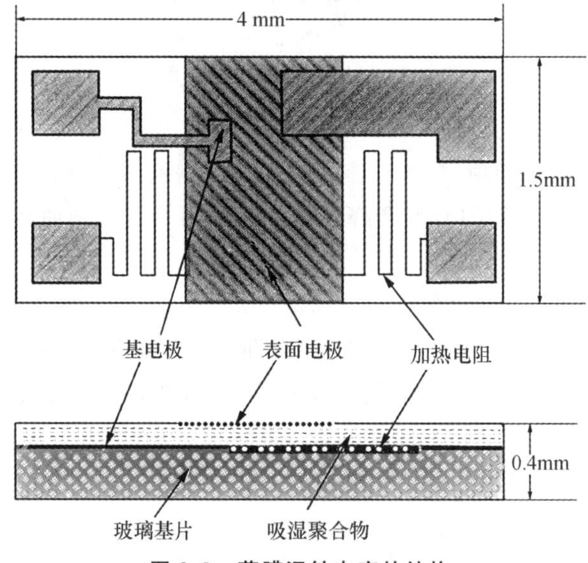

图 3.9 薄膜湿敏电容的结构

湿敏电容通常采用多谐波振荡器和低通滤波电路完成电容-电压的转换.图 3.10 是一个常用的电路.湿敏电容 C_R 作为多协波振荡器的时基电路,C_R 的变化引起脉宽比的变化.

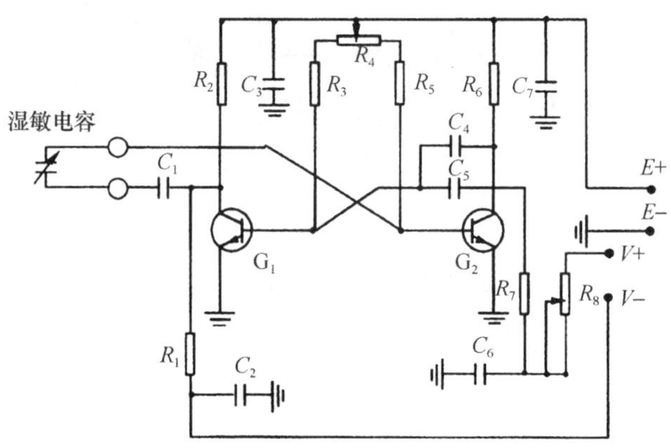

图 3.10 薄膜湿敏电容的测量电路

晶体管 G_1 和 G_2 构成多协波振荡器，R_1C_2 和 R_7C_6 为低通滤波器，G_1 和 G_2 集电极的输出通过滤波后，其差值与元件所测相对湿度成正比. 而 R_4 和 R_8 分别为输出的零点和满量程调整电位器. 按照元件的基本特征，利用两种不同的恒湿盐，在相对湿度 10% 和 80% 两点调整输出的零值和满量程值，并保持其间的非线性偏差低于 1%. 湿敏电容的其他特性为：

① 温度系数为(0.05%～0.1%)/℃；

② 滞差在相对湿度 5%～90% 内低于 1%；

③ 在采取了防止污染物贴附的措施之后，其工作寿命为 1 年；

④ 元件的滞后系数在常温下可保持在 1 s 以下. 图 3.11 为探空仪上使用的元件滞后系数与环境温度之间的关系.

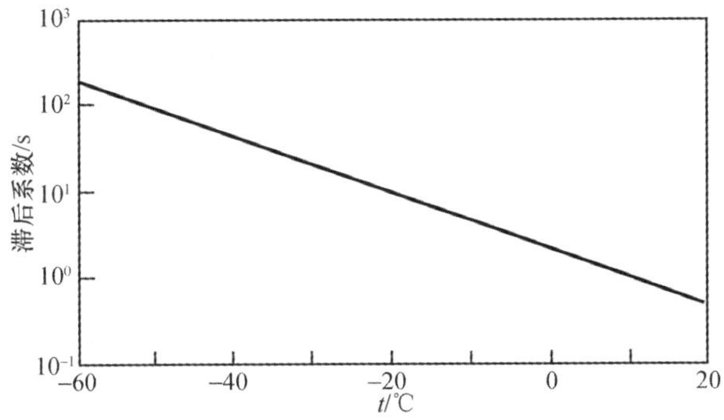

图 3.11 薄膜湿敏电容滞后系数与温度的关系

影响湿敏电容滞后系数最主要的因素是电容表面金属镀层的工艺特性[3]，最初的工艺是在真空喷镀设备中镀成连续性的薄金属膜，这种工艺所制作的元件具有相当大的滞后系数. 后来采用了真空镀铬，并使镀层产生适当裂纹的工艺，现今所使用的工艺是喷镀成网孔状的金属膜工艺. 一般来说，滞后系数的大小与水汽渗透路径成正比. 渗透路径大致等于不能渗透水汽的金属膜聚合区的半宽度"L"加上可渗透水汽的金属膜裂纹或空隙附近金属膜的厚度"l"(图 3.12). 因而多孔性金属膜的 L 和 l 值均能达到微米的数量级. 实践还证明，多孔性金属膜的附着强度以及防腐蚀能力均优于前两种工艺技术.

图 3.12 多孔性金属膜表面的湿敏电容

3.5 光学湿度计

吸收光谱法在现代湿度测量中占有一定的位置.这是因为其工作原理的研究内容比较深入,而且是唯一用来测量快速脉动的方法.比较强的水汽吸收带可在红外和紫外波段找到,例如近红外区的0.93、1.38、1.87、2.7、6.3和14.5 μm为中心的光谱带,紫外区常用的吸收线称为拉曼-阿尔法吸收线,其波长为0.1216 μm.

根据Beer定律,单色光学辐射透过吸收介质的衰减可表示为

$$F(\lambda) = F_0(\lambda)\exp(-\alpha_w\rho_w l) \tag{3.26a}$$

或

$$F(V) = \ln\frac{F(\lambda)}{F_0(\lambda)} = -\alpha_w\rho_w l \tag{3.26b}$$

式中,$F_0(\lambda)$为发射光源的通量密度,$F(\lambda)$为到达检测器的通量密度,α_w为水汽对该波长的吸收系数,ρ_w为水汽密度(绝对湿度),而l为光学路径长度.严格来说,在α_w和l固定的情况下,测定比值$F(\lambda)/F_0(\lambda)$或某个输出电压V值即可标定出相应的ρ_w值.现代的光学湿度计多采用双通道的方式,以便达到绝对定标的目的.可以有两种方式:一种是选择两个波长,一个是强水汽吸收带,另一个是弱水汽吸收带[4];另一种方式是选择一已知水汽密度ρ_{w_0}的样本通道,使用同一探测波长,比较待测样本ρ_w与基准样本ρ_{w_0}的$F(\lambda,w)$和$F(\lambda,w_0)$值,以确定待测值w.

1. 双波长光学湿度计[4]

假设仪器结构如图3.13所示.图中H为水汽吸收较强波段的光源灯,Kr为水汽吸收较弱波段的光源灯,两个光源的光束分别分成两路,其中一路不经过测量空气的样本通道,直接由基准检测管R测量,因而它可以比较准确地测量$F_0(\lambda)$的数值.另一路光束经过空气中的水汽吸收后由信号检测管S测定.

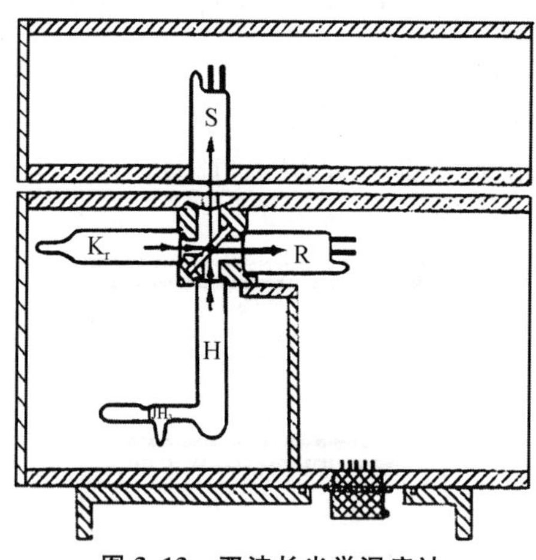

图3.13 双波长光学湿度计

检测管输出的电压如(3.27)式:

$$V = \Delta V + KF_0(\lambda)e^{-\tau} \tag{3.27}$$

式中,ΔV为电压的基点位移,$F_0(\lambda)$为光源强度,K为光电转换系数,τ为光学厚度,即

$$\tau = \alpha_w\rho_w l + \alpha_a\rho_a l + b$$

α_a、α_w、ρ_a 和 ρ_w 分别为空气和其他吸湿物质的吸收系数和密度，b 为仪器窗口上的污染物对光线的削减.

对于水汽吸收较强的 H 波段，所有能测量到的电压均附加下标"1"，因此它所测定的光学厚度 τ_1 为

$$\tau_1 = \alpha_{w1}\rho_w l + \alpha_{a1}\rho_a l + b_1 \tag{3.28}$$

$$\tau_1 = \ln\left[\frac{(V_{R1}-V_{R0})\times(V'_{S1}-V'_{S0})}{(V'_{R1}-V'_{R0})\times(V_{S1}-V_{S0})}\right] \tag{3.29}$$

式中，下标"R""S"分别为基准检测管和信号检测管测得的电压，下标"0"为光源关闭时检测到的电压漂移值，上标带"$'$"的电压值为光学吸收路径内通过标样氮气所测到的电压值. 其中 b_1 为光路中其他器件的吸收. 同理对于吸收较弱的 K_r 波段可以写成如(3.30)和(3.31) 式. 其电压附加下标均为"2"，光学厚度为

$$\tau_2 = \alpha_{w2}\rho_w l + \alpha_{a2}\rho_a l + b_2 \tag{3.30}$$

$$\tau_2 = \ln\left[\frac{(V_{R2}-V_{R0})\times(V'_{S2}-V'_{S0})}{(V'_{R2}-V'_{R0})\times(V_{S2}-V_{S0})}\right] \tag{3.31}$$

合并(3.29)和(3.31)式

$$\tau_1-\tau_2 = \ln\left[\frac{(V_{R1}-V_{R0})\times(V'_{S1}-V'_{S0})}{(V'_{R1}-V'_{R0})\times(V_{S1}-V_{S0})}\times\frac{(V'_{R2}-V'_{R0})\times(V_{S2}-V_{S0})}{(V_{R2}-V_{R0})\times(V'_{S2}-V'_{S0})}\right] \tag{3.32}$$

可以假设当纯氮气通过时

$$\frac{(V'_{S1}-V'_{S0})}{(V'_{R1}-V'_{R0})} = \frac{(V'_{S2}-V'_{S0})}{(V'_{R2}-V'_{R0})}$$

$$\tau_1-\tau_2 = \ln\left[\frac{(V_{R1}-V_{R0})}{(V_{S1}-V_{S0})}\times\frac{(V_{S2}-V_{S0})}{(V_{R2}-V_{R0})}\right] \tag{3.33}$$

仪器的零位移读数值可以采取一些简单的方式予以明显消除或设法测量出数值.

① 使检测管工作在一个恒定的温度状态，使其读数值较小并保持稳定，一些红外光电管在低温状态下工作时，可使其 V_{R0} 和 V_{S0} 值保持在近于零值的状态.

② 对于一些外来光源的干扰，致使 V_{R0} 和 V_{S0} 值偏大，则可使发射光源处于某种交流调制状态，而电子线路只检测其中的交流调制信号.

③ 调制轮旋转时，周期性地输出光源关闭以及 λ_1 和 λ_2 光源打开三种状态，由同一对检测管(基准管 R 和检测管 S)顺序循环地进行检测.

如果 V_{R0} 和 V_{S0} 均不明显，则

$$\tau_1-\tau_2 = \ln\left[\frac{V_{R1}}{V_{S1}}\times\frac{V_{S2}}{V_{R2}}\right]$$

如能在基准管 R 的光路内保持空气处于干燥状态，上式则可进一步简化为

$$\tau_1-\tau_2 = \beta\cdot\ln\frac{V_{S2}}{V_{S1}} \tag{3.34}$$

合并(3.28)和(3.30)式，并假设镜面污染对任何一条光路的影响保持相等，即 $b_1=b_2$

$$\tau_1-\tau_2 = \rho_w l(\alpha_{w1}-\alpha_{w2}) + \rho_a l(\alpha_{a1}-\alpha_{a2}) \tag{3.35}$$

α_{a1} 和 α_{a2} 为大气中除水汽之外，其他可吸收 λ_1 和 λ_2 波长光线物质的吸收系数. 通常 α_{a1} 和 α_{a2}

的数值远低于 α_{w1} 和 α_{w2}；但是当这种吸收气体的 ρ_a 值远大于 ρ_w 时，则必须考虑其附加吸收作用对测量结果的影响．合并(3.34)和(3.35)两式

$$\rho_w l(\alpha_{w1}-\alpha_{w2})+\rho_a l(\alpha_{a1}-\alpha_{a2})=\beta\times\ln\frac{V_{S2}}{V_{S1}} \tag{3.36}$$

假设其他气体对该波长的吸收很弱，予以忽略不计，则上式可简化为

$$\rho_w=\frac{\beta}{l(\alpha_{w1}-\alpha_{w2})}\ln\frac{V_{S2}}{V_{S1}} \tag{3.37}$$

同理，另一种方式的测量是将对水汽吸收明显的波长并行通过已知水汽密度的空气 ρ_{w0}，以及待测水汽密度 ρ_w．因而公式中下标为“2”的测量值 τ_2，V_{R2}，V_{S2}，V'_{R2}，V'_{S2} 均标识为空气 ρ_{w0} 下的数值，且 $\alpha_{w1}=\alpha_{w2}=\alpha_w$ 和 $\alpha_{a1}=\alpha_{a2}=\alpha_a$，则公式(3.33)，(3.34)和(3.35)依然有效．而(3.36)式可写成为

$$\begin{aligned}\rho_w l\alpha_w-\rho_{w0}l\alpha_w&=\beta\ln\frac{V_{S2}}{V_{S1}}\\ \rho_w&=\frac{\beta}{l\alpha_w}\times\ln\frac{V_{S2}}{V_{S1}}+\rho_{w0}\end{aligned} \tag{3.38}$$

2．拉曼-阿尔法湿度计

最开始投入使用的光学湿度计为紫外波段的拉曼-阿尔法湿度计，工作波长为 0.1216 μm，其光源管为充有氢气直流激发的冷阴极电离管(图 3.14)．

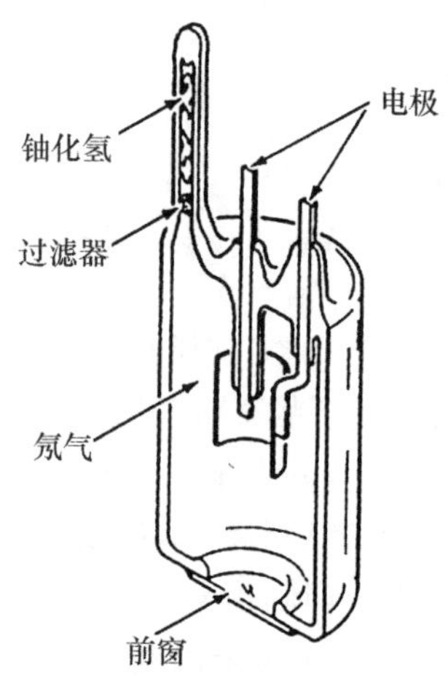

图 3.14　拉曼-阿尔法湿度计的冷阴极电离管

(1) 对于光源管最重要的要求是有一个比较纯的谱线．因为在管内加入了铀化氢(UH_3)，它有许多优点：

① ρ_w 与 $\ln[F(\lambda)/F_0(\lambda)]$有较佳的线性响应关系；

② 减少谱线强度存在这样或那样的变化；

③ 另外一些吸收紫外线的气体(如氧气)对测量值的影响作出线性订正；

④ 管内氢气的分压力与温度保持较好的反比关系．

光源管内还充有适量的氖气作为缓冲气体，氖气的部分压力为 13 hPa，而氢气的部分压力保持在 1.3×10^{-4} hPa 为最佳．光源的窗口材料为氟化镁．

检测管是一只光致电离管(图 3.15)，管内充有一氧化氮，管端的窗口材料为氟化镁，

与光源管的窗口材料相同. 电离电流 i(光子/秒)可表示为:

$$i = F(\lambda)\gamma e T_w \tag{3.39}$$

式中 γ 为光量子产额, e 为电子电量, T_w 为窗口材料的透过率.

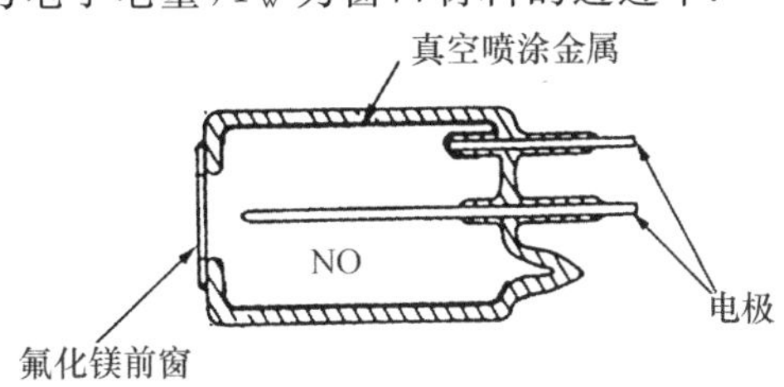

图 3.15　拉曼-阿尔法湿度计的检测管

(2) 拉曼-阿尔法湿度计自问世以来,始终没能解决它的致命缺陷,其中最主要的有下列三点:

① 在紫外水汽吸收线附近,存在着较强的氧气和臭氧吸收线. 图 3.16 给出了在大气平均水汽含量条件下,大气中的氧气和臭氧在拉曼-阿尔法吸收线所引起的附加吸收可能导致的测量误差. 因而图中横坐标给定为 O_2 和 O_3 的附加吸收对水汽含量测量的增值. 由图可见,氧气的吸收可造成相当高的误差. 在地面大约是 2%～3%,而在较高的高度或干燥空气中所引起的误差会更加明显.

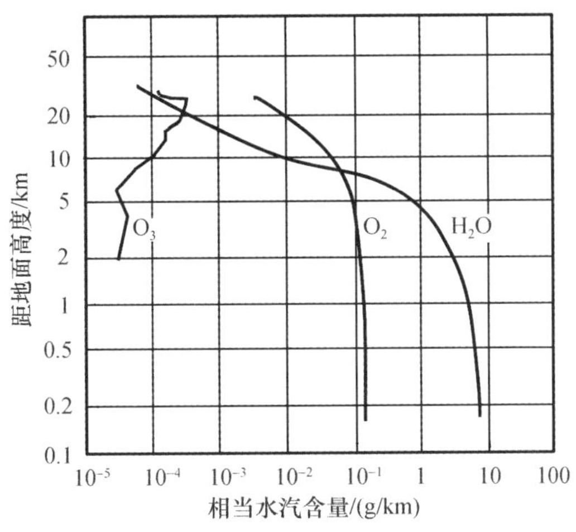

图 3.16　O_2 和 O_3 在 0.1216 μm 的附加吸收导致的测量误差

② 光源管和探测管的寿命太短,只有几百到 1 000 h. 尽管加了铀化氢稳定光源管内的氢气含量,其检定曲线仍然随着使用时间有明显的漂移. 双波长的仪器虽然对检定曲线稳定性有比较明显地改善,但其仪器笨重,仍然无法解决管龄偏短的问题,无法投入使用.

③ 仪器分辨率为 0.03 ℃露点,精度为 0.6 ℃露点. 当初设计制造该湿度计的目的是用来探测大气中的湿度脉动. 由于紫外对水汽有较强的吸收,光源管和探测管的间距可保持在 1～2 cm 之间. 在很低的风速下,其时间常数可保持在 0.01 s. 但是,大气中的水汽脉动通常仅为零点几度露点. 如此低的分辨率和精度就很难探测到大气中的湿度脉动值,特别是在低温干燥的天气条件下.

3. 红外湿度计

紫外湿度计的缺陷致使科学技术专家转而进行红外湿度计的研制. 红外湿度计的缺陷

是需要较长的吸收路径 l,其光源和检测元件有较大的温度系数,但其吸收线谱附近较少受到其他大气成分的干扰,唯一在红外区域具有较明显吸收的气体是二氧化碳,但与水汽吸收谱线不相重合.光源和检测器件可以使用通用的大批量生产的电子器件.器件的使用寿命可以高达 8 000 h.

根据文献记载,1994 年 Cerni[5]所定型的仪器其吸收路径仍然是 50 cm,但奠定了现今商业机的理论和工艺基础,其中重要的一点是必须选择波长尽量相近的两个波长,并使两个波长对水汽吸收有很大的差别,但对其他红外吸收物质保持相同的吸收和散射能力.经过多年的努力,红外湿度计的吸收路径已缩短至 15 cm,可以保持低于 0.1 s 的时间常数.仪器的外形基本如图 3.17 所示.

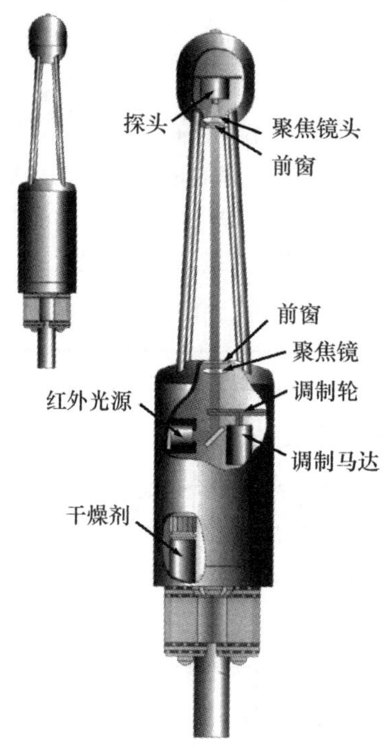

图 3.17 红外湿度计

红外湿度计工作在 2.5 μm 和 2.59 μm 两个波段,其中 2.5 μm 为水汽的弱吸收区,2.59 μm 为水汽的强吸收区.调制码盘上装有带宽为 50 nm 的滤光片,在直流电机带动下以数百周的频率交替出现 2.5 μm,2.59 μm 和光源遮蔽信号,以利于将信号从背景和日光的红外信号中分辨出来,并对仪器零点进行反复校准.

湿度计的光源管为常见的砷化镓红外发光管,检测管为硫化铅光电检测管.特意加装了小型半导体制冷器,将检测管的工作温度保持在 −10 ℃上下.使检测管的输入输出关系保持稳定,并取得较高的信噪比.

红外湿度计不能直截了当计算两个波段 2.5 μm 和 2.59 μm 的吸收系数.这与紫外湿度计有很大的不同.水汽吸收线在红外波段的分布比较密集,两条强吸收线之间则为红外透过线或弱吸收线.计算在某波段的水汽吸收系数时,必需考虑到滤光片的带宽以及其谱线的分布.假设干涉滤光片的透过函数在某一指定波长点为 q_i,该波长点水汽吸收系数 α_i,则通道对水汽的平均透过率 $\overline{\mathcal{T}}$,实际上是指数和平均的结果.

$$\overline{\mathscr{T}}=\frac{F(\lambda\pm\Delta\lambda)}{F_0(\lambda\pm\Delta\lambda)}=\sum_{i=1}^{n}q_i\exp(-\alpha_i\rho_w l) \tag{3.40}$$

对于水汽吸收较强的波段 λ_1 和较弱的波段 λ_2

$$\overline{\mathscr{T}}_1=\frac{V_{S1}}{V_{R1}}=\sum_{i=1}^{n}q_{i1}\exp(-\alpha_{i1}\rho_w l)$$

$$\overline{\mathscr{T}}_2=\frac{V_{S2}}{V_{R2}}=\sum_{i=1}^{n}q_{i2}\exp(-\alpha_{i2}\rho_w l)$$

假设 $V_{R1}=V_{R2}$

$$\frac{V_{S1}}{V_{S2}}=\frac{\sum_{i=1}^{n}q_{i1}\exp(-\alpha_{i1}\rho_w l)}{\sum_{i=1}^{n}q_{i2}\exp(-\alpha_{i2}\rho_w l)} \tag{3.41}$$

因而，双波长红外湿度计的检定关系，即绝对湿度与输出电压比的关系只能表达为一个多次项的拟合关系，所幸红外光源和探测管可以在较长时段内保持性能稳定. 因而近年来光学湿度计的研制和使用又多转向了红外波段.

3.6 湿度的控制和检定

恒湿箱和标准测湿仪器是校准和检定湿度仪器及元件的主要设备. 性能优良的恒湿箱应该满足两条主要要求：① 能保持恒稳的湿度数值；② 改变它的控制条件能迅速可靠地发生调整它的湿度值. 对于测湿标准仪器，应该具有高于待测仪器的精度和易于操作这两个特点.

3.6.1 绝对法(称重法)测湿

这是实验室内测湿的标准方法. 使体积为 V 的湿空气流过一个干燥管(或几个串联的干燥管)，让它把空气中的水汽全部吸收，然后称量干燥管所增加的质量，同时确定流经干燥管的空气体积或干空气的质量，可直接确定空气的混合比或绝对湿度.

图 3.18 为其原理图. 将容器中的空气用真空泵抽净，然后关上下截门和打开上截门，使样本空气通过干燥管，进入容器中，管中盛有高效能的吸湿剂五氧化二磷或高氯酸镁. 容器中装有气压表和温度表，以便计算实际进入容器中样本空气的体积或质量.

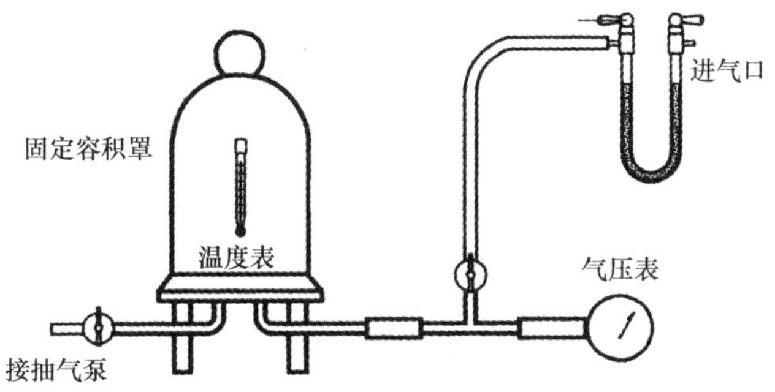

图 3.18 称重法测湿

绝对法的测量精度很高,但测试一次需要很长的周期,否则既不能使空气中的水汽完全被吸干燥剂吸收,也无法使足够体积(或质量)的空气流过干燥管.

除了绝对法之外,露点仪也是一种可能用来作为标准的湿度测量仪器.为了提高恒湿箱的控制精度以及设法用其他的物理量来确定箱内的湿度值(这样可能比直接测定湿度量要方便、准确得多),湿度控制方法引起了许多研究者的重视.下面介绍三种常用方法.

3.6.2　恒湿盐控湿法

某种固定浓度的溶液,当温度与气温相同时,在封闭容器内使空气与溶液充分地进行水汽交换之后,使空气的水汽压达到该浓度溶液表面的饱和水汽压,$e=e_{sq}(T)$,则容器内空气的相对湿度等于

$$U = e_{sq}(T)/e_{sw}(T) = U_q \tag{3.42}$$

实验证实,某些溶液(如硫酸)的平衡相对湿度 U_q 的温度效应很弱(见表 3.8)

表 3.8　不同硫酸含量水溶液的平衡相对湿度

t/℃	含量/(%)						
	84.5	73.1	64.5	57.6	52.1	37.7	24.3
	U_q/(%)						
5	1.6	5.9	13.2	19.8	32.6	63.0	84.0
10	1.2	5.4	13.0	20.4	32.4	62.7	83.7
15	1.0	5.1	12.9	20.9	33.0	62.1	83.2
20	0.9	4.9	12.8	21.2	33.0	62.0	82.9
25	0.9	4.7	12.8	21.6	33.2	61.6	82.0
30	0.7	4.7	12.8	22.1	33.6	61.4	82.0
平均	1.0	5.1	12.9	21.0	33.0	62.1	83.0

因而更换容器内溶液的浓度,可调整容器内空气的相对湿度.这种溶液称恒湿盐.恒湿盐的选择还应考虑它是否对元件有腐蚀作用.为了避免溶液在吸收或释放水分后改变了本身的浓度值,因而多采用它们的饱和溶液.表 3.9 列举了几种常用的饱和盐溶液.

表 3.9　几种饱和盐溶液的平衡相对湿度值/(%)

t/℃	KNO_3	NaCl	$Mg(NO_3)_2 \cdot 6H_2O$	$MgCl_2 \cdot 6H_2O$
0	97	76	54	34
10	95	75	53	33
20	94	75	53	33
30	92	75	52	32
40	89	75	51	31

3.6.3　露点控湿法(双温法)

它的基本原理是利用控制温度来控制湿度.原理图如图 3.19 所示.湿度控制装置分别浸在恒温槽 T_1 和 T_2 中,其中 T_1 为水汽冷凝系统,T_2 为相对湿度调整系统和测试空间.

冷凝系统为一对相互反套的金属圆筒,外筒 2 的内径略大于内筒 1 外径,内筒的筒口向下,并与外筒底部保持一定的间隙,空气沿两筒的夹缝流入,由筒底反转向上流入换热平

衡腔 4 内,测量所达到的平衡温度,空气再由导管引向恒温槽 T_2 的调整系统. 调整系统包括热交换管 3 和换热腔 5(即测试腔). 冷凝系统的空气进入热交换管后,空气增温到恒温槽 T_2 的控制温度,然后进入测试腔内. 测试腔的出口导管 8 与抽气机连接. 冷凝器的换热平衡腔和恒温槽 T_2 的测试腔内均装有测温元件 6、7 为待标定湿度元件.

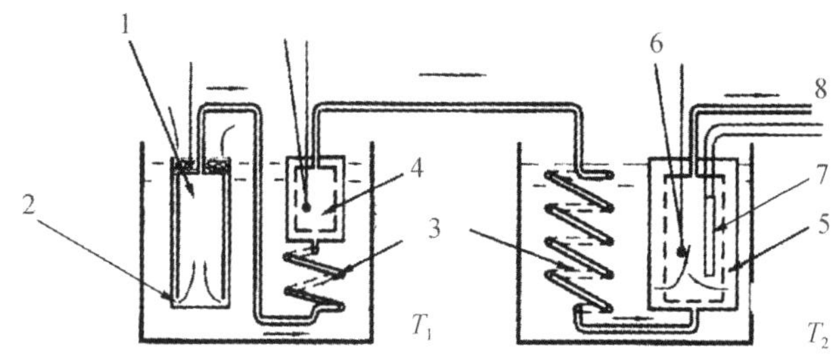

图 3.19　双温法控制装置

操作时使恒温槽 T_1 控制到 T_1 温度,低于吸入空气的露点温度. 空气中的多余水汽将在冷凝器中凝结成水或冰,使空气中的水汽压 $e=e_s(T_1)$. 空气进入恒温槽 T_2 的热交换管后,若槽温控制在 T_2,$T_2 \geqslant T_1$,进入测试腔的空气相对湿度将等于

$$U = \frac{e_s(T_1)}{e_{sw}(T_2)} \leqslant 100\%$$

因此,固定 T_1,改变 T_2 的数值就可改变测试腔内的相对湿度.

露点法的优点在于借助控温和测温就可直接控制和确定湿度. 但使用该设备必须注意保持管道的清洁,室内空气需要除尘净化,进入冷凝器的空气还需进一步过滤. 设备管道内部的污物实质上就是一种恒湿盐,因而会从空气中吸收或向空气释放水汽,使实验产生误差.

3.6.4　部分压力控湿法

假定检定容器内的气压为 p,水汽压为 e,若使容器内的气压降低一半,其中的水汽压同时也降低一半,在气温保持不变的条件下,相对湿度的数值也降低一半;反之压缩着部分空气,使气压加大一倍,水汽压同时也加大一倍. 因此,只要已知初始的水汽压数值,采用这个方法就可获得不同的空气相对湿度.

有一些恒湿控制器则将双温法与部分压力法结合,使设备具有更灵活的湿度控制能力.

附　注

任何一种处于低温环境下的湿度元件均将面临测量灵敏度显著下降以及时间常数加大的困境. −40 ℃时的水汽密度为 0.1757 g/m^3,而 0 ℃和 20 ℃的水汽密度分别为 4.844 和 51.05 g/m^3. 任何一种湿度元件均无法在差别达到三个数量级的环境下保持同样的测量相对精度. 至于时间常数,它应与水汽流量 $\rho_w \cdot f(v)$ 成反比关系,在低温低湿环境下,反应速度明显降低. 这两个问题是对湿度测量的最大挑战.

第四章　气压的测量

气压是大气压力的简称，数值上等于单位面积上从所在地点往上直至大气上界整个空气柱的重量.

$$p_h = \int_h^{\infty} \rho g \, \mathrm{d}z \tag{4.1}$$

其中 h 为测站的海拔高度. 气象上气压单位用百帕[斯卡](hPa)表示：

$$1\ \mathrm{hPa} = 100\ \mathrm{Pa}$$

$$1\ \mathrm{Pa} = 1\ \mathrm{N/m^2}$$

4.1　水银气压表

4.1.1　作用原理

利用一根管顶抽真空的玻璃管插入水银槽内，就可形成一个如图 4.1 所示的最简单的气压表. 由于大气压力的作用，槽内水银柱将维持一定的高度. 水银柱对水银槽表面产生的压力与作用于槽面的大气压力相平衡. 如果在其近旁铅直竖立一支标尺，标尺的零点取在水银槽表面，就可直接读得水银柱的高度值，即求得大气压力.

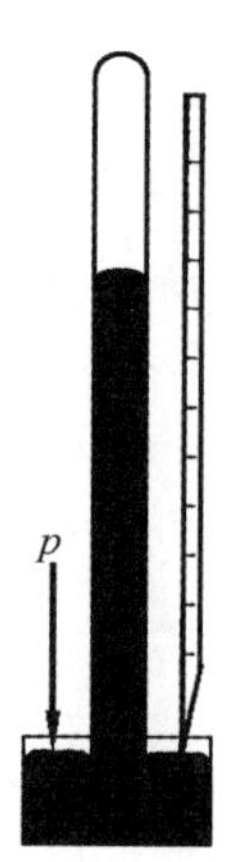

图 4.1　水银气压表作用原理

设当时的大气压力为 p，水银柱的高度为 h，因此

$$p_h = \rho_{\mathrm{Hg}}(t) g H_{\mathrm{Hg}}(t, g) \tag{4.2}$$

式中，$\rho_{\mathrm{Hg}}(t)$为 t ℃时水银的密度，g 为当地的重力加速度. 由此可见，如果大气压力无改变，而水银气压表本身的温度有变化，或者两个重力加速度不同的测点，大气压力数值相同，但水银柱的高度读数是不相同的.

因此只有当 ρ_{Hg}和 g 的数值一定时，水银柱的高度方能正确地代表大气压力. 所以必须

规定一个标准条件(状态),这些条件是:

① 以 0 ℃的水银密度为准,取 $1.35951\times10^4\ \mathrm{kg\cdot m^{-3}}$,符号为 $\rho_{\mathrm{Hg}}(0)$;

② 取 $9.80665\ \mathrm{m\cdot s^{-2}}$ 为标准重力加速度,符号为 g_n,上述数值已经不代表纬度 45°海平面上的重力加速度.

从理论上说,任意一种液体都可以用来制造气压表,但是水银有其独特的优越性:

① 水银的密度大,所以它的液柱高度合适;

② 在温度高达+60 ℃的情况下,水银的饱和蒸气压仍然很小.因此在管顶的水银蒸气所产生的附加压力对读数精确度的影响可以忽略不计;

③ 经过一定的工艺处理,纯度较高的水银是容易得到的.

4.1.2 动槽式水银气压表

这种类型的仪器特点是标尺上有一个固定的零点.每次读数时,须将水银槽的表面调整到这个零点处,然后读出水银柱顶的刻度.具体构造如图 4.2A 所示.可分为水银柱玻璃管、水银槽和标尺套管三个部分.

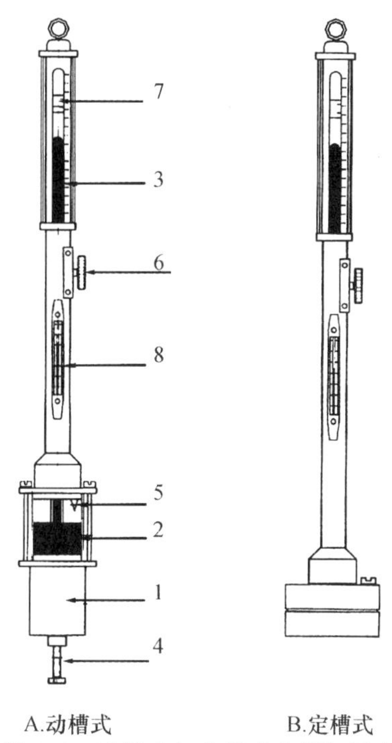

图 4.2 动槽式与定槽式水银气压表

(1) 水银柱玻璃管

这是一根约长 900 mm 的玻璃管,上端较粗,内径在 8 mm 以上,下端较细.经过专门的工艺清洗后,边加热边抽成真空,将高纯度的水银灌注其中,再插进水银槽中.

(2) 水银槽

从外观可见的部分:下半截为铜护套 1,保护里面的羊皮囊;直径很粗的玻璃圈 2 在上半截,三根螺栓将它紧紧夹住;水银面调整螺钉 4 在槽的最下端,借助它的进退可以抬升或下降槽内的水银面高度.象牙针 5 是气压表标尺的零点,观测气压时必须将水银面抬升到此基点.

(3) 标尺套管

其上部有开缝,并在缝一边刻有读数标尺.从标尺套管上部的开缝可见到水银柱顶 3,旋动右侧的调节螺旋 6 可以看见游标尺 7 上下滑动.当标尺底边与水银柱顶相切时,则可准确读出水银柱高度.

套管上还有一支测定表身温度的附属温度表 8,位于整个水银气压表的中部.

4.1.3 定槽式水银气压表

它与动槽式的区别只在水银槽部.它的水银槽是一个固定容积的铁槽,没有羊皮囊、水银面调整螺钉以及象牙针.位于槽顶上的螺钉孔是通气孔(图 4.2B).

当气压变化时,水银柱在玻璃管内上升(或下降)所增加(或减少)的水银量,必将引起水银槽内的水银减少(或增加),使槽内水银面向下(或向上)变动.即整个气压表的基点随水银柱的高度变动(图 4.3).

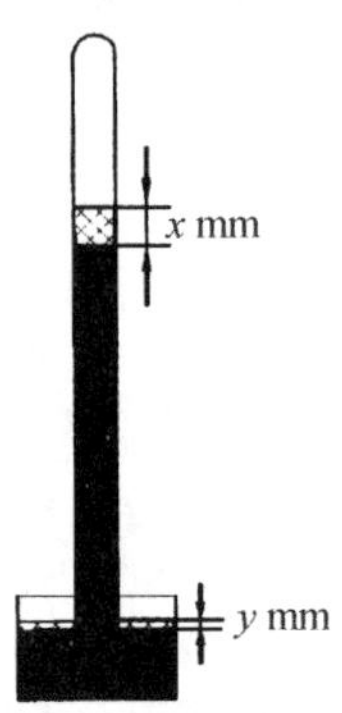

图 4.3 定槽式水银气压表的刻度关系

当气压升高 1 mm 时(以水银气压表的高度计数),表管心内的水银柱将上升 x mm,而槽内的水银面则同时下降 y mm,

$$x + y = 1$$

槽内体积的减少等于管心内水银体积的增加,即

$$xa = y(A - a')$$

式中,a 为水银柱玻璃管的内横截面积;A 为水银槽的内横截面积;a' 为插进水银槽中的表心尾端的外横截面积.因此可得到

$$x = \frac{A - a'}{A - a' + a} \tag{4.3}$$

从上式可看出,定槽式水银气压表的刻度 1 mm 的长度将短于 1 mm,等于$\frac{A-a'}{A-a'+a}$,以补偿气压表槽内基点的变动.国产定槽气压表$\frac{A-a'}{A-a'+a}$为 1/50,因此气压表上 1 mm 的刻度只有 0.98 mm 长.

4.1.4 水银气压表的仪器误差

由于制造条件的技术限制,水银气压表具有一定的误差.其中一部分误差可以通过与标准表的比较,找到仪器在各个刻度上的订正值;还有一部分则包含在读数中无法加以校

准的误差.气压表主要的仪器误差有:

(1) 仪器的基点和标尺不准确

(2) 管顶的真空度不高

常用的抽气机,可以使真空度达到 10^{-4},足够满足气象台站气压观测的精度.但随着仪器使用日期的延长,玻璃管壁吸附和吸留的气体以及水银中溶入的空气逐渐渗入管顶的真空部分.在技术上彻底消除这部分气体是比较困难的.因此气压表需要定期进行复检.

(3) 气压表管内的毛细管现象

根据拉普拉斯公式,弯曲液面产生的附加压力为

$$p = \frac{2\sigma}{R} \tag{4.4}$$

式中,σ 为表面张力系数;R 为液面的曲率半径,由于水银不能浸润玻璃,管顶水银面呈现为凸面.管顶水银面的曲率半径较小,因此表管心内的附加压力数值比水银槽内要大得多,结果使水银柱的高度下降.表 4.1 给出不同管径水银柱高度的附加压力值.实验表明,水银和玻璃正常的接触角为 125°,可以有 ±8°的变动.由表可见,在气压表管心内径超过 10 mm 以上,由于接触角的变动(表中为凸起圆弧高度的变化)引起的水银曲面的附加压力变动,才能低于观测所允许的误差值.

表 4.1 凸起圆形水银面的附加压力

玻璃管内径/mm	凸起圆形高度/mm					
	0.8	1.0	1.2	1.4	1.6	1.8
	附加压力/mm					
8	0.42	0.50	0.58	0.65	0.72	0.79
10		0.30	0.34	0.37	0.41	0.43
12		0.21	0.23	0.25	0.26	0.28
14		0.15	0.17	0.18	0.19	0.20
16		0.11	0.12	0.13	0.14	0.14
18		0.07	0.08	0.09	0.10	0.10

必须指出,毛细管的压缩值还与水银的纯度、玻璃管壁的清洁程度有显著的关系.在玻璃管中,水银与玻璃之间的接触角不能保持固定的数值.气压的升降,观测时的操作步骤都将有影响.

4.2 水银气压表的读数订正

为使水银柱的高度能表示大气压力,必须将其订正到标准状态,根据公式(4.2),有

$$p_h = \rho_{\mathrm{Hg}}(t) \cdot g_{\varphi,h} \cdot H_{\mathrm{Hg}}(t, g_{\varphi,h})$$

得

$$p_h = \rho_{\mathrm{Hg}}(0) \cdot g_{\mathrm{n}} \cdot H_{\mathrm{Hg}}(0, g_{\mathrm{n}}) \tag{4.5}$$

因此先将气压表的读数值经过仪器误差的订正,然后再进行气压表读数的温度订正和重力订正.

4.2.1 气压表读数的温度订正

气压表读数的温度订正除了把水银的密度订正到 0 ℃标准情况外，还要考虑铜尺的长度随温度变化的伸缩.

假定水银气压表水银槽上的标尺为铜尺. 如果我们在水银槽旁另立一支没有温度系数的标准尺(图 4.4). 在 t ℃时，铜尺的刻度 H_t 与水银柱顶相齐，而标准尺测得的水银柱高度为 l_t(图 4.4A). 如果气压保持不变，只将气压表室内的温度降至 0 ℃标准条件，此时标准尺测得的水银柱高度为 l_0，原刻度 H_t 的长度为 l_1，此时铜尺 H_0 刻度与水银柱顶相齐，$H_0=l_0$(图 4.4B).

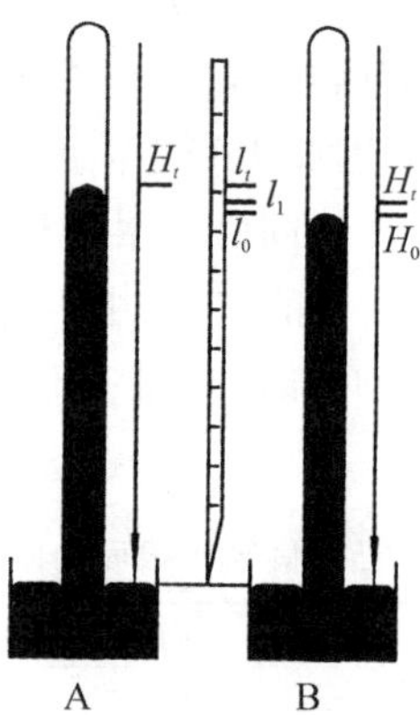

图 4.4 气压表读数的温度订正原理图

已知 μ 为水银的热膨胀系数，λ 为铜尺的热膨胀系数，则

$$\begin{cases} l_t = l_0(1+\mu t) \\ l_t = l_1(1+\lambda t) \end{cases}$$

或改写为

$$\begin{cases} l_t = H_0(1+\mu t) \\ l_t = H_t(1+\lambda t) \end{cases}$$

合并上两式，可得

$$H_0 = H_t \frac{1+\lambda t}{1+\mu t}$$

定义 $\Delta H_t = H_0 - H_t$

$$\Delta H_t = H_0 - H_t = H_t \frac{(\lambda-\mu)t}{1+\mu t}$$

式中，$\lambda=1.84\times10^{-5}$ ℃$^{-1}$；$\mu=1.818\times10^{-4}$ ℃$^{-1}$.

$$\Delta H_t = -H_t \frac{0.000\,163\,4 \cdot t}{1+0.000\,181\,8 \cdot t} \tag{4.6a}$$

但是，对于定槽式气压表，订正公式则更复杂一些. 订正时必须将水银槽的热膨胀效应考虑在内，而写成下述形式.

$$\Delta H_t = -H_t \cdot \frac{0.000\,163\,4 \cdot t}{1+0.000\,181\,8 \cdot t} - 1.33\frac{V}{A}(\mu-3\eta)t \tag{4.6b}$$

其中,A 为水银槽的截面积;V 是气压表内的水银总体积;η 为铁制水银槽的热膨胀系数,取值 1.0×10^{-5}℃$^{-1}$.

4.2.2 气压表读数的重力订正

读数经过仪器差和温度差订正后,再进一步作重力加速度订正.设 H_0 为经过器差和温度订正后的气压表读数,H_h 为经过器差、温度和重力订正后的气压表读数.$g_{\varphi,h}$ 为位于纬度 φ、海拔 h 处的台站的重力加速度值.g_n 为标准重力加速度,取值 9.80665 m/s^2.

根据公式 4.2 和 4.5 的关系,下式可成立:

$$H_h = H_0 \cdot \frac{g_{\varphi,h}}{g_n},$$

台站的重力加速度可应用世界气象组织的推荐公式:

① 在平均海平面上,重力加速度随纬度的变化公式为

$$g_{\varphi,0} = 980.616(1-0.0026373\cos\varphi+0.0000059\cos^2 2\varphi) \tag{4.7}$$

② 陆地台站将 $g_{\varphi,0}$ 值进行高度修正,其局地的重力加速度可根据下式计算

$$g_{\varphi,h} = g_{\varphi,0} - 0.0000003086h + 0.0000001118(h-h') \tag{4.8a}$$

式中,h 为该测站的海拔高度;h' 为以测站为中心,半径 150 km 范围内的平均海拔高度.

③ 水面上的台站,平均海拔高度低于 10 m,按下式计算

$$g_{\varphi,h} = g_{\varphi,0} - 0.0000003086h - 0.00000688(D-D') \tag{4.8b}$$

式中,D 为测点正下方的水深;D' 为以测站为中心,半径 150 km 范围内的平均水深.

④ 海岸附近地区将 $g_{\varphi,0}$ 值进行高度修正,则按下式计算

$$g_{\varphi,h} = g_{\varphi,0} - 0.0000003086h - 0.000001118\alpha(h-h') - 0.00000688(1-\alpha)(D-D') \tag{4.8c}$$

式中,α 为 150 km 地区内陆地面积所占比重.

4.2.3 海平面气压

经过仪器差、温度差和重力差订正后的气压表读数,称做本站气压或场面气压.但在绘制天气图时,仅仅知道场面气压是不能绘制等压线的,显然高山上的场面气压比平原要低得多,因此必须将各点的场面气压都订正到同一高度上——海平面上来.具体的海平面气压订正法如图 4.5 所示,设 A 点为某站,其场面气压为 p_h,海拔为 h,将它的场面气压订正到海平面上,就是把 A 点所在平面至海平面(图中 B 点所在平面)这段空气柱的压力加到 p_h 上去.根据压高公式,可得

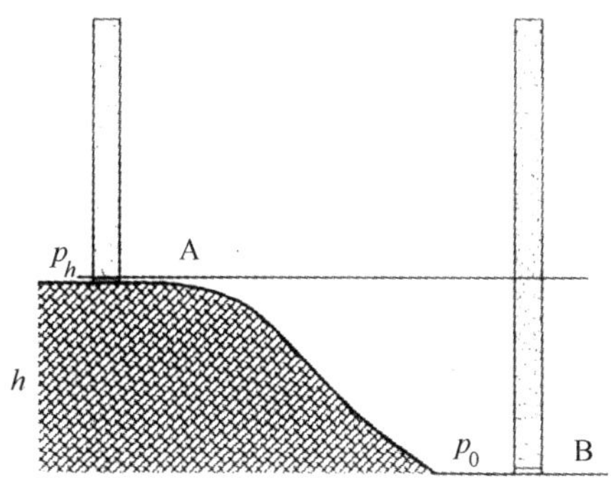

图 4.5 海平面气压订正

$$\lg\frac{p_0}{p_h} = \frac{h}{18410\left(1+\frac{t_m}{273}\right)} \tag{4.9}$$

式中，p_0为海平面气压，t_m为AB两点之间空气柱的平均温度.

令

$$m=\frac{h}{18\,410\left(1+\frac{t_m}{273}\right)}$$

则

$$p_0=p_h\cdot 10^m$$

$$C=p_0-p_h=p_h\frac{M}{1\,000} \tag{4.10}$$

由于上式括号内10^m-1数值很小，为制表方便，令$M=(10^m-1)\times 1\,000$.

对于一个固定的气象台站，海拔高度h是一个固定的数值，因此可以直接用t_m和p_h制成简表查算C值.

t_m可根据下述假定得到：

① 从h高处下降至海平面，每下降100 m，温度升高0.5 ℃. 因此可由t_h推算出海平面处的气温t_0；

② 整个空气柱的平均温度t_m等于t_0和t_h的平均值；

③ 本站的气温t_h不直接取当时的百叶箱气温读数；而以当时的气温$t_{h,0}$和前12小时的气温$t_{h,-12}$相加，再取平均值.

因此t_m的数值等于

$$t_m=\frac{t_{h,0}+t_{h,-12}}{2}+\frac{h}{400} \tag{4.11}$$

对于海平面气压订正，WMO也无法设定一个全球统一的公式，因为在高海拔地区，由于海拔高度的测量误差，以及虚拟的气柱平均温度都将使海平面气压订正值偏离合理的数值. 像我国的青藏高原就只能将其本站气压订正到某一标准等压面.

4.3 气压表的安置和观测方法

4.3.1 气压室

气压表要求装置在专门的房间，理想的气压室一方面要能保证室内温度均一稳定，另一方面还要避免气流对室内气压的影响. 室温的均一性不难保证，气流的影响则不仅与风速有关，而且还和建筑物的结构形式和位置有关. 根据经验，由于风引起的气压脉动，其最大振幅可达3 hPa. 然而这种情况毕竟很少. 为了保证以上两点，我们要求气压室具备如下条件：

① 室内不装设任何热源或冷源；

② 避免阳光直射；

③ 双层门窗，以减小风以及观测人员进入室内时所引起的气压波动；

④ 气压表应该垂直悬挂，否则会使读数值偏高(图4.6).

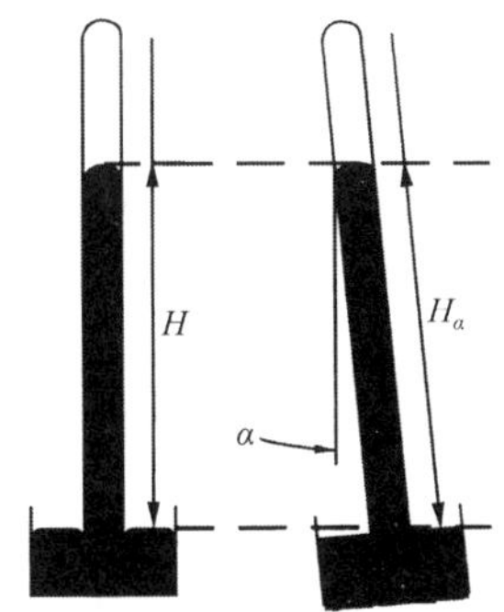

图 4.6 气压表悬挂正确和不正确时读数间的关系

悬挂不正确时的读数 H_α 和正确的读数 H 间的关系为

$$H = H_\alpha \cos\alpha$$

或

$$\Delta H_\alpha = H_\alpha - H = 2H_\alpha \sin^2 \frac{\alpha}{2} \tag{4.12}$$

按照上式计算的结果列于表 4.2.

表 4.2 水银气压表偏斜悬挂引起的读数误差

α	H_α/mm		
	720	760	780
	ΔH_α/mm		
15′	0.007	0.007	0.007
30′	0.03	0.03	0.03
1°	0.11	0.12	0.12
2°	0.44	0.46	0.47
3°	0.99	1.04	1.06
4°	1.75	1.85	1.89
5°	2.74	2.89	2.96

气压表悬挂的偏斜角要求不超过 15′～20′.

4.3.2 气压表的读数步骤

气压表的读数按下述程序进行:

① 观测附属温度表.

② 调整水银槽内水银面,使之与象牙针尖恰恰相接.调整时,槽内水银面自下而上地上升,直到象牙针尖与水银面恰好相接(既无小涡,也无空隙)为止.

③ 调整游标尺恰好与水银柱顶相切,调整时注意保持视线与水银柱同高,把游标尺底边缓慢下降,使游标尺前后底边恰好与水银柱顶相切(图 4.7),此时水银柱顶两旁能见到三角形的露光空隙.

④ 读数并记录,准确至 0.1 hPa.

⑤ 降下水银面,使它与象牙针尖脱离.

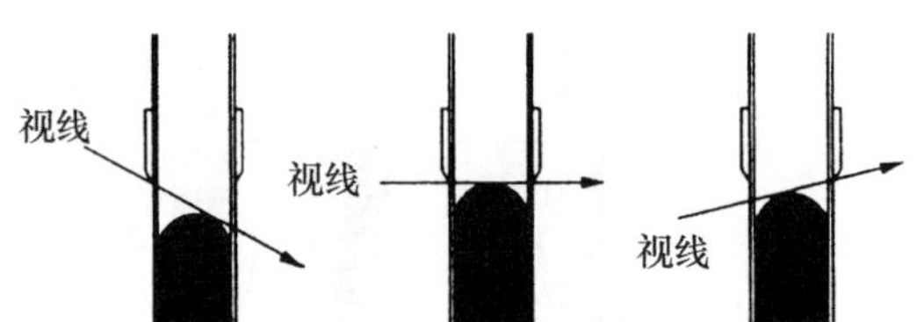

图 4.7　游标尺与水银柱顶相切

4.4　空盒气压表、气压计

空盒气压表具有便于携带，使用方便，维护容易等优点．它的感应元件是一组具有弹性的薄片所构成的扁圆空盒，盒内抽成真空，或残留少量空气．盒的表面有波纹状的压纹．将空盒的底部固定，顶部可自由移动，用以操纵指示读数的机械系统．

空盒感应气压的原理与弹簧受力产生形变相似．例如当气压 p_1 作用到空盒膜片上，空盒的弹性应力 f_1 与之平衡，$f_1 = p_1$．当气压变为 p_2，弹性应力失去平衡，空盒则随之产生形变，直到 $f_2 = p_2$ 时为止．假设 $p_2 > p_1$，则空盒厚度从 δ_1 减小至 δ_2（见图 4.8）．

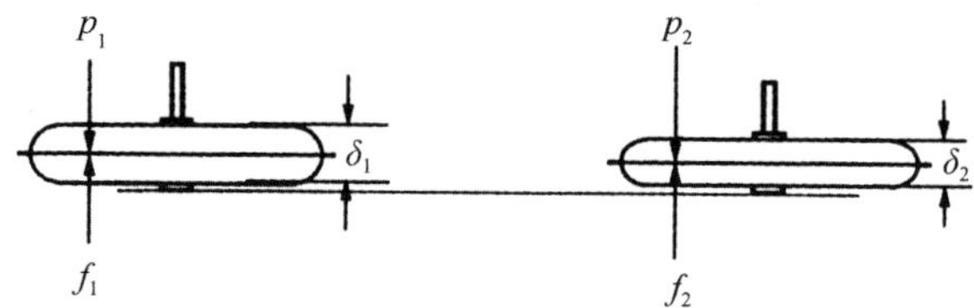

图 4.8　空盒气压表的感应原理

利用空盒元件可以制成连续记录气压的仪器——空盒气压计，其简单结构如图 4.9 所示．空盒元件的底部固定在双金属片前端．杠杆用来传递和放大空盒的机械位移．指针背面可衬托刻度盘，或可在自记笔杆指针上带有墨水斗笔尖，它把气压的连续变动记录在自记钟筒上．

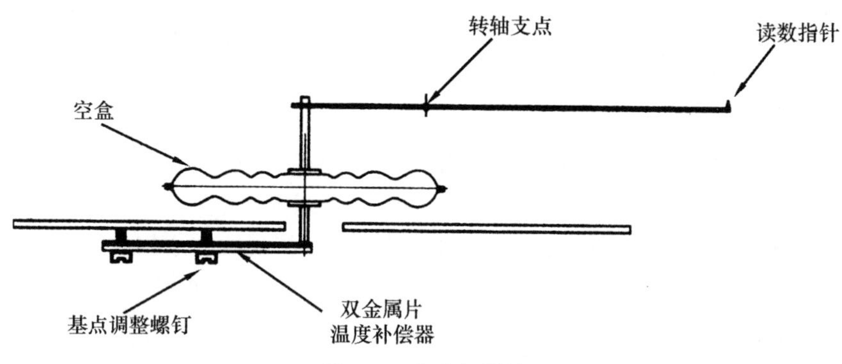

图 4.9　空盒气压计

空盒测压元件的精度大大低于水银气压表，它具有一般弹性元件所共有的缺点，其中一个是弹性后效．

1. 空盒测压的弹性后效的主要特点

(1) 当气压变化停止后空盒的形变并不停止

例如,气压由 1 000 hPa 降至 100 hPa,空盒位移由 O 点移到 p 点,如果气压维持在 100 hPa 不变,空盒的形变并不停止,而是继续缓慢地由 p 移向 p′(图 4.10A);

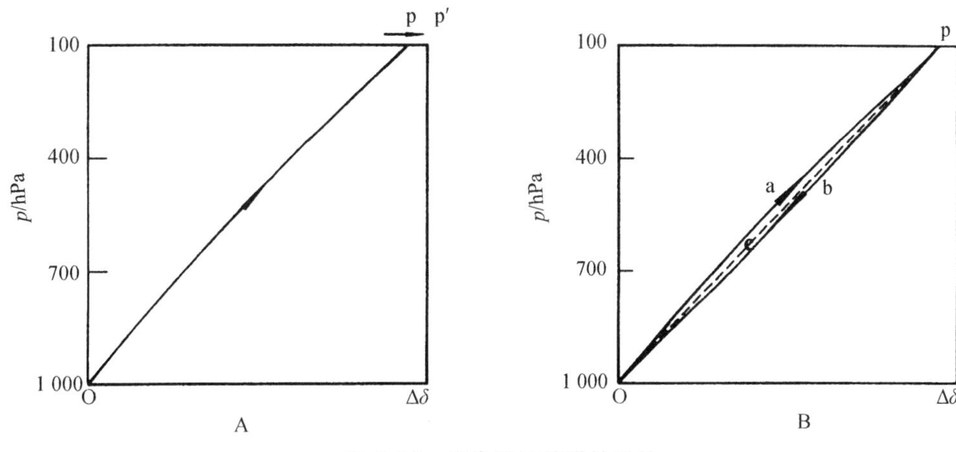

图 4.10　空盒测压的弹性后效

(2) 空盒的升压曲线和降压曲线不一致

前一种弹性后效可以在制造工艺中加以消除,下文所提到的后效则无法克服.

在制造空盒时,使空盒元件在升压和降压的过程中反复老化 1 000 次,以避免第一种弹性后效.老化后的却仍然存在升压和降压曲线不一致的情况.如图 4.10B 所示,当气压由 1 000 hPa 降至 100 hPa 时,检定线为 Oap;然后再由 100 hPa 回升至 1 000 hPa,检定线为 Obp.两条检定线构成一个封闭曲线,称滞差环.空盒的这种特性,使用时必须加以注意.例如施放探空仪时,气压由地面 1 000 hPa 左右降低至几十百帕,这时就应当应用它的降压检定线.在气压变化复杂的环境里就只能取两条检定线的中线 Ocp.

2. 对空盒测压的补偿方法

另一个一般弹性元件共有的缺点是弹性的温度效应.空盒与所有的弹性体一样,它的杨氏模量具有负温度系数.因此温度增加时弹力就减弱,若大气压力维持不变,在升温时空盒的厚度将变薄,空盒位移与气压的关系曲线也将随温度产生漂移.因此需要采取措施加以补偿.补偿的方法有两种:

(1) 双金属片补偿法

空盒的双金属温度补偿器安装在空盒的底部.设温度升高影响厚度减小,使自由端下降了 $\mathrm{d}\delta$;但双金属片的变形作用使空盒基底提高了 $\mathrm{d}s$,$\mathrm{d}s=\mathrm{d}\delta$(图 4.11).假设大气压力为 p_0,与它相平衡的弹性应力为 f_0,$f_0=p_0$.空盒弹性系数为 β,因此温度升高 1 ℃弹性应力的减小为 βp_0(hPa/℃),它所引起空盒自由端的位移 $\mathrm{d}\delta=K\beta p_0$,其中 K 为仪器灵敏度(mm/hPa).选择合适的双金属片,使空盒基底的位移 $\mathrm{d}s=\mathrm{d}\delta$,因此

$$\mathrm{d}s = K\beta p_0$$

此时空盒的温度误差正好得到补偿.上式中的 K、β 和 $\mathrm{d}s$ 的数值是固定的,显然只在气压为 p_0 时才能有完全的补偿作用,其他数值下的大气压力只能部分地得到补偿.p_0 则称为补偿点(图 4.12B).图 4.12A 为未经补偿的气压与位移关系曲线随温度的变化.

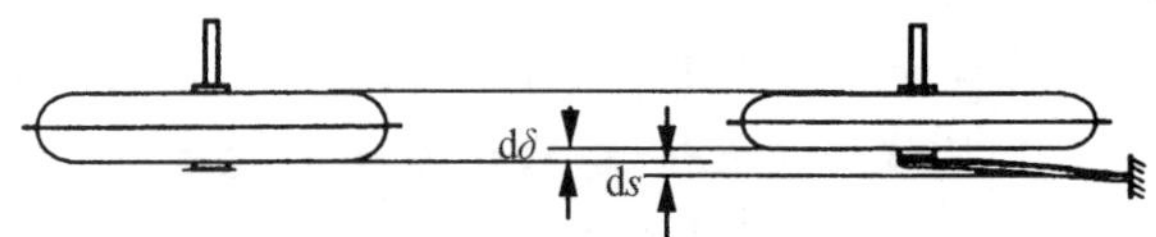

图 4.11 空盒的双金属补偿器

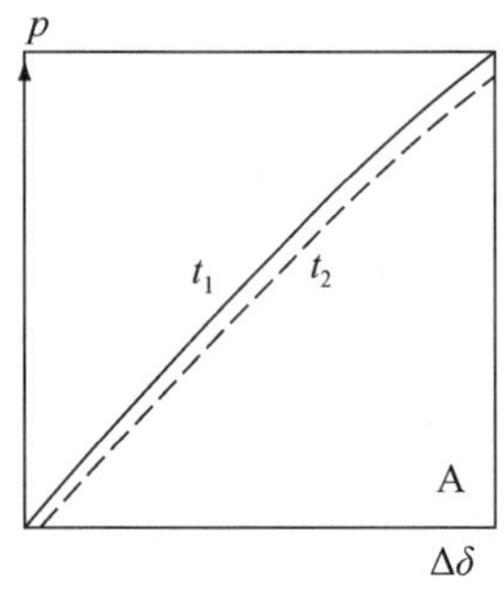

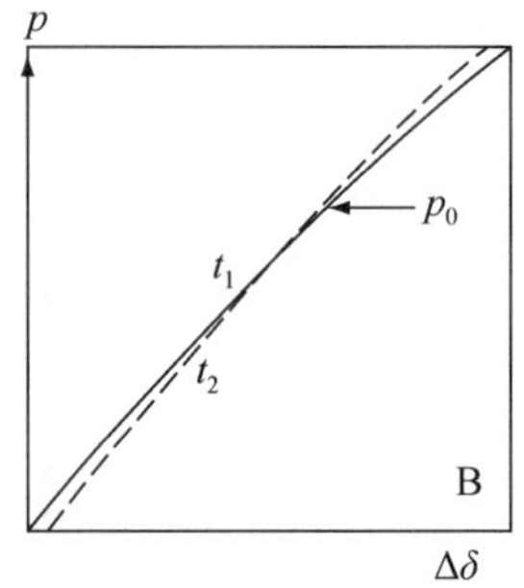

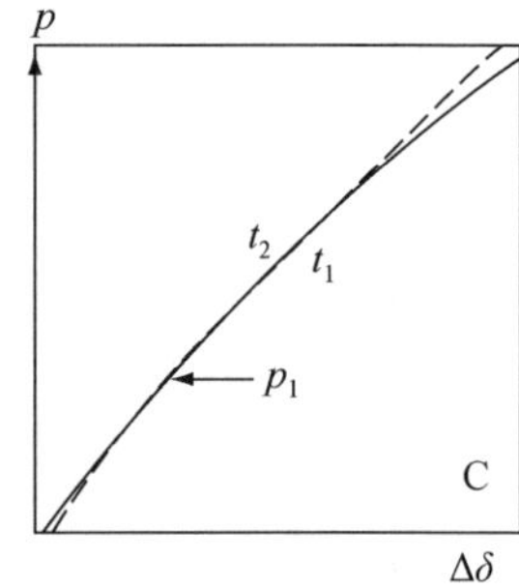

图 4.12 温度补偿的效果

(2) 残余气体法

残余气体法温度补偿法是让空盒内残留一定压力 π_1，在气压为 p_1 时，空盒所受的压力为 $p_1-\pi_1$，空盒的弹性应力为 f_1. 温度升高 1 ℃弹性应力减弱了 $\beta f_1=\beta(p_1-\pi_1)$；而盒内残余气体的压力却升高了 $\alpha\pi_1$. 当

$$\alpha\pi_1=\beta(p_1-\pi_1)$$

或

$$\frac{p_1}{\pi_1}=1+\frac{\alpha}{\beta} \tag{4.13}$$

由于空盒内充气压力为 π_1，因此其元件的测量下限只能规定为 π_1，因而补偿点 p_1 的值较 p_0 值要小时，空盒的温度效应就可以得到补偿. p_1(两线相交处)是完全补偿点(图 4.12C).

近几年来，许多厂商转向开发硅单晶薄膜空盒的研究工作，硅单晶空盒的最大优势是具有较高的灵敏度，可以达到 10^{-7} hPa 以上的分辨率，其应力变化稳定性也优于一般的金属弹性材料. 最初设计制造的硅单晶空盒是在压力感应片上扩散上去两对应变电阻，一对沿硅薄膜的径向；另一对则沿硅薄膜的切向(图 4.13)，直接检测硅薄片上所形成的应力.

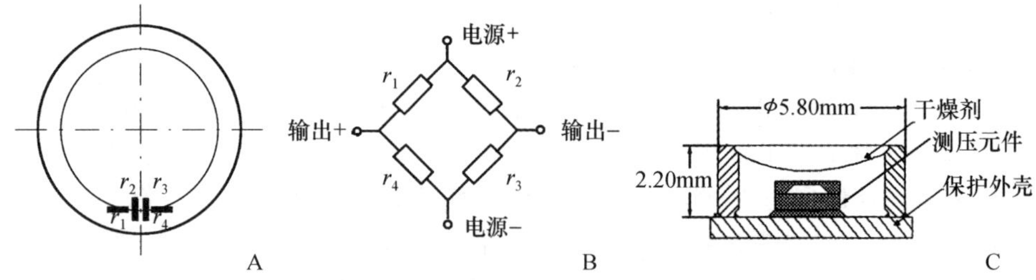

图 4.13 硅单晶空盒的压力感应片及其两对应变电阻

径向应力 σ_r 和切向应力 σ_t 沿半径 r 的分布可表达为

$$\sigma_r=\frac{3pR^2}{8h^2}\left[(1+\mu)-(3+\mu)\frac{r^2}{R^2}\right] \tag{4.14a}$$

$$\sigma_t = \frac{3pR^2}{8h^2}\left[(1+\mu)-(3\mu+1)\frac{r^2}{R^2}\right] \tag{4.14b}$$

式中,R 为膜片的半径,h 为膜片的厚度,μ 为材料的泊松系数(硅单晶取值 0.35).

芬兰 Vaisala 公司新设计了电容式硅单晶空盒(图 4.14)[1],一片硅单晶薄片放置在一个浅玻璃容器上,玻璃容器底部以及硅单晶薄片的下方真空喷涂上金属形成一对电容极板,金属硅单晶薄片上方另扣上一个硅单晶腔体,腔体内抽成真空,而玻璃器腔体则与大气压力相通.

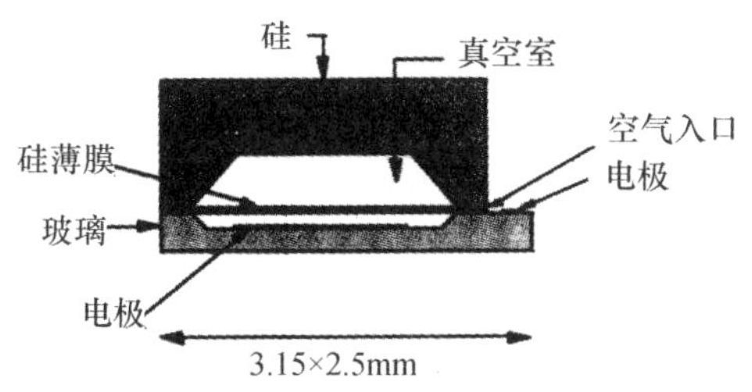

图 4.14 电容式硅单晶空盒

电容式硅单晶空盒的最大优点是具有很高的稳定性,图 4.15 显示的是元件在 6 个月之内,所测压力读数与标准气压表读数的偏差,在各个刻度下均低于±0.05 hPa,这是一个相当满意的结果.由于研制工作仍在进行之中,直到目前为止,作者还没有得到该元件其他方面技术指标的详细报告.

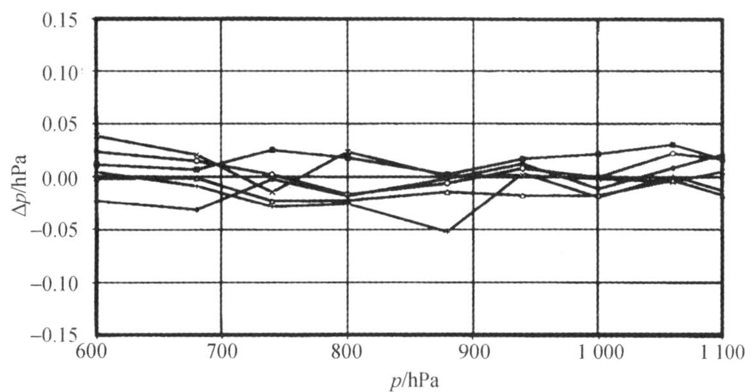

图 4.15 电容式硅单晶空盒的稳定性实验

硅单晶空盒完全采用了精细的积层电路制作工艺,例如它可以使空盒的空腔尺寸横向仅为几毫米,垂直方向可保持在几微米的量级,使其电容量很容易达到几十 pF 的量级;又如对硅单晶薄片的表层实施局部掺杂制作成测量应力的应变电阻和测量空盒温度的测温电阻.

硅单晶空盒的输出存在一定的温度系数,需要进行温度补偿,在元件制作过程中还需搭配测温元件和相应的温度补偿电路.

4.5　振筒式压力传感器

1. 振筒式压力表的工作原理和构造

振筒式压力表的感应部分为一固定在基座上的薄壁圆筒，壁厚约 0.08 mm，其开口的一端固定在底座上，封闭的另一端向上作为自由端，振动筒的材料不仅需要具有稳定的弹性，还应有良好的导磁性，常使用镍基恒弹性合金制作.

在振筒底座中心装有一个固定骨架，激振线圈及其铁芯横穿固定在骨架上，在激振线圈的推动下使振筒产生一定频率的振动，骨架上另有一组拾振线圈，用以耦合振筒的振动，测量其输出波形的频率或周期，可以准确地确定振筒振动的频率，为防止两组线圈之间的直接耦合，两组线圈相隔一定距离，并保持相互垂直.

振筒之外是一层保护筒，保护筒与振筒之间的空腔被抽成真空作为零压力的基点，并对外界保持电磁场屏蔽，振筒内腔则与大气压力相通.

振动筒的工作方式是一个二阶强迫振荡系统，其数学表达式为

$$M\frac{d^2x}{dt^2}+c\frac{dx}{dt}+Kx=F(t) \tag{4.15}$$

其中，x 为振动引起的位移，M 是振筒的振动质量，c 为阻尼系数，K 为刚度系数($K=d\sigma/dx$，σ 为弹性材料的刚度)，$F(t)$为激振线圈输入的周期强迫力.

振动的构造如图 4.16 所示.

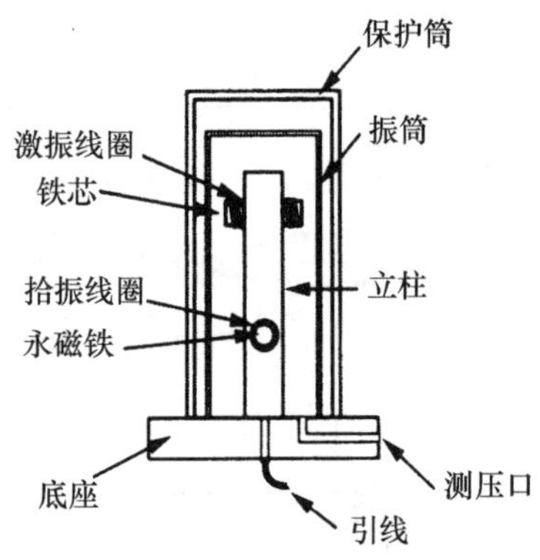

图 4.16　振筒式压力表

振筒式气压表的频率因素 Ω 比较复杂，有筒壁的拉伸效应、弯曲效应和压力效应三部分组成，当大气压力为零时其固有频率为

$$f_0=\frac{1}{2\pi}\sqrt{\frac{E}{\rho R^2(1-\mu^2)}\cdot\Omega_0} \tag{4.16}$$

式中，Ω_0为零气压时的频率因素，E 为弹性材料的杨氏模量，μ 为材料的泊松系数，R 为振筒的半径，ρ 为振筒材料的密度. 当振筒材料和振型确定之后，f_0为一常数.

振筒的振型用它的振动经向周期数“n”和轴向半波数“m”来表征.

在其他各个大气压力下，振筒固有频率与大气压力的关系为

$$f=f_0\sqrt{1+\beta p} \tag{4.17}$$

振筒的检测线路如图 4.17 所示.气压变动导致振筒应力 σ 和刚度 $\partial\sigma/\partial x$ 的变化,从而产生一个振动频率 f;拾振线圈磁通的变化 $\mathrm{d}\phi/\mathrm{d}t$ 所产生的感应电动势 ε 经放大整形输出的同时,反馈给振筒的激振线圈产生激振力.

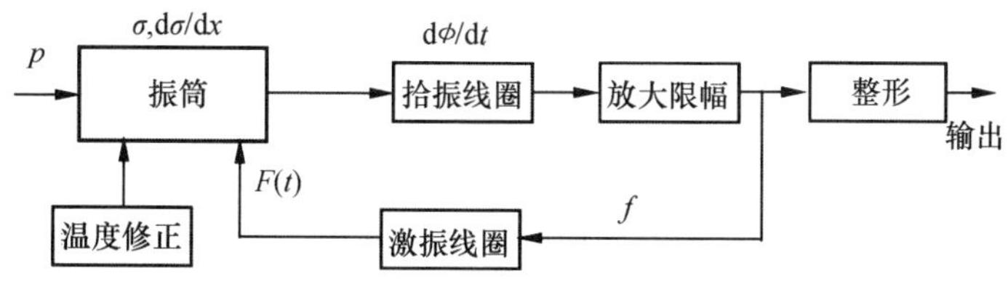

图 4.17 振筒的检测线路

2. 振筒的测压误差

(1) 温度误差.虽然振筒的恒弹性材料的弹性温度系数很小,但大气密度受温度的影响是无法避免的.筒内气体随筒体振动,其质量将附加到筒体上,从而使固有振动频率随之变化.在 −55~125 ℃内频率约变化 2%.因而振筒的实测线路中,气压对振动质量转换线路的部分包括了温度影响的修正.

$$\frac{\partial M}{\partial p} = f\left(\frac{\partial \rho}{\partial p}, \frac{\partial \rho}{\partial T}\right)$$

(2) 污染物的影响.大气污染物对筒壁的黏附,引起影响振筒质量以及相应固有频率的变化.对进气口实施空气过滤是一种有效的防护措施.

(3) 老化影响.振筒没有活动的部件,材料承受的应力远低于弹性应变的极限应力.所以无需考虑永久变形和弹性疲劳,因而老化所引起的漂移很小.

4.6 沸点气压表

溶液的沸点和大气压力的关系是很准确的,沸点气压表正是利用了这一特性测量气压,并在一些探空仪上应用,因为在低气压测量时,它比空盒气压表的精度要高.这种方法的优点是将气压测量转化为温度测量.

一个装有纯净液体的容器与待测空气相通,将溶液加热至沸点,溶液表面的饱和蒸气压将达到大气压力的数值,测定它的沸点温度就可换算出大气压力.

大气压力和沸点的关系可以表达为下述形式

$$\lg p = A - \frac{B}{t_b - E} \tag{4.18}$$

其中 A、B 和 E 为待定常数,随液体而变.表 4.3 给出蒸馏水在不同气压下的沸点数值和气压灵敏度供参考.由表可以看出,沸点气压表在高气压时,灵敏度低,如果要求测压精度为 0.1 hPa,测温精度须达到 0.003 ℃.而随气压的降低灵敏度随之增加.

表 4.3 不同气压下水的沸点和测压灵敏度

p/hPa	1 000	850	700	500	300	100	50	20	10
t_b/℃	99.63	95.12	89.95	81.34	69.10	45.82	32.89	17.50	7.00
$\frac{\mathrm{d}t/\mathrm{d}p}{℃/\mathrm{hPa}}$	0.029	0.034	0.037	0.052	0.080	0.20	0.37	0.82	1.50

沸点压力瓶的构造如图 4.18 所示,瓶左边的容器主要用于储存液体;右边为沸腾室,室内为双层玻璃套管,测量热敏电阻安置在内管中心,沸腾室外绕有加热电阻丝.沸腾的蒸汽沿内管上升,然后翻到外管沿冷凝管冷凝成液体流回左室.右室有出气口与待测气压的环境相连通.

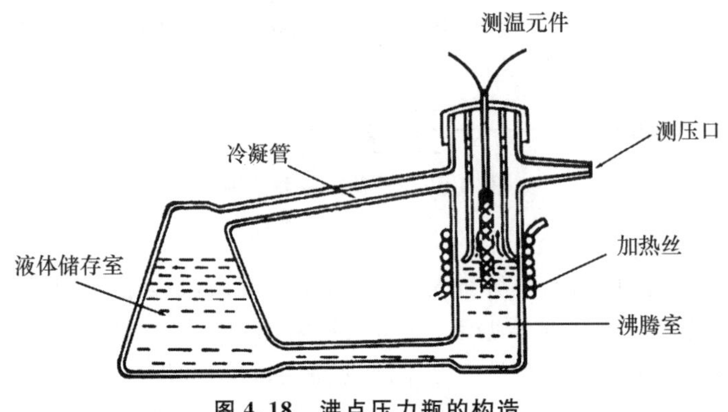

图 4.18　沸点压力瓶的构造

为了克服液体过热的影响,热敏电阻外包有纱布,纱布的尾端浸入液体内.

蒸汽在内套管中的流速对测量精度有较大的影响,主要有下述几点:

① 流速过低将使相当数量的空气扩散到沸腾层内,产生一定数值的压力;

② 实验证实,蒸汽离开液面的温度 t 通常高于 t_b,过热误差 $t-t_b$ 的大小与 v 有关;

③ 低流速将加大测温元件的滞后系数.蒸汽流速的大小可按下式进行估算:

$$ML = Q - k(t_b - \theta)$$

或

$$\rho vAL = Q - k(t_b - \theta) \tag{4.19}$$

此式是气压表的热平衡方程,左边为液体蒸发消耗的潜热;Q 为加热器消耗的功率;右边第二项则为单位时间通过容器外壁向四周环境扩散的热量;M 为单位时间离开液体表面的蒸汽量;ρ 为蒸汽密度;A 为右内管的横截面积;v 为蒸汽的流速;k 为有效热扩散系数(包括对流、热辐射等效应的总和);θ 为环境温度.

提高流速的途径可以有两条:一是加大供热电源的功率;二是尽量减小热交换的数量.但是加热功率过大将使沸腾室内的压力产生较大的起伏,影响测量精度,同时还可能使整个瓶内的液体损失太快,在得不到及时补充的情况下会烧坏仪器.因此尽可能减小热扩散引起的散热是必要的,必须对气压表的右室采取优良的保温措施.

当然,保持溶液的纯度是保证测压精度的首要条件,例如在使用蒸馏水时必须降低重水所占的比例.

4.7　气压表的基准

为了保证各个气象台站气压标尺的一致性,保持气压资料的精确度,世界气象组织对气压表制定了各级管理和逐级对比的制度.

(1) 按仪器的精度和功能,气压表分成下列几个等级.

A 级:一级或二级标准气压表,能独立测定气压,保持高于 0.05 hPa 的精确度;

B 级：工作标准气压表，用于日常的气压对比工作，它的仪器误差通过与 A 级表对比后校准；

C 级：参考标准气压表，用来向台站气压表传递校准标准以及进行对比；

S 级：安装在气象台站上的气压表；

P 级：高质量高精度的气压表，经过多次搬运仍然能保持原有的精确度；

N 级：高质量高精度的空盒气压表，滞差效应和温度系数可略去不计.

A 级气压表可作为洲、区域和国家的标准气压表，称做 A_r 级. 假如在一些地区里只有 B 级气压表作为标准气压表，称做 B_r 级.

除 A 级气压表可以自行确定它的仪器误差外，其余各级气压表都需要直接或间接与 A 级表对比，间接对比借助于 C 级表来完成. 例如将 C 级表先与 A 级表或 B 级表对比，再将该表移运至气象台站与 S 级表作对比校准，最后再返回原地与 A 级表或 B 级表复校. 为了保持 A 级表和 B 级表的精度，它们之间的对比工作也需要通过 C 级表来间接完成.

(2) 按照惯例，任何一支气压表的对比工作至少每两年进行一次.

(3) 构成 A_r 基准气压表是一些高精度的国家级和洲际标准气压表，它们在普通高精度气压表的基础上，对影响精度的关键部位进行了细致地改进，其中包括：

① 保证准确的水银密度. 根据英国标准局的测量，控制水银密度在 0℃时为 $1.395\,080\times10^4$ kg/m^3 的关键是控制各个汞同位素的比例. 表 4.4 为建议的标准值.

表 4.4 汞同位素的标准配比

Hg	196	198	199	200	201	202	203
质量比/(%)	0.160 ±0.007	10.03 ±0.03	16.95 ±0.014	23.16 ±0.03	13.20 ±0.018	29.73 ±0.04	6.78 ±0.006

② 采取读数时实时抽空管顶真空度.

③ 表管心直径至少大于 20 mm，保证极低的毛细管附加压力.

④ 采用高精度水银柱读数装置，例如激光测距系统.

⑤ 精确地测定水银柱的平均温度.

如此一来，完全可以达到 5 μm(±0.05 mm，汞高)以上的测压精度.

第五章 气流的测量

空气的运动产生气流.气流速度是一个三度空间的矢量,一般我们主要把它考虑为两度空间(XY平面)的矢量,由风速和风向来决定它的模值和方向.但是在一些特殊情况下垂直运动也相当显著,例如在山的背风坡处强的对流云里.

气流场由大尺度的规则气流和叠加在其上的随时间和空间随机脉动的小尺度湍流组成.因此气流测量应包括瞬时量和平均量两部分.但是,无论是前者还是后者的意义都是相对的,所谓"平均值"是指在一定时段内的平均;而所谓"瞬时值"也可认为在一个相当短的取样时段内的平均,或称之为"光滑值".光滑时段的长短取决于与仪器有关的性能指标以及实际课题的需要.风速的单位是m/s.天气报告中的风速是指10 min的平均风速.风向以10°作为一个单位,用电码01、02…36来表示,以正北为基准,顺时针方向旋转.当风向仪器精度较低时,一般则用16个方位表示,用英文缩写符号记录,如图5.1所示.

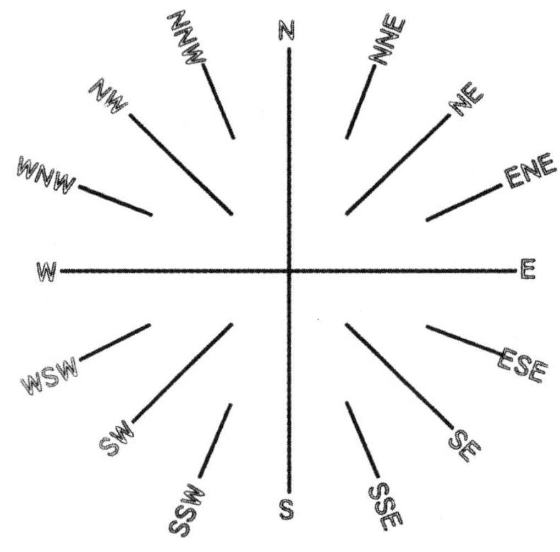

图5.1 风向的16个方位

当风速低于0.25 m/s时称为静风.风级也是一种表达风力的常用单位.蒲氏风级的划分标准如表5.1所示.

表5.1 蒲氏风级的划分标准

级别	名称	mile/h	km/h	m/s	地面物特征
0	静风	<1	<1	0~0.2	静止;烟直上
1	软风	1~3	1~5	0.3~1.5	烟能表示风向;但风标不转动
2	轻风	4~6	6~11	1.6~3.3	人面部感觉有风;树叶沙沙作声;风标转动
3	微风	7~10	12~19	3.4~5.4	树叶和嫩枝动摇不息;轻薄的旗帜展开
4	和风	11~16	20~28	5.5~7.9	能吹起灰尘和碎纸;小树枝摆动
5	劲风	17~21	29~38	8.0~10.7	多叶小树摇摆;内陆水面有小波

（续表）

级别	名称	mile/h	km/h	m/s	m/s 地面物特征
6	强风	22～27	39～49	10.8～13.8	大树枝摇动；电线有哨音；举伞困难
7	疾风	28～33	50～61	13.9～17.1	全树摇动；迎风行走不便
8	大风	34～40	62～74	17.2～20.7	可折毁树枝；人向前行走感觉阻力
9	烈风	41～47	75～88	20.8～24.4	轻型建筑物（烟筒和屋顶）发生损坏
10	风暴	48～55	89～102	24.5～28.4	陆上少见，树木连根拔起，多数建筑物被损坏
11	强风暴	56～63	103～117	28.5～32.6	陆上极少遇到；发生大范围的险情
12	飓风	≥64	≥118	≥32.7	

5.1　风向的测量

5.1.1　风向标

1. 风向的测量仪器是风向标，可以分为四个部分

(1) 风尾. 它是感受风力的部件，在风力的作用下产生旋转力矩，使指向杆——风尾轴线不断调整它的取向，与风向保持一致.

风尾外形的种类很多：单尾型、双尾型、翼剖面型和菱型等（图 5.2），旋桨式风向风速仪还把整个仪器的外形模拟成飞机机身的形状.

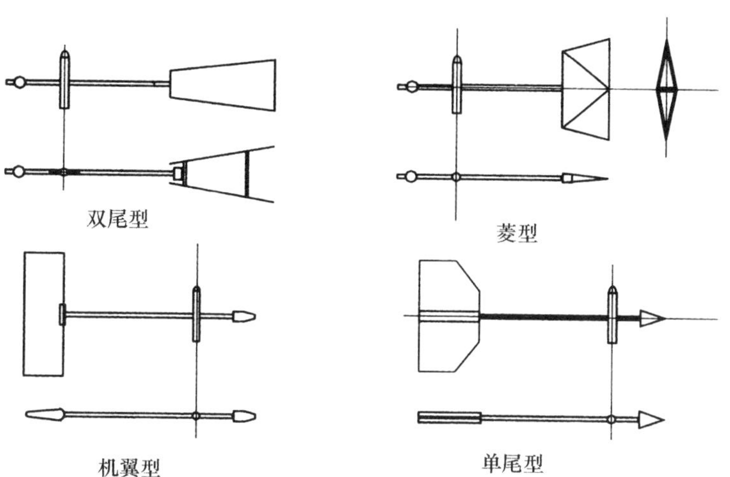

图 5.2　风向标

(2) 指向杆. 它指向风的来向.

(3) 平衡重锤. 它装置在指向杆上，使整个风向标对支点（旋转主轴）保持重力矩平衡.

(4) 旋转主轴. 它是风向标的转动中心，并通过它带动一些传感元件，把风向标指示的度数传送到室内的指示仪表上.

风向标的结构和造型主要考虑两点：① 在小风时能反应风向的变动，即有良好的起动性能；② 具有良好的动态特性，能迅速准确地跟踪外界的风向变化.

2. 传送和指示风向标所在方位的方法——电触点盘,环形电位器,自整角机和光电码盘

其中最常用的是格雷码码盘. 码盘是将轴的转角的度数变成为一个二进位的数字信号,但是通用的二进位编码方法具有一定缺点,因而改变为一种格雷码体制. 下面举出十进制与通行二进制码以及格雷码的转换(表 5.2). 格雷码最大的优点是每进一位只有其中的一位数发生 0 与 1 之间的变化,因而即使发生误读也只能产生一位码的误差. 图 5.3 为一个九位格雷码码盘.

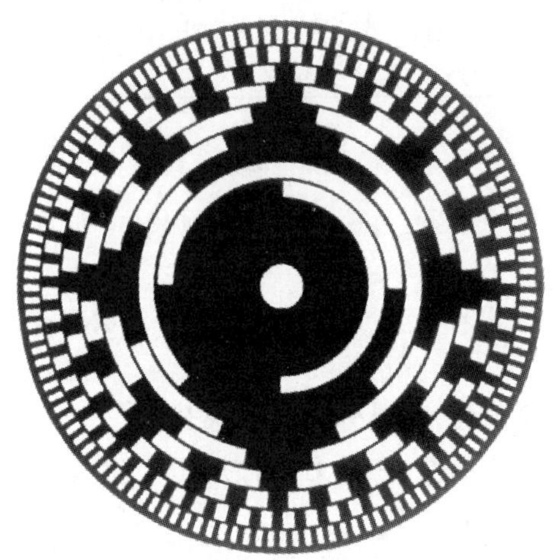

图 5.3 格雷码码盘

表 5.2 十进制与通行二进制码以及格雷码的转换

十进制	0	1	2	3	4	5	6	7	8	9
二进制	0000	0001	0010	0011	0100	0101	0110	0111	1000	1001
格雷码	0000	0001	0011	0010	0110	0111	0101	0100	1100	1101

从表中可看出二进制码 C_n 与格雷码 R_n 之间的关系:

$$C_n = R_n$$

$$C_{n-1} = R_n \oplus R_{n-1}$$

$$C_{n-2} = R_n \oplus R_{n-1} \oplus R_{n-2}$$

$$\cdots$$

$$C_1 = R_n \oplus R_{n-1} \oplus R_{n-2} \oplus \cdots \oplus R_2 \oplus R_1$$

$$C_0 = R_n \oplus R_{n-1} \oplus R_{n-2} \oplus \cdots \oplus R_2 \oplus R_1 \oplus R_0$$

其中符号表示不进位加,运算规则如下:

$$0 \oplus 0 = 0$$

$$0 \oplus 1 = 1$$

$$1 \oplus 0 = 1$$

$$1 \oplus 1 = 0$$

例如,循环码 $R(1,1,0,0)$ 转换为二进制 $C(1,1\oplus1,1\oplus1\oplus0,1\oplus1\oplus0\oplus0)=C(1,0,0,0)$.

5.1.2　风向标的动态特性

一个风向标偏离风向之后，必须迅速作出反应以适应新的情况. 考察风向标这一动态响应是一个较为复杂的问题. 假设风向标偏离风向的角度为 β，风尾板上受到一个有效风力为 F_v，风力作用中心距旋转主轴的力臂是 r_v(图 5.4)，则单位角度的风向偏差所产生的扭转力矩可写为：

$$N = r_v F_v \beta \tag{5.1}$$

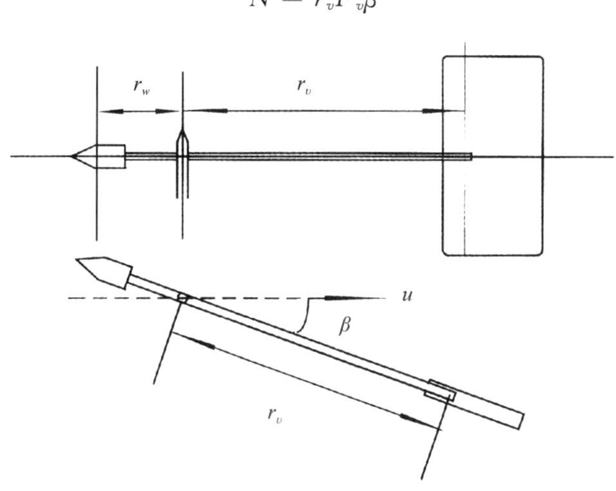

图 5.4　风向偏差所产生的扭转力矩

在风力的作用下，风向标的转动角速度为 $\mathrm{d}\beta/\mathrm{d}t$. 因此，在线速度的方向上，它相对于空气的运动速度为 $u\sin\beta + r_v \mathrm{d}\beta/\mathrm{d}t$. 因而风标对风矢量的相对迎角不是 β，而是 β_v：

$$\beta_v = \tan^{-1}\left(\frac{u\sin\beta + r_v \dfrac{\mathrm{d}\beta}{\mathrm{d}t}}{u\cos\beta}\right) \cong \beta + \frac{r_v \dfrac{\mathrm{d}\beta}{\mathrm{d}t}}{u} \tag{5.2}$$

风向标的运动方程为

$$-J\frac{\mathrm{d}^2\beta}{\mathrm{d}t^2} = r_v F_v = N\beta_v = N\beta + \frac{r_v N}{u}\cdot\frac{\mathrm{d}\beta}{\mathrm{d}t} = N\beta + D\frac{\mathrm{d}\beta}{\mathrm{d}t} \tag{5.3}$$

式中，$\mathrm{d}^2\beta/\mathrm{d}t^2$ 为风向标转动角加速度；J 为转动惯量. 上式右边第一项是气流对风标施加的扭力矩，第二项是空气对运动风标的阻尼力矩. 如果 N 和 D 是常数，上式的解为

$$\beta = \beta_0 \exp\left[-\frac{D}{2J}t - 2\pi i\frac{t}{t_d}\right] \tag{5.4}$$

β_0 为 $t=0$ 时风向标的偏离角，t_d 则等于

$$t_d = \frac{2\pi}{\left[\dfrac{N}{J} - \left(\dfrac{D}{2J}\right)^2\right]^{\frac{1}{2}}} \tag{5.5}$$

t_d 称为风向标的阻尼谐振周期. 公式(5.4)是一个典型的衰减周期振动(图 5.5).

从(5.4)和(5.5)式可以推导出几个有关风向标动态特性的几个重要参数.

① 无阻尼固有谐振周期. 当 $D=0$ 时的 t_d 称为无阻尼固有谐振周期，即

$$t_0 = \frac{2\pi}{\left(\dfrac{N}{J}\right)^{\frac{1}{2}}} \tag{5.6}$$

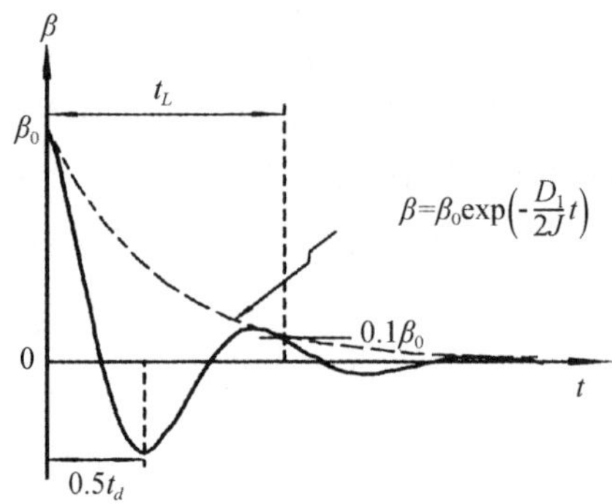

图 5.5　风向标典型的衰减周期振动

② 临界阻尼. 当公式(5.5)右边分母中的值为零时，$t_d\to\infty$，则公式(5.4)右边括号中的第二项消失，风标呈现出一个单纯的衰减运动，此时风标的阻尼 $D=D_0$，即

$$D_0 = \sqrt{2NJ} \tag{5.7}$$

③ 阻尼比. 定义风标阻尼与临界阻尼的比值称阻尼比，即

$$\begin{aligned}\zeta &= \frac{D}{D_0} \\ \zeta &= \frac{r_v N}{u D_0} = \frac{\pi r_v}{u t_0}\end{aligned} \tag{5.8}$$

$\zeta<1$ 为欠阻尼；$\zeta>1$ 为过阻尼；$\zeta=1$ 时称为临界阻尼.

在实际工作中，应用 t_d 或 t_0 并不方便. 因此类似温度表的滞后系数，定义一个风向标的时间尺度 t_L，认为风向标经过 t_L 时间之后，风向标偏离风向的角度由原先 $t=0$ 时刻时的 β_0 衰减为 β_{t_L}，$\beta_{t_L}/\beta_0=1/L$. t_L 是判断风向标动态特性的一个最常用的指标. 为方便起见，L 取作为 10，将(5.4)式括号中第二项略去，有

$$t_L = -\frac{\ln\frac{1}{L}}{\frac{D}{2J}} = 4.61\left(\frac{Ju}{r_v N}\right) \tag{5.9}$$

根据实验结果，扭力矩 N 可以表示为下式：

$$N = a_v \cdot \frac{1}{2}\rho u^2 \cdot S \cdot r_v \tag{5.10}$$

其中，a_v 称为扭力矩系数，取决于风尾的外形；S 为风尾板的有效截面积；$\rho u^2/2$ 为气流的动压力，如果空气密度取值 1.25 kg/m^3，则

$$u t_0 = 7.95\left(\frac{J}{a_v r_v S}\right)^{\frac{1}{2}} \tag{5.11}$$

$$\zeta = 0.395\left(\frac{a_v r_v S}{J}\right)^{\frac{1}{2}} \tag{5.12}$$

$$u t_L = 7.37\left(\frac{\lg L \cdot J}{a_v r_v^2 S}\right) \tag{5.13}$$

5.1.3 风标平衡锤对风标动态特性的影响

探讨实际的风向标在气流中的摆动情况更为复杂，首先我们要考虑到平衡锤对整个风标的空气动力学特性的影响.

假设平衡锤在气流中也要受到一个扭力矩 N_w，整个风标系统受到的总扭力矩 $N_T = N - N_w$. 由于重锤的运动方向与其空气动力矩相反，即

$$N_w\beta_v = N_w\beta - \frac{r_w N}{u} \cdot \frac{d\beta}{dt}$$

假如指向杆和平衡锤的受风面积很小，相对于风尾板所受的扭力矩 N_w 的作用可以忽略不计，但它的转动惯量必须加以考虑.

风标系统对主轴的重力矩应保持平衡，即 $m_v r_v = m_w r_w$. 整个系统的转动惯量可写为

$$J \cong m_v r_v^2 + m_w r_w^2 = m_v r_v^2 \left(1 + \frac{r_w}{r_v}\right) \tag{5.14}$$

定义风尾板单位面积的重量为 $\mu_v = m_v / S$，并令下述因子为风向标的质量因子.

$$K_v = \frac{a_v}{\mu_v} \left(1 + \frac{r_w}{r_v}\right)^{-1} \tag{5.15}$$

因而

$$J = a_v S r_v^2 / K_v \tag{5.16}$$

将上式代入(5.11)、(5.12)和(5.13)式，风向标的几个主要动态特性参数就改写为

$$ut_0 = 7.95 \left(\frac{r_v}{K_v}\right)^{\frac{1}{2}} \tag{5.17}$$

$$\zeta = 0.395 \left(\frac{K_v}{r_v}\right)^{\frac{1}{2}} \tag{5.18}$$

$$ut_L = 7.37 \frac{\lg L}{K_v} \tag{5.19}$$

因此，希望一个风标系统动态跟踪风向变动的性能较好，即 t_L 的值较小，关键在于有数值较大的质量因子 K_v. 从公式(5.15)可分析得到：

① a_v 值较大，即气流动压力 $\rho u^2/2$ 能有效作用到风尾板上的比例较高.

② μ_v 值小，单位面积风尾板的质量小. 意味着在制造风尾板时，必须选用高强度比重轻的特种材料.

③ $r_w/r_v \ll 1$，因此平衡锤离风标转动主轴的距离尽量缩小.

近年来所设计的风向标都特别注意上述几点.

5.1.4 风向连续变动环境中的风向标动态响应

实际上，大气环境中的风向是在持续不断地变动. 考虑一个简单的情况，假设风向维持一个振幅为 A、角频率为 ω 的周期性振动，公式(5.3)则变为

$$\frac{J}{N} \cdot \frac{d^2\beta}{dt^2} + \frac{D}{N} \cdot \frac{d\beta}{dt} + \beta = A \sin \omega\tau \tag{5.20}$$

或

$$\frac{1}{\omega_0^2} \cdot \frac{d^2\beta}{dt^2} + \frac{2\zeta}{\omega_0} \cdot \frac{d\beta}{dt} + \beta = A \sin \omega\tau \tag{5.21}$$

式中，$\omega_0=2\pi/t_0$，为风向标无阻尼的固有谐振频率. 上式的通解可写为

$$\begin{aligned}\beta=&c_1\exp[-\omega_0\zeta-i\omega_0\ (\zeta^2-1)^{\frac{1}{2}}t]\\&+c_2\exp[-\omega_0\zeta-i\omega_0\ (\zeta^2-1)^{\frac{1}{2}}t]\\&+\frac{A\sin(\omega t-\beta_1)}{\left[4\zeta^2\dfrac{\omega^2}{\omega_0^2}+\left(1-\dfrac{\omega^2}{\omega_0^2}\right)^2\right]^{\frac{1}{2}}}\end{aligned}\tag{5.22}$$

其中

$$\beta_1=\tan^{-1}\left(\frac{2\zeta\omega_0\omega}{\omega_0^2-\omega^2}\right)$$

当 $\zeta<1$ 时，只要时间 t 并不太长，上式右边前两项就已很小，可略去不计. 第三项中

$$\frac{1}{\left[4\zeta^2\dfrac{\omega^2}{\omega_0^2}+\left(1-\dfrac{\omega^2}{\omega_0^2}\right)^2\right]^{\frac{1}{2}}}=G\tag{5.23}$$

G 称做风向标的振幅增益. $G>1$，则风向标指示的角度振幅大于实际风向振幅；$G<1$，则小于实际风向的振幅. 风向标在风向周期摆动气流中的情况与弹簧受力强迫振动的情况极为相似. 当风向的振动周期与它的固有周期相等，阻尼又很小的情况下，风向标将在气流摆动作用下发生“共振”. 使指示振幅明显加大.

图 5.6 给出一个实例，说明 G 与风向标特性参数的关系. 图上曲线明显地表现出两点：

① 在 $\omega/\omega_0=1$ 处，G 的数值较大.

② 阻尼比的值越小，G 的数值越大. 这种现象在 $\omega/\omega_0=1$ 时尤其明显.

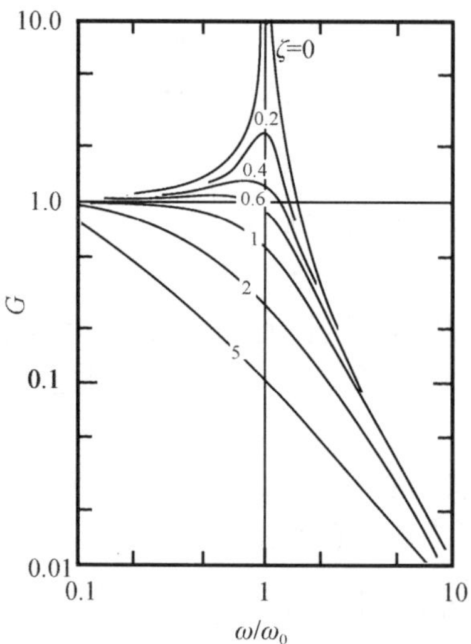

图 5.6　风向标的振幅增益与风向标特性参数的关系

5.1.5　运转风标动态参数的选择

一个性能优良的风向标就是要求它尽可能准确地反映不断变动的风向. 除此之外，我们还应该统一风向标的特性指标，使各地气象站上的风向资料具有可比较性. 根据这些原则，世界气象组织做了下述指导性的规定：

① 在风速为 5 kn＝2.58 m/s 时，风向标在 1 s 内使风向偏差衰减到初始值的 1/e，即 $\beta_{t_L}/\beta_0=1/e$，e＝2.71828. 根据(5.19)式，$K_v\geqslant 1.25$.

② 阻尼比，$0.3<\zeta<1.0$.

③ 风速工作范围为 0.5～60 m/s.

④ 线性度和分辨率为±2°～±5°.

对于一些精度要求更高的特殊观测，例如微气象观测所用的风标，上述这些指标的要求则更高，例如 K_v 值应达到 1.75 以上.

图 5.7 给出观测使用的风向标的动态特性参数取值范围.

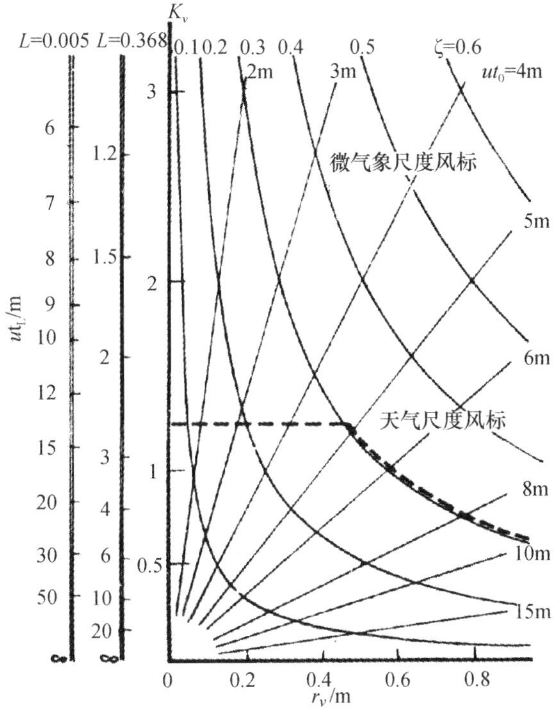

图 5.7 世界气象组织建议的风向标动态特性参数的取值范围

5.2 旋转式风速表

它的感应部分是一个固定在旋转轴上的感应风的组件. 常见的有三种型式：螺旋桨叶片组、平板叶片组和半球型(或抛物锥型)的空心杯壳组.

5.2.1 风杯风速计的感应原理

风杯风速计的风杯一般由 3 个或 4 个半球型或抛物锥型的空心杯壳所组成. 杯壳固定在互成 120°三叉支架上星形或十字形横臂上，杯的凹面顺着一个方向排列，整个横臂架则固定在一根垂直的旋转轴上(图 5.8).

在稳定的风力作用下，受到扭力矩而开始旋转，它的转速与风速成一定的关系. 推导风杯的转速和风速的关系可以从多种途径入手，这里介绍 Ramachandran 的结果.

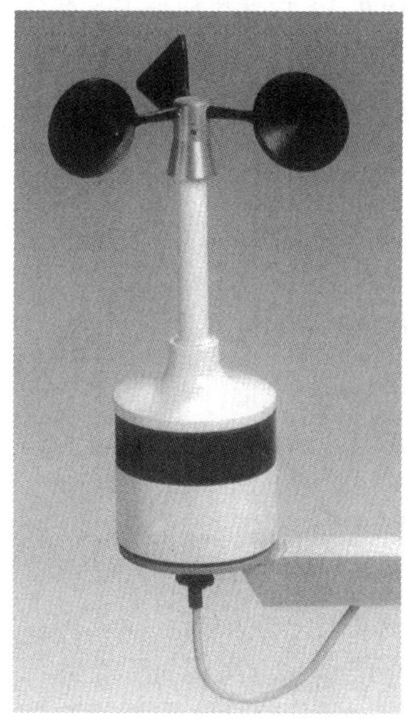

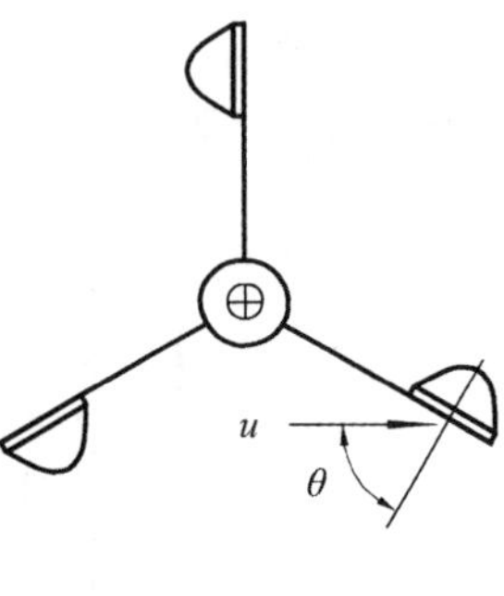

图 5.8 风杯风速计旋转支架

假设外界风速 u 恒定不变，第 i 个风杯和空气的相对运动速度为

$$u_{ri} = u - 2\pi nR\cos\theta_i$$

其中，n 为风杯的转速；R 为杯架的旋转半径；θ_i为气流与风杯平面法线方向的交角.

因此，单位时间气流对风杯作用的有效质量为 $Ac_n(\theta_i)\rho u_i u$. 风杯组件是三个互成 120° 的杯壳，则整个组件受到的风压等于

$$p_u = A\rho u(a_i u - 2\pi rb_i n) \tag{5.24}$$

$$a_i = c_n(\theta_i) + c_n(\theta_i + 120°) + c_n(\theta_i + 240°)$$

$$b_i = c_n(\theta_i)\cos\theta_i + c_n(\theta_i + 120°)\cos(\theta_i + 120°) + c_n(\theta_i + 240°)\cos(\theta_i + 240°)$$

在风杯组件旋转时，它所受到的风压随风杯所处的 θ_i角不同而变化，但每转过 120°则恢复到 0°时的状态. 如果我们取在 120°范围内风压的平均值，上式就可以简化为

$$p_u = A\rho(a_m u^2 - 2\pi rb_m un) \tag{5.25}$$

在风压的作用下，组件受到的扭力矩

$$M = \rho Ar(a_m u^2 - 2\pi rb_m un) = 2Nu^2 - Dun \tag{5.26}$$

当外界风速恒定，风杯组件的转速应为某个固定数值. 此时组件所受到的合力矩为零，即扭力矩 M 正好与它的机械系统的动摩擦力矩 $B_1 n$ 以及静摩擦力矩 B_0之和相抵消.

$$B_1 n + B_0 = 2Nu^2 - Dun \tag{5.27}$$

$$n = \frac{2Nu^2 - B_0}{B_1 + Du} \tag{5.28}$$

当摩擦力矩很小，可以略去不计时，上式简化为

$$n \approx \frac{2Nu}{D} \tag{5.29}$$

风杯的转速应风速成正比关系，因此可作如下的推论：

① 当风杯处于小风速时,必须考虑两种摩擦力矩的影响.

② 静摩擦力矩是常数,动摩擦力矩应与转速成正比.但是公式右边空气动力矩中两项分别正比于 u^2 和 nu,它们随风速的增加显然要快得多.因此,风速越大,摩擦力矩所占的比重越低.

图 5.9 给出一根典型的风杯风速仪的检定曲线.在接近零风速时,曲线明显弯曲,在转速 n 为零时,曲线与纵坐标轴相交于 $v_{\min}$ 处,$v_{\min}$ 称为起动风速.

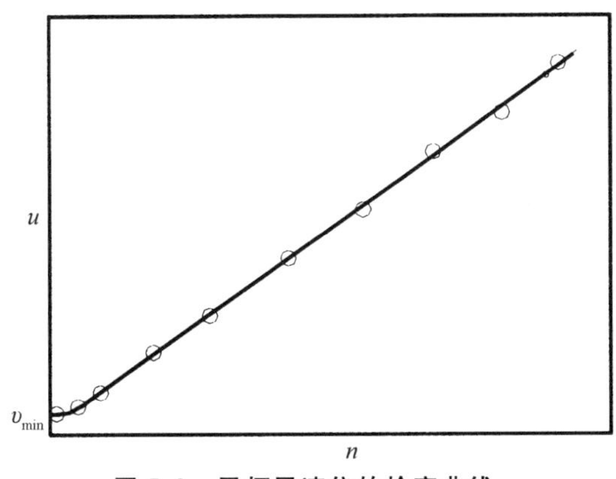

图 5.9 风杯风速仪的检定曲线

令(5.28)式中 $n=0$,则

$$v_{\min} = \sqrt{\frac{B_0}{2N}} \tag{5.30}$$

从图上可看出,在风速较大时,n 与 u 就能保持较好的线性关系.

5.2.2 风杯风速计的惯性

考虑最简单的情况,假设在零时刻,风速跃变到风杯的转速 n 却不能在一瞬间从 n_0 跃变到 n_1,而是随时间有一个响应过程,此时风杯的转速为 $n(\tau)$.

响应过程中风速计的转动方程:

$$2\pi J \frac{\mathrm{d}n}{\mathrm{d}\tau} + B_1 n + B_0 = 2Nu_1^2 - Du_1 n \tag{5.31}$$

整理后

$$\frac{\mathrm{d}n(\tau)}{\mathrm{d}\tau} = -\frac{B_1 + Du_1}{2\pi J} \cdot n(\tau) + \frac{2Nu_1^2 - B_0}{B_1 + Du_1} \cdot \frac{B_1 + Du_1}{2\pi J} = \frac{1}{T}[n_1 - n(\tau)] \tag{5.32}$$

其中

$$T = \frac{2\pi J}{B_1 + Du_1} \approx \frac{2\pi J}{Du_1} = \frac{L}{u_1} \tag{5.33}$$

与温度表热滞系数对比,我们把"T"称为风速计的时间常数,"L"为风速计的尺度常数.而 L 是一个只与风杯本身物理性能有关的参数,同一类型的风速计这一数值是固定的.与温度表的热滞系数的本质差别是,风速表的时间常数与它的待测量"风速"本身成反比关系,而热滞系数却与待测量的"温度"无关.

风速计时间常数的这个特点给风速测定带来一个棘手的问题.这里,我们对它的物理本质作一个定性的说明.

设想外界风速呈理想的矩形脉冲波型变化:在半周期内维持恒定的风速 u_1;而在下半

个周期的开始时刻跃变到 u_2,然后维持恒定;过半个周期之后又恢复到 u_1(图 5.10).

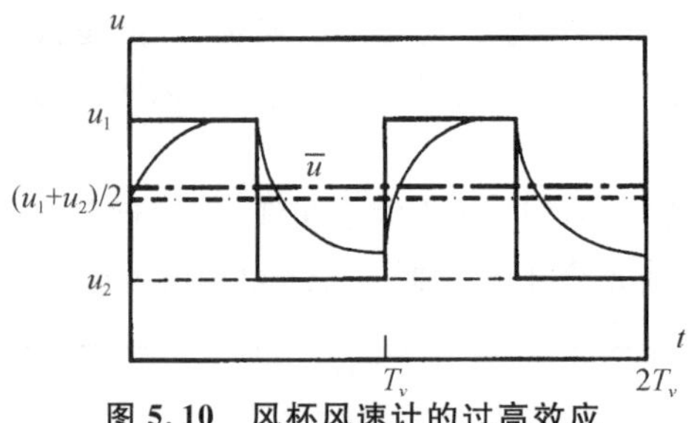

图 5.10 风杯风速计的过高效应

风速计所指示的风速如图中点虚线所表示的那样,显然在低风速转变为高风速时,仪器的跟踪能力将优于风速由高变低时. 而仪器指示的平均风速将高于实际平均值$(u_1+u_2)/2$.

风杯风速计的这种特性称做过高效应,它同样存在于其他类型的风速计中. 过高效应数值大小取决于时间常数数值的大小,它将使风速计的测量结果存在系统性偏差.

风杯风速计的过高效应还会受到其他两种影响: 一种是垂直风速的影响,因为风杯在风矢量垂直方向偏离其旋转平面不大的角度内完全没有余弦分辨能力,导致水平风速测量偏高;另一种是风向脉动的影响,从原理上风杯风速计测量的是风速模量,与测量风速矢量的风速计对比,其值将明显提高.

5.2.3 风车风速表和旋桨式风速表

电扇由电动机带动风扇叶片旋转,在叶片前后产生一个压力差,推动气流流动. 风车或旋桨式风速表的工作原理恰好与它相反,对准气流的叶片系统受到风压的作用,产生一定的扭力矩,使叶片系统旋转. 这种能量如果加以利用就是风力发电. 作为风速计,我们很少关心它所能输出的功率,只希望它的转速与风速能保持相当好的线性关系.

风车风速表的叶片旋转平面应始终对准风的来向,因此它的感应部分需要与风向结合在一起,最常见的旋桨式风速计的头部是一组螺旋桨叶片,风向标部分则制成与飞机机身相似的外形,保持良好的流线形(图 5.11).

图 5.11 旋桨式风速计

风车或旋桨叶片受力旋转的原理可用图 5.12 加以说明.取叶片任意一个横断面,y 为风轮轴心的方向,xx'为风轮旋转平面与此断面所交直线,φ 是叶片基线与 xx'平面的夹角.u 是风的来向,图中箭头所指是叶片旋转方向,大小等于 $2\pi rn$.

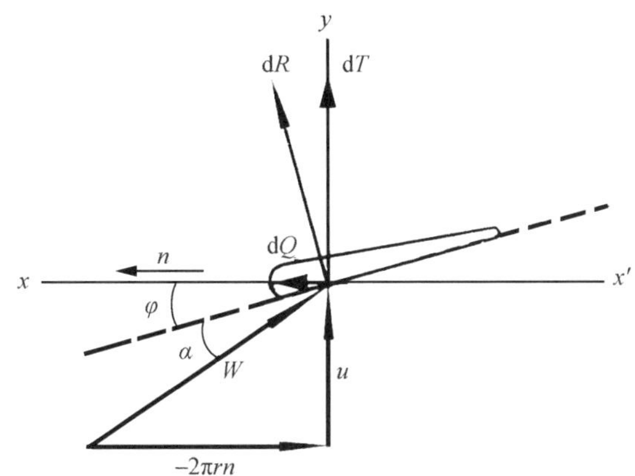

图 5.12 旋桨叶片受力旋转的原理

在风压的作用下,风轮系统开始旋转,风压作用到风轮叶片上力的大小将决定于叶片与气流的相对速度 W,即 u 与旋转线速度 $-2\pi rn$ 的合成矢量.

为了把问题简化,我们做出如下假定:

① 叶片是一个扁平薄板,当气流的方向与叶片基线一致时,叶片上不受力的作用;

② 不考虑机械摩擦和空气对叶片的阻力;

③ 叶片系统旋转时,没有带动起旋转气流;

④ 叶片系统正前方的气流速度等于远处的风速.

在上述假定下,如果叶片基线对相对速度 W 有一定的迎角 α,则单位长度的叶片受到的力"dR"为

$$\mathrm{d}R = \alpha_R \frac{1}{2}\rho W^2 \cdot b \cdot \alpha \tag{5.34}$$

其中,b 是叶片宽(弦长),α_R是压力系数,dR 可分解为推力 dT 和扭力 dQ 两个分量,dT 的方向与 u 一致,dQ 的方向与叶片旋转的方向 n 一致.dQ 的作用所产生的扭力矩 dM 使风轮系统加速旋转.

$$\mathrm{d}M = \alpha_R \cdot \frac{1}{2}\rho W^2 \cdot b \cdot \alpha \cdot r_1 \sin\varphi \tag{5.35}$$

式中,r_1为叶片断面对旋转轴心的距离,φ 为叶片断面的安装角.

因此只有当相对速度 W 的方向对叶片的迎角 $\alpha=0$ 时,叶片上的扭力矩方为零,而风轮作等速旋转,即满足:

$$\frac{2\pi rn}{u} = \mathrm{ctan}\varphi \tag{5.36}$$

因而得出结论,风车风速表的转速与外界风速成正比.

设计较为理想的风车风速表,当风的来向与旋转平面成一定偏角时,风速表所测风速能保持余弦响应关系.一种分别利用三个风车风速表测量风速 x、y 和 z 分量的仪器称为三轴风速计(图 5.13),其余弦响应关系如图 5.14.图中带点的曲线为风洞实验结果,不带点

的光滑曲线为理想的三轴风速计曲线.

图 5.13 三轴风速计

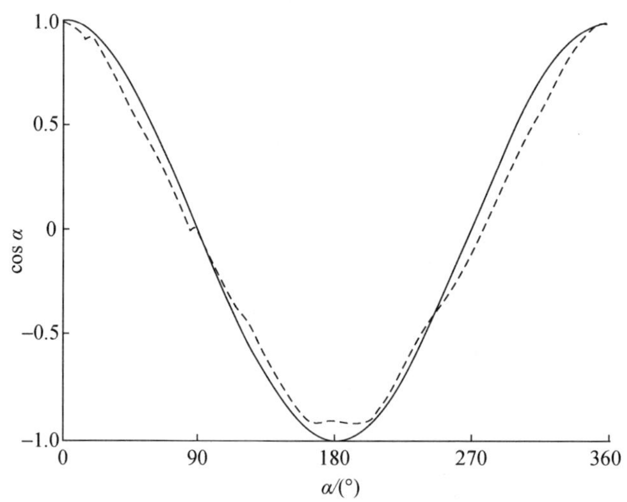

图 5.14 三轴风速计的余弦响应关系

5.3 散热式风速表

一个被加热的物体的散热速率与周围空气的流速有关,利用这种特性可测量风速.

焦耳热使通电流的金属丝电阻的温度升高,与此同时,金属丝将通过它的表面向四周空气散热.电流提供的热功率 dQ_1 为

$$dQ_1 = 0.24i^2R_t \approx 0.24i^2R_\theta[1+\alpha(t-\theta)] \tag{5.37}$$

在速度为 v 的气流中,一根垂直于气流的金属丝的散热率可表示为

$$dQ_2 = (A+B\sqrt{v})(t-\theta) \tag{5.38}$$

这个公式是 L. V. King 在 1914 年推导的结果.其中系数 A 代表分子散热的作用,$Bv^{1/2}$ 则代表气流的作用,$t-\theta$ 代表热线与气流的温度差.当 v 足够大时,则可忽略分子

散热.

在热量交换达到平衡时，$dQ_1 = dQ_2$，通过(5.37)和(5.38)两式便能确定 $t-\theta$ 与 v 的关系. 利用这种原理的测风仪器称为热线风速计.

最简单的热线风速计是旁热型热线风速计，采用温度系数近于零的金属丝(例如锰铜丝)作为热线材料，将微型的测温元件紧贴在它的表面，测定热线的温度. 图 5.15 是常见的两种型式. A 型是将电偶紧绷在支架上，电偶的冷、热端均用绝缘漆包锰铜线密绕成线圈，但只在热端把加热丝引出，冷端则空开不焊. B 型热线 H 紧绷在支架上，电偶 T 的热端则点焊在热线上，冷端稍离热线，被支持在空气中.

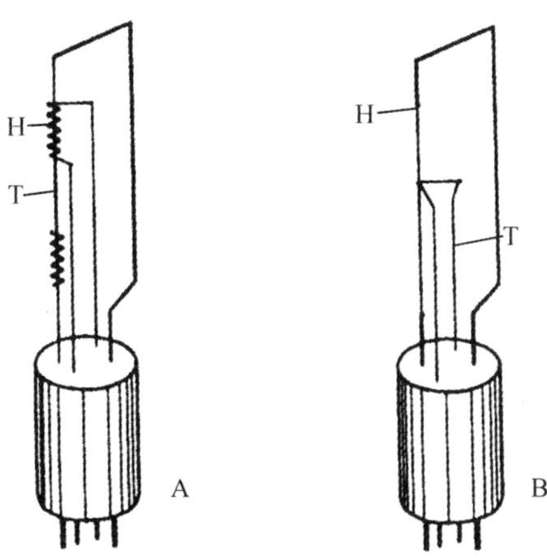

图 5.15 旁热型热线风速计

这两种类型的热线风速计各有其优缺点：A 型的滞后系数略大，但比较坚固耐用；B 型的滞后系数较小，但制造工艺较为复杂.

旁热型的感应公式比较简单，忽略分子散热，令 $dQ_1 = dQ_2$，则可表达为

$$0.24 i^2 R = B\sqrt{v}(t-\theta) \tag{5.39}$$

但(5.39)式还需根据实验的结论作必要的修正，热线在气流中的散热率

$$dQ_2 = h\pi d l (t-\theta) \tag{5.40}$$

其中，h 为散热系数，d 为直径，l 为热线的长度. 根据流场的动力学相似和传热相似所定义的两个相似性判据，雷诺数 Re 和努赛数 Nu：

$$Re = \frac{\rho u d}{\mu}$$

$$Nu = \frac{hd}{k}$$

μ 为空气的分子黏性系数，k 为空气的分子导热系数. 实验给出

$$Nu = C \cdot Re^n \tag{5.41}$$

C 和 n 为实验确定的系数. 将上述三个表达式代入(5.38)式，可写为

$$dQ_2 = K_i\,(\rho u)^n (t-\theta)$$

公式(5.41)的 C 和 n 在不同的雷诺数区间取值不同(表 5.3)

表 5.3 C 和 n 值与雷诺数的关系

Re	1～4	4～40	40～4 000
C	0.891	0.821	0.615
n	0.33	0.39	0.47

当 $dQ_1 = dQ_2$ 时，

$$0.24i^2R_t = K_i(\rho u)^n(t-\theta)$$

由于测温热电偶的电动势正比于冷热端的温差，上式变为

$$0.24i^2R_t = K_1(\rho u)^n\varepsilon_t$$

对上式两边取对数，并适当合并常数，则

$$n\lg\rho u + \lg\varepsilon_t = K_2 \tag{5.42}$$

即热电动势与风速在双对数坐标纸上呈直线关系(图 5.16).

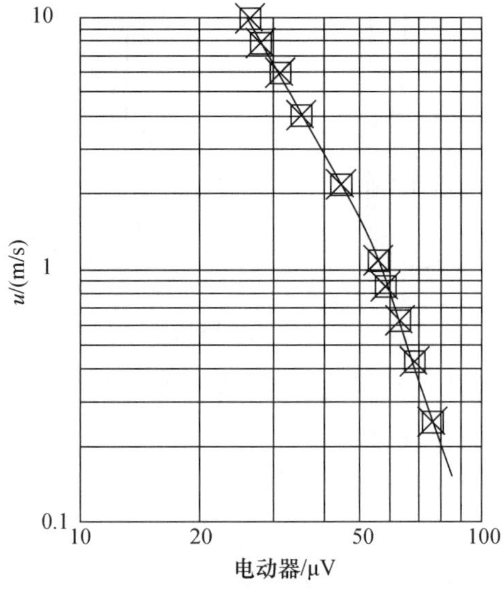

图 5.16 旁热型热线风速计的检定曲线

雷诺数 Re 为 40 时，大约处于 1～2 m/s 的风速下，由于 C 和 n 值在 $Re=40$ 处的跃变在检定线上能很明确地反映出来.

工作时加热线圈由恒流电源供电，调整到固定的加热电流值. 热电偶的热电动势的测量将依赖于微伏或毫伏级的电子仪表.

(5.42)式表明，热线风速计测量的量实际是通风量 ρu. 在使用热线时的空气密度如果与检定时的 ρ_0 相距较大，读数风速 u_r 需要订正至 u.

$$u = u_r\frac{\rho_0}{\rho} \tag{5.43}$$

热线风速计具有方向性. 一根无限长的热线，它的散热率由风速对热线的法线分量所确定；对一根有限长的热线情况比较复杂一些，风速在热线方向的分量对散热率也将有一定程度的影响. 当交角为 φ 时(图 5.17)，热线实际感应的风速 u 与它们之间的关系的经验

表达式为

$$v^2 = u^2(\sin^2\varphi + A^2\cos^2\varphi) \tag{5.44}$$

$$A < 1.$$

热线的细长比为 d/l,比值越小,A 的数值就越小.

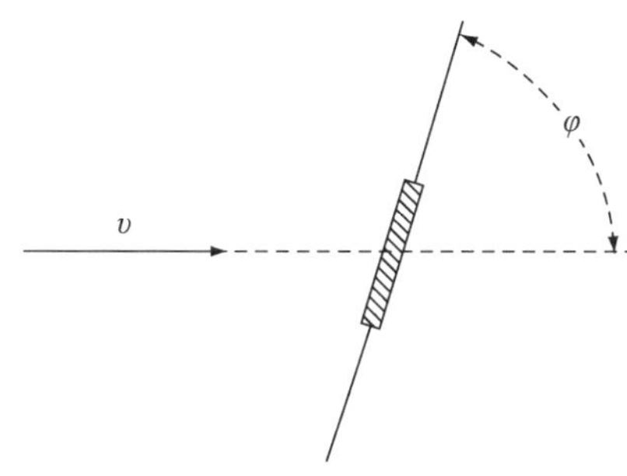

图 5.17 热线与气流方向保持倾斜时的感应风速

比起风杯和风车风速计,旁热式热线风速计的时间常数已经相当小.但在一些特殊的观测项目中,要求更精确地测量风速随时间的瞬间变化,要求测风元件的时间常数在 0.01 s 以下.在这种情况下,只能由直热式热线风速计来担当这样的任务.

直热式热线风速计的感应部分是一封极细铂丝,紧绷在支架上(图 5.18).铂丝的直径只有 5～10 μm,长度在几毫米到 20 mm.从表面上看,它与铂电阻温度表没有什么差别,但由于有较大的电流流经铂丝,它在静风时的温度比四周的空气可高出 100 ℃上下.

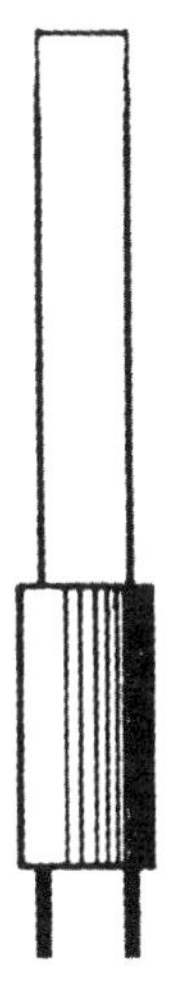

图 5.18 直热式热线风速计

直热式热线的铂丝一身二用,它既用来感应外界的风速,又以它的电阻值来确定热线的温度.它的感应方程为

$$\begin{aligned} 0.24i^2R_t &= K(\rho u)^n(t-\theta) \\ R_t &= R_\theta[1+\alpha(t-\theta)] \end{aligned} \tag{5.45}$$

则

$$\frac{i_t^2 R_t}{R_t - R_\theta} = K_1 (\rho u)^n$$

$$K_1 = \frac{K}{0.24\alpha R_\theta}$$

上式表明，风速与 R_t 和 i_t 之间存在一定的联系，假如设法固定 R_t，则确定 i_t 与 u 的关系. 或是设法固定 i_t，确定 R_t 与 u 之间的关系. 因而直热式热线可以采用两种工作方式：恒流式和恒阻式. 因为固定热线电阻就是固定热线本身的温度，所以后一种方式又称恒温式.

(1) 恒流式

恒流式热线风速计常用的办法是用一个高阻值标准电阻与热线串联，直接测量热线两端的电压降. 或将与热线串联的桥臂电阻 R_1 同热线 R_T 一样取低电阻值；而对方桥臂的两个 R_2 和 R_3 电阻取高出两个数量级的电阻值(图 5.19)，直接测量热线两端的电压降.

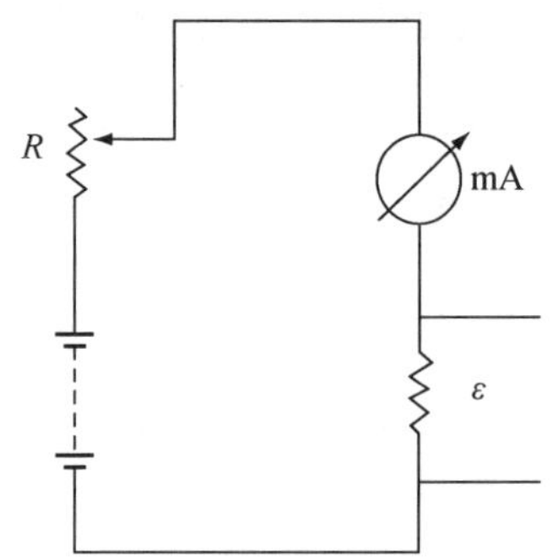

图 5.19 恒流式热线风速计的电路

(2) 恒温(恒阻)

恒温式热线风速计的测量线路要复杂一些(图 5.20).

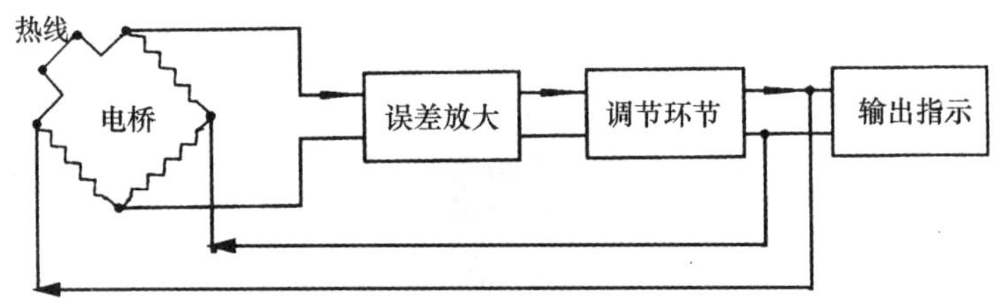

图 5.20 恒温式热线风速计的电路

电桥的输出经过误差放大，它的信号强弱和极性控制适调器的输出. 适调器的输出一方面反馈作为电桥电源，一方面连接到测示仪表上.

电桥电源的变化改变流经热线的电流，使其阻值(和温度)变动. 当热线电阻的阻值达到使电桥平衡的数值时，误差信号为零，适调器输出不再变动. 无论外界风速如何变化，电桥平衡所需要的 R_t 值是固定的. 在标定仪器时，只需要确定风速和适调器输出的关系.

从(5.45)式可见，其 K_1 中还包含 R_θ 这个因子. 气温 θ 的升降将使检定曲线有所变化，提高热线的工作温度可以适当减小这种影响.

5.4 声学(超声)风速表

声波在大气中的传播速度与空气的温度和风速有密切的关系,静止空气中的声速等于

$$c=\sqrt{\frac{rp}{\rho}}=20.067\sqrt{T_{sv}} \tag{5.46}$$

其中,r 为定压比热与定容比热的比值,T_{sv} 称为声绝对虚温.

$$T_{sv}=T\left(1+0.32\frac{e}{p}\right) \tag{5.47}$$

气温 20 ℃时,干空气中的声速等于 343.5 m/s.

假设气流速度 V 的三个分量为 V_x、V_y、V_z,声波的某一位相面从坐标原点到达(x,y,z)所需要的时间为 t 时,

$$(x-V_xt)^2+(y-V_yt)^2+(z-V_zt)^2=c^2t^2 \tag{5.48}$$

设 Y 和 Z 等于零,等位相从 0、0、0 到达点$(d,0,0)$和点$(-d,0,0)$的时间分别为 t_1 和 t_2.

$$\begin{cases} t_1=\dfrac{d[(c^2-V_n^2)^{\frac{1}{2}}-V_d]}{c^2-V^2} \\ t_2=\dfrac{d[(c^2-V_n^2)^{\frac{1}{2}}+V_d]}{c^2-V^2} \end{cases} \tag{5.49}$$

其中 $V_d=V_x$,$V_n^2=V_y^2+V_z^2$,则

$$t_1-t_2=\frac{1}{A}\frac{2dV_d}{c^2} \tag{5.50}$$

$$t_1+t_2=\frac{1}{B}\frac{2d}{c} \tag{5.51}$$

式中

$$A=1-\frac{V^2}{c^2},\quad B=\frac{1-\dfrac{V^2}{c^2}}{\left(1-\dfrac{V_n^2}{c^2}\right)^{\frac{1}{2}}}$$

一般风速下,$c\gg V$ 和 V_d,订正因子 A 和 B 很接近于 1(图 5.21).

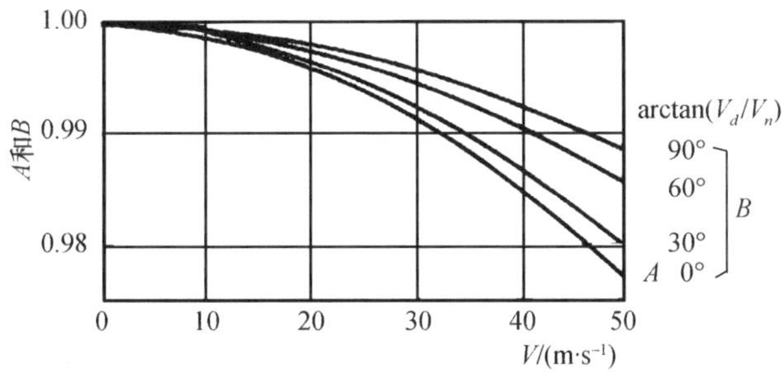

图 5.21 超声风速表的订正因子 A 和 B

如果把两个声波发射元件 G_1 和 G_2，两个接收元件 R_1 和 R_2 安置成图 5.22 的形式. R_1 接收 G_1 发射的声波，R_2 接收 G_2 发射的声波，同时测出时间 t_1 和 t_2，通过适当的电子线路得到 t_1+t_2 和 t_1-t_2 的数值. 通过(5.51)式计算出静止空气的声速，而后代入(5.50)式计算风速 V 在 x 方向的分量. 现行的超声风速表发射头和接收头是共用的，这样可以简化整个探头架的结构，减小对流场的干扰.

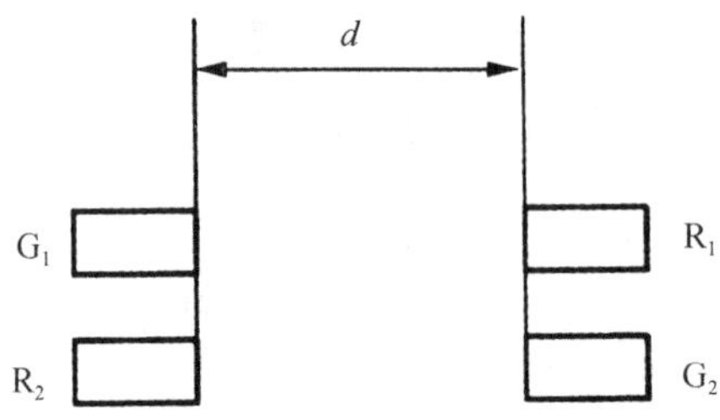

图 5.22　发射元件和接收元件安置图

同理，沿 y 轴和 z 轴各装两对发射-接收装置，测定 V 在 y 和 z 方向的分量.

由于绕流的作用，迎风那一面的探头，在其背后会产生一定尾流区域，这种现象将导致声波传播路径偏长，而使计算风速值偏低，这种效应被称之为超声风速表的"阴影效应". 阴影效应的大小取决于探头的外形以及风矢量与超声探头轴线(接收头与发射头中心的连线)之间的夹角. 当夹角为 90°时，阴影效应为零.

Kaimal 设计的 SAT-211/3K 型超声风速表(图 5.23)，目前被看做为超声风速表的标准型号[1]，其阴影效应的订正公式为

$$(V_d)_m=\begin{cases}V_d(0.84+0.16\theta/70), & \text{当 } 0^\circ\leqslant\theta\leqslant 70^\circ\\ V_d, & \text{当 } 70^\circ\leqslant\theta\leqslant 90^\circ\end{cases}\tag{5.52}$$

式中 $(V_d)_m$ 为测量风速，θ 为迎风夹角.

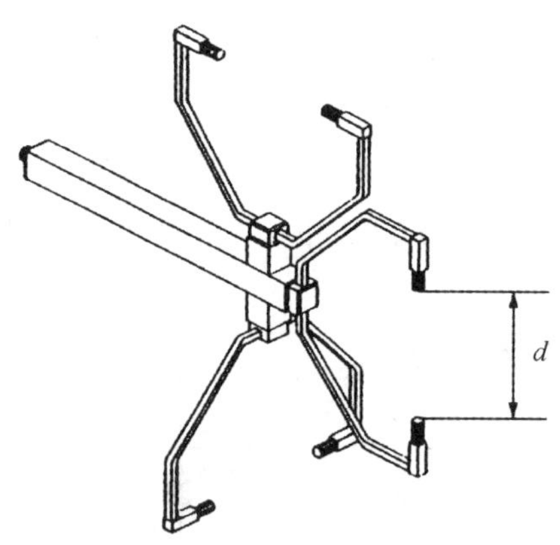

图 5.23　SAT-211/3K 型超声风速表

图 5.24 给出上式的图形结果. 考虑到水平风速测量结果必须将 x 轴对 y 轴的测量风速进行矢量相加，因而图中角取作矢量与 x 轴探头的夹角. 图中则同时给出在该 θ 角下 x

和 y 轴的阴影效应的影响.而图中的黑点则表示 x 和 y 轴探头的综合影响.从图上可看出,它基本上可以表达为一个余弦修正,修正值最大点出现在 θ 等于 0 和 $\pm 90°$ 处,为 1/0.86,最低修正点在 θ 等于 $\pm 45°$ 时,其值为 1/0.945.

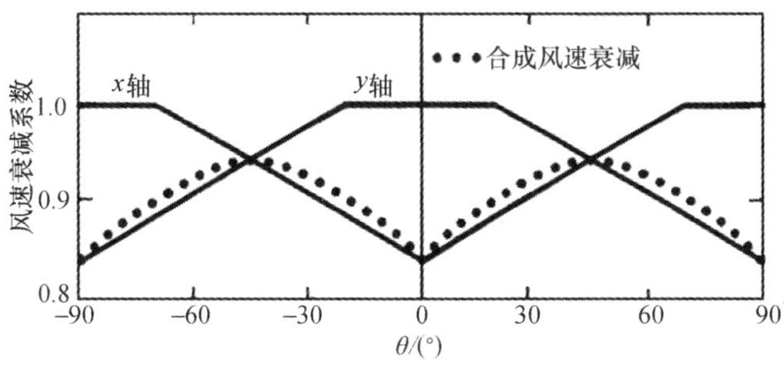

图 5.24 SAT-211/3K 型超声风速表的阴影效应

花房龙男等人[2]对海上电机生产的 TR-61 超声风速表探头实验的结果还表明,阴影效应影响的程度还与风速大小有关.图 5.25 横坐标为风速,纵坐标为阴影效应的大小.在 5 m/s 以下其值变化明显.

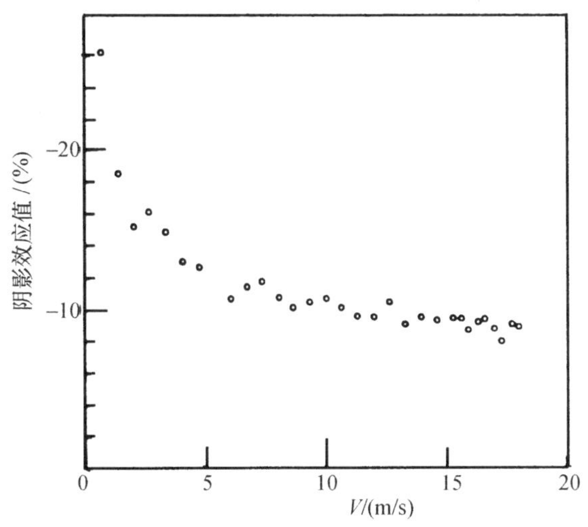

图 5.25 阴影效应与风速的关系

必须指出的是,还有可能受到探头主支架的干扰,过于粗大复杂的支架极不可取.

鉴于阴影效应是影响测量精度的关键因素,新型抗阴影效应超声风速仪设计成如图 5.26A 的结构和尺寸,它的三对探头集中于支架两端,各自只在垂直方向偏出约 30°,虽然测风灵敏度在水平方向损失了一半,垂直方向约为 14%,却较大地降低了阴影效应.更为重要的是:使 xyz 三个方向的测量完全重叠于同一取样空间.图 5.26B 为其实物的照片.

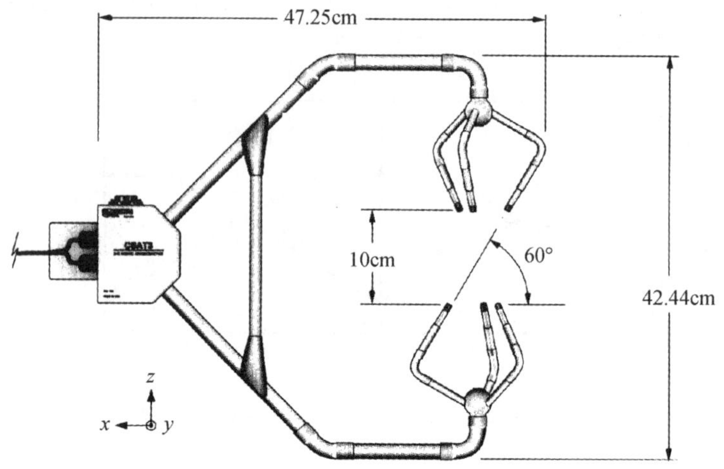

A. 平视图

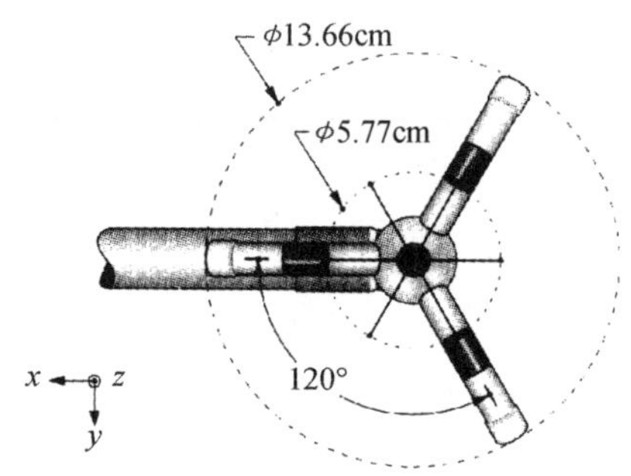

B. 顶视图

图 5.26 新型抗阴影效应的超声风速仪

5.5 风速检定设备

5.5.1 旋臂机

旋臂机是一种比较简单的检定设备,它的主要部件是一根水平的横杆,固定在一根垂直轴上,杆的前端可安装待检定的风速计,垂直轴可由马达经过换速转向系统带动旋转,使仪器在 xy 平面内作等速圆周运动(图 5.27).

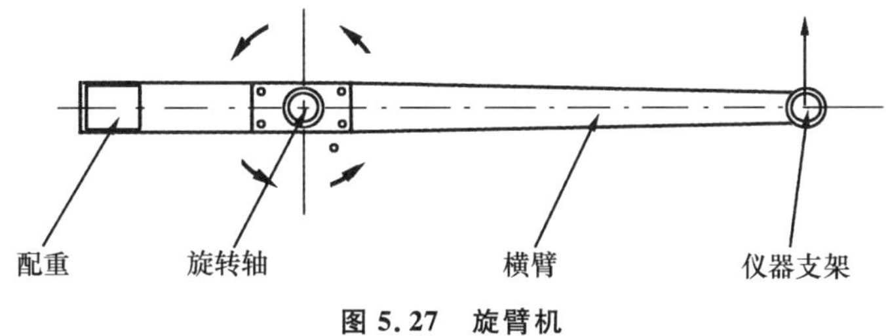

图 5.27 旋臂机

旋臂顶端的线速度很容易确定,只要室内的空气保持静止,其顶端的线速度就相当于仪器不动时气流的速度.

这种设备的优点是:可以标定相当低的风速;通过旋臂转速很容易确定风速,不再需要其他的标准仪器;旋臂的转速可以靠控制电动机或变速箱来改变.但是,当旋臂转速加大后,由于它的带动,室内气流将失去相对静止状态,造成检定误差.带动气流与旋转速度的比值大小取决于旋臂的剖面造型,也可以采取某些阻尼措施减低带动气流.

5.5.2 风洞

风洞是一种进行流体力学、航空模型实验以及环境问题实验的大型设备.在这种管道系统里动力风扇造成空气流动,并在它的实验空间(称做工作段)造成一个稳定、均匀的流场.工作段的流速可以调整.专门进行风速仪检定的风洞,风速范围大致在 0.5～60 m/s.

按照风洞结构的形式,低速风洞有两种基本类型:直流式风洞和回流式风洞,图 5.28 和图 5.29 是它们的示意图.

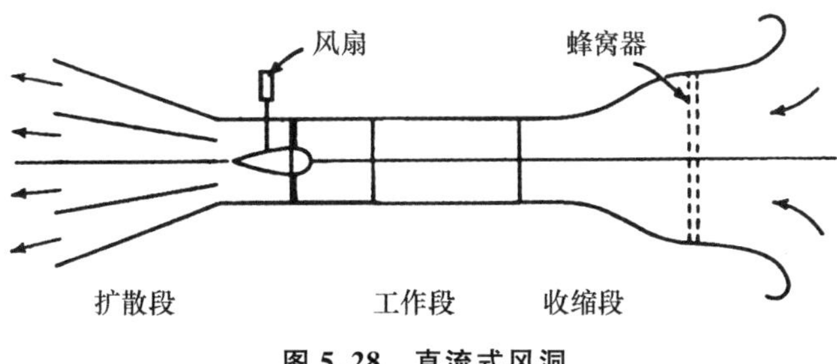

图 5.28 直流式风洞

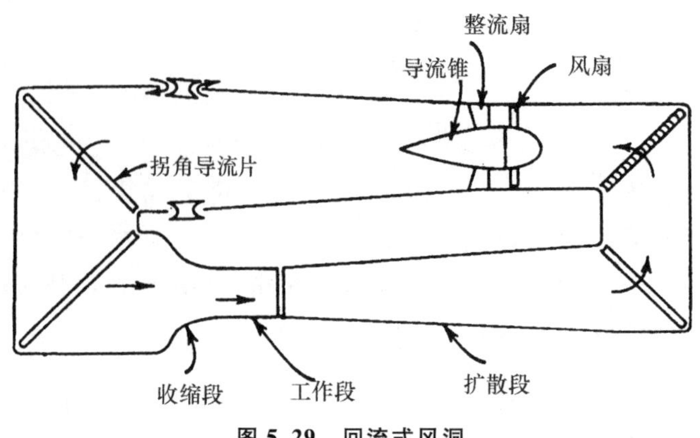

图 5.29 回流式风洞

整个风洞的核心是工作段,其他各段的功能都是为了保障它的气流品质.

1. 工作段

工作段又称实验段,仪器就架设在这里,它是一个从上游到下游横截面积保持不变的管道.风速计安装在工作段之后,堵塞的面积不能超过 5%,因此工作段的横截面积不能太小.截面形状有圆、椭圆、矩形和八角形.

2. 收缩段

上游截面积较大,往下游逐渐收缩到与工作段的面积相同.它的上游接第四拐角、蜂窝器和阻尼网;下游与工作段衔接.收缩段的外形如图 5.30 所示.

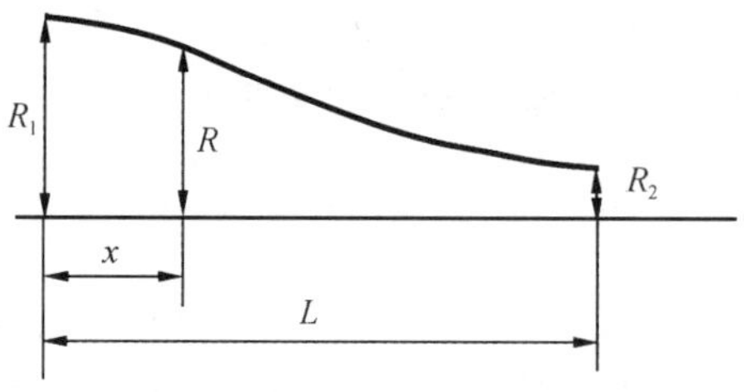

图 5.30 风洞收缩段

图中所示的曲线形状可按(5.53)式计算

$$R=\frac{R_2}{\sqrt{1-\left(1-\frac{R_2}{R_1}\right)^2\frac{\left(1-\frac{3x^2}{a^2}\right)^2}{\left(1+\frac{x^2}{a^2}\right)^3}}} \tag{5.53}$$

其中 R_1 和 R_2 为收缩段进出口处的截面半径,R 为 x 处的截面半径,L 为收缩段长,$a=\sqrt{3}L$.

收缩段的作用有三个:① 加速气流.② 降低工作段气流的湍流度.设 σ_1 和 σ_2 分别为收缩段进出口处的湍流度,则 $\sigma_1=c\sigma_2$.c 为收缩比,即进口与出口面积的比值.一般风洞的收缩比在 4~10 之间.③ 在工作速度不变的条件下,收缩比大的风洞可节约动力的能量.

3. 扩散段

气流在风洞管道中流动时,由于摩擦引起的能量损失与风速的三次方成正比.因此气流经过工作段之后，需要逐渐加大管道直径，降低流速.扩散段是一个截面逐渐扩大的锥体管道.扩散角 α 一般在 4～5°，扩散比（扩散段进出口面积比）应在 2～3 之间.扩散段的扩散比和扩散角太大时，可采用复合管道.

4. 拐角

只在回流风洞中才有，它包括了第二扩散段以及四个 90°拐角.拐角内装有导流片（图 5.31），保证气流拐弯时流动均匀，具有运动场跑道的功能.

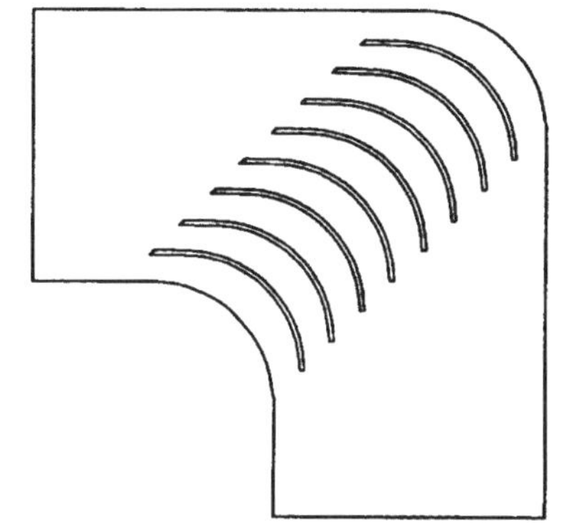

图 5.31 风洞回流段

5. 风扇段

风扇段是整个风洞的动力系统，包括扇叶，前后导流锥以及整流叶片（图 5.32）.

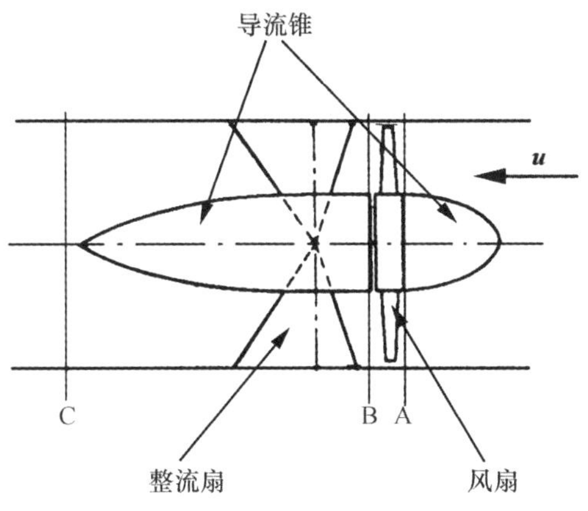

图 5.32 风洞风扇段

风扇系统的作用是，借助电机动力在气流经过扇叶后，补充气流在回流过程中消耗的能量，使风洞保持稳定流速.根据连续性原理，A、B、C 三个截面流速不变，假设三个断面的总压力为 p_{0A}、p_{0B}和 p_{0C}，静压力为 p_A、p_B和 p_C.因而

$$p_{0A}=p_A+\frac{1}{2}\rho u_H^2 f$$

$$p_{0B}=p_B+\frac{1}{2}\rho u_H^2 f+\frac{1}{2}\rho(\omega r)^2$$

$$p_{0C}=p_C+\frac{1}{2}\rho u_H^2 f$$

则，$p_{0C}-p_{0A}=p_C-p_A=$回路的总能量损失.

风扇的作用是使静压由 p_A 提高到 p_B，再加上风扇旋转能量 $1/2[\rho(\omega r)^2]$. 在气流经过整流扇后，又进一步把这部分旋转能量转换为静压能.

整流锥的作用是改善风扇叶片根部的气流品质，使气流光滑地通过风扇段.

5.5.3 风速检定的测量标准——皮托管

皮托管是风洞中的测风标准，感应头部的构造如图 5.33 所示. 头部由双层套管组成，内管称动压管，外管称静压管，管壁上的一圈小孔就是它的测压孔.

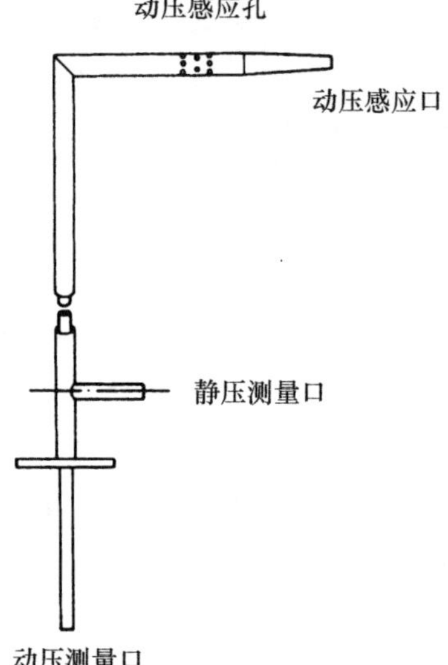

图 5.33 皮托管

动压管正对风的来向，管内测到的总压力为

$$p_1 = p_s + \frac{1}{2}\rho v^2$$

由于静压管的小孔始终平行气流，管内的压力将低于静压力 p_s.

$$p_2 = p_s - \frac{C}{2}\rho v^2$$

动压管和静压管的出口接微压计，直接测出 p_1 和 p_2 的差值.

$$\Delta p = p_1 - p_2 = \frac{1+C}{2}\rho v^2 = \frac{\beta}{2}\rho v^2 \tag{5.54}$$

β 称为皮托管系数，对于合格的皮托管，$1\leqslant\beta\leqslant1.005$. β 偏离 1 的情况与负压管小孔位置有关. 若静压孔太靠近顶端，由于动压管口的前后气流并不与管轴完全平行，使 C 值大于零；静压孔太靠后部，后部的支撑管与横管的 90°弯角所产生的障碍气流，将使 C 值为负(正压). 图 5.34 给出头部和支撑管对静压管测压的影响. 可以看出，在头部管口的负压影响以及尾部支撑管绕流的正压影响，在横管中部都迅速减小，且能部分相互抵消. 标准的皮托管的外形尺寸是：外径为 D 的皮托管，横管长等于 14 倍的 D，负压孔位于距顶端 6～8 倍 D 处.

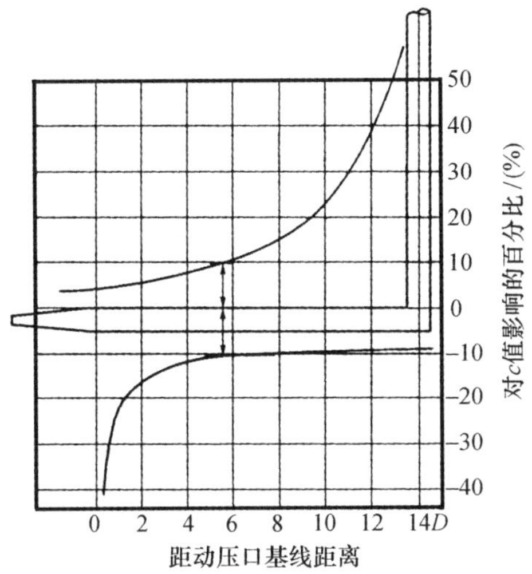

图 5.34 皮托管系数与静压孔位置的关系

压差的测量仪器是微压计，是 U 型管压力计的变型(图 5.35). 这里介绍其中的一种，称斜压管微压计.

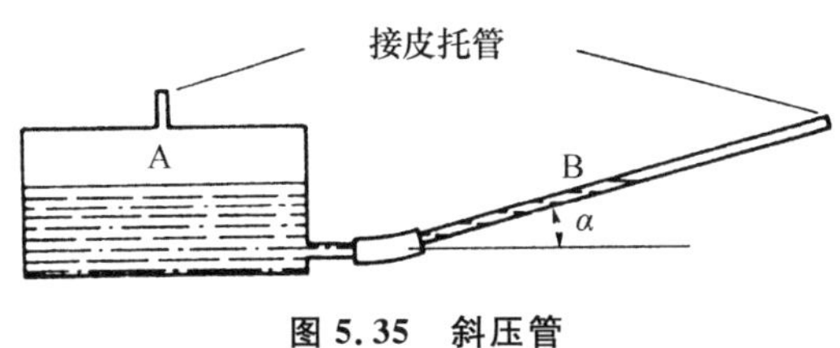

图 5.35 斜压管

容器用来贮存液体，顶端有一管口应与皮托管动压管相连. 容器底部斜伸出一根毛细管，管口与静压管相连，毛细管刻有长度标尺.

$$(l_1 - l_2)\gamma g \sin\alpha = \frac{\beta}{2}\rho u^2 \tag{5.55}$$

容器中贮放比重等于 0.8 的酒精. 零风速时酒精柱高 l_1，风速为 u 时上升到 l_2，其中 γ 是酒精的密度，α 是毛细管倾角. 当皮托管系数 β 已知时，便可计算出风速.

皮托管的缺点十分明显，首先是压差和风速的非线性关系，其次是在低风速时灵敏度很低，低于 1 m/s 的风速很难用它来检测.

为了比较精确地测定皮托管的微压，构制了一种类似达因式风压计的浮筒微压计. 它的液柱高度测量精度可以达到 0.01 mm. 仪器的结构如图 5.36 所示. 仪器的主体为一浸入密封液中的沉钟，沉钟主轴上下各有一根横向绷紧的弹簧，利用它的弹力与沉钟的重力平衡，使沉钟的位置在密封液内处于悬浮状态. 仪器的外壳上下各有一个通气孔，上通气孔引入高气压，下通气孔与低气压相通，它们各自作用于沉钟的内外，压差的大小导致沉钟在密封液中产生位移.

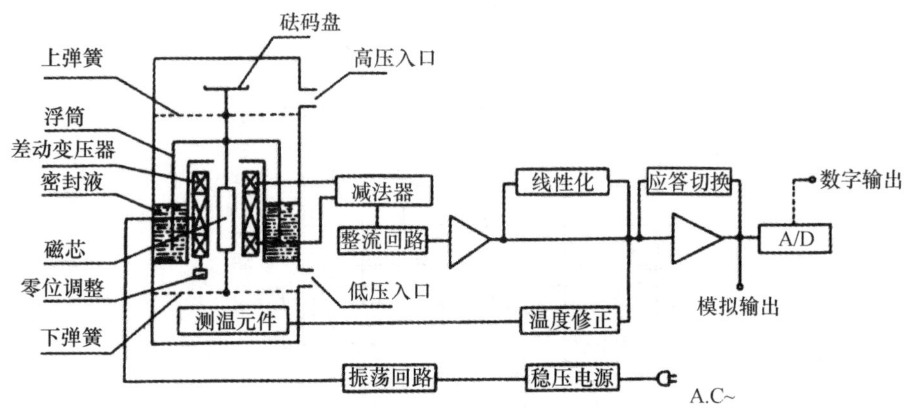

图 5.36 浮筒微压计

浮筒沉浮的感应系统是一对差动变压器，浮筒的垂直位移使其主轴上的永久磁铁随之位移. 因而使差动变压器的输出与位移保持良好的线性关系.

$$e_2 - e_1 = K\Delta Y \tag{5.56}$$

由于浮筒内外的压差最终将与悬吊弹簧的弹力相平衡，上式可改写为

$$\Delta p = K_1(e_2 - e_1) \tag{5.57}$$

输出的调整可以采用两条途径. 一是通过调整差动变压器的上下，实施压差的零点调整. 另一条途径是在砝码盘上加载定量的砝码，它可以用来改变最低起动测量压差，例如从压差 10 mm 水柱开始起测. 由于在 $e_1 - e_2$ 数值较大时，$e_1 - e_2$ 与 ΔY 的关系将会明显地偏离线性，加载砝码的另一个好处是在压差较大时，将 $e_1 - e_2$ 与 ΔY 的关系实施 ΔY_1 的平移，使 $e_1 - e_2$ 与 $\Delta Y - \Delta Y_1$ 保持较好的线性关系.

压力计能进行自校. 可在托盘上加载砝码进行上通气孔引入低气压的校准；或将托盘悬挂在浮力天平的一端，在天平另一端加载砝码进行下通气孔引入高气压的校准.

附 注

风的测量目前仍然存在两大问题：

(1) 资料的代表性. 大气湍流脉动的均方值可能高达百分之十几，平均风速和风向的时段长短可能导致较大的偏差. 对于显示风的日变化过程而言，平均时段最长可取为 60 min. 这在实际业务上很难做到. 根据大量资料统计的结果，十分钟平均值与一小时平均值的差可保持偏差平均低于 10%.

(2) 近 20 年来的新课题. 目前测量风速的仪器共分为风速模量测示型和风速分量测示型两大类，后者将各个风速分量进行矢量相加得出的风速显然低于前者. 两者的差值与湍流强度和大气稳定度有关.

上述两个问题的解决涉及气象仪器，观测方法和大气动力学三方面的研究.

第六章　辐射能的测量[1]

6.1　测 量 内 容

几乎所有的气象学问题都与辐射能收支有直接或间接的关系.地球上的辐射能来源于太阳,从太阳不间断送到地球上的能量其功率为 18×10^{16} W.

地球上收到太阳辐射能的同时也不断地支出辐射能.本章叙述的辐射能测量,就是包括地球表面辐射能收支中的各项.

辐射能测量仪器所观测到的物理量是"辐射通量密度"(或称辐射强度),指单位面积上单位时间内通过的辐射能量.其中对某放射面发出的辐射通量密度称为辐射出射度(radiant exitance),到达接受面的辐射通量密度称为辐照度(irradiance).它们的法定计量单位是瓦/米^2(W/m^2).

气象学中所有辐射量列在表 6.1 中,根据它们的来源可以分成两组,太阳辐射和地球辐射.

太阳辐射到达地球大气层外时,97%的能量集中在 0.29～3 μm 之间,称为短波辐射.在穿过大气层的过程中,空气分子、气溶胶粒子、云内水滴和冰晶将散射并吸收其中一部分辐射能.

温度约为 300 K 的地球辐射,99%的能量集中在波长 5 μm 以上.地球辐射是长波辐射,由地表面、大气层和云所放射,在传输过程中也将被部分吸收.

可见光是太阳辐射的可见部分,波长在 0.400～0.730 μm 之间,波长比 0.730 μm 长的称红外辐射,短于 0.400 μm 的为紫外辐射.紫外辐射又可分为三个亚区:

UV-A:0.315～0.400 μm

UV-B:0.280～0.315 μm

UV-C:0.100～0.280 μm

由此可见,辐射能的测量包含的内容相当广泛,波长覆盖范围很宽.一种类型的仪器只能完成一项或其中几项的测量任务.根据实际需要,气象上最常用的辐射仪器列于表 6.2 中.

紫外辐射计是利用光电转换原理测量其辐射通量.除此之外,所有测量可见光和红外波段的辐射仪器基本上是利用其热辐射原理.即在一块涂黑的薄金属片上形成温度与辐射通量之间的关系.辐射仪器的性能优劣取决于下列主要技术指标:① 仪器灵敏度[μV/(W·m^{-2})];② 精确度;③ 输出线性度;④ 感应平面余弦响应度;⑤ 仪器常数的温度系数.

表 6.1 气象学辐射量的定义

名称	WMO(旧)		WMO(新)		
	符号	关系式	符号	关系式	定义
向下辐射	$Q\downarrow$	$Q\downarrow=K\downarrow+L\downarrow$	$M\downarrow$ $E\downarrow$	$M\downarrow=M_g\downarrow+M_l\downarrow$ $E\downarrow=E_g\downarrow+E_l\downarrow$	向下辐射出射度 向下辐照度
向上辐射	$Q\uparrow$	$Q\uparrow=K\uparrow+L\uparrow$	$M\uparrow$ $E\uparrow$	$M\uparrow=M_r\uparrow+M_l\uparrow$ $E\uparrow=E_r\uparrow+E_l\uparrow$	向上辐射出射度 向上辐照度
短波辐射	$K\downarrow$	$K\downarrow=S\cos\theta+D$	$M_g\downarrow$ $E_g\downarrow$	$E_g\downarrow=S\cos\theta+E_d\downarrow$	对水平面的天空半球辐射
天空辐射 向下散射辐射	D		$M_d\downarrow$ $E_d\downarrow$		下标 d 表示散射
向上向下 长波辐射	$L\uparrow L\downarrow$		$M_l\uparrow$ $M_l\downarrow$ $E_l\uparrow$ $E_l\downarrow$		下标 l 表示长波.只考虑大气辐射时加下标 a,如 E_l,a
反射太阳辐射	$K\uparrow$		$M_r\uparrow$ $E_r\uparrow$		下标 r 表示反射
净辐射	Q^*	$Q^*=Q\downarrow-Q\uparrow$ $Q^*=K^*+L^*$	M^* E^*	$M^*=M\downarrow-M\uparrow$ $E^*=E\downarrow-E\uparrow$	如需区别短波和长波,再加下标 g 或 l
太阳直接辐射	I		S	$S=S_0\cdot\tau$ $\tau=e^{-\delta/\cos\theta}$	S 专指太阳的辐射出射度 τ 大气透明度 δ 大气垂直光学厚度
太阳常数	I_0		S_0	1 370 W/m^2 1.113 ℃ · m/s	日地平均距离上,大气层外与日光垂直平面上的太阳辐照度

表 6.2 气象学中使用的辐射仪器

仪器类别	测量内容	用　　途	视角(立体角/弧度)
绝对日射表 Absolute Pyrheliometer	太阳直接辐射 S	一级标准	5×10^{-3}(近于 5.0°)
日射表 Pyrheliometer	同上	二级检定标准 气象台站	5×10^{-3}到5×10^{-2}
分谱带日射表 Spectral Pyrheliometer	宽谱带太阳直接辐射(带滤光片)	气象台站	同上
太阳光度表 Sun Photometer	窄谱带太阳直接辐射(带宽可为 0.0025 μm)	标准 气象台站	1×10^{-3}到1×10^{-2}(近于 2.3°)
短波总辐射表 Pyranometer	分别测: 短波总辐射 E_g 天空辐射 E_d 反射辐射 E_r	二级标准 气象台站	2π
分谱带短波总辐射表 Spectral Pyranometer	宽谱带短波总辐射	气象台站	2π
短波净辐射表 Net Pyranometer	短波净辐射 $S\cos\theta+E_d\downarrow-E_r\uparrow$	二级标准 气象台站	4π
长波辐射表 Pyrgeometer	分别测: 向上长波辐射 $E_l\uparrow$ (仪器感应面应向下) 向下长波辐射 $E_l\downarrow$ (仪器感应面应向上)	气象台站	2π
全波段辐射表 Pyrradiometer	全波段辐射 $Q\downarrow$ 或 $Q\uparrow$ (包括长波和短波辐射)	二级标准 气象台站	4π
全波段净辐射表 Net Pyrradiometer	净辐射 $Q\downarrow-Q\uparrow$ (包括长波和短波辐射)	气象台站	4π

6.2 辐射测量基准

辐射能的测量,也和其他物理量的测量一样,需要建立基准仪器,确定基准仪器的测量方法以及保持和传递基准方法.随意科学和技术的发展,作为基准的仪器也将得到改进和创新,提高它的测量精度.

Kunt Angstrom (1893)设计了第一个可以自行确定仪器系数的绝对日射程表.1905年国际气象委员会(IMC)在因斯布鲁克和牛津的会议上确认为日射测量基准(Angstrom Scale 1905).一直在欧、亚、非大陆使用.

在美洲,Smithsonian 学会从 1903—1910 年研制了另一种绝对日射表,水注日射表.1913 年被确认为美洲大陆的日射测量基准(Smithsonian Scale 1913).

1956 年 Davos 国际气象会议重新制定了新的基准(IPS 1956),认为 Angstrom 标尺应增大 1.5%,Smithsonian 标尺应降低 2.0%.

近年来,研制了几种新的绝对日射表,直接与 SI 单位制建立关系.从 1970—1975 年在瑞士 Davos 的国际辐射中心(WRC)对 10 种类型 15 个新旧型的绝对日射表进行对比,进行了 25 000 次以上的测量，建立了新的日射测量基准(WRR)(图 6.1). 确定了 WRR 与旧标尺之间的关系如下：

$$\frac{\text{WRR}}{\text{Angstrom Scale 1905}} = 1.026$$

$$\frac{\text{WRR}}{\text{Smithsonian Scale 1913}} = 0.977$$

$$\frac{\text{WRR}}{\text{IPS 1956}} = 1.022$$

经过对比，ACR、CROM、PACRAD 和 POM 四种新型绝对日射表被推荐为日射测量基准仪器(表 6.3). 新型绝对日射表的最大优点是采用了黑体腔作为接受太阳辐射的感应器，它对太阳各个波长的辐射的吸收率都接近于 1，并保持数值稳定.

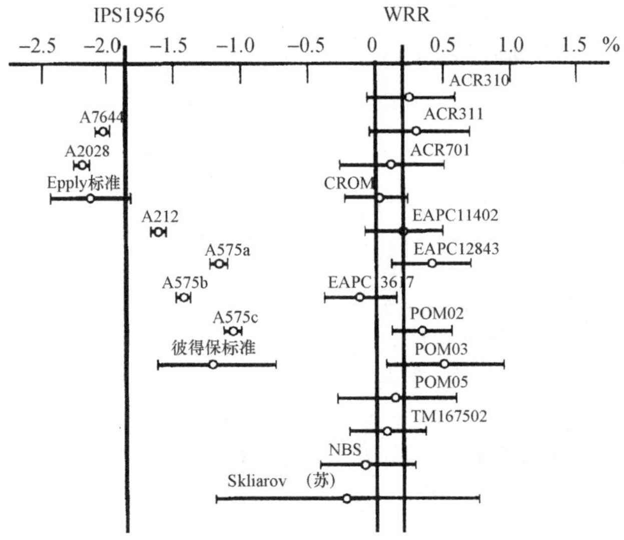

图 6.1　WRR 与 IPS 1956 日射测量基准

表 6.3　基准日射表

型　号	腔体类型	测温元件	设计者
ACR	30° 锥	铂电阻	R. C. Willson, JPL, 美国
CROM	圆柱	电偶	D. Crommelynck, IRM, 比利时
PACRAD	圆柱/锥	电偶	J. Kedall, JPL, 美国
POM	倒锥	电偶(最新设计为铜电阻)	R. W. Brusa 和 C. Frohlich, WRC, Davos

上述仪器的结构和原理将在 6.7 节中介绍.

6.3　太阳直接辐射测量

6.3.1　日射表的遮光筒

日射表是应该测量直接来自日盘的短波辐射，但是总还有一部分太阳周围的散射辐射进入遮光筒到达感应面. 太阳的视张角为 0.5°,为了只让日盘辐射到达感应面,可以使用一个 0.5°张角的遮光圆筒,但是露光孔的张角不宜太小,显得圆筒过长,观测起来又不易对准太阳,反而容易造成观测误差. 因此露光孔的张角都要比 0.5°大.

为了使感应面不受风的影响,同时又减小管壁的反射,圆筒内有好几层光阑(图 6.2). 抵达感应面的辐射能由露光孔的张角 α 和光阑的坡度角 β 所决定. 图中 β 角内的天空区域 1,它的辐射能照到全部感应面上. 对来自区域 2 和 3 的辐射只能照射到部分感应面上,它们的交界处圆周上的辐射正好只能照射感应面面积的一半,区域 3 之外的辐射则完全不能进入仪器. 日射表的坡度角一般可在 1°～2°,而露光孔张角可在 5°～11°.

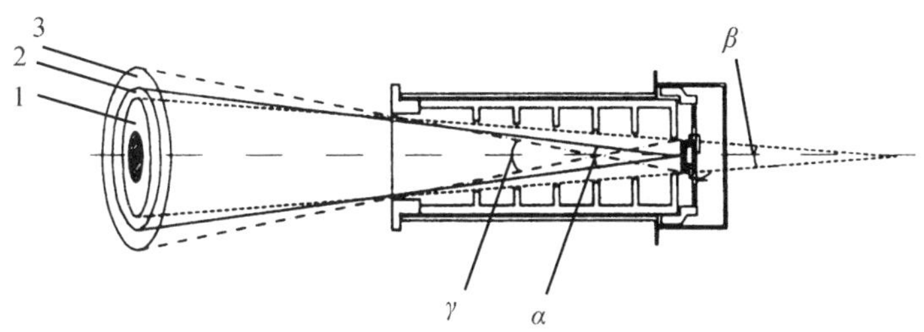

图 6.2　日射表遮光筒

6.3.2　埃斯川姆绝对日射表

埃斯川姆的感应面为两块长 20 mm、宽 2 mm、厚 0.01 mm 的锰铜片 R_L 和 R_R,薄片固定在硬橡皮底座上. 锰铜片朝向太阳的一面均匀覆盖着一层 0.01 mm 厚的烟黑或铂黑,在锰铜片的背面焊有接电偶(T)的接点,用来测定两块锰铜片的温差.

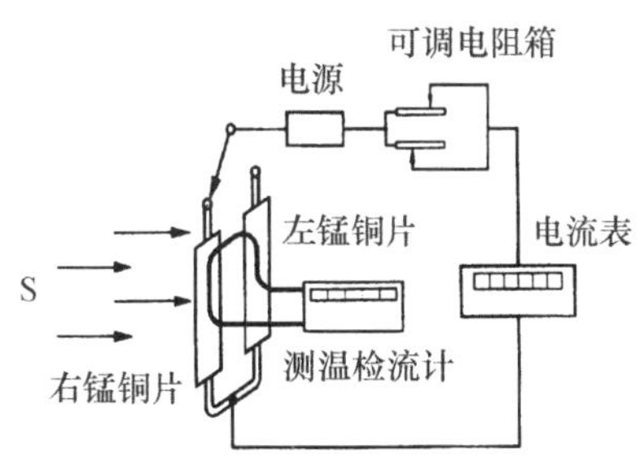

图 6.3　埃斯川姆日射表的感应面

当锰铜片接受太阳辐射,它所吸收的热量(W)为

$$q = \delta S l b$$

其中,S 是太阳直接辐射通量密度,δ 是铂黑的吸收率,l 和 b 是锰铜片的长和宽. 实际操作时,只将其中一块锰铜片暴露在太阳辐射下,另一块用遮光筒前面的遮光屏遮蔽起来,并同时接通这块锰铜片的加热补偿电路. 调整变阻器改变通过该片的电流 i,最终使左右两块锰铜片的温度相等,即热电偶对检流计的输出为零. 此时另一块锰铜片由于电流加热得到的热量(W)为

$$q_i = i^2 r$$

由于两块锰铜片的散热条件相等,在两者温度相同的情况下,$q=q_i$. 因此辐射强度 S ($\mathrm{W/m^2}$)等于

$$S = \frac{r}{\delta \cdot l \cdot b} i^2 = Ki^2 \tag{6.1}$$

式中，K 为仪器常数，其他所包含的物理因子 r、δ、l 和 b 皆可在实验室内确定，且能使其不随温度变化. 所以它是一种绝对仪器.

测量日射强度时，加热电流 i 的精度也很重要，由上式可得

$$\frac{\mathrm{d}S}{\delta} = 2\,\frac{\mathrm{d}i}{i} \tag{6.2}$$

如果期望 S 的精度达到 0.5%，那么 i 的精度必须保证为 0.25%.

(1) 使用埃斯川姆日射表应注意的问题

① 日射表防风作用不佳，不能在大风时使用.

② 受太阳辐射的那块锰铜片热量由外向内传递，被电流加热的一片则是由内向外传递热量，两者温度梯度的方向相反，引起的误差约为 0.5%.

③ 表面的铂黑由于潮湿会出现蚀孔，将改变仪器常数，因此要特别注意仪器保管条件.

④ 仪器的露光孔为矩形，视角纵向为 10～16°，横向近似为 4°. 光阑坡度纵向为 0.7～1.0°，横向为 1.2～1.6°. 当太阳高度角低于 20°时，窄长的露光孔将收到部分地面的反射.

⑤ 温度较高时，硬橡皮底座会拉断锰铜片.

(2) 仪器观测步骤

① 利用对光器对准太阳，打开盖子，使遮光屏居于中间位置，将两块感应片进行预热.

② 校准仪器的零点. 读取两片同时接受太阳辐射和同时遮蔽时检流计的读数，取两种读数的平均值为检流计的零点.

③ 将遮光屏转向一边(左边或右边)，屏上的电触点正好使被遮蔽的锰铜片接通加热电流，另一边暴露的锰铜片将接受太阳辐射. 然后调整电阻使检流计处于零点，读取加热电流的数值.

④ 为了避免两块锰铜片不对称的影响，必须将遮光屏转向另一边，重复上述步骤，此时电流加热和接受太阳辐射的锰铜片正好对换，再读一次加热电流值.

绝对日射表一般只用来标定相对日射表，除非天气条件合适，晴朗无风以及能见度状况良好，否则不宜动用. 因此上述这种不断变换左右两片加热状况的读数方式需要进行 10 个循环，然后分别平均左右两片的加热电流的数值，得到 i_R 和 i_L 的平均值，按下式计算日射强度.

$$S = Ki_R i_L \tag{6.3}$$

6.3.3 相对日射表

相对日射表的感应部分是一块熏黑的薄银片，银片背后贴有热电偶堆，电偶的工作端贴在银片背后，参考端贴在厚金属圆筒的一个铜环上. 感应部分外遮有镀铬的防护罩. 遮光筒的 α 角为 10°，内有数层光阑. 遮光筒前沿有一个小孔，对准太阳时，光点恰好落在后面屏蔽的黑点上，热电偶堆的引线直接与灵敏电流计连接(图 6.4).

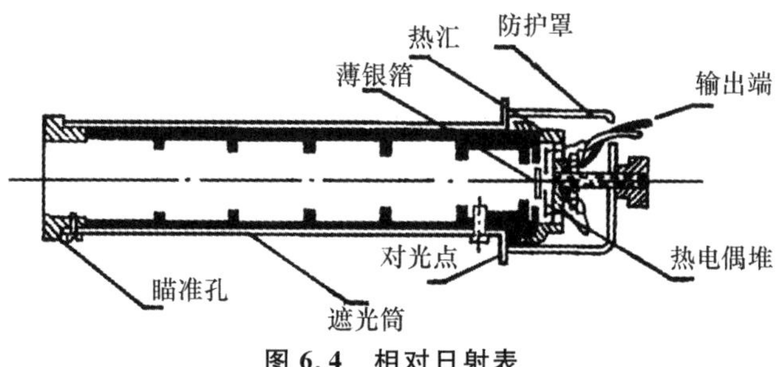

图 6.4 相对日射表

观测时先把引线与电流计接通，对准太阳光读出仪器遮蔽时的读数 N_0，再打开遮光筒的盖子，使太阳辐射落到感应面上，读下电流读数 N_0，则太阳直接辐射强度为

$$S = K[(N + \Delta N) - (N_0 + \Delta N_0)] \tag{6.4}$$

其中，ΔN 和 ΔN_0 分别为电流计在 N 和 N_0 刻度上的订正值.

相对日射表的仪器常数 K 是通过与绝对日射表的平行对比得到的.

6.3.4 太阳直接辐射的分波段测量

太阳直接辐射的分波段测量可用来确定大气浑浊度和气溶胶的光学厚度. 在农业、生物、医疗卫生方面也有广泛的用途. 这种观测往往是在日射计的露光孔的开口处加上宽波段的滤光片进行的. 图 6.5 仪器的前窗上是 Epply 银盘相对日射表安装上滤光片的情况.

图 6.5 带一组滤光片的银盘相对日射表

最常用的一组太阳辐射波段滤光片的特性数据如表 6.4.

表 6.4 滤光片的特性指标

Schott 型号	旧型号	50%截止波长		平均透过率 (3 mm 厚)	短波截止波长温度系数 /(nm · K^{-1})
		短波/nm	长波/nm		
OG 530	OG 1	526±2	2 900	0.92	0.12
RG 630	RG 2	630±2	2 900	0.92	0.17
RG 700	RG 8	700±2	2 900	0.92	0.18

滤光片的截止波长有一定的温度系数，而各块滤光片的透过率又有所差别. 因此对具体每一块滤光片所测的数据都需要进行订正. 这个订正因子称为滤光片因子，定义为理想滤光片(在截断波长内滤光片的透过率为 1，在截断波长外透过率则为零)后的太阳辐射强度与实际滤光片测量强度的比值.

$$\rho = \frac{\int_{\lambda_2}^{\lambda_l} S_0(\lambda) \cdot \tau_A(\lambda) \cdot \mathrm{d}\lambda}{\int_0^{\infty} \tau_f(\lambda) \cdot S_0(\lambda) \cdot \tau_A(\lambda) \cdot \mathrm{d}\lambda} \tag{6.5}$$

其中，ρ 为滤光片因子；$S_0(\lambda)$为大气上界太阳辐射强度随波长的分布；$\tau_A(\lambda)$为波长 λ 处太阳辐射在大气中的透过率；$\tau_f(\lambda)$为滤光片在波长 λ 处的透过率；λ_2 和 λ_l 为表 6.4 中滤光片在测量波段两端的截止波长.

滤光片的因子通过与标准滤光片对比得到. 由于下述原因，不太可能精确地确定滤光片因子，因而大大影响了太阳辐射分谱段测量的精度.

① 难于精确确定太阳辐射在大气上界的光谱分布；

② 大气透过率与气象条件的关系；

③ 各块滤光片透过率的谱分布相互不一致.

6.4 短波总辐射的测量

6.4.1 测量原理

短波总辐射的测量实际包括水平面上的太阳辐射和天空向下散射辐射以及地面对上述两项的反射辐射的测量.

测定这些辐射强度的仪器都是利用黑片和白片吸收率有较大差别特性，测定黑片与白片之间的温差，然后换算成辐射强度. 图 6.6 是黑、白片总辐射计的原理图，热电偶的工作端正处于黑片的下方，参考端则处于白片的下方，整个感应面密封在一个半球玻璃罩中，为了保持罩内空气的干燥，玻璃管内存放有干燥剂.

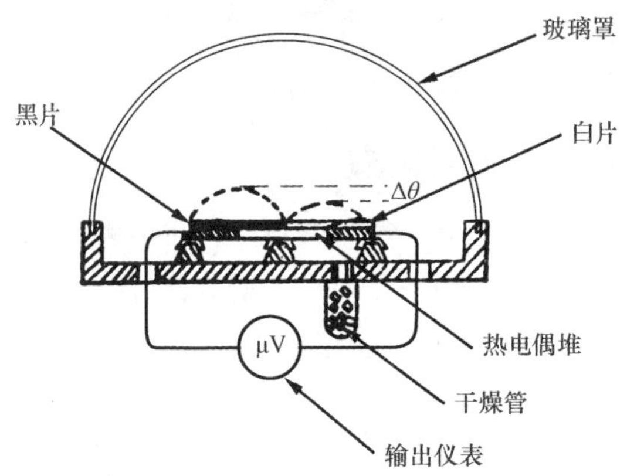

图 6.6 黑白片总辐射计工作原理图

在稳定情况下，黑片与白片吸收的辐射能分别等于它本身消耗于长波辐射的出射，与空气之间的热传导以及传递给底座的热量，因此黑、白片的热平衡公式为

$$(S' + D)\delta_1 = 4\sigma T^3 \cdot \delta_1' \cdot (T_1 - T) + h_1(T_1 - T) + \lambda_1(T_1 - T)$$

$$(S' + D)\delta_2 = 4\sigma T^3 \cdot \delta_2' \cdot (T_2 - T) + h_2(T_2 - T) + \lambda_2(T_2 - T)$$

其中，$S' = S\cos\theta_\Theta$（θ_Θ 表示太阳高度角），δ_1、δ_2 和 δ_1'、δ_2' 为黑片和白片对短波和长波辐射的吸收

率，h_1 和 h_2 为空气的对流换热系数，λ_1 和 λ_2 为固体导热系数，T_1 和 T_2 为黑片和白片的温度，T 为空气温度，σ 为玻尔兹曼常数. 假设 $\delta_1'=\delta_2'$，$h_1=h_2$ 以及 $\lambda_1=\lambda_2$，合并上面两个公式可得

$$(S'+D)=\frac{4\sigma T^3\delta'+h+\lambda}{\delta_1-\delta_2}(T_1-T_2)=KN \tag{6.6}$$

式中，N 为电表的读数，K 为仪器常数.

图 6.7 中，玻璃圆罩下的感应面可以借助于底脚的调整使感应面保持水平，整个仪器的感应面由黑、白片组成相间的扇形格，并保持黑片与白片的面积相等.

在测量短波的反射辐射时只需将整个仪器翻转，感应面向下.

图 6.7 黑白片总辐射计

6.4.2 仪器的改进

旧型号的总辐射表存在不少缺点，它的仪器精度不能使人满意. 目前各国的仪器都在下述几方面不断地作出改进.

1. 防风玻璃半球罩的透过率

优良的防风玻璃罩多采用碱石灰玻璃(Soda-Lime Glass)，玻璃罩各处的厚度均匀，一般厚约 0.6 mm. 图 6.8 为这种玻璃透过率随波长的分布曲线. 在波长 0.35～2.6 μm 的范围内，玻璃均匀平滑地保持 0.90 以上的透过率.

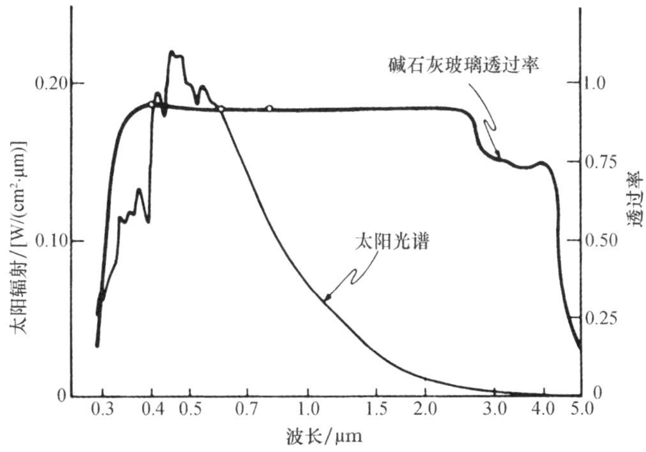

图 6.8 碱石灰玻璃透过率随波长的分布曲线

图 6.9 是美国 Epply 型短波总辐射表，这种仪器的防风罩内空气干燥. 仪器采用锰铜-康铜电偶. 防风玻璃罩为双层，内罩对红外波段有隔绝功能，这样可以使测量辐射的长波和短波部分的仪器严格分开，内罩同时可以隔绝外罩的红外辐射.

由于感应面白片的反射率随时间衰减比较明显，Epply 型短波总辐射表以仪器外壳为热电偶的参考端的总辐射表，它的感应面只有黑片，热电偶的工作端置于黑片之背面.

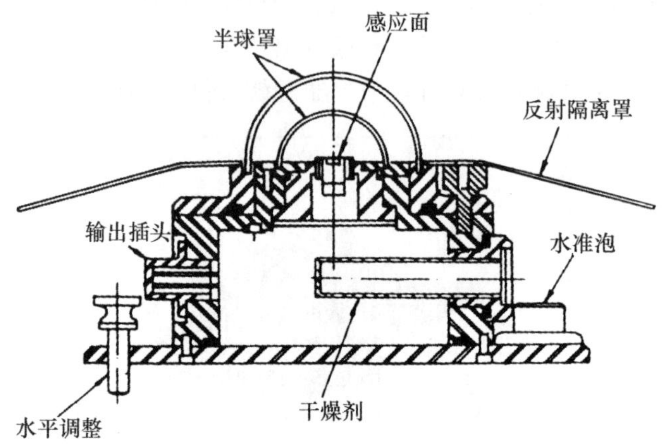

图 6.9　以仪器外壳为热电偶参考端的短波总辐射表

对性能优良的总辐射表来说，如果太阳辐射强度不变，太阳天顶角不变，变换仪器接受的位置(即相当太阳从仪器不同方位通过玻璃罩)，仪器读数应不变. 如果太阳辐射强度不变，太阳天顶角逐渐改变，仪器的读数应当与 $S\cos\theta_{\odot}$ 的数值相对应. 前者称方位响应，后者称余弦响应.

2. 仪器的温度系数和输出线性度

总辐射表的灵敏度受到空气温度和辐射强度大小的影响，即气温高低以及总辐射强弱将对仪器常数有所影响，引起原因有两个：

① 热电偶的灵敏度与参考端温度本身的高低有关；

② 仪器感应面的温度，特别是黑片的温度与气温的差值加大时，对流换热系数将加大.

新型的总辐射仪在感应面下安放了由热电偶和热敏电阻组成的混合线路，对仪器输出的非线性进行补偿.

3. 散射辐射的连续记录

总辐射强度的连续记录只需要将辐射仪的热电偶接头直接与电位差计连接. 散射辐射记录时主要的技术问题是遮光板，它必须随时对准太阳使其阴影落到感应面上. 常用的两种方法：一是利用时钟带动遮光板随太阳转动，即利用日晷追踪；二是利用遮光环. 前者由于机械结构复杂，需要经常检查阴影在仪器上的落点，因而还是有人愿意采用第二种方法.

太阳的赤纬(太阳直射的纬度)一天内的变动在 0.1°之内，它在天球上的视运动轨迹近似为一个圆弧，如果在日射仪附近平行于当天太阳的轨迹支撑一个圆弧形遮光环，就可以保证在任何时刻遮住太阳的直接辐射.

它的基本结构是由 Robinson 设计的. 由两个相垂直的圆环组成支架，一个环与地平面垂直，环的平面保持正南北方向，另一个环与地平面平行，环的半径为 508 mm，环上有一条

50.8 mm 宽的散射测量环形遮光带，由弹性较好的薄金属板制成. 金属板在水平环的 A、A′ 两点以及垂直环 H 点固定. 仪器(P_y)安放在两个圆环的圆心处. 每 2～3 天调整一次遮光环在球架上的位置. 调整时只需使遮光板沿 Ω 方向在球架上平行移动(图 6.10A). 图 6.10B 为球架与地球坐标的相对关系.

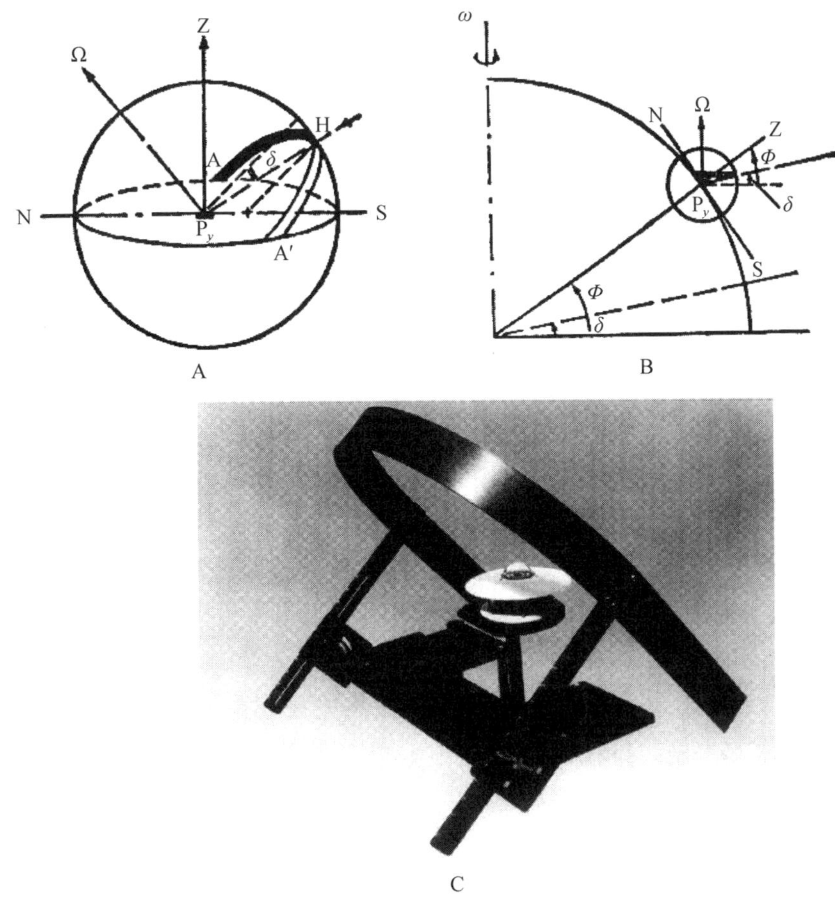

图 6.10 环形遮光带与它的安装坐标

除了遮去太阳辐射和太阳周围的天空散射外，遮光环还整整遮住了一个环形带的天空散射，因此记录下来的散射辐射显著偏小.

设环的宽度为 w，环的半径为 r，球架的半径为 d，在时角 $\mathrm{d}h$ 的时段里太阳在环上移动的弧长为 $r\mathrm{d}h$，则仪器对这段遮光环所张的立体角为

$$\mathrm{d}\omega = \frac{w\cos\delta \cdot r\mathrm{d}h}{d^2} = \frac{w \cdot \cos^3\delta \cdot \mathrm{d}h}{r}$$

$$r = d\cos\delta$$

整个遮光环遮去的天空辐散为

$$\Delta E_d = \int_{-h_0}^{h_0} \frac{w}{r}\cos^3\delta \cdot D\cos\theta_\Theta \mathrm{d}h \tag{6.7}$$

由于太阳天顶角 θ_Θ 与赤纬 δ 和时角 h 的关系为

$$\cos\theta_\Theta = \sin\varphi \cdot \sin\delta + \cos\varphi \cdot \cos\delta \cdot \cos h$$

所以

$$\Delta E_d = \frac{w}{r}\cos^3\delta\int_{-h_0}^{h_0} D(\sin\varphi\sin\delta+\cos\varphi\cos\delta\cos h)\mathrm{d}h \tag{6.8}$$

其中$-h_0$和h_0为日出和日落的时角,D为散射辐射.

散射辐射率在整个天空中的分布随太阳的位置、季节和大气状况而变,最简单的模式可以假定为均匀分布,这里我们介绍 Drummond 计算的结果(图 6.11).可以看出订正值随纬度和季节变化的情况.

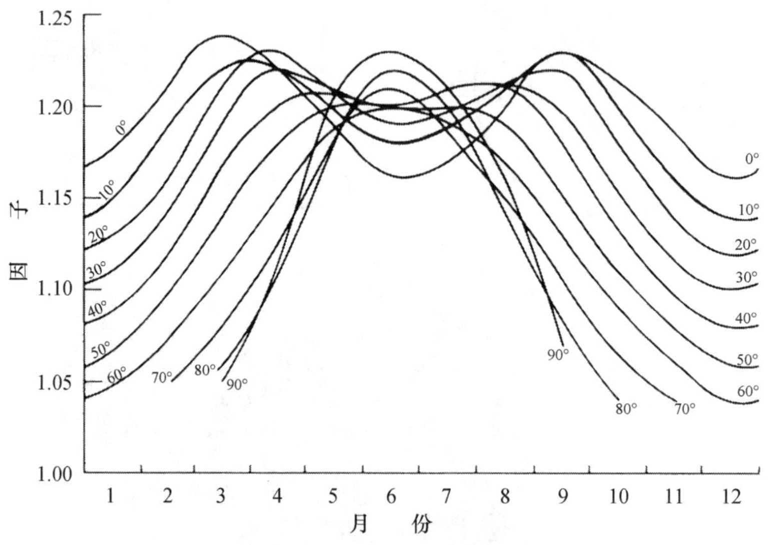

图 6.11 环形遮光带对散射辐射的遮挡影响

可见在强辐射的季节,订正值可以高达 20%以上.

为了避免上述缺点,新设计的仪器改成为一块圆形挡板.挡板由一个日晷操纵旋转.旋转主轴为仪器的主轴,而挡板的支杆则在日晷主旋转轴上保持当日的天顶角$\theta=\varphi-\delta$(图 6.10B).

4. 总辐射的分波段测量

总辐射分波段测量时,需更换玻璃外罩.它所用的滤光玻璃罩比相对日射表多一些:

GG14	短波截止波长:0.5 μm
OG1	短波截止波长:0.53 μm
RG2	短波截止波长:0.63 μm
RG8	短波截止波长:0.7 μm
石英外罩	紫外测量用

当进行分波段测量时,加上辐射表的滤光外罩后,由于它对辐射的吸收增热,使感应面接受到一部分外罩的热辐射,导致仪器读数系统偏高.Drummond 和 Roche 建议对带 OG1、RG2 和 RG8 外罩的辐射仪读数分别乘以订正系数 0.94、0.925 和 0.91.

5. 总辐射表的安装

总辐射表是气象台站进行辐射观测最常用的仪器.这种仪器的种类很多,在使用、安装和维护方面都需要遵守一些最基本的原则.这些原则同样也适用于其他类型的辐射仪器.

首先要考虑的是安装场地的条件，最好使玻璃半球上半部没有障碍物遮挡，使整个半球的辐射都来自于天空.但是这样的条件往往很难满足.最低限度要保证障碍物不遮挡直接太阳辐射，因此在仪器的正东和正西方位应当有较好的观测条件.

一旦仪器架设完毕，应该绘制一张四周障碍物的分布图，标上它们的方位、方位张角和天顶角.假设障碍物的方位角为 φ_1 至 φ_2，天顶角为 θ_1，则其视角 Ω 为

$$\Omega = \int_{\varphi_1}^{\varphi_2}\int_{\theta_1}^{\frac{\pi}{2}} \sin\theta \mathrm{d}\theta \mathrm{d}\varphi \tag{6.9}$$

假如障碍物是黑体，它对水平感应面减少的散射辐射为

$$\Delta D = \int_{\varphi_1}^{\varphi_2}\int_{\theta_1}^{\frac{\pi}{2}} D(\theta,\varphi)\cos\theta\sin\theta \mathrm{d}\theta \mathrm{d}\varphi \tag{6.10}$$

如果障碍物具有一定的反射率，上式中的 $D(\theta,\varphi)$ 将用 $\Delta D'(\theta,\varphi)$ 来代替，即

$$\Delta D'(\theta,\varphi) = D(\theta,\varphi) - D_F(\theta,\varphi)$$

其中，$D_F(\theta,\varphi)$为障碍物反射辐射.估计 $\Delta D'$是很困难的，D 和 D_F与天气条件和太阳的位置有关.较远的障碍物，在仪器和它之间的气柱的散射仍将被仪器所接受.

值得庆幸的一点是：当障碍物的天顶角大于 85°(即高度角低于 5°)时，从地面到 5°高度角这一个环带内的天空辐射只占全部天空的 0.5%左右.因此它对整个观测的结果影响不大，但是一旦障碍物的高度角超过 10°，我们必须对观测结果作适当修正.

总辐射表至少每年校验一次它的仪器系数(K 值).校准可以与绝对日射表进行平行对比观测，也可以借助一个精度较高的相对日射表进行平行对比观测.对比应该在大气透明度较好的天气条件下，利用太阳的自然辐照进行.假设绝对(或相对)日射表读得的太阳直接辐射为 I，太阳天顶角为 θ_Θ，总辐射表在不遮挡太阳辐射时仪表偏转为 N_1，加上遮光板只接受散射辐射时仪表偏转为 N_2，则仪器常数为

$$K = I\cos\theta_\Theta/(N_1 - N_2) \tag{6.11}$$

精度较差的总辐射表，它的仪器常数有很明显的余弦响应偏差和方位响应偏差，在确定 K 值时除了需要使玻璃罩某一个固定方位线对准太阳外，还要求检查出 K 值与太阳天顶角的关系.

一个余弦和方位响应较好的总辐射表，它的仪器常数可以同时适用于测量太阳直接辐射和散射辐射.如果 K 值随 θ_Θ 变化较大，则需要对该仪器单独确定散射测量的仪器常数，最简单的方法是将仪器与另一台精度较高的总辐射表对比散射辐射照射下的仪器读数.

在天气条件不合适的情况下，可以利用人工光源进行室内对比，尽量使光源的光谱分布比较接近于太阳的光谱分布，一般可采用 0.5 kW 的钨丝白炽灯或碘钨灯.

6.5 净辐射和红外辐射的测量

目前世界上最通用的全波段净辐射表是聚乙烯防风膜式(图 6.12).仪器的感应面是上、下两块黑片，中间夹着一层隔热材料，利用热电偶堆测量两块感应面的温差，其热电势正比于净辐射通量

$$E^* = K \cdot e \tag{6.12}$$

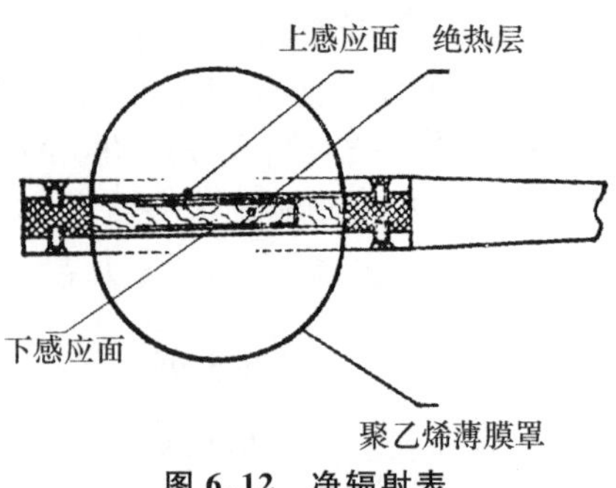

图 6.12 净辐射表

由于感应面上的涂黑材料的吸收系数在短波波段高于长波. 为了降低感应面在短波的吸收系数,感应面上涂有一条占总面积 5%的白带(图 6.13). 这种白色涂料在短波下有较高的反射率,但其长波的吸收率却接近涂黑材料. 图中仪器外围还附加了一个防止聚乙烯薄膜上产生凝结的加热环.

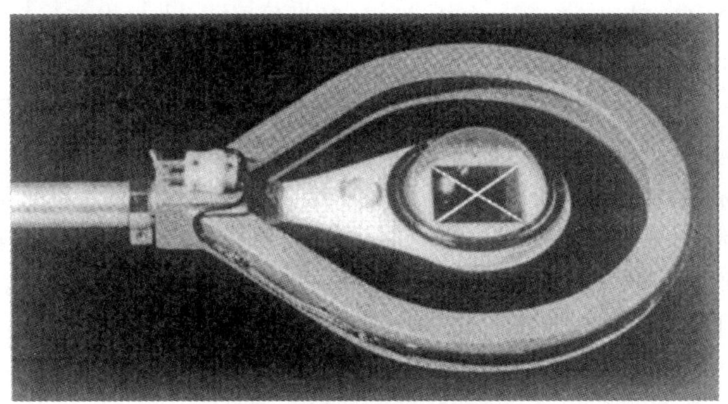

图 6.13 带加热环的净辐射表

仪器上下各有两个防风罩,它的材料是聚乙烯薄膜. 为了使防风膜对各种太阳高度角的透过率保持一致,防风罩多压制成半球形,在观测时利用膜片泵将干燥的空气压入半球罩内,以保持它的外形.

经过多年的选择,认为聚乙烯防风膜具有较高的透过率,只在 3.5、6.8 和 14 μm 有较强的吸收带. 在天气窗 8～12 μm 的长波辐射带中则有很好的透过率(图 6.14).

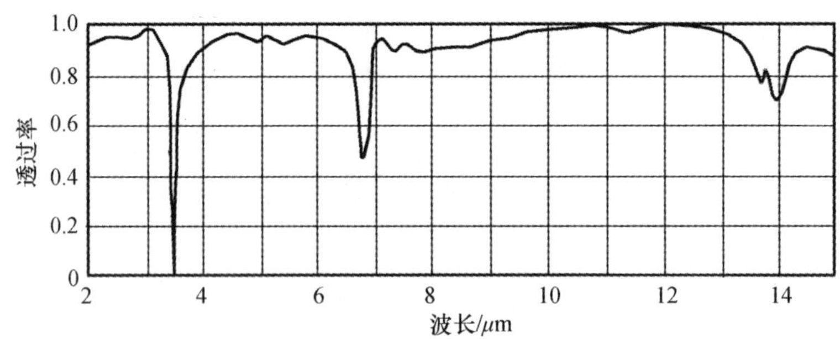

图 6.14 聚乙烯防风膜的透过率曲线

净辐射表检定时可以使用与检定总辐射表相同的方法,上感应面用太阳光或人工光源照射,并与相对日射表平行对比. 下感应面则用稳定的长波辐射源照射. 被采用的辐射源有黑体辐射腔体，已知温度的水槽或雪面，或扣上一个内层涂黑的半圆盖，圆盖内壁的温度可由其内置的热电偶测定.

净辐射的观测是地表与大气体系辐射收支的最终结果，是一项重要的辐射观测内容，它的许多测量问题最终引起了 WMO 的关注，委托瑞典 Uppsala 大学对现行 6 种净辐射表进行了详细的对比实验工作[2]. 这 6 种仪器分别是：

澳大利亚	Funk	CN-1 型
澳大利亚	Sauberer-Dirmhirn 1	SCHN 型
英国	Sauberer-Dirmhirn 2	DRN 301 型
德国	Schlze-Dake	LXV 055 型
丹麦	Ersking	无型号
美国	Fritschen	Q4 型

实验结果证实了不少严重的问题：

① 仪器灵敏度相差很大，从最小值 9.9 到最大值 90 mV/(kW · m^{-2}).

② 时间常数从 12 s 到 85 s.

③ 使用各种不同方法得到的检定系数，最好的仪器相差可保持在 10%之内，最差的仪器可达到 65%. 其中最主要的原因是日夜之间的检定系数有很大差别，即仪器感应面的吸收系数以及防风罩的透过率随波长有很大不同.

④ 仪器感应面上下的各种热特性指标不对称. 如果在测定净辐射时采取来回翻转调换两感应面的上下位置，分别读出它们的输出电压，对称性差的仪器其每次翻转的一对读数将出现较大的差别.

⑤ 仪器的散热系数，包括辐射散热系数 h_R，对流散热系数 h 和固体导热系数 λ 与感应面以及空气之间的温差大小 $T_R - T_a$ 有关，因而导致仪器的检定系数与 $T_R - T_a$ 有关. 导致这种偏差的原因之一是由于仪器外壳和防风罩的温度与气温之间的差异，其次是 $h_R = 4\sigma T^3$ 本身就含有温度变量因子，最后它还可能与充气鼓胀聚乙烯薄膜半球罩的方式有关.

实验结果导致废除使用这种净辐射表的呼声更高，建议改用 Eppley 所设计的红外辐射表.

Eppley 设计的 PIR 型硅单晶罩红外辐射表的最重要的设计思路包括以下几点：

① 分别用两台仪器测量从下往上和从上往下的红外长波辐射.

② 采用双层防风罩，外罩为硅单晶，保证低于 3～ 4 μm 以下的短波辐射不能达到感应面上，图 6.15 给出了它的透过率与波长的关系曲线.

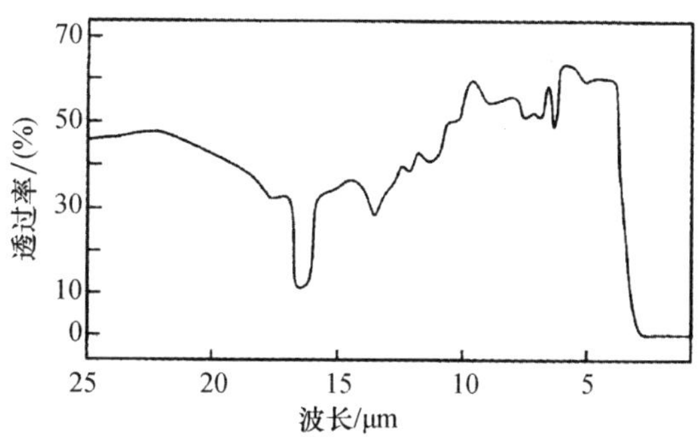

图 6.15 硅单晶的透过率曲线

③ 仪器的测量值包括了感应面收入的长波辐射 $E_{l,\text{in}}$ 以及感应面本身的放射 $E_{l,\text{out}}$.

$$E_{\text{mea}} = E_{l,\text{in}} - E_{l,\text{out}}$$

如能实测出 $E_{l,\text{out}}$ 则可得到它实际收到的 $E_{l,\text{in}}$. 因而仪器的热量平衡方程可写做:

$$E_{\text{mea}} = h(T_R - T_a) + \lambda(T_R - T_b) \tag{6.13}$$

式中,h 和 λ 分别为对流散热系数和仪器腔体固体导热系数,T_R、T_a 和 T_b 分别为感应面、罩内空气和仪器腔体的温度. 在采取一定措施的情况下可假设 $T_b = T_a$,则上式可改写为

$$E_{\text{mea}} = K_1 \cdot e \tag{6.14}$$

其中,K_1 为仪器常数,e 为热电堆输出的热电动势.

图 6.16 为红外辐射计的外形图,而图 6.17 为仪器的测量线路示意图.

图 6.16 红外辐射计

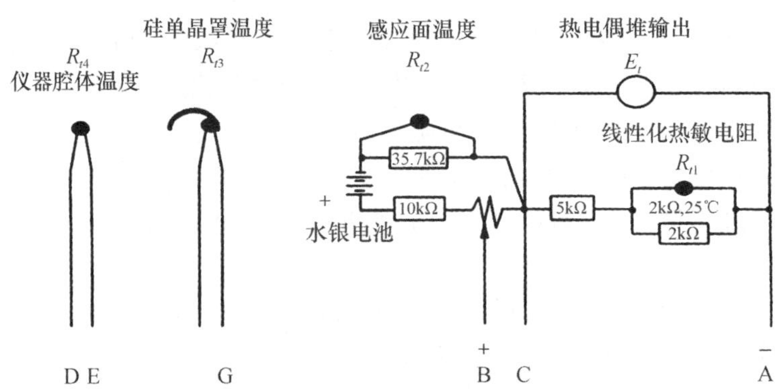

图 6.17 红外辐射计测量线路示意图

图中含有 4 个测温热敏电阻,R_{t2}、R_{t3} 和 R_{t4} 分别测量感应面、防风罩和仪器腔体的温度 T_R、T_g 和 T_b,热敏电阻 R_{t1} 并联一个 2 kΩ 以及串联上 5 kΩ 的电阻后,可对热电偶堆 E_t 的输出实施线性化. R_{t2} 并联一个 35.7 kΩ 的电阻后,与水银稳压电池、10 kΩ 电阻以及一个微调电阻组成一个回路,从 B、C 两点测定一个补偿电压 V_{comp},它与仪器的常数 K_1 相乘后,可得到 $E_{l,\text{out}}$:

$$V_{\text{comp}} K_1 = E_{l,\text{out}} = \sigma T_R^4$$

因此,通过 A、C 两点可测到 E_{mea},而通过 A、B 两点则可直接测到所需的向上或向下的长波辐射 $E_{l,\text{in}}$.

在理想情况下,T_g 和 T_b 的温度应保持一致,并等于环境空气温度 T_a,否则将导致一定的测量误差. PIR 仪器配备了相应的通风器底座,以便达到上述要求,在白天太阳辐射较强

的情况下，还对仪器配置了遮光板，有如测量天空散射时那样，遮光板随日晷转动，随时遮蔽太阳对红外辐射计的强辐射照射.

根据近年不断研究的结果，由于硅罩对太阳短波的有效吸收，硅罩的温度显著高于仪器腔体（热电偶冷端）的温度，导致感应面将从硅罩得到附加的热辐射，形成仪器读数产生系统偏差[3~5]，又被称为热漂移误差. 考虑到上述影响，公式(6.13)和(6.14)近似可写为（文献[4]详细推导的结果与下式相近）：

$$E_{l,\text{in}} = K_1 \cdot e + E_{l,\text{out}} + K_2(\sigma T_g^4 - \sigma T_b^4) \tag{6.15}$$

Albrecht 和 Cox[3]将仪器安置在飞机上，从 288 hPa 逐层下降至 453 hPa，使(6.15)中 $\sigma(T_g^4 - T_b^4)$ 产生较大的改变，得出：在环境温度处于零上时 K_2值为 1.0～1.8，并随气温的降低而加大，感应面向下仪器的 K_2值小于感应面向上仪器的 K_2值.

图 6.18 为 Eppley 实验室生产的全套辐射仪器. 图下方为一个日晷，左边为一台空腔式绝对日射计，右边为一台带三种滤光片直接日射表；上方平台为一台精密总辐射表，右边则是红外辐射表. 这两台仪器上方各支撑有遮挡直接辐射的遮光板.

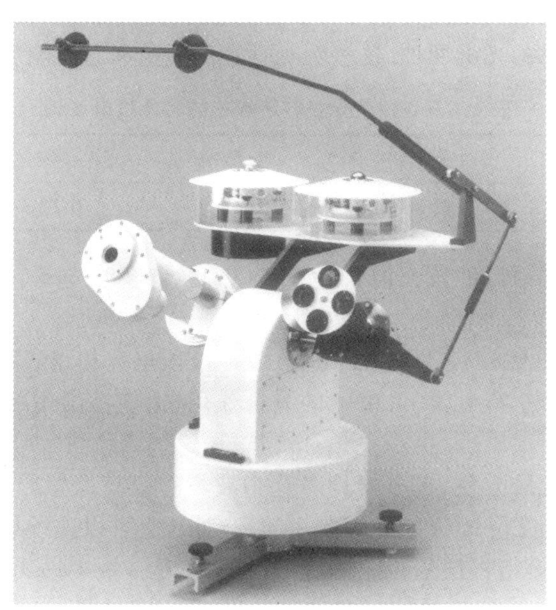

图 6.18　全套测量辐射的仪器

6.6　紫外辐射的测量

仪器的感应原理基本上抛弃了利用辐射的热效应，而采用电离效应、光电效应或摄影感光，这三种方法适用于不同的紫外波段.

紫外辐射表的窗口材料也与可见波段有很大的差别.

电离方法适用于 0.10～0.16 μm 的远紫外辐射的测量. 电离室内有一组放电电极对，其中一个电极是一金属圆帽，另一个电极是一根放电针. 针尖端位于圆帽的中心. 电离室内所充的气体与窗口材料适当配合，可以调整测量的波段. 表 6.5 给出不同测量波段所应用的电离气体和它的窗口材料.

表 6.5 不同紫外波段辐射仪所应用的电离气体和它的窗口材料

电离气体	窗口材料	波段范围/μm
氧化乙烯 Ethlene Oxide C_2H_4O	LiF	0.15～0.118
二硫化碳	LiF	0.105～0.124
丙酮	CaF_2	0.123～0.129
一氧化氮	CaF_2	0.123～0.135
一氧化氮	LiF	0.105～0.135
二乙硫醚 Diethyl Sulfide C_2H_5 SC_2H_5	BaF	0.135～0.148

中紫外波段指波长 $0.2\leqslant\lambda\leqslant0.3$ μm 的波段. 许多型号的光电管和光电倍增管在这个波段的感应都很灵敏,铯化碲和铷化碲的光电阴极不但对中紫外辐射反应灵敏,而且对可见光是盲区,中紫外辐射仪的窗口材料一般可采用石英.

如果采用某些荧光材料作为转换器件,使荧光材料接收紫外辐射后转发出的可见光,也能使用对可见光敏感的光电器件. 这些荧光材料的名称和它所响应的波长如表 6.6.

表 6.6 各种荧光材料所敏感的紫外辐射波长

荧光材料	硫化锌	钨酸镁	硅酸锌	水杨酸钠
波长/μm	0.365	0.285	0.2537	0.09～0.34

荧光物质受紫外辐射后的发光波长为 0.443 μm,许多光电管在这个波长有很强的感应能力.

近紫外辐射的波长在 $0.3\leqslant\lambda\leqslant0.4$ μm,在这个波段里有相当数量的紫外辐射能够抵达地面,它对晒黑皮肤、产生维生素 D、植物的光合作用、大气污染中的光化学烟雾的生成都会有很大的影响.

这个波段的测量比较方便,光电器件对这个波段有很高的感应灵敏度,也不需要利用高真空技术. 图 6.19 为 Epply 近紫外辐射表的示意图,它可以连续地测量整个天空的近紫外辐射,其感应元件是硒阻挡层的光电池,仪器的窗口是一块半透明的石英漫射片. 光电池的上方另有一块波长范围在 0.295～0.385 μm 的滤光片. 热敏电阻用来测定仪器的温度,便于对滤光片和光电池进行温度订正.

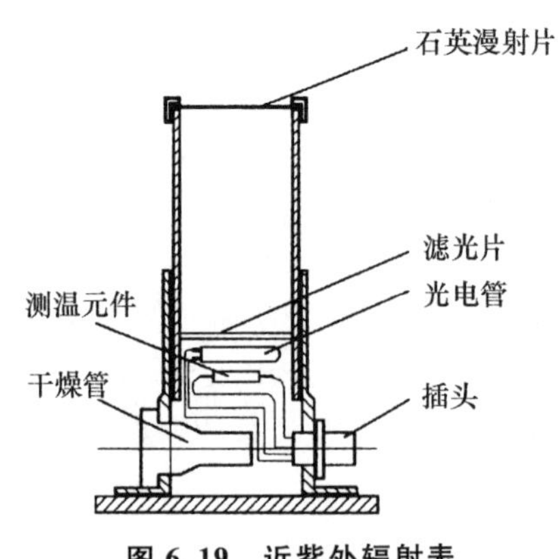

图 6.19 近紫外辐射表

6.7 PACRAD 型绝对日射表

根据已有的资料，本节介绍美国喷气推进实验室(JPL)研制的 PACRAD 新型绝对日射表. 有关比利时和国际辐射中心设计的两种仪器以及美国喷气推进实验室设计的 ACR 型仪器，其工作原理与这种仪器极为相似.

新型绝对日射表的接受部分为黑体腔，太阳辐射进入腔体后经过多次吸收—反射—再吸收的过程，其吸收系数可以达到 0.996 ± 0.001，接近于绝对黑体的吸收系数.

仪器的第二个特点是使用了热阻器-热汇系统，腔体吸收的辐射热通过热阻器传递到热汇，热阻器两端的温差正比于腔体吸收的辐射热功率，由于热汇的高热容量，保证它的温度极少受到环境的影响.

仪器的第三个特点是采用电功率补偿的方法，直接确定自身的仪器常数. 与埃斯川姆绝对日射表的原理相近，所不同的是利用同一腔体循环反复接受太阳辐射和热电功率.

PACRAD 型绝对日射表的基本结构如图 6.20 所示，其中图 A 为整体结构图，图 B 是空腔部分的详图. 仪器同样包括限制视野的露光孔和遮光筒、消光器、热汇、腔体接收器以及热阻器五大部分. 它的腔体前半部是圆筒形，后半部呈锥形. 在接收腔体后面有一补偿腔体，使接收腔体的热量不往后传递，精确地沿热阻器传递. 热阻器两端的温差由热电偶测定.

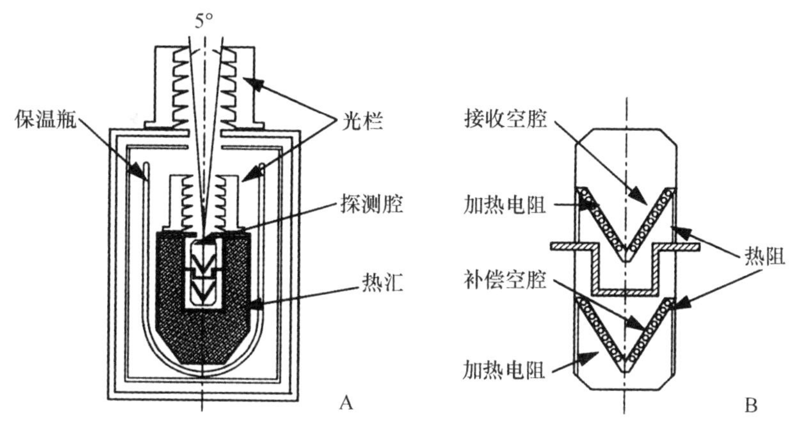

图 6.20 PACRAD 型绝对日射表

PACRAD 型称被动型，在仪器打开和关闭的循环中，由热电偶分别测出温差电动势，但只在仪器关闭的半周接通加热电阻，则太阳直接辐射通量等于：

$$S = K \cdot V_i \frac{P - c_2 I^2}{V_e} \tag{6.16}$$

其中，V_i 为腔体接收辐射时的热电偶输出，V_e为腔体被电阻丝加热时的热电偶输出，工作时应尽量使 $V_i \cong V_e$. P 为电流加热功率. K 为仪器因子(理论上，它应该很接近于 1). $c_2 I^2$代表加热电阻的外引线发热功率，该仪器 c_2等于 0.065.

新型绝对日射表的测量误差是很小的，只在 0.25%上下. 仪器的误差来源有下列几项：

① 盖板打开接受辐射时，腔体通过露光孔向外辐射的热量；

② 腔体与仪器内部其他部件间的辐射热交换和热传导；

③ 非腔体吸收的热量通过热阻器向热汇传热；

④ 加热电阻引线传热；

⑤ 整个仪器温度不恒定，由于升(降)温所吸收的附加热量；

⑥ 仪器中的基本物理常数的测量误差包括腔体开口的面积、腔体吸收辐射的有效面积、腔体的辐射吸收系数、仪器内部其他部件涂黑后的辐射吸收系数、仪器内部空气导热系数、热阻器导热系数和腔体热容量等.

在这些误差中第①项是无法避免的，但可以适当订正. 至于第②～⑤项，是在实际测量时引起的误差，只取决于盖板处于打开和关闭两种状态下这些传热项的差值. 只要盖板处于两种状态时腔体温度保持相等或接近，引入的误差就很小. 而最后一项⑥则完全取决于实验测量技术.

准确估计绝对日射表的误差，测定它的物理常数，最终确定仪器因子 K 的数值称做绝对日射表仪的特性确认(characterization).

目前，各个仪器厂商生产的商用绝对日射计大多仿制 PACRAD 型的基本结构. 还利用补偿腔体与接收腔体配对，使接收腔体接受太阳辐射，补偿腔体输入电加热功率，按埃斯川姆绝对日射计的操作方式进行工作. 图 6.18 为 Eppley 公司生产的空腔式绝对日射计，它可以按 PACRAD 空腔式绝对日射计和埃斯川姆绝对日射计两种操作方式进行工作.

6.8　日照时数的观测和日照计

测量日照时数的仪器. 世界气象组织(WMO)为了使全球日照时数测量统一化，建议以康培司托克式(Campbell-stokes)日照计作为“暂定标准日照计”(IRSR)[6]. 该仪器辐照度阈值平均值为 120 W・m^{-2}并允许±20%误差. 1991 年 WMO 的仪器观测方法委员会第八次会上通过建议：时间日照时数定义为“太阳直接辐照度超过 120 W・m^{-2}各时间段在一天内的总和”.

康培司托克式日照计(图 6.21)即玻璃球聚焦式日照计. 其感应部分为一实心玻璃球，支持在弓形的支架上，起着聚光镜作用. 在玻璃球的焦点处有固定圆弧形盘面，盘上有三条插槽，按不同季节分别插装特制的记录纸. 上槽供冬季使用；中槽供春、秋季使用；下槽供夏季使用. 当日光通过玻璃球聚焦在日照纸产生焦痕，根据焦痕的总长短，计算日照时数.

图 6.21　康培司托克式日照计

新型日照仪器,利用日晷自动跟踪太阳的光电感应器测定日照时数,输出可供仪表测定或数据采集系统读取的电信号.光电日照计准确记录日照时数的技术要求是:① 全年太阳赤纬在±23.5°的变化范围内,反射面能准确地将太阳直接辐射反射至探测管;② 光电探测管能等权重地响应各谱段的太阳辐射;③ 光电探测管保持对太阳直接辐照度的阈值为 120 W·m^{-2};④ 光电探测器的温度系数较小;⑤ 感应面所接收到的日盘四周的天空散射辐射控制在一定的误差范围之内.

图 6.22 为日本 EKO 出品 MS-91 型光电日照计.太阳辐射照射到反光镜后射入光电探测管,反光镜由日晷控制自动跟踪太阳.当仪器的底盘水平,纬度和指示器对准时,仪器的主轴与地轴平行.

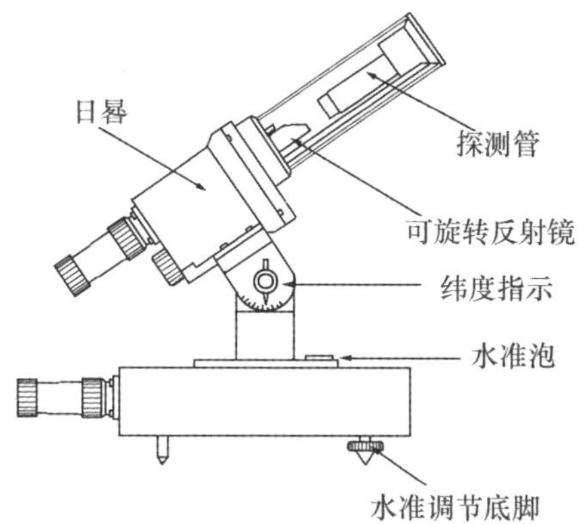

图 6.22 MS-91 型光电日照计

MS-91 型光电日照计实际上相当于一台太阳直接辐射表,在价格上甚至超过它.但是最重要的问题是它所接收的不纯粹是太阳直接辐射,还包括日盘周围的散射辐射.

近年来,一种旧式的日照计——由 Foster 和 Foskett 创制的光电型日照计被重新开发和改进,Kipp & Zonen 公司的 CSD1 Foster 型日照计(图 6.23)就属于这种类型,它总共设有三个探测辐射的光电探头,D_1、D_2 和 D_3,其中 D_1 感应太阳及其周围的散射辐射,D_2 和 D_3 分别感应东、西两侧天穹的散射辐射.

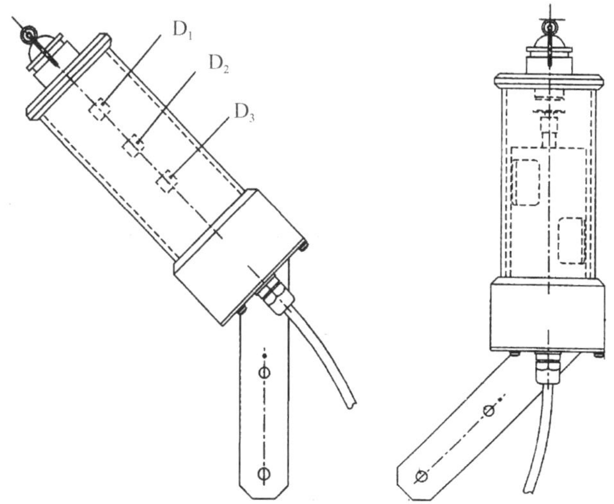

图 6.23 Foster 型日照计

但仪器的输出为太阳直接辐射的结果：

$$I = I(\mathrm{D}_1) - C[I(\mathrm{D}_2)\text{ 或 }I(\mathrm{D}_3)\quad\text{较小者}] \tag{6.17}$$

其中，C 为修正系数.

附 注

现代辐射测量仪器仍然存在有待于改进之处，其中最重要的一个问题就是热漂移(thermal offset)的误差.产生此项误差的原因来自于防风罩与感应面的热交换，这个问题我们在 6.5 节长波辐射的观测中讨论过，现在需要补充的是：此项误差也同样存在于总辐射、散射辐射和反射辐射的观测中，根据 Bush 等人的研究结果[7]，热漂移误差在 10～20 $\mathrm{W/m^2}$，克服此项误差的措施有下述几点：

① 短波观测恢复黑白片感应面，长波观测使用黑片和金片的感应面，将热电偶参考端由现在的仪器底座内侧移至白片(但需选择反射率稳定的材料制作白片的接收表面)和金片的表面；

② 寻找更为理想的防风罩材料(高透明度、透过曲线几乎与波长无关)；

③ 加强对仪器外部的通风，并测定具有代表性的防风罩内表面温度.

以上几点在实施时都有不少难度，特别在测量长波辐射时.因而有人建议：仪器外壳采用日射表的遮光筒，因而可舍去任何的防风膜或片，每次观测可在天穹不同的方位和仰角进行 12～16 点的取样观测加权平均测量长波辐射.

第七章　天气现象的仪测

随着自动化程度不断提高，云和天气现象这类目测内容如何改为仪测已经开始提到议事日程．处理这个项目应从两方面入手：一是改目测为仪测，使结果更为客观和定量化；二是撤消一些内容的目测，利用其他方面的信息，反应相关的大气动力和热力过程．

从天气现象分类情况，大致分为六类：

① 地面凝结现象：其影响因子为地表温度、地面湿润程度和大气湿度；

② 降水现象：取决于降水量、强度及其性质；

③ 雾的现象：其影响因子主要有大气湿度、风速和辐射散度（净辐射垂直梯度），其结果是造成一定程度的视程障碍；

④ 雷电现象：与对流天气密切相关，它对电力运行和输送、飞行以及其他有关部门的生产安全有密切关系；

⑤ 光学现象：与一些云状的出现以及大气的垂直温度和湿度分布有关；

⑥ 多数属于与强风相关联的现象．

由上文我们是否可以得出一些期望性结论，如果我们能实施雷电定位，加强能见度和降水的观测，结合一些日常观测项目，例如湿度、风速以及地表温度等等，也许能撤消天气现象的目测．下文将介绍几个比较成熟的与天气现象关系较为密切的项目．根据内容的性质，本章包括了降水和云高的测量内容．另外，还将蒸发皿的观测附在本章的最后．

7.1　降水量及其性质的观测

台站上测量总降水量的仪器是雨量筒，它有一个金属的外套筒护套，护套上部是一个接水器，其直径为 20 cm，为防止接水面变形，其口缘采用了一个圆环硬铜箍，接水口下部为一漏斗，雨水收集后由漏斗注入到取样玻璃瓶内．为防止意外，玻璃瓶置于另一个小铜筒之内（图 7.1）．每天四次读取一次该时段内的降水量总值，读数采用一个特制的量杯，其口径远小于雨量筒接水面的内径，因而可以对降水深度在量杯内予以放大，精确估算到 ±0.05 mm 的降水量值．

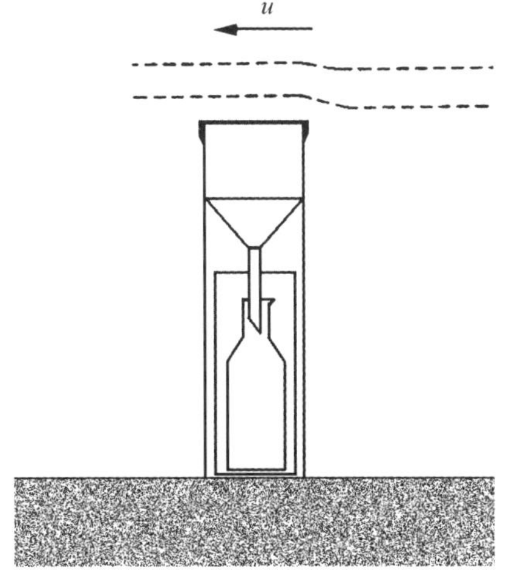

图 7.1　雨量筒

台站雨量筒的安装高度为 70 cm，正好相当于雨量器本身的高度．在风速较大的情况下，雨量筒的绕流作用将导致筒口上方出现局部的上升气流，使降落速度低于上升气流的雨滴或雪片随风飘去而不落入筒口之内，使降水采集量形成偏低的系统误差．在筒口外围加装防风圈是有效解决问题的办法，雨量筒防风圈有两种类型：一种是围成整体的外圈(图 7.2A)；另一种是由多片弧形板组合而成的外圈，弧形板之间保持一定程度的透风空隙(图 7.2B).

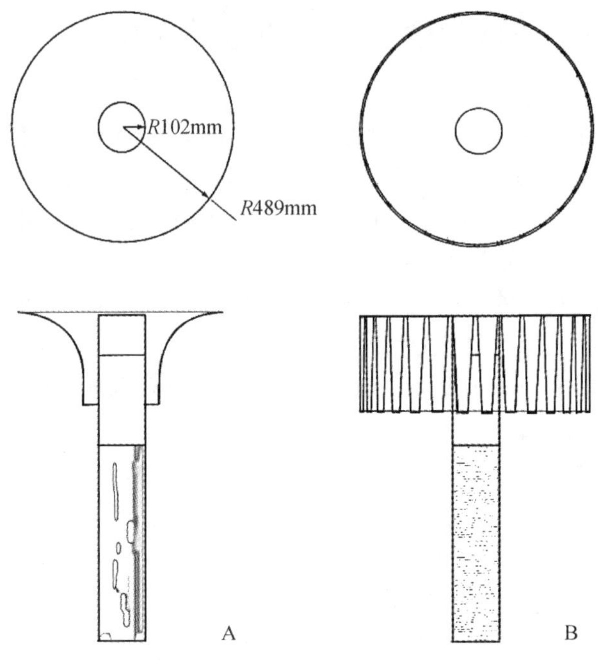

图 7.2 雨量筒防风圈

还有一种更为有效的方法是将雨量器放入挖掘成型的雨量筒防风坑内（图7.3)，保持筒口与地表齐平，充分利用风速接近地面处可以减到零值的风廓线特征. 但是这种方法不适用于降雨和降雪强度较大的地区.

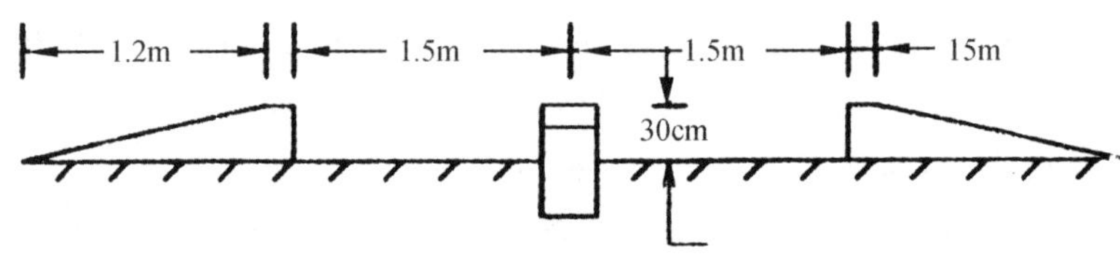

图 7.3 雨量筒防风坑

现今最常用的雨量计为翻斗式雨量计(图 7.4). 翻斗是两个对称的三角形容器，其中有一个对准接水面的漏斗口，当水注满后三角形容器将使盛水容器的重心偏向外侧，容器不稳定而倾翻. 根据设计，容器接受的降水量为 0.1、0.25 或 1 mm. 翻倒的容器使另一边的空容器对准漏斗口，并同时倾出所有的雨水. 一对螺钉起到限位的作用，同时使继电器的电路接通一次，并发出一个触发脉冲. 雨量计的记录器就是根据这些脉冲信号进行计数，并计算出降水过程的总降水量以及各个规定时段的降水量.

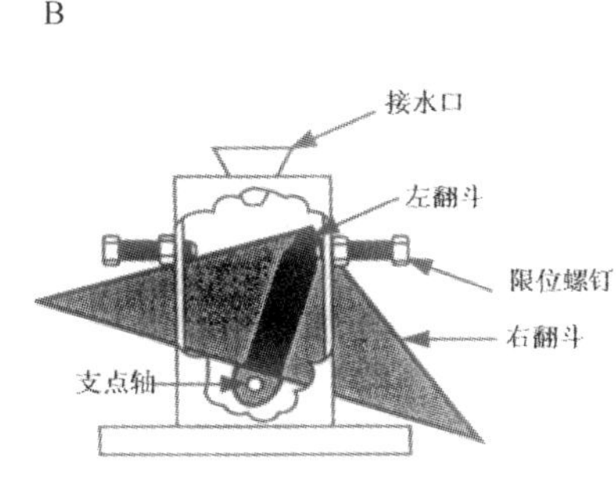

图 7.4 翻斗式雨量计

翻斗式雨量计在极弱降水或强降水的情况下，会出现翻斗延迟或提前误翻. 由于工艺上和材料上的偏差，对于计量小的翻斗影响较大. 避免这种情况的方法，可以采用双层翻斗. 第一层翻斗的降水盛满后倾入下一层翻斗，计量继电器则安装在下一层翻斗上. 因而可以将强度不同的自然降水转变成为断续的一次性降水注入计量翻斗. 但有些厂商和业务部门则宁可生产和使用计量较大的翻斗.

降雪量的自记存在着较难解决的实际困难，为记录降雪量，大多数翻斗式雨量计在翻斗下方安装了大功率的电加热器，对于偏远地区或供电困难的台站往往无法正常使用电加热熔雪，也容易在筒口上方产生热上升气流.

ScTi 公司生产了一种工作原理较为特殊的光学雨强计，它能较为准确地测定降水强度，还可以判别降水性质，并具有小功耗的加热系统，一些特殊的观测系统正在试用这种仪器[1,2].

这种仪器的工作原理是测量雨滴经过一束光线时，由于雨滴的衍射效应引起光的闪烁，闪烁光被接收后进行谱分析，其谱分布与单位时间通过光路的雨强有关. 从物理学角度而言，单位时间通过光路的雨滴总数 n_i 的影响因子是比较复杂的，在同一 n_i 值的情况下，雨滴半径的大小，滴谱的分布函数以及雨滴降落速度都可能影响测试的结果.

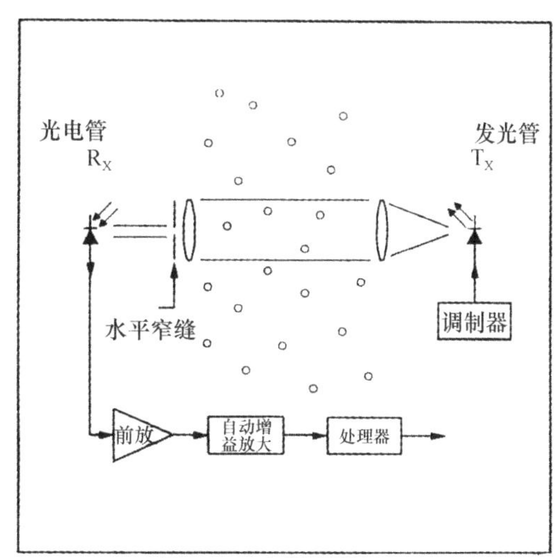

图 7.5 光学雨强计

仪器的结构如图 7.5 所示. 仪器的光源 T_x 是一个红外发光管，工作波长为 880 nm，功率为 12 mW. 前端装有一个聚光的透镜，使射出光线为一个具有很小发散角的线光源. 为了避免自然光的干扰，采用了 50 Hz 的方波调制.

距离光源 50 cm 处为接收器 R_x，前缘为一透镜，透镜后方是长度为 L 的水平窄缝，接收的光信息由光敏二极管检测. 检测单位包括整流单元、自动增益放大器(AGC)，信号处理器以及输出接口. 经过 AGC 的信号可以忽略发光管老化引起强度减弱以及透镜面污染的影响,使输出的光信号谱归一化. 仪器的输出接口有 RS-232, RS-485 和模拟电压三类.

实测各种降水强度下降水瞬时功率谱的图形如图 7.6 所示,图中曲线编号 50～53 的分别为雨强 0.1、1、10 和 100 mm/h; 曲线 54 为融化的降雪; 55～57 分别为大、中、小雪的频谱曲线. 图中的规律比较明显,降雪的谱曲线明显偏向低频.

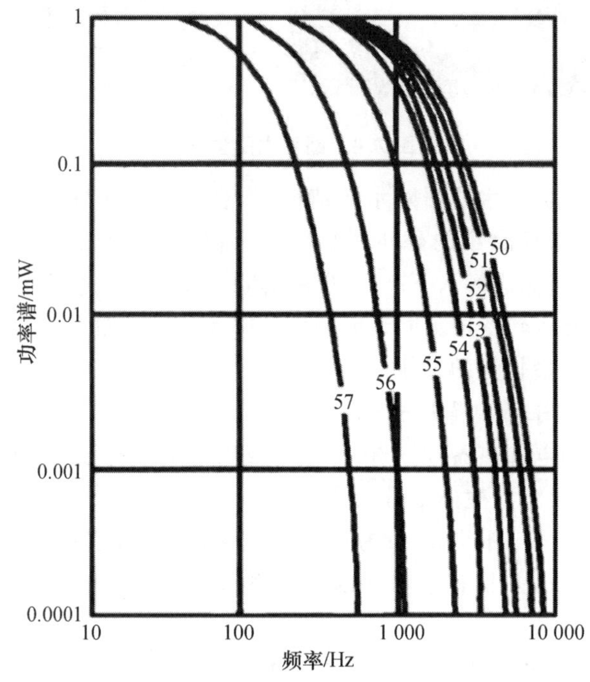

图 7.6 光学雨强计对降水粒子响应的频谱曲线

仪器信号的输出完全不必显示出整个谱曲线,而是设计为一系列的带通滤波器分别得出谱曲线的高频、中频和低频的信号强度起伏的均方根值. 所选择的带通滤波器为 25～250 Hz; 250 Hz～1 kHz 以及 1～4 kHz 分别取出信号 S_L、S_M 和 S_H. 它们各自的数值以及其组合可以得到降水强度以及其降水性质的信息:

S_H	有无降水存在
S_H/S_L	降雨或降雪,比值大时为雨,小时为雪,在输出格式上定性显示 R_小雨　R 中雨　R_+ 大雨 S_小雪　S 中雪　S_+ 大雪 P_小降水　P 中等降水　P_+ 强降水(指雨夹雪或米雪)
S_H 或 S_M	降雨强度
S_L	降雪强度

图 7.7 给出一组实例，以实线和虚线分别显示出光学雨强计和翻斗式雨量计实测和计算出来的雨强. 给出两者计算的降水量的相关曲线(图 7.8).

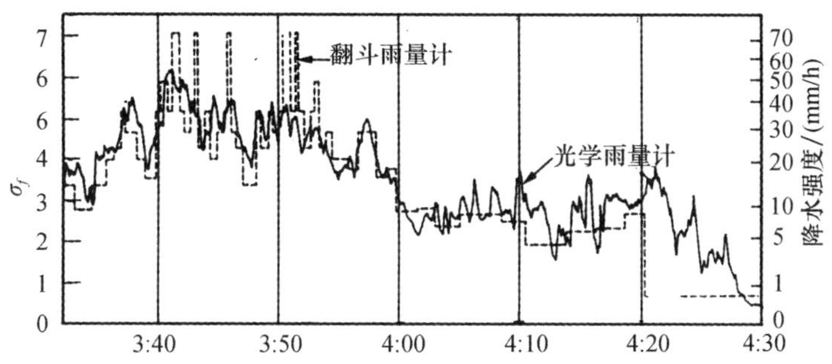

图 7.7 光学雨强计与翻斗式雨量计的实测雨强对比

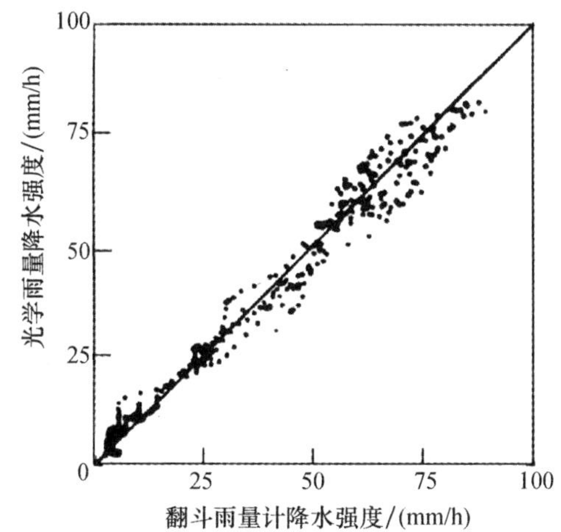

图 7.8 光学雨强计与翻斗式雨量计的实测雨量对比

在降雪量的测量中，其最大的误差来源于风场的影响，绕过降水测量仪器的气流所产生的垂直气流和涡旋将明显地降低测量仪器对降雪量的捕获率. 在明显的吹雪天气过程中，其误差大小更是难以估量，这还是在降水量器已经加装了小型防风圈的情况下.

WMO 经过不断设计和实验，建议在冬季大风季节最大限度保持降雪量测量精度的有效手段，是在测量仪器外围加装雨量筒防风围栏. 图 7.9 为 WMO 设计的围栏，围栏分内外两层，由 1.5 m 长的木条组成，孔隙度为 50%. 内外层围栏的直径分别为 2 m 和 6 m，内层围栏顶高与降水测量器桶口齐平，外层围栏顶高超过降水测量器桶口为 0.5 m.

图 7.10 为美国从 1971 年开始使用，由 Wyoming 大学设计的 Wyoming 型防风围栏，内外两层呈 12 边形，围栏的板条为 1.22 m，直径分别为 3 m 和 6 m，顶高分别为 1.52 m 和 1.83 m，而内、外层板条倾斜角分别为 45°和 60°.

与传统的方法相比，世界各国各种规格的降雪测量器在未加装防风围栏时，5 m/s 风速下降雪的捕获率，仅为防风围栏中降雪测量器的 30%～80%[3,4].

图 7.9　DFIR 型防风围栏

图 7.10　Wyoming 型防风围栏

7.2　激光云高仪

发射低功率激光束遇到云层将往下反射或散射回波，检测发射激光与回波信号的时间差 Δt，即可得到检测云层的高度 $h=c\cdot\Delta t/2$. 工作原理的框图如图 7.11A 所示.

由于激光发射功率不大，因此希望能将发射的回波信号最大限度地被接收器所探测. 新型 Vaisala CT25K 云高仪采取这样一个技术措施，利用透镜组将激光束展宽到一定的光束角内，使回波信号的大部分也能集中在这个波束角内被聚焦到探测平面上(图 7.11B).

激光源为砷化镓半导体发光管，波长为红外 950 nm，发射脉冲重复频率视云高，可在 600～1 120 Hz 内调节，激光脉冲功率为 6.6 W・μs，平均功率为 40 W，最大探测高度可达 7.5 km，这已经是大多数高云经常出现的高度.

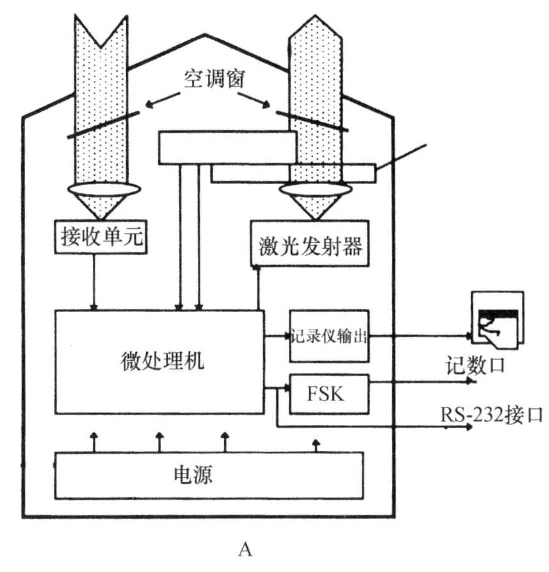

A

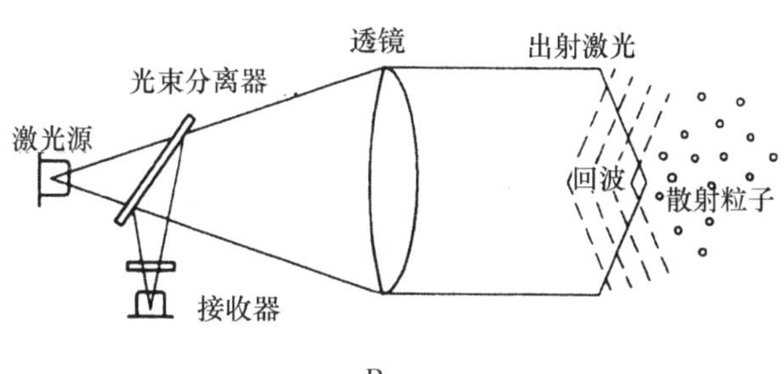

B

图 7.11 激光云高仪的仪器框图及其工作原理

回波的接收元件多采用雪崩光敏二极管,反向偏置电压为 250～400 V.发射以及接收过程的信号流程如图 7.12 所示.一个测量流程可在 12～100 s 间调节,每个测量流程内发射脉冲的数目原则上可以多达 2^8(即 256)次.

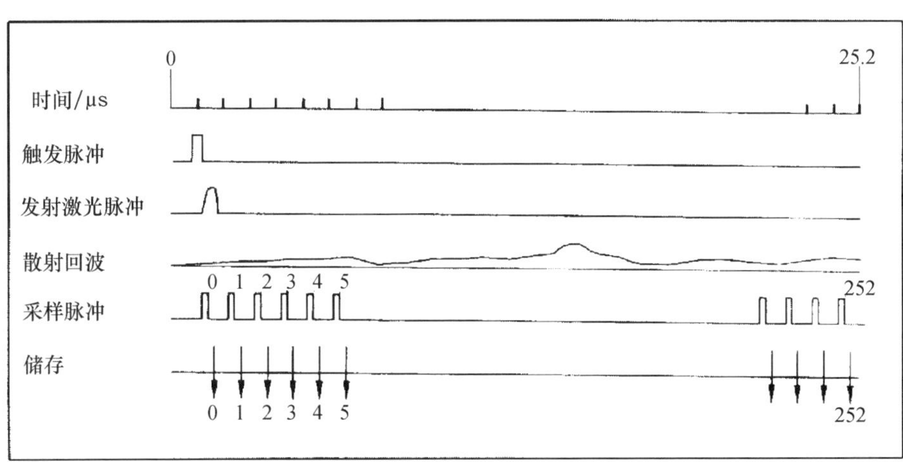

图 7.12 激光云高仪的信号流程

虽然这些回波信号伴有较强的噪音，多次重复发射以及大量取样进行平均，将大大提高检测信号的信噪比. 从统计理论上多次平均将使噪音电平下降为

$$\bar{\sigma} = \frac{1}{\sqrt{N}}\sum_{i}^{N}\sigma_i$$

式中，σ_i 为单次观测的噪音电平，$\bar{\sigma}$ 为 N 次观测累加平均后的噪音电平. 以 256 次重复观测为例，噪音电平下降了 1/16.

接收的脉冲信号可以通过信号处理转换为 0 或 1 数字信号，或利用 FSK 电路转换为双音频信号. 根据采样脉冲的计时得到云高的结果，图 7.13 为一次发射脉冲测量云高的示例. 图中黑色部分来自云的反射，灰色部分来自云下的微弱降水粒子的反射信号.

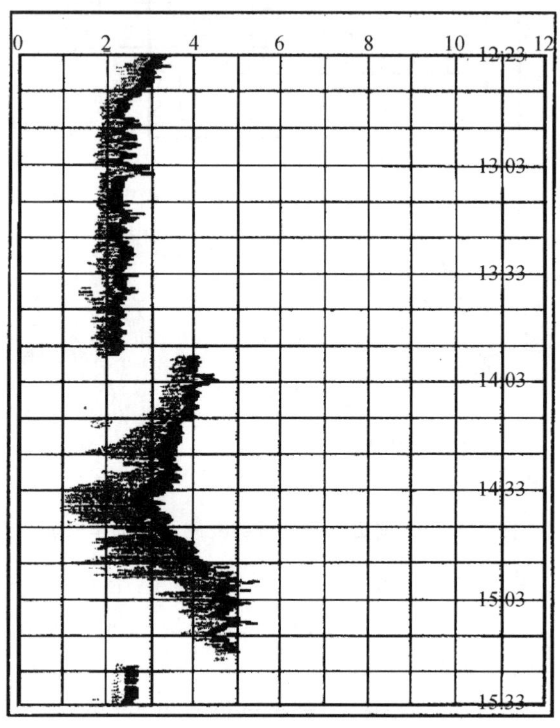

图 7.13 测量云高的示例

7.3 能 见 度 仪

目测能见度是判别一个目标物与背景亮度之间的对比 K，假定目标物和背景的亮度分别等于 B 和 B_φ，并取天穹作为背景.

$$K = \frac{B_\varphi - B}{B_\varphi} \tag{7.1}$$

假定目标物与背景处在原始位置的亮度为 B_0 和 $B_{\varphi 0}$，则在相距为 R 处的亮度分别为

$$B = B_0 e^{-\sigma R} + B_R \tag{7.2}$$

$$B_\varphi = B_{\varphi 0} e^{-\sigma R} + B_R$$

式 7.2 中右边第一项为经过 L 这段大气的衰减，B_R 为 0～R 这段空气柱叠加上去的亮度为

$$B_R = B_{\varphi 0}(1 - e^{-\alpha R})$$

$$K = \frac{B_\varphi - B}{B_\varphi} = \frac{B_{\varphi 0} - B_0}{B_{\varphi 0}} e^{-\alpha R} \tag{7.3}$$

如果我们按目测能见度目标物的选择标准，选择不反光的黑色目标物，则

$$B_0 = 0, \quad K = e^{-\alpha R} \tag{7.4}$$

对于正常人的目测条件，对比低于一定数值的情况下将无法从背景中分辨目标物的轮廓，对此比值设定一个下限阈值，称做对比感阈 ε，气象能见度取值 $\varepsilon = 0.05$，由上式可改写为

$$\varepsilon = e^{-\alpha L} \tag{7.5}$$

此处 L 称为能见距离. 人工目测能见度是测量的能见距离，但影响能见距离的主要因素是大气由于吸收和散射作用形成的衰减，其衰减系数 α. 对上式取对数，可得

$$L = \frac{2.996}{\alpha} \tag{7.6}$$

夜间是以灯光作为目测的目标物，一个发光强度为 I 的光源，在距离 R 处的照度 E 为

$$E = \frac{I e^{-\alpha R}}{R^2} \tag{7.7}$$

对于一个视力正常的观测者，目测感受的照度阈值 E_t 可取值如下：

$$\begin{array}{lll} \text{A 类} & \text{黄昏和凌晨时分} & E_t = 10^{-6}\,\text{lx} \\ \text{B 类} & \text{月夜} & E_t = 10^{-6.7}\,\text{lx} \\ \text{C 类} & \text{黑夜} & E_t = 10^{-7.5}\,\text{lx} \end{array} \tag{7.8}$$

在夜间，对一个光强为 I 的光源，其能见距离 L_n 与白天能见距离的关系为

$$L = \frac{L_n \ln \dfrac{1}{\varepsilon}}{\ln \dfrac{I}{E_t \cdot L_n^2}} \tag{7.9}$$

表 7.1 给出灯火能见距离与白昼能见距离的关系.

表 7.1 灯火能见距离与白昼能见距离的关系

白昼能见距离/km	在白昼距离上应设的灯光强度(烛光)			相应白昼距离，100 烛光光源应设距离/km		
	A	B	C	A	B	C
0.1	0.2	0.04	0.006	0.25	0.29	0.345
0.2	0.8	0.16	0.025	0.42	0.50	0.605
0.5	5	1	0.16	0.83	1.03	1.27
1	20	4	0.63	1.34	1.72	2.17
2	80	16	2.5	2.09	2.78	3.65
5	500	100	16	3.50	5.00	6.97
10	2 000	400	63	4.85	7.40	10.90
20	8 000	1 600	255	6.26	10.30	16.40
50	50 000	10 000	1 580	7.90	14.50	25.90

近几十年，目测能见距离一直是台站观测人员的烦心之事. 目标物选择难，灯光目标物

的设置和维护更难. 一些单位,例如机场则需要非常实时和精确的能见度资料,因而仪测能见度则成为一项迫切需要解决的问题.

7.3.1 透射式能见度仪

仪测能见度的原理很简单,设置一个人工光源,在一定的距离外检测光源衰减的程度,计算其大气衰减系数即可换算出能见距离. 这是一种非常直接的方式,按这种方式设计的仪器称做透射式能见度仪.

图 7.14 给出透射式能见度仪的结构. A 为光源部件,包括一个氙灯、一个低频的光源调制器以及聚焦透镜和仪器前窗. E 为接收器,包括测试光电管、滤光片、光学聚焦系统以及仪器前窗. 其他内部部件包括电源 B 和 D,接收放大电路 F 以及为防止仪器前窗尘埃污染的吹风马达.

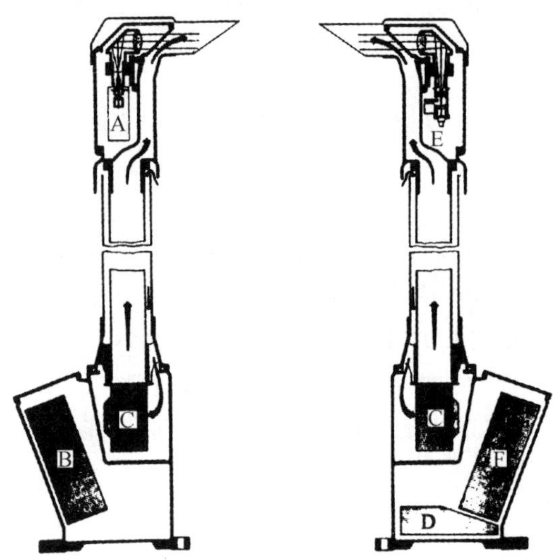

图 7.14 透射式能见度仪的结构

接收器与光源的安装距离取决于用户所需的能见度测定范围,能见距离的测定范围决定两者安装的距离间隔,假定 E_i 为光源发出照度,E_r 为接收器探测的照度,仪器显示的透过率 T 为

$$T = \frac{E_r}{E_i} = e^{-\alpha R}$$

$$\alpha = -\frac{\ln T}{R}$$

将上式代入(7.5)式,可得

$$L = R \cdot \frac{\ln \varepsilon}{\ln T} \tag{7.10}$$

对上式微分,得

$$dL = R \cdot \frac{\ln \varepsilon}{(\ln T)^2} \cdot \frac{dT}{T}$$

$$\frac{dL}{L} = \frac{1}{T \ln T} dT \tag{7.11}$$

上式表明，当能见度很好($T\to1$)时以及能见度很差($T\to0$)时，$T\ln T\to0$，使能见度测量误差 dL/L 迅速增大；分析上式可得，只有在 $T\cong1/e$，由 ΔT 引起的 dL/L 最小. 若 $\varepsilon=0.05$，则在 $L=3x$ 处.

实际工作中的双基线透射式能见仪往往同时设置两个不同距离的接收器，使测量范围加宽(图 7.15).

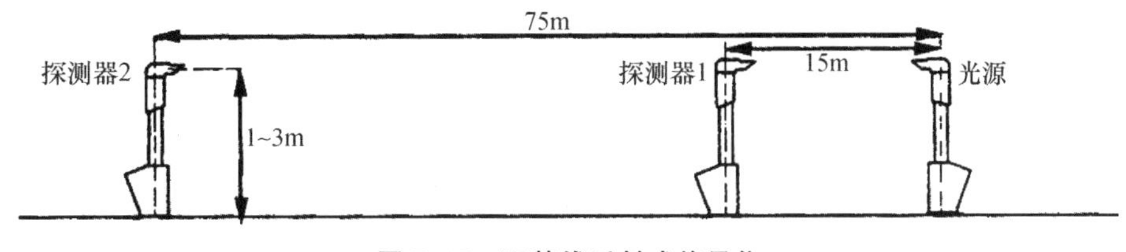

图 7.15 双基线透射式能见仪

图 7.16 给出基线为 75 m 时，由 dT 产生 0.01 误差，导致测量能见度 L_m 与实际能见度的偏差.

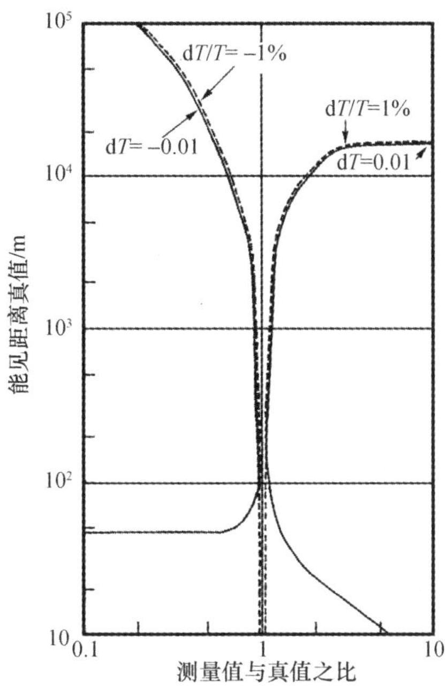

图 7.16 dT 以及 dT/T 产生误差时，导致能见度测量的偏差

7.3.2 散射式能见度仪

透射仪是仪测能见度的标准，但在业务实际应用上有一些不便之处. 首先需要选择一条足够长的基线，而且保持准确的光源到探测器的光轴，在自然条件下，例如大风引起支架的颤动将会造成一定的测量误差.

散射式能见度仪不是直接测量透射光，而是在光源光路的侧面测量由于空气分子、各种气溶胶粒子、微细的雾滴等引起的侧向散射光通量，假设

$$\int_{\omega} \beta(\theta,\varphi)\,\mathrm{d}\omega \propto \int_{0}^{4\pi} \beta(\theta,\varphi)\,\mathrm{d}\omega \tag{7.12}$$

即假设在一个很小的立体角 ω 内接收的散射光通量正比于空气柱在 4π 立体角的散射光通量. 其中,式 $\beta(\theta,\varphi)$ 为散射函数.

散射仪的优点是基线长度很短,光源和接收器安装在同一个支架上,避免基线对准的困难,缺点是它只是测量一个很小体积的空气样本,而 7.12 式并不精确,随着散射粒子光学性质的不同其比例系数会有变化.

散射仪可以分为前向散射式、后向散射式和侧向散射式三个亚类(图 7.17). 其中前向散射式的工作原理最为接近透射仪. 后向散射式安装最为方便,仪器本身可以放置室内,打开窗户向外发射接收其回波信号,常常可以制成便携式. 侧向散射式能接收较宽视角的散射光,使它能较好地满足(7.12)式的同时,还能测得代表性较好的资料.

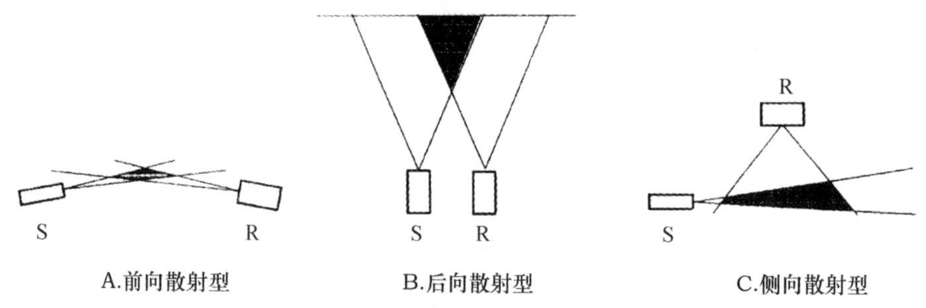

图 7.17　前向、后向和侧向散射式能见度仪

目前实际业务使用的情况以前向式散射仪为主流,只在一些高标准要求的测站(如机场)使用透射仪. 大量使用散射仪的技术管理部门也需要利用透射仪作为检定标准.

保证能见度仪能够精确测量,有一些技术关键还需要注意:

第一个关键问题是光源的波段宽度. 大气中的各种衰减因子,其衰减波段有一定的差别,足够宽的波段可以保证测量到各种造成视程障碍的因子. 现行各种能见度仪的波段多在 300～1 100 nm 之间选择.

其次是光源和接收器前窗应该在测量波段内保持较高的稳定透明度,防止灰尘污染造成对光通量附加的吸收是应该避免的. 老型号的仪器多采用电风扇吹尘技术,而新型号的仪器多采用一种特殊结构的专利玻璃前窗. 利用多次反射原理检测一个微弱人工光源的入射光在镜面另一端的输出光强,如有镜面污染则输出光强将发生削弱(图 7.18).

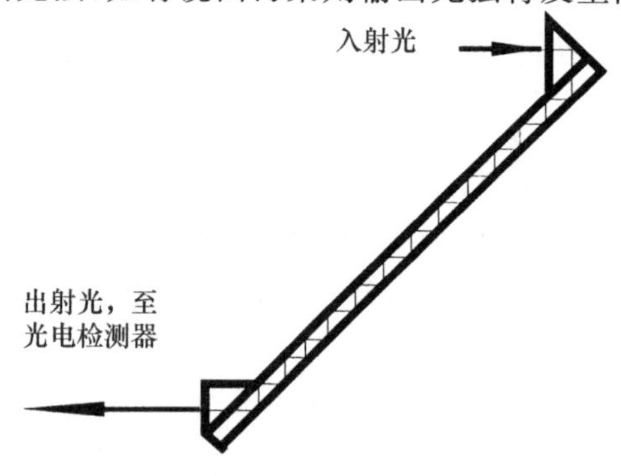

图 7.18　抗污玻璃前窗

在污染不太严重的情况下，可以根据镜面监测光强的输出/输入比值进行修正；当污染严重时，监测系统将进行“及时清洁镜面”的报警.

第三个关键问题是保持光电系统的温度控制以及防止镜面的凝结.

第四个关键问题是精确测定出射光的光强.

图 7.19 为 Handar 公司生产的前向散射仪的外形图. 图中 T 为光源；R 为接收器；器件 1 为一个照度计，用来向观测员报告资料来源于白昼或夜晚；部件 2 为数据处理单元；5 为可充电电池；3、4 和 6 分别为信号输出、充电电源和直流输出电缆.

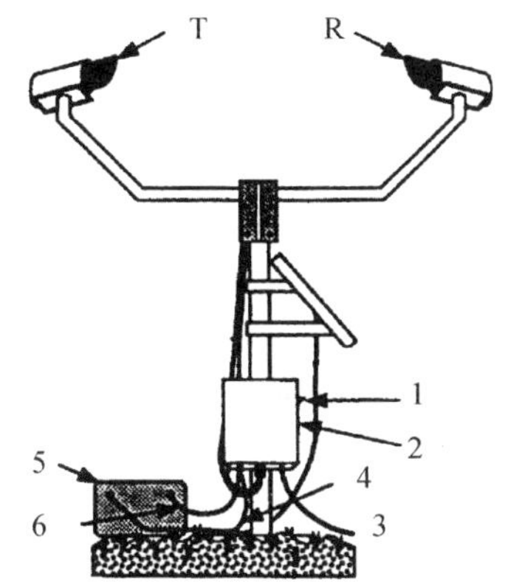

图 7.19 前向散射仪的外形图

图 7.20 为仪器的光学信号的技术指标. 图 7.21 为仪器内部的光学部件和电子部件框图. 该仪器采用 920 nm 的发光二极管，调制为 4 kHz 的交流光信号.

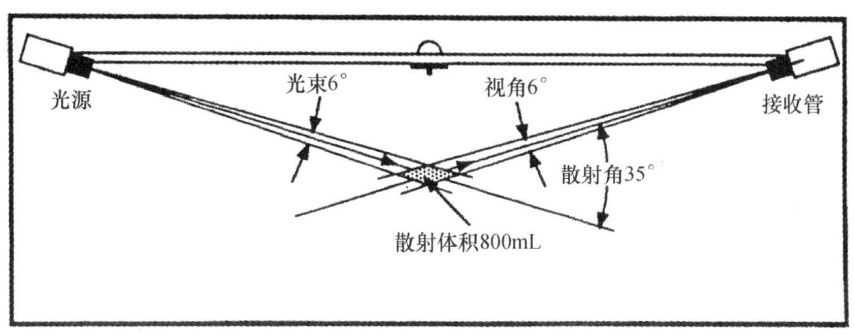

图 7.20 前向散射仪光学信号的指标

WMO 于 1989 年在英国的 Finningley 邀请了各个厂商的 25 台 18 种类型能见度仪进行对比，其中透射仪 14 台，前向散射仪 10 台以及后向散射仪 1 台. 包括日本、德国、荷兰、法国、芬兰、英国和美国的厂商，观测期从 1988 年 10 月 17 日开始到 1989 年 5 月 11 日结束[5].

这类比较结果一般都不会明确地给予褒或贬的结论，但有些一致性肯定或否定的结果还是比较明确的.

(1) 与人工目测的对比证明，仪测的可靠性高于人工目测，特别是夜间观测.

(2) 透射仪的精度高于散射仪，特别在能见距离较低的情况下.

(3) 不同仪器对高能见距离测量的最大极限值不太相同. 当实际能见距离超过其测量上限时，仪器必须给出明确的指示信号，避免引起误解.

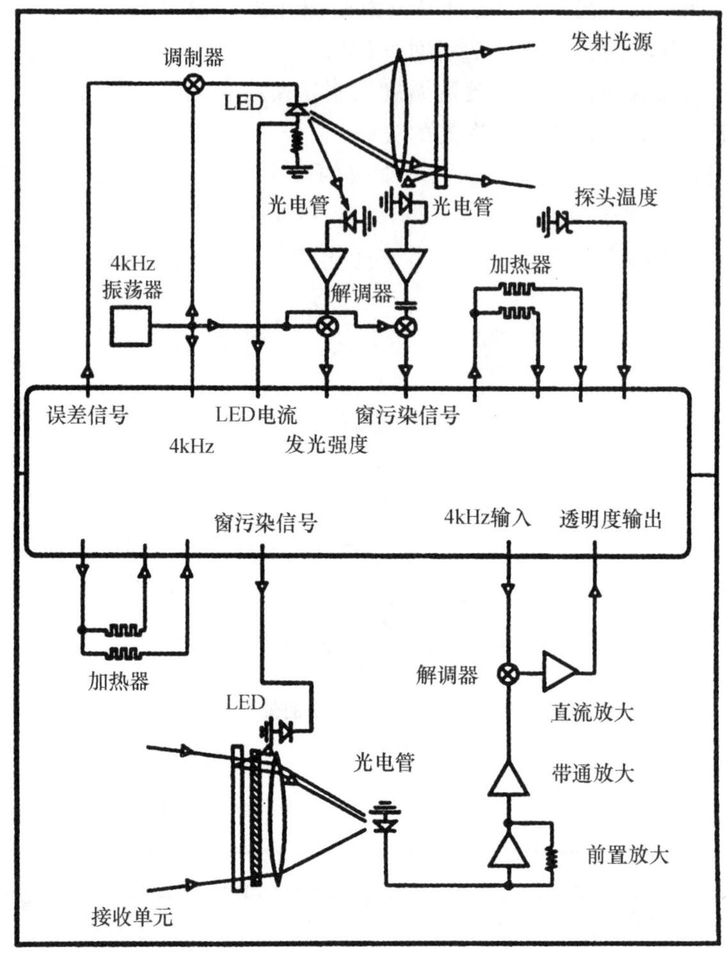

图 7.21 前向散射仪的光学和电子部件框图

(4) 在能见距离不超过 5 km 时,比较优秀的仪器可以给出十分可靠的结果.

(5) 仪测能见度应对读数进行多次采样平均,平均时段应超过 3 min,建议对此问题进行进一步研讨.

7.4 闪电定位系统

目测雷电现象只能记录其初始能目击到的方向和时间,经过天顶的时间以及闪电和雷鸣之间的时间差,最终记录下其离去的方向和时间,它所能观测的区域范围仅为方圆几十千米,但是许多产业部门,例如电力、航空、化工等部门一旦设备遭到雷击,或在较近的时段内将有可能遭到雷击,对部门的生产活动将产生重大影响,因而闪电的定位观测的重要性是十分明显的.

一块积雨云演变的过程导致雷电现象的发生大致分为几个阶段: ① 对流云发展初期,同时产生静电场的起电过程; ② 云内开始出现闪电过程; ③ 云内闪电过程加剧,同时开始云对地的闪电; ④ 云内闪电衰退,而云对地闪电加剧. 云地之间的闪电是在云对地之间的电位差增高到一定程度,导致大气层电离形成负电子通道(channel)发生所谓的梯级先导,其下的地面与先导汇合,沿着已电离的通道,正电离子向相反方向移动,形成一次回击过程. 在一次云对地的放电过程中,可以包括几个这样的闪击过程. 相互之间可以具有一定的时间差和空间散布. 因为一次闪电过程会在云底形成数个电离的通道.

闪击过程导致电场和磁场发生强烈的变化,这种变化形成较宽频谱的电磁场辐射向空间传播. 闪击过程中电场的变化是比较复杂的,其中最为明显的电场突变发生在闪电回击R过程中. 图 7.22 给出一次闪电过程中电场的各种快变化和慢变化过程.

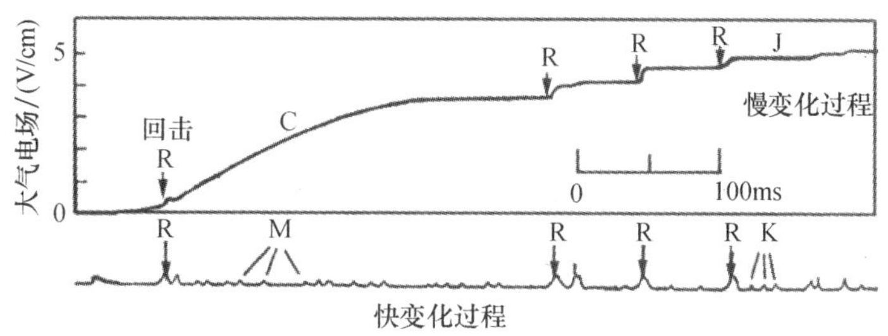

图 7.22 闪电过程中电场的各种快变化和慢变化过程

闪电过程产生的电磁场辐射具有很宽的频率谱,图 7.23 给出几次过程的电磁波频谱,不同的点表示各次的结果,频谱从 LF 频段几十 kHz 扩展到 L 波段 10 GHz.

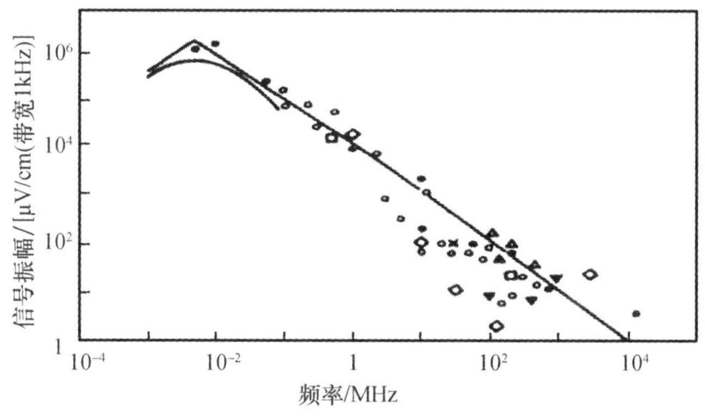

图 7.23 闪电过程的频率谱

测定闪电的电磁场辐射并不困难,任何一台简易的收音机都可以在闪电时,在任何一个波段收听到对正常广播内"咔嚓咔嚓"的噪音干扰,关键是如何确定来自远处闪击电磁场辐射源的确切位置. 确定的方法基本有两种:一种是利用一对成正交的磁场线圈,测定闪电所在的正确方位,称做方位测定法; 另一种方法是测定闪电的电磁波从落地点传播到探头所需要的时间,称做时间到达法.

时间到达法必须选择一个闪击电场的特征信号,它必须具有较强的信号幅度,在相当远的距离仍能检测到它的信号特征. 最具明显特征的电场信号是图 7.18 中的回击过程 R.

不论是方位测定法,还是时间到达法都需要三个以上的测站方能准确地进行定位. 图 7.24A 和 7.24B 给出方位定位和时间到达两种定位方法的示意图解. 结合上述两种方法,也可确定闪电距测站的实际距离,使用 7.24C 的方法进行定位.

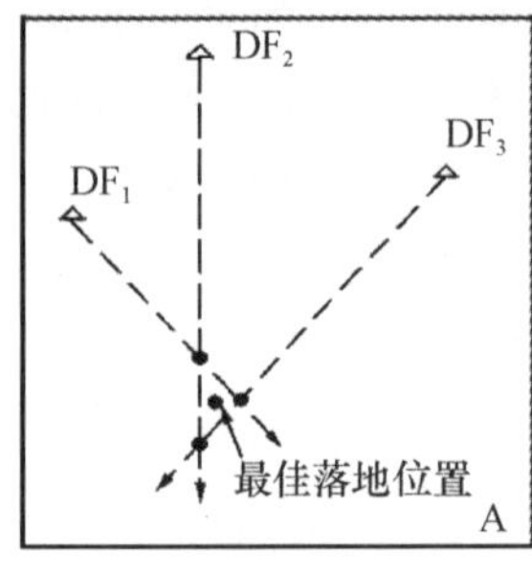

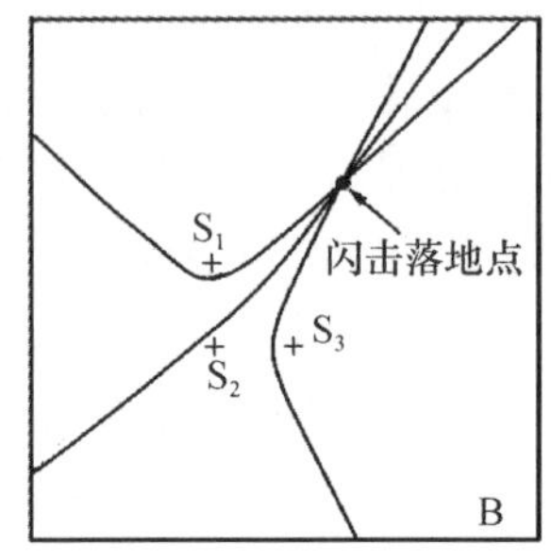

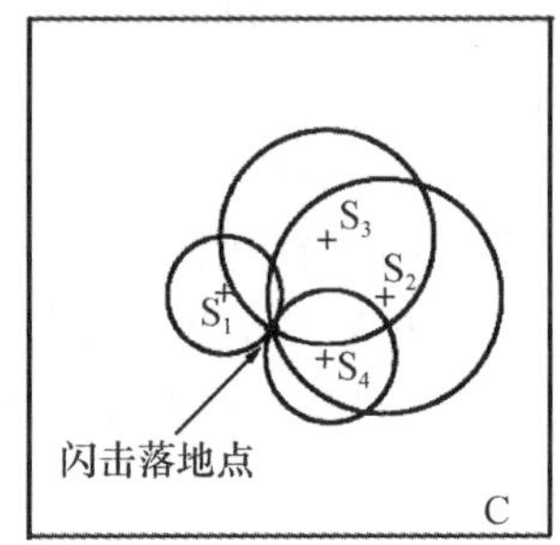

图 7.24 闪电定位的三种方法

从图中可以看到，方位测定法三个探头任何一点误差将导致定位不精确. 三个测站的视线不能交汇在一点，实际闪电的位置可能交汇于三角形内的某一点处. 时间到达法实际上只能测出闪电波形到达任何两个探头之间的时间差. 因此根据这个时间差可以确定出从探头 S_1 和 S_2 为焦点的一条双曲线. 双曲线上任意一点距 S_1 和 S_2 的时间差均为 Δt. 同时以探头 S_1 和 S_3 以及 S_2 和 S_3 同样可以确定另两条双曲线. 两组双曲线相交之处，便是闪击落地点的确切位置.

美国电力研究所(EPRI)和全球天电公司(Globel Atmospherics Inc.)在美国布设了一个全国性的闪电探测网[6]，总共 99 个探头，其中 2/3 的探头是一种将方向定位与时间到达法结合的探头，称为 Impact 探头(图 7.25). 根据这种探头同时测出闪击的方位和闪击距探头的绝对距离. 因而可以采用如图 7.24C 结合的定位方法，以探头为中心、距离为半径画

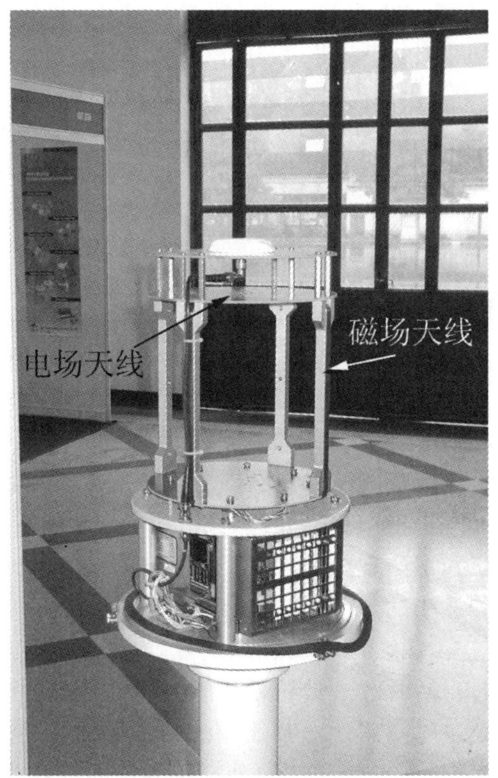

图 7.25 Impact 探头

出一个圆,任何一个探测到该闪击的探头同样画出探测圆.几个圆的重叠部分就可确定闪击可能出现的区域.从图 7.25 可以清楚地看到它的磁场天线是一对十字正交的骨架.在磁场天线的顶盖上安装了电场天线,用来测定时间到达信号.整个仪器还配置有 GPS 信号接收机,作为精确的时标信号.

Impact 探头也存在一些不足之处,首先它接收的是闪击电磁波的 LF 波段信号,以地波传播为主.因此地形的起伏,下垫面的干湿程度均会导致传播时间的误差,为保证电场天线的接收可靠性,对仪器接地施工要求很高.同时它没有分辨云内正极性闪电的能力.美国国家闪电网为弥补它的不足,另外 1/3 探头采用只有电场天线、只应用时间到达定位技术的 LAPTS 探头,它可以探测云地和云内闪电,探头轻巧,易于安装,可以在一些条件比较差的测点安装.LAPTS 探头就位之后,需要一年的时间对测站各个方向由于地形对电磁波传播路径的延长加以测试,因为附加四个以上方向定位探头不存在这个问题,根据它们对同一个闪电的测试结果,就可以计算出 LAPTS 探头以及 Impact 探头电场天线的路径弯曲修正值.LAPTS 探头是悬挂式,无需刻意架设地线.

闪电定位技术核心问题是如何鉴别回击斜波脉冲波形形成的电磁波信号,以及寻找波形在传输过程中的变化.各个研究单位和制造厂商都把它作为高度的机密不向外界泄露.但是闪电过程中的电磁场变化比较复杂,鉴别方法的客观性引起了一些争议.法国的 Dimensions 公司则开始了另一种途径的闪电定位的研究和仪器制造.

Dimensions 公司仍然是利用方向定位方法[7],但抛弃了十字正交形磁场天线.它的天线系统与无线电测风经纬仪的天线类型相似(详见第九章),因而可称为闪电无线电经纬仪.天线组共有八根天线单元,布置在一个圆环上,严格均匀分布在 360°之内,保持各个天线单元相距 45°.闪电电磁波处在不同方位时,各个天线接收的信号产生一定相位差.如果设置两组天线分别测量水平面和垂直面上的相位差,可以测定闪击的方位角和仰角,比较简单地分辨出云对地闪电以及云内闪电(图 7.26).

上述这种天线系统的定位精度优于十字正交磁场天线,大约是后者的 4～5 倍.Dimensions 公司同时把接收频段设在无线电波成直线传播的 VHF 波段,大约在 110～118 MHz,避免了 Impact 系统的许多缺点.

(1) 闪电定位系统是一个网络系统,它所覆盖的范围越大,信息通信越先进,其系统的定位精度越高,同时能满足用户对资料实时性的要求.按目前的技术水平,闪电定位资料技术要求可以达到下述指标:

① 能分辨出云对地闪电以及云间闪电;对云地闪电应能分辨出首次以及随后各次的闪击.

② 对于大的闪击,峰值电流 16 kA 以上的闪击探测效率为 90%.

③ 闪击落地的定位精度应达到 500 m.

(2) 美国对于闪电探测网作过两次现场检验工作,确认其系统已接近了上述指标[8～10].现场检验的方法有三种:

① 在某一地区架设探头布设密度较高的子探测网,使子网在该区域内的探测效率和定位精度优于上述指标,并以子网资料与该地区国家网的资料进行对比.

② 利用立体摄像技术对可视闪电进行定位与探测网的资料进行对比.

③ 采用小型火箭定点人工触发闪电,检验探测网的结果.

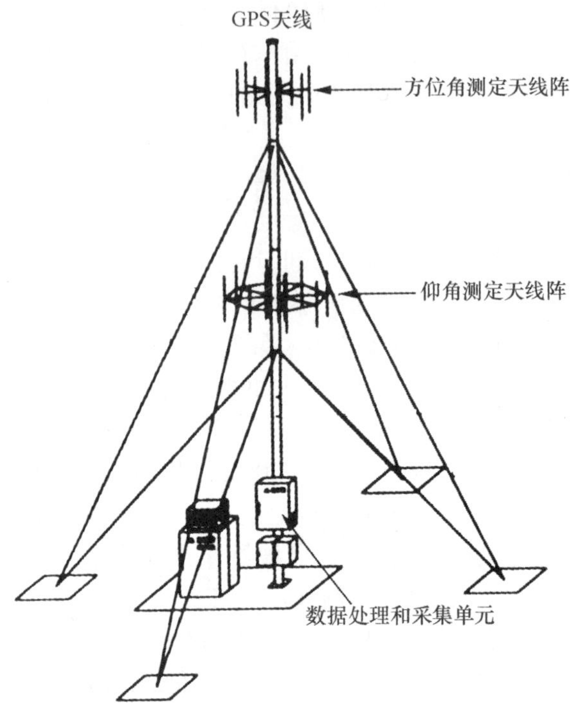

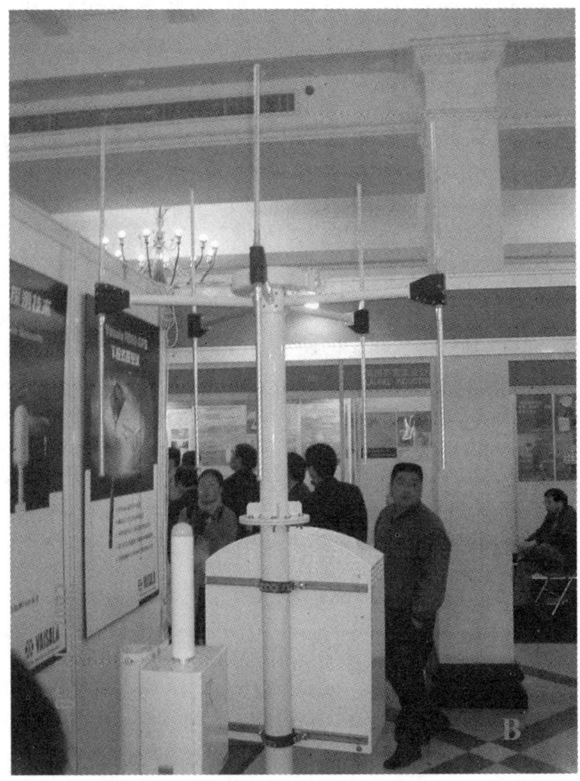

图 7.26 闪电无线电经纬仪

虽然,比目前的闪电定位技术仍然存在许多争议以及技术和商业竞争,但是它仍然不失为天气现象仪测项目中的成功范例.

7.5 其　他

本节介绍三种与天气现象仪测有关的小型元件.

7.5.1 下垫面状况探头

这种探头首先使用于高速公路的自动站系统中,英语称 pavement surface sensor,只有芬兰 Vaisala 使用的产品,它实际上是一个组件,包括:一支地面温度表,一支浅层土壤温度表,一片电导板以及一片电化学极化板.图 7.27 为 DRO50 下垫面状况探头的示意图.

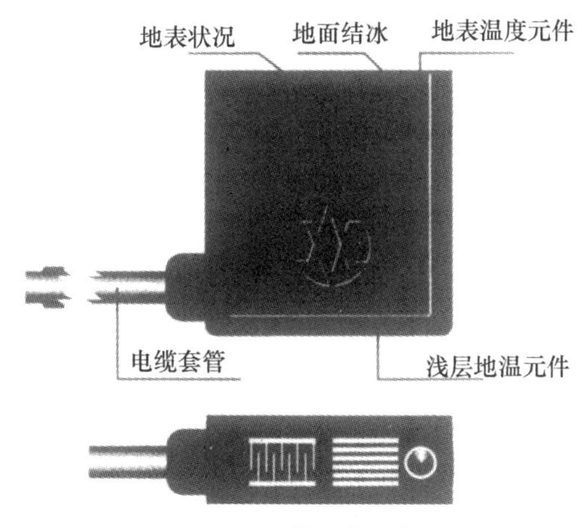

图 7.27 下垫面状况探头

从顶视图可见,从左到右分别是测量地表状况的电导板、地表湿度以及地面凝结状况,使元件的导电值随之变化.中间的元件主要用于测量路面结冰情况,当路面结冰时,晶状冰粒将使电导迅速减小,而将该元件变为一个测量结冰情况的电容器件,二极板之间的电容量与结冰的严重程度有关.最右边的元件是一支铂电阻地表温度表,它的下方是另一支地中铂电阻温度表.

该元件只能定性地输出地表的几种状况,包括干、湿润、湿、化学性湿润、霜、雪和结冰.

7.5.2 电线结冰探测器

电线结冰探测器工作原理与振筒式气压表相似,物理学上称为磁致伸缩原理.一根镍合金的薄壁管在线圈激振器的作用下,使其产生约 40 kHz 的本振频率.镍管的上半截暴露在空气中,下半截与激振线圈和拾振线圈安置在仪器盒内图 7.28.当出现电线结冰的天气现象时,裸露在空气中的半截镍管同时发生结冰现象,导致本振频率发生变化,管壁上结冰达到 0.5 mm 厚时,本振频率大约可降低 113 周.

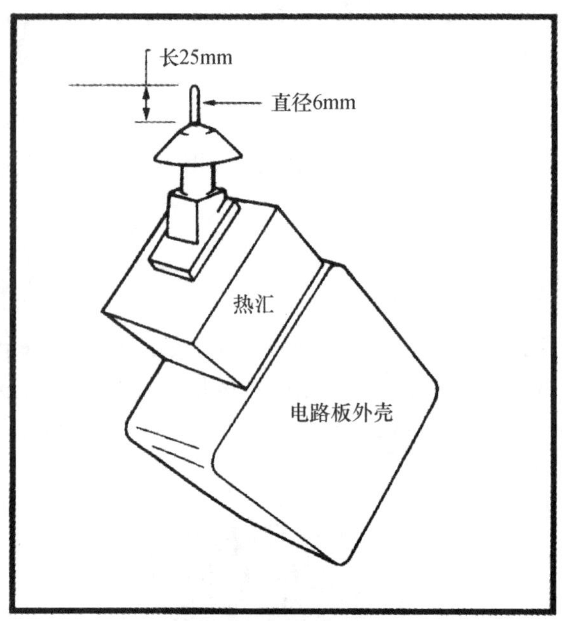

图 7.28 电线结冰探测器

7.5.3 红外辐射地表温度表

目前使用玻璃温度表测量地表温度的方法是很不可靠的，它的仪器安装方法说不出任何科学依据，一个只有水银球部面积大小的土壤表面所读取的温度也很难具有代表性. 前苏联地球物理观象总台做过一些简单的实验对比，地表温度观测的误差可能超过 5～7 ℃. 最有效的地表温度测量方法是测量它在该温度下红外辐射通量，再换算成地表温度值.

利用红外辐射测量温度的方法被国际度量组织认定为高温测量的标准. 利用红外辐射测量温度的遥感方程为

$$E_r = \varepsilon\sigma T^4 + (1-\varepsilon)E_b \tag{7.13}$$

式中，E_r为仪器所测的红外辐射，E_b为背景红外辐射，ε 为地表的放射系数. 后一项将导致地表温度 T 的测量误差，其校正量在 0.6～1.6 ℃. 校正的方法是制作一块 10 cm×10 cm×1 cm 的阳极化铝板，以热电偶测量其内表面温度，已知阳极化铝板的放射系数 ε=0.956±0.003，据此可估算出 E_b值.

红外辐射温度表的探测波长范围可选在 0.7～20 μm，一般的仪器多采用 8～14 μm 波段. 由于地表温度处于常温段，为了增加仪器灵敏度，同时也可以在一个比较大的地表面积上取得代表性的读数. 气象类的辐射温度表多采用比较大的视野角. 红外辐射温度表的外形和电子线路原理框图如图 7.29 所示.

辐射温度表多带有灰体放射系数订正调节器，需要观测者手工设置. 对于地球上大多数的覆盖表面其放射系数在 0.90～0.98 之间，只有雪面的情况比较麻烦，视其清洁的程度在 0.82～0.89 之间变化.

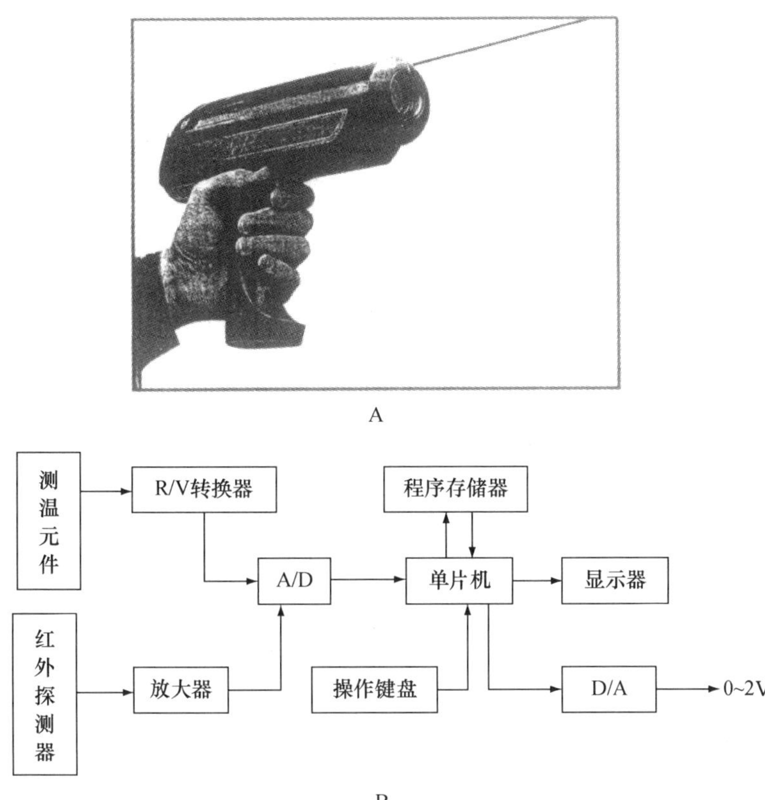

图 7.29 红外辐射温度表的外形(A)和电子线路原理图(B)

7.6 蒸发的观测

气象站的日常业务包括蒸发皿的测量，使用的仪器是各种不同尺寸的水面蒸发皿，我国长时间使用的蒸发皿尺寸为 20 cm.

蒸发皿的测量存在两个问题：一是它不是真实的下垫表面（包括土壤、水面、农田和树林等等）的实际蒸发，它只能代表该地区的“蒸发能力”；另一个问题是蒸发皿皿壁的附加蒸发.

产生皿壁附加蒸发的原因是由于皿壁对水面的吸附，无形中等于加大了蒸发皿的实际蒸发面积，假设皿壁对水面的吸附达到的附加高度为 δ，以及增加的附加蒸发面积为 $\delta \cdot 2\pi r$，附加蒸发面积与蒸发皿面积之比为 $2\delta/r$. 因此蒸发皿的口径越小，皿壁对测量值的附加增大越为明显. 为此必须对实测值乘以一个小于 1 的折算系数.

但是，折算系数受到许多方面因素的影响，例如皿壁的材料和气候条件等等，因而存在很大的随机起伏. 但是，蒸发皿的口径越大，折算系数越接近于 1，且其随机起伏越小.

目前各国通行的水面蒸发皿有两种类型：一类是金属筒壁的中型蒸发皿，例如欧美流行的，深 25.4 cm、直径 120.7 cm 的 A 级蒸发皿（图 7.30），我国沿用前苏联体系的 ГГИ3 000(cm^2)、水深 70 cm 蒸发皿. A 级蒸发皿的埋设方法较为特殊，它把整个蒸发皿用木框在地面架空在土坑内，保证皿壁能与空气保持接触.

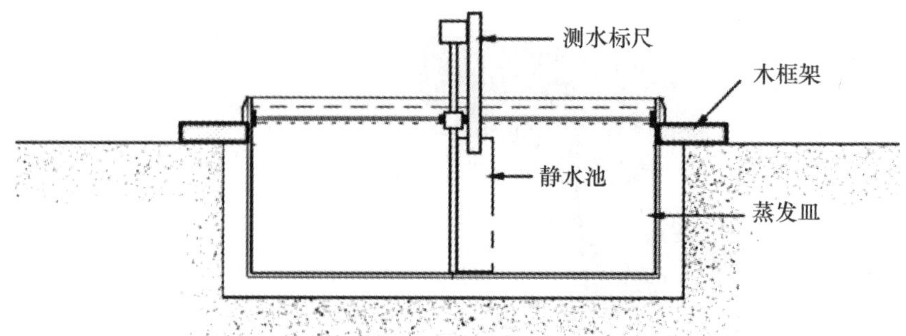

图 7.30 A 级蒸发皿

另一种类型是大型蒸发池，面积有 100 m^2、20 m^2 和 3 m^2 三种，多设在大型水文站上，表 7.2 给出各种蒸发皿和蒸发池的折算系数，此表取自原官厅水库水文站的一组资料，以 100 m^2 蒸发池的结果为准归纳而成.

表 7.2 各种尺寸蒸发皿的折算系数

蒸发皿和蒸发池的类型/m^2	折算系数	变　幅	离散系数
100	1.00		
20	0.95	0.27	0.073
3(水深 1 m)	0.89	0.24	0.084
1(水深 1 m)	0.84	0.28	0.095
0.3(水深 1 m)	0.76	0.35	0.130
0.1(水深 1 m)	0.65	0.48	0.175

从本章内容可以看出，经过近 20 年的努力，我们已经接近完成天气现象仪测所需的元件研制，但是要把这些项目观测结果加以组织，配合一些常规观测的结果，例如风和湿度等要素的资料. 接着需要进行的工作是软件的设计，而最终能编发出天气观测有关现在天气和过去天气的报文字节，这可能是天气现象仪测投入观测业务较难处理的部分.

第八章　现代自动气象观测系统

近年来,各个业务部门对气象资料的需求完全突破了原先气象台站业务的内容.数值预报人员希望增加台站的密度.航空部门希望在航空港设置可以实时显示气象条件的观测系统,其中有些内容是他们所需要的专门项目,例如跑道能见度、风切变强度等.农业部门为了指导农业生产,也希望加强一些项目的观测,例如土壤湿度、光照等.至于为科学研究项目组织的观测,其观测内容就更为特殊.为满足上述的各种需求均非设置人工观测台站以及增加台站观测项目所能满足,地面气象站网的观测、资料传输和储存的自动化已经提到日程上,许多国家的自动化观测系统已经具有了一定的规模.本章以普通气象业务部门的自动化观测系统为主,并讨论其类型自动气象站的一些特殊观测项目以及有关自动气象站仪器和观测方法的技术关键.

8.1　常规自动气象站系统

这里所指的自动气象站系统专指气象业务系统的自动气象站,通常称为 AWOS 系统(atmospheric weather observing system).航空港使用的气象系统与它较为相近,观测内容更为全面,简称 ASOS(automated surface observing system),两者可以放在一起讨论.最基本的系统观测内容包括:温度、湿度、气压、风向、风速和降水五个要素,中型规模可以扩展的项目有地温、能见度和辐射能分量的观测站.机场的 ASOS 系统比较全面,除了最基本的五个要素之外,还包括跑道视程、云高、降水性质识别、冻雨探测、跑道干湿和冻结状况识别以及单站闪电定位等.与上面两个系统相近的还有高速公路气象智能系统.

自动气象站系统主要包括测量仪器、数据采集系统和资料储存以及数据传输系统三个功能块.保障部分包括了电源的配置和避雷措施的设置.图 8.1 给出一个自动气象站系统的示意图.

8.1.1　测量仪器

有关测量的仪器和组件已经在前面的章节中给予介绍,但是这些组件接到自动气象站数据采集系统之前必须考虑几个问题.首先是满足对仪器关键性能的要求,保持资料的精度和代表性;其次是保持某种信号输出形式,易于被数据采集系统所接受;最后是保证组件易于相互更换.我们首先讨论第一个问题,并且限制在温、湿、压、风和降水五个最基本的气象要素.

1. 温度和湿度

气温测量最大可能的误差来源为防辐射罩的效率.大多数的自动气象站的防辐射设备为小型的圆形百叶板防辐射罩、自然通风、百叶板由涂白的塑料或金属薄板构成.

由于测温组件多为电测元件,电功率加热导致组件的增温是第二个主要误差来源.大

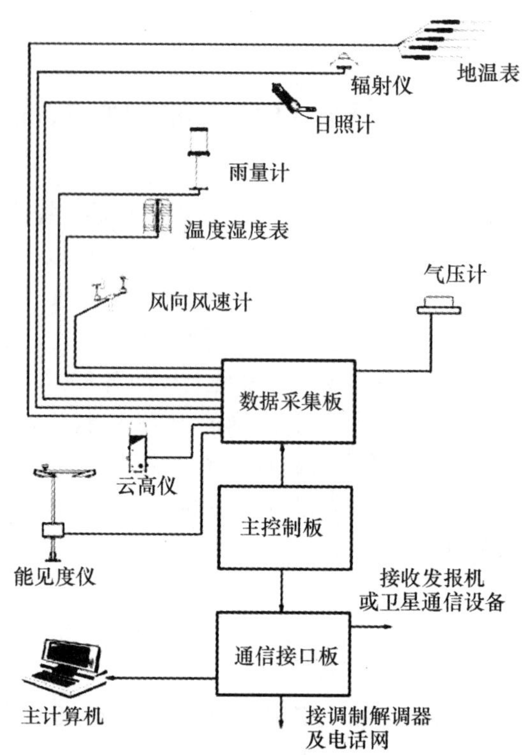

图 8.1　自动气象站系统示意图

多数电阻式测温组件可以直接连接在数据采集板的模拟通道上,由采集板偏置电源接通恒流电流测量组件两端的压降计算其温度测量值. 必须注意选择适当的偏置电压或恒流电流的数值大小.

测湿组件多数选用湿敏电容,其次是碳膜电阻和湿球温度表. 使用湿敏电容的最大问题是在高湿条件下运行过久会导致组件吸水过量,当大气中含水量下降时,组件对低湿反应呈现瘫痪效应. 我国的自动气象站规定在高温高湿条件下使用干湿球湿度表,而在气温下降到候平均达到 5 ℃以下时改换为湿敏电容.

2. 气压

水银气压表虽有很高的精度,但无法将它更改为电测量装置. 现在接入自动气象站的测压组件为电容式金属膜盒、硅单晶膜盒以及振筒式压力表等几种. 此类组件所能达到的精度虽低于水银气压表,尚能满足业务的需求,但必须采取比较谨慎的措施,保证测量结果的稳定性. 目前在技术上采取了两条措施. 一是采用三个组件同时进行读数,保证彼此读数的差值保持在规定的范围之内,若三个读数之中有一个偏差过大则予以舍弃; 三个读数相互之差均超过规定范围则此组数据判定为无效. 第二条措施是保持与水银气压表的定期对比.

自动气象站的气压组件多数具有自身的预处理线路,其中包括一个测温元件,预处理线路中则包括读数温度系数的自动补偿订正,输出可以是模拟电压或数字信号.

3. 风向和风速

接入自动气象站的风向、风速计,目前有三种常用的型号: 第一种是小型风杯风速计和轻型单尾风标,第二种是是机身形旋桨式风向风速计,第三种是二维超声风速计. 风向、风速计的选择首先取决于业务的类型和性质. 微气象观测站应该选择第一或第三种仪器,它们具有较小的起动风速和行程常数. 气象业务台站系统宁愿选择第二种类型的仪器,它虽然起动风速略大,但其坚固度以及天气观测两分钟的观测平均可以满足资料的代表性.

风向、风速仪器的制作工艺以满足仪器的一致性为标准. 风速仪转速和风速的关系应该保持同一型号的仪器使用同一检定曲线值. 目前的风速计,输出均为方波脉冲,保持严格的方波以及脉冲上、下限电压值的准确性是十分必要的,否则将会导致数据采集线路对脉冲记数产生误读和误判. 一些性能优异的数据采集板在频率输入口端另外附加了自已的施密特整形电路.

4. 雨量

业务系统的雨量计几乎全部采用了翻斗式,因而在数据采集板上专门设置了一个输入口,专为此类不定时的触发信号进行输入. 该输入口带有信号整形、状态翻转、唤醒值守(由于其他通道均设为定时采样)以及计时和储存功能.

8.1.2 数据采集板

数据采集板的功能是将组件探测到的信息进行摄取、处理、并转化为统一的数字信号,按一定的格式排列成数据文件,输出到输出接口,然后利用某种通信方式传送到主中心站,数据采集板的组成部件如图 8.2 所示.

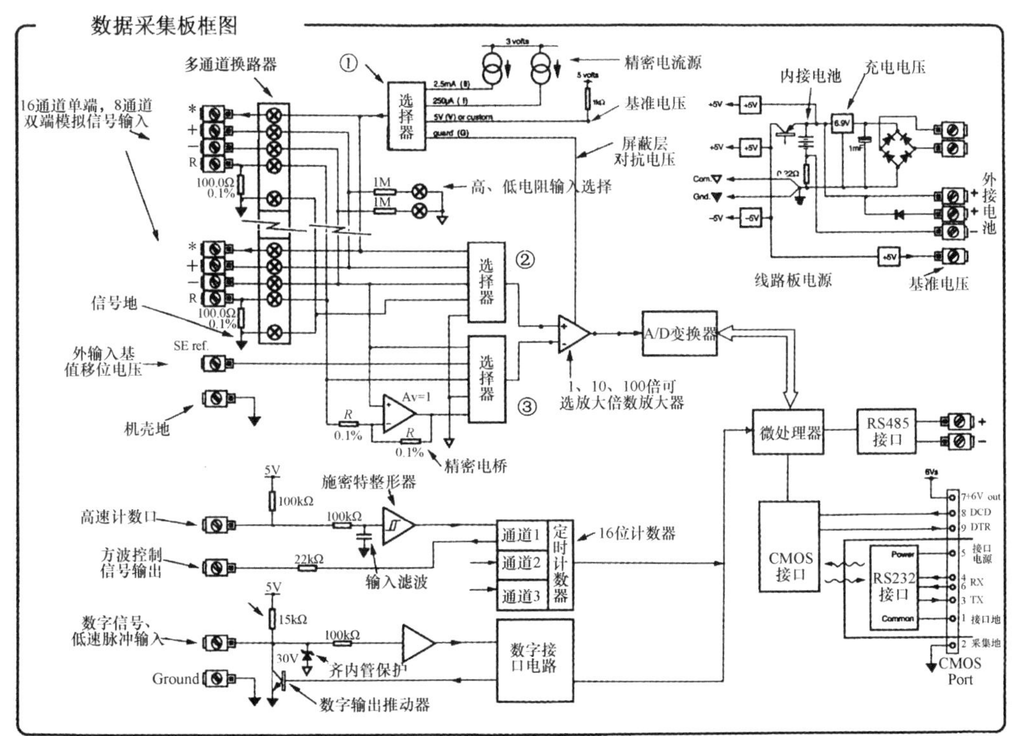

图 8.2 数据采集板的组成部件

一般气象仪器的输出有四种方式：① 模拟量，它可以包括电压、电流、电阻和电动势四种形式，但同是模拟量的输出，它们的数量级有很大的不同，例如从几伏到几十微伏电压. ② 频率量，例如风杯风速计的输出，风速的大小与其矩形脉冲输出的频率有关. ③ 触发脉冲信号，例如翻斗式雨量计的输出，虽然其波形同样是矩形脉冲，但需要记录的是某段时间内的脉冲个数以及两个脉冲之间的时间间隔. ④ 数字信号，例如风向标的码盘输出. 以上四种输出形式在数据采集板上都有相应的接线端子. 对于气象类的数据采集板，仪器的输出形式一般多为模拟量，通行的数据采集板一般具有较多的模拟量通道，典型情况可以有16个模拟通道、1个频率通道、1个触发脉冲通道以及4个数字输入/输送通道.

第一种类型的输入信号是模拟信号. 模拟信号的标准输入是电压信号，其他类型的模拟量均在采集板的端口转换为电压信号. 图 8.3A 和 B 为标准的单端和双端电压信号输入

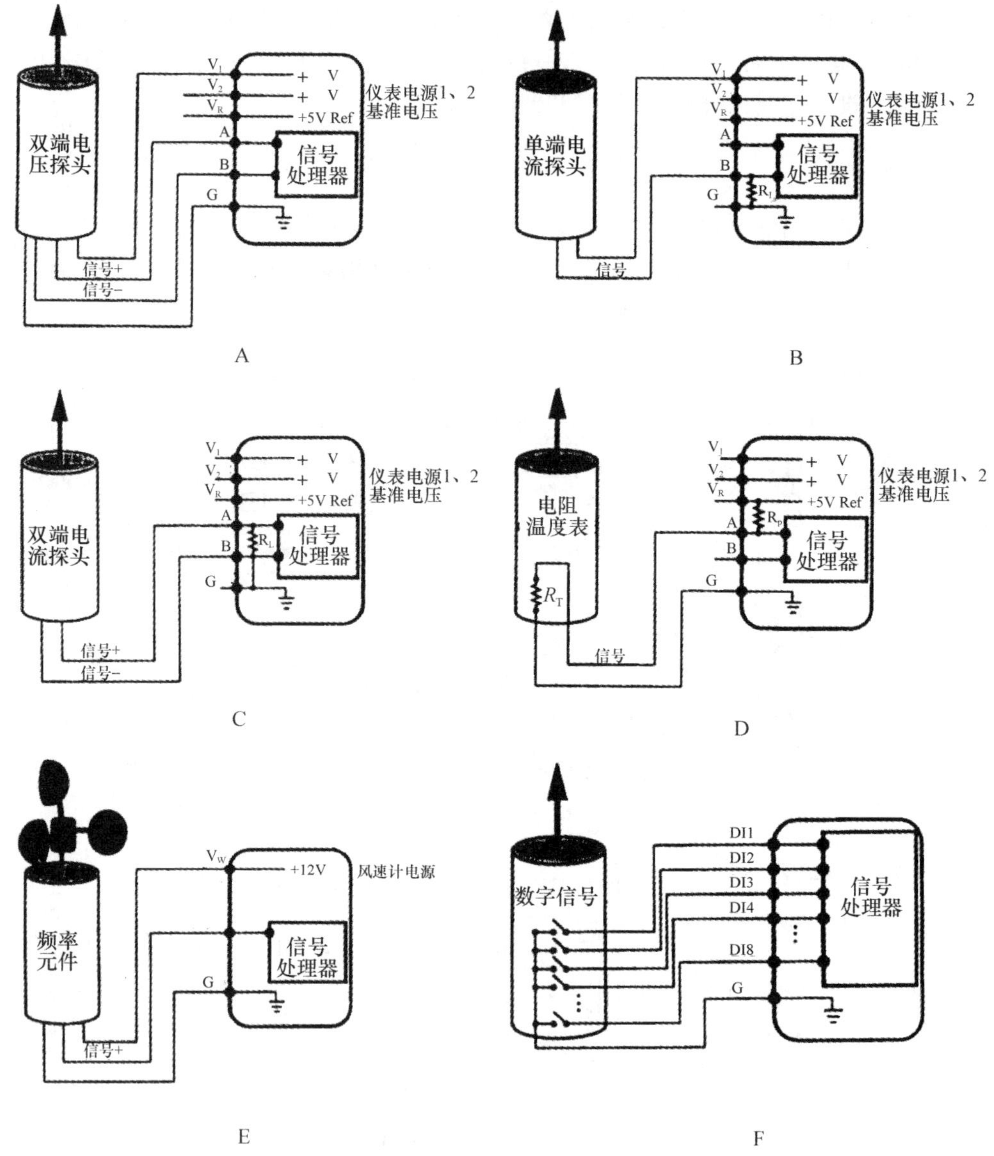

图 8.3 各种类型的信号在数据采集板的连接方式

接法.电流信号实际上是接在一个标准电阻 R_L上,转化为 R_L上的电压降信号(图 8.3C).某些仪器的输出电压较低,例如辐射仪器的输出大致在毫伏的数量级,远不能达到输入要求的最低限,例如 0～5 mV 的上下限范围这时就需要进行前置级放大.电阻组件的接法需要给定一个固定的电压或电流,然后测定电阻组件两端的电压降(8.3D),对于四线制的铂丝电阻组件,同时需要不断测量 R_P两端的电压降.

从图 8.2 上可以看到有三组标准电压或电流,它们分别为+5 V 基准电压,2.5 mA 和 250 μA 的基准电流,用户可根据组件的技术指标要求,通过软件设置自动接入.除此之外,还有一个屏蔽电压设置(G 电压),对导线屏蔽层接入一定的电压,可以消除电缆的寄生电容和高阻抗下的泄漏.一些数据采集板因而采取双层屏蔽,内屏蔽接 G 电压,外屏蔽接地.

模拟电压的输入最后将进行放大至标准的 0～5 V 的量程,数据采集板上设有×2、×5 或×10 的放大线路,用户可根据输入信号的大小,对每个通道选择适当的放大倍数,保证信号在 A/D 变换前,转换为 0～5 V 左右的标准信号.

第二种类型的输入信号是频率信号.信号通过一个施密特整形电路进入计数器,变成数字输出,图 8.2 中给出同时可对三路信号进行计数的通道.另外,每一个计数通道都具有一个方波输出口,输出的频率可以为输入频率的 $1/n$,n 可在一定范围内选择.计数输出通道可执行某种控制功能.

第三种类型的输入信号是数字信号,数字信号经过接口不断将旧的数据传送至主处理芯片,同时接收新的数据.

第四种类型的输入信号是数字信号计数方式,接口电路储存的旧数据,由输入的脉冲进行+1 或-1 的计数,并记录两次计数间的时间间隔,然后将计数值送入主处理芯片,因而这种方式适合于翻斗式雨量计的累加计数.

DCP 采集板中设有一定的多通道选择器.例如,在图 8.2 中:选择器①用来对激励电源进行选择;选择器②用来顺序扫描读数各模拟通道;选择器③用来对各通道的基准电压进行调整,或将某一电阻测量通道直接连接到电桥测量臂上,进行电阻直接测量.基准电压由用户在 SE ref.端设置.

所有的模拟电压信号将依此进入 A/D 变换器转换成数字信号.A/D 变换器多为 12 位(12 bits),但大多数情况 8 位 A/D 变换已经足够满足读数的精度,有些数据采集板 A/D 变换器为 15 位或 16 位,则可以接入精度要求较高的仪器,例如超声风速表.

频率信号经过计数器已经转换成数字信号,因而经 A/D 变换后的模拟信号,计数后的频率信号以及一些直接接入的数字信号将按软件设置地址依次进入主处理芯片,通过 RS-232 口或远程 RS-485 口进入下一个传送环节.

8.1.3 数字通信方式

数字化后的数据,可通过 RS-232 或 RS-485 口输出.输出后的发送方式可以有四种形式:① 直接与计算机 RS-232 口或 485 口连通;② 通过双音频电话系统传输;③ 以 VHF 或 UHF 调频通信体制对中心站实施数据传输;④ 使用调相体制的无线通信系统由通信卫星对中心站实施中转.

1. RS-232C 通信口

该接口是数据终端设备(DTE)和数据通信设备(DCE)之间的串行二进制数据交换接口.RS表示推荐标准,232是识别代号,C是版本号.RS-232C采用负逻辑.负电压表示逻辑"1",驱动器的输出电压必须在−5~−15 V之间,正电压表示逻辑"0",驱动器的输出电压必须在+5~+15 V之间.电缆的最大物理长度一般不超过15 m.终端电容不应超过2 500 pF(包括电缆电容在内).RS-232C接口的定义如表8.1所示.

表 8.1 RS-232C 接口的定义说明

9芯针号	25芯针号	信 号	信号流向	说 明
1	8	DCD	DTE	载波检测输出
*2	3	RD	DTE	数据输入
*3	2	TD	DCE	数据输出
4	20	DTR	DCE	数据终端准备好
*5	7	GND		信号地
6	6	DSR	DTE	调制解调器准备好
7	4	RTS	DCE	请求发送
8	5	CTS	DTE	清除发送
9	22	RI	DTE	环路指示

* DCP板的数据传送口必接的接口针号.

作为接口的插座,插针头用于终端设备,插孔座用于发送设备.RS-232C口的最大缺陷是传输距离太短.长距离传输时可以在接口的两端加推动器(driver),或是改用远程传输接口,例如RS-485等,否则将导致较高的误码率.

2. 电话通信接口板

接口的核心功能有两个:一是将数字信号"0"和"1"通过音频合成器转换为电话的双音频,例如设置"1"为1 270周的MARK信号,"0"为1 070周的SPACE信号;二是采用特殊的4线传送体制,而实际电话线仍是双线,必须通2转4线网络器完成2转4线功能性转换.这样的转换可以保障电话线实施数据的传送以及在必要时传送某些控制指令,例如RS-232口的一些控制指令.

图8.4给出它的功能方框图.当数据发送器通过TXD接到来自$\overline{\text{DCD}}$的数据,对这些信号进行双音频调制,传送到2转4线网络器.其反向传输功能则是解调2转4线网络器的信号,通过RXD传送给DCP板.从DCP传送来的数据,等待拨号呼叫接通,$\overline{\text{DTD}}$控制口此时处于操作启动(enable)状态,等待电话线接通,进行数据传送.

其他功能单元包括逻辑控制板和响铃探测器,而逻辑控制板可执行的功能比较完善,表8.2给出了它的简要说明.

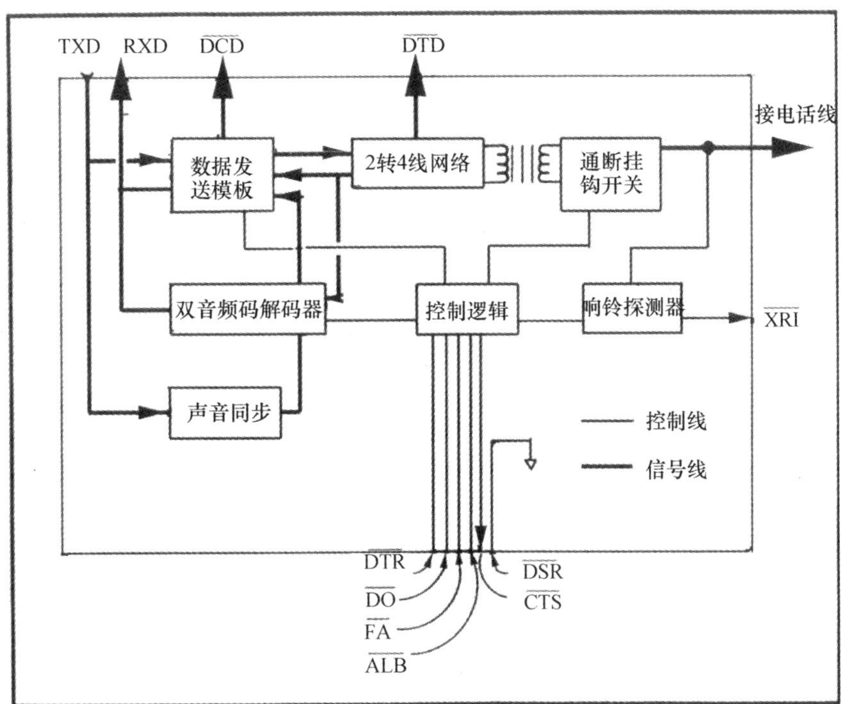

图 8.4 电话通信接口板功能方框图

表 8.2 电话通信接口板的指令控制说明

指令名称	功能说明	指令来源
DTR	数据终端已准备好	DCP 板主处理器
DO	拨号/挂断继电器	DCP 板主处理器
ALB	模拟信号回路	DCP 板主处理器
XRI	铃声探测	本模板
DTD	双音频探测	本模板
TXD	数据发送	DCP 板主处理器
RXD	数据接收	本模板
DSR	数据组准备完毕	本模板
DCD	数据组载波探测	本模板
FA	强行回答	DCP 板主处理器
CTS	清除发送	本模板

3. 数据的无线传输

VHF、UHF 和卫星调相体制的无线电发报机的主要结构完全相似，本节将重点介绍卫星无线电发射机. 发射机三个主要部件为：频综器、功率级压控振荡器和 400 MHz 基准振荡器. 频综器可发生 1.701～2.0985 MHz 的振荡，每 1.5 kHz 为一频点，设置为 1～266 通道，与 400 MHz 基准振荡频率叠加成每 1.5 kHz 为一个频点的射频. 频率范围为 401.701～402.0985 MHz. 每一个自动气象站可选择其中的一个频点发送，各个自动气象站的射频则完全错开、不互相干扰，中心站进行逐个跟踪，接收其传送的资料. 卫星发射机的工作原理如图 8.5 所示.

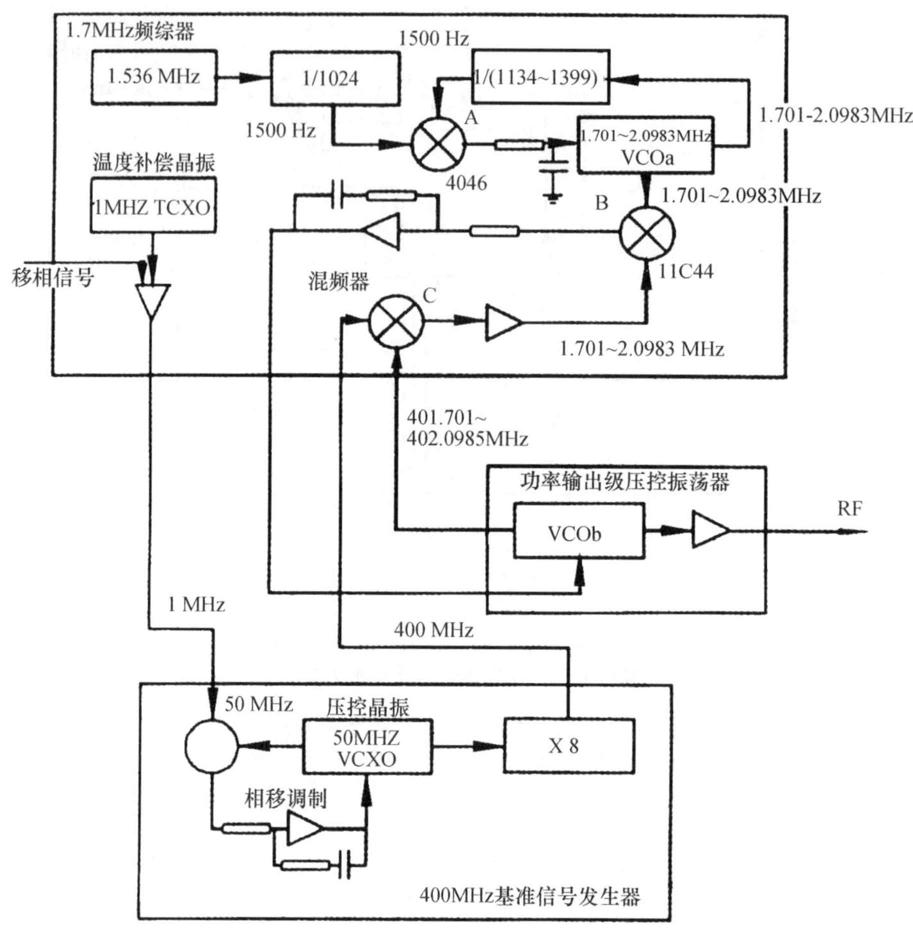

图 8.5 卫星发射机的工作原理图

不论是调相体制,还是调频体制,整个发射机的频率稳定性是最重要的,只需设置单个频点而保持频率稳定可以借助于晶振.对保持多个频点发射频率的稳定性将借助于频综器.基准振荡器产生一个精确的 400 MHz 振荡,功率级压控振荡器"VCOb"产生在一个 401.701～402.0985 MHz 间的某一个频点的射频,例如 401.701 MHz 的射频.在混频器"C"与基准信号发生器 400 MHz 的信号混合后输出一个 1.701 MHz 差频.第二条回路设置在频综器的上部,1.536 MHz 晶振除以 1024(1500 Hz)与压控振荡器"VCOa"1.701 MHz 除以 1134(1500 Hz)的频率在混频器"A"进行比较,如两者频率准确相等,混频器输出为零.压控振荡器保持原振荡频率,否则混频器"A"将输出一个非零电压,调整压控振荡器的输出频率,直至频率稳定在 1.701 MHz.混频器"B"再次对 1.701 MHz 进行对比,一路信号来自压控振荡器"VCOa",另一路信号来自混频器"C"的输出,对比后的输出用来稳定压控振荡器"VCOb"的射频输出.

来自数据采集板的"0"和"1"信号以 1 MHz 的频率进行调相,首先对 400 MHz 基准频率实施相位调制.

这样的发射系统具有稳定的发射频率、较小的功耗，而且可以通过软件控制简便地更动射频频点的数值.

自动站工作正常与否，除了取决于探测仪器和线路板的质量外，还有一些技术因素必须予以关注. 首先是电源，即使在有条件供应交流电的地区，自动站系统仍然配置可充电电池，这样可以避免电源干扰以及交流电源冲击造成电路的损坏. 性能质量较好的自动气象站，在自动站不进行测量和发报的时段，电路控制在睡眠值守状态，整个电路处于一种低功耗的条件. 值守电流(standby current)的高低是自动站的一个重要指标，可以保证无交流电供应的自动站，在天气条件恶劣，无法实施太阳能充电时，仍能依赖电池进行长时间连续供电.

另一个技术关键是自动站的避雷措施. 自动站在各个功能板的前端均设置防止强电流冲击的短路和跳闸设施. 但更重要的是要有一个良好的接地系统. 绝对不能依靠一根打进土层或岩石的金属铜棒，而其接地电阻仍然远大于 1～2 Ω 的接地地线装置. 永久性的观测台站系统，布设一定面积大小的地线网是十分必要的.

8.1.4 数据采集软件

数据采集系统必须由一个称之为 DAS(data acquisition system)的软件包控制其采集过程，包括读数、数据处理为可保存的资料、储存和传送. 框图 8.6 给出了一个最简要的流程. 流程中最重要的两个内容是定义元件和定义操作流程.

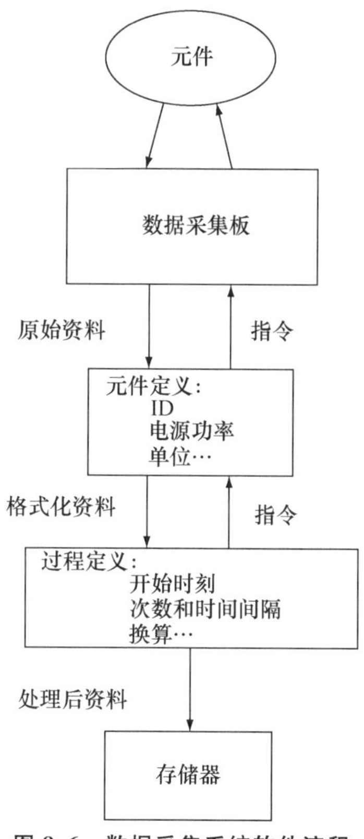

图 8.6 数据采集系统软件流程

(1) 定义元件内容

包括编号(ID)，例如 temp1、temp2、hum1 等等以及其接口位置；电源的电压、电流或功率大小、输出的放大倍数;预热时间;测量范围、单位和鉴定结果;数据储存方式和格式.

(2) 定义操作流程

该流程包括:流程种类;顺序、开始时刻、次数和时间间隔;数据换算;数据储存和传送.

设计较好的软件包都已经提供了上述各个项目可供选择的条目,不必逐一由使用者填写,避免了由于数据不合软件要求反复更改的麻烦.完成了元件连接、元件定义和定义操作流程以后,软件就能自行按设计的流程远行.

8.2 水文气象自动站系统

水文气象观测的两个主要要素是降水和水位的观测.降雨量的观测仪器我们已经在第七章中作了讨论,这里将主要介绍一下水位观测系统.水位观测的仪器类型较多,最常使用的测量方法是浮子水位计,其基本结构如图 8.7 所示.

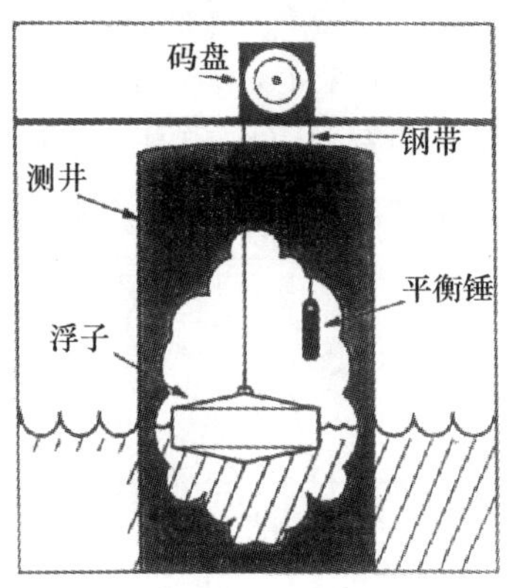

图 8.7 浮子水位计

由一根水泥管打入河床形成水位探测竖井,水泥管下部有孔与水体相通.浮子随水位的涨落上下位移,计量水位高低的探头是一个码盘,钢带绕码盘主轴的法兰盘,将其一端系在浮子上,其另一端加上配重与浮子平衡并保持钢带始终处于恒张力的状态.浮子上下的位移带动码盘旋转,并通过码盘的计数电路输出水位变动的数值.码盘有磁码盘和光码盘两种类型,磁码盘在坚固耐用、不易损坏方面有明显的优势.其基本结构如图 8.8 所示.

随轴旋转部件是两块永久磁铁,磁铁之间呈锯齿形交错连接,锯齿之间保留一个极小的缝隙.这样的组合将形成一个 N 极和一个 S 极交错变化的磁场,图中向左突起的齿尖为 N 极,向右突起的齿尖为 S 极,整个短圆柱形的磁铁组合共有 25 个 N 极齿尖和 25 个 S 极齿尖.因此码盘每旋转一周磁场“N”和“S”极交错变动 50 次.

探测磁极变动的组件是两个霍尔组件,安置于磁极的上方磁力线能产生作用的近处,两个组件的位置相差半个磁极间距.码盘旋转使霍尔组件上方的磁场产生正反向交替变化,同时使其输出电信号的电压正负方向交替变化.码盘旋转一周,每个霍尔组件的输出信号交替变化 50 次,两个组件的输出则总共变化 100 次.码盘上方两个霍尔组件的位置相差 90°位相,根据两个组件反相信号出现时刻的超前和落后的情况,同时可以判断出码盘的旋转方向,即水位的升降情况.

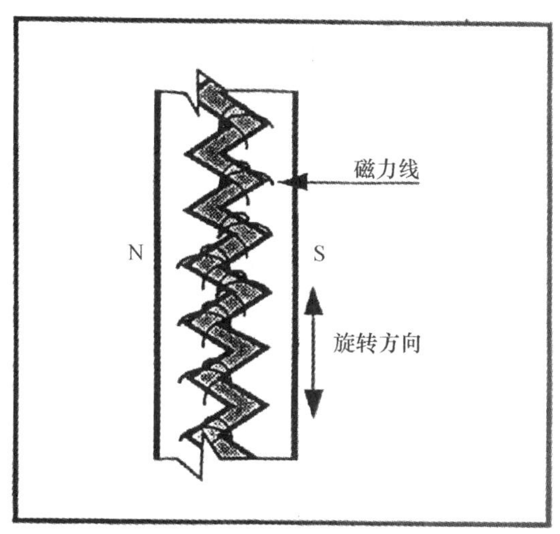

图 8.8　磁码盘的基本结构

磁码盘是一种计数体制，因此在仪器接入数据采集口时需要当时水位的具体数值，而后根据霍尔组件每一次电信号反相的计数，加上或减去其水位变动数值.

磁码盘可以连接串行数据通信的形式(图 8.9)，数据采集板的微处理器可以根据每个码盘的地址码，分别存储其水位升降的计数.

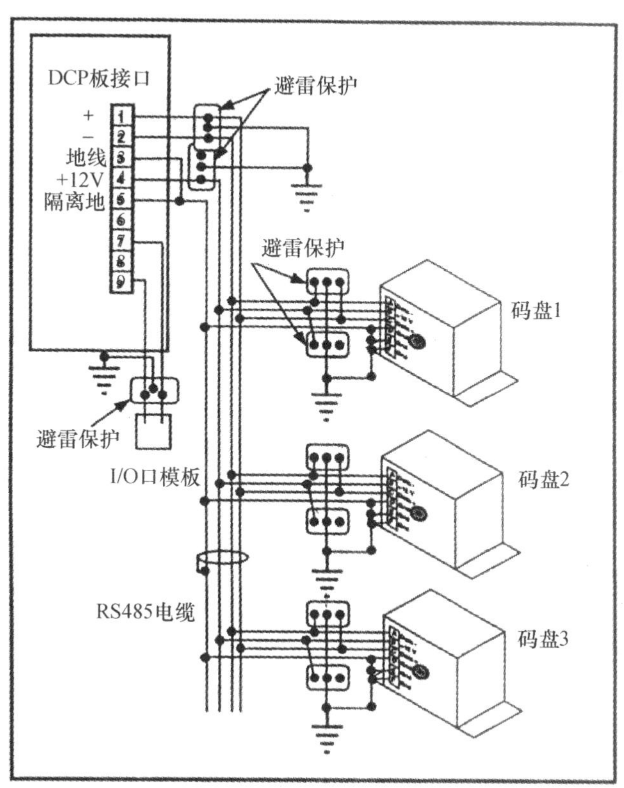

图 8.9　磁码盘的串行连接

8.3 农业气象观测系统

农业气象观测系统中所附加的最主要项目是土壤含水量的观测.最原始的观测方法是取土样烘干称重.

8.3.1 烘干失重法

测定土壤含水量的烘干失重法是通过采取土壤样本,烘干、称重、计算出水的克数占干土重的质量分数 w,即

$$w/(\%)=\frac{\text{水重}}{\text{干土重}}$$

通常规定,使用专用的取土钻,土样要在 25 g 以上,在 105 ℃的烘箱中烘烤直到土样的重量不再变化.烘干法的精度和代表性应考虑以下问题:

(1) 温度的控制.温度高于 105 ℃,会引起土壤内有机质的消散导致湿度计算误差,例如当高岭土从 105 ℃加热到 800 ℃后重量亏损可以达到 16%.

(2) 代表性.田间土壤水分在水平、垂直方向的分布差异很大,尤其在田间土壤物理特性不同以及植物根系分布不规则情况下.这就需要大量和重复取样.根据研究,在一般的土壤中至少应取 10 个样本才能保证达到 1%的土壤含水量测量精度.

(3) 土壤含水量的表示方法.有三种:一是上述方程列出的质量比;二是体积比,即每 1 m^3 的土壤中的水的体积;三是每米土壤深度中含水的厘米数.对于农业而言,不管是哪种方法均需考虑土壤的性质,例如沙土的饱和含水量的数值低于黏土的永久萎蔫含水量.

尽管烘干失重法比较原始,但从原理上它仍不失为是一种基准方法.虽然土壤含水量随时间变化比较缓慢,能连续监测并得出与作物生长有关的某种含水量指标的仪器仍然受到农业气象观测系统的关注.

8.3.2 中子散射法(neutron-scattering method)

中子土壤湿度仪根据中子散射过程被氢减速的原理测量土壤含水量.土壤水中含有大量的氢,另外还有少量的氢包含在矿物质的化学结合水内,后者几乎是不随土壤含水量变化的常量.因而对中子的减速主要取决于土壤中的含水量.

仪器的构造如图 8.10 所示.仪器分成探测器和计数器两大功能块.硬质铝管的前端安装有快中子源,通常是 20～50 毫居里的镅-铍(Am^{241}-Be)或钋-铍(Po^{210}-Be).用三氯化钡或三氯化硼作为慢中子计数管进行记数,经线性放大器放大后输出到记录或采集设备.整个仪器的探头放入直径为 50 mm 的土壤钻孔内,钻孔土壤层上有一个石蜡防护筒.石蜡筒有两个功能,不进行测量时,将中子源置于筒内进行防护;测量时作为标准减速剂,先测出石蜡筒内减速中子的计数率,而后将中子源放置到一定的土壤深度测定土壤中减速中子的计数率,得到这两个计数率的比值与土壤含水量的关系.

中子湿度仪的优点是测量没有滞后,测量的直接结果是单位体积土壤的含水量.与

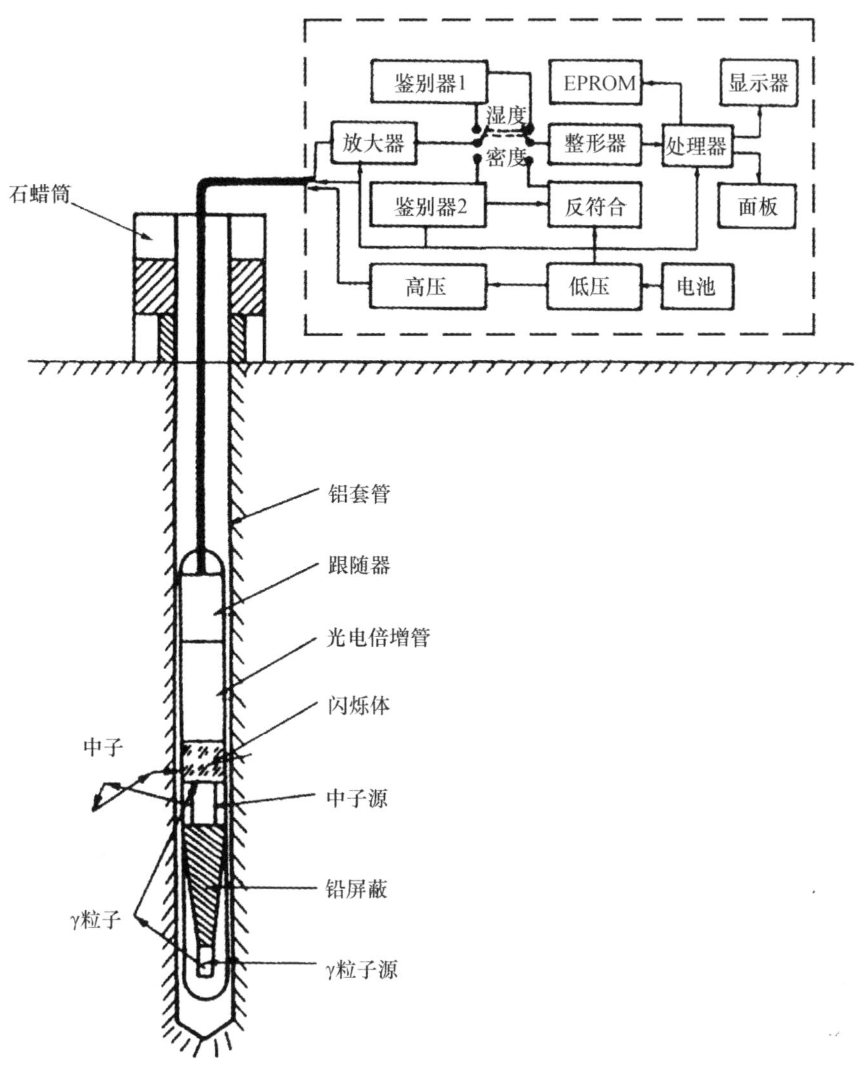

图 8.10 中子土壤湿度仪的构造

土壤密度无关,测量范围可以从干土到饱和水分.图 8.10 的探头是一个测量土壤含水量和土壤密度联合探头,其前端还装有测量土壤密度的 γ 射线源.两者的检测线路可以共享.

在有机质含量较高的土壤中,高湿条件下有机质内氢含量的变化将对测量精度产生影响.在盐碱土中,由于氯对慢中子的吸收,当氯化钠含量超过 0.02 物质的量浓度 $c(\mathrm{mol}\cdot\mathrm{L}^{-1})$以上时,就需对测量结果进行订正.浅层土壤含水量较大,同时植物根系中也含有大量的水分以及部分慢中子逸出地表,这些因素均将对结果产生较大误差.

8.3.3 时域反射法(time domain refleclometry)

测定土壤含水量的时域反射法(TDR 方法)是测定土壤的介电常数推算土壤含水量,能精确、快速在连续不取土样的条件下测定土壤含水量,是目前推广的一种新型测定工具.

传感器是两根平行的不锈钢针，插入土壤中，由主机发射高频调制的脉冲波，脉冲信号沿土壤中的探针传播，到达探针末端反射回来(图 8.11). 电磁波在介质中传播的速度与介电常数的平方根成反比. 水的介电常数在 20 ℃时为 80.36，空气为 1，干土壤的介电常数介于 3～7 之间. 由于这种较大的介电常数差值，可根据土壤中沿探针脉冲传播的时间测定含

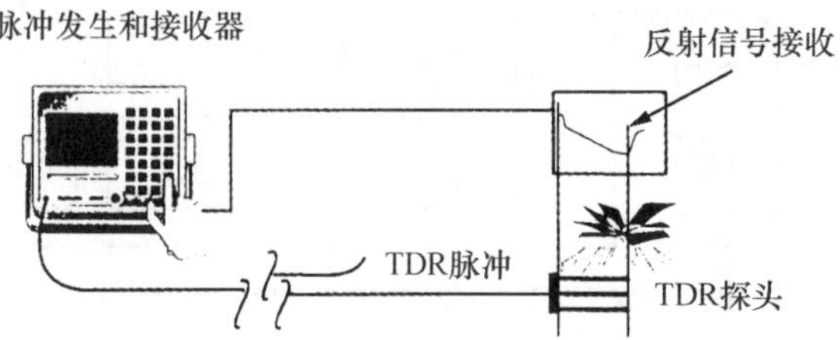

图 8.11 时域反射法的工作原理

水土壤的介电常数，反算出土壤含水量. 土壤的介电常数 K 为

$$K=\left(\frac{CT}{2L}\right)^2 \tag{8.1}$$

C 为电磁波沿探针传播的速度，L 为探针长度，T 为脉冲波沿针折返传播所需的时间，T_a 为探针置于空气中的传播时间：

$$T_a=\frac{2L}{C}$$

代入上式，可得

$$K=\left(\frac{T}{T_a}\right)^2 \tag{8.2}$$

比较电磁脉冲在空气中和土壤中的传播时间就能测定含水土壤的介电常数[1].

实际土壤由干土壤、水和空气组成，这种混合物的介电常数与土壤中的水分含量的经验关系可写为

$$\frac{T}{T_a}=\frac{T_s}{T_a}+Q_w(K_w^{0.5}-1)$$

$$Q_w=\left(\frac{T}{T_a}-\frac{T_s}{T_a}\right)\Big/(K_w^{0.5}-1) \tag{8.3}$$

式中 T_s为探针在该土壤样本中完全干燥条件下的传播时间，K_w 为水的介电常数. 应用 8.3 式可计算出土壤中的含水量. 测定 Q_w 的误差来源于 T_s/T_a 和 K_w，这两项与土壤容重和温度有关. 精确测定土壤含水量前，必须在实验室内对 T_s/T_a进行测定. 根据文献[2]的研究结果，对于一般的土壤 T_s/T_a可取值 1.68. 根据土壤水的介电常数与温度的关系，在含水量小于 0.30 cm^3/cm^3时可以忽略不计；而在 0.30～0.42 之间，温度每变化 1 ℃引起的偏差订正为 0.02～0.06×10^{-2} cm^3/cm^3.

8.3.4 土壤水势测量的张力计法

由于土壤是非均质多孔体，土壤中液体界面上具有一定的表面张力，而固体颗粒具有一定吸附力，称为基质势. 土壤中的溶质对水的吸力称为溶质势. 两者之和称为土壤水势. 植物吸收水分时必须克服土壤水势，测定土壤水势则更具有实际意义. 测量土壤水势的常用方法是张力计法.

仪器的构造如图 8.12 所示. 其感应头是一只微孔陶管,管头封闭,后端与硬质塑料管连接,塑料管上端旁侧连接有压力计,塑料管顶安装有集气室,集气室顶开口处为一密封的橡胶塞. 所有部件必须粘接紧密可靠,并能经受在田间条件下保持密封而不致漏气. 微孔陶管的特点是能透过水及其溶质,而在常压下不能透过空气.

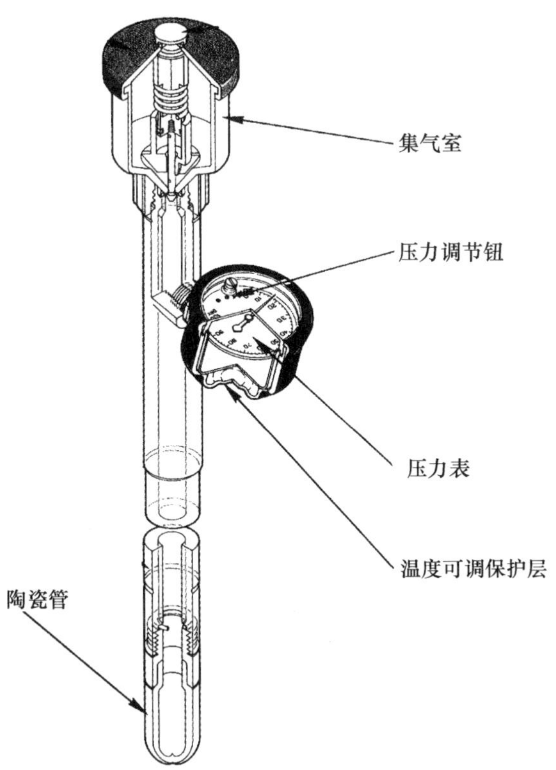

图 8.12 张力计的仪器构造

当感应头周围土壤的含水量没有达到饱和时,水分在土壤毛细管中呈凹弯月面,它对周围的液体表面具有一种附加的负压力,使欠饱和的土壤具有吸水能力,因而能经过管壁把水吸出,造成管内产生一定的真空度(负压力),直到管内压力与周围土壤吸力达到平衡为止,此时压力计的指示值就是土壤的水势值. 当土壤含水量处于饱和状态时负压力为零,而当探头处于含水层下时,压力计指示为正值,因而可以推算出地下水的水位.

仪器安装前应先将陶管浸入水中置换出陶管中的空气,埋设时尽可能使土壤与陶管紧密接触. 然后在仪器内管中注满蒸馏水. 仪器的精确度、灵敏度、性能优劣主要取决于陶瓷头的质量,要求透水性越大越好,当陶瓷管完全被水浸透后,其孔隙间的水膜能阻止空气透过. 水膜在一定的压力下能够被破坏,这个压力值约为 1.0×10^5 Pa,而达到这种要求的陶瓷头微孔直径应在 0.9～1.3 mm.

集气管为收集仪器内的空气,土壤水中溶解的空气在进入管内后,在一定真空度的作用下,也会逸出而聚集在集气室内,当空气含量超过 1～2 mL 时,必须重新充水排气.

土壤由干到湿或者由湿到干,土壤含水量与吸力之间的关系曲线不能互相重叠,形成所谓的“滞差”(图 8.13).

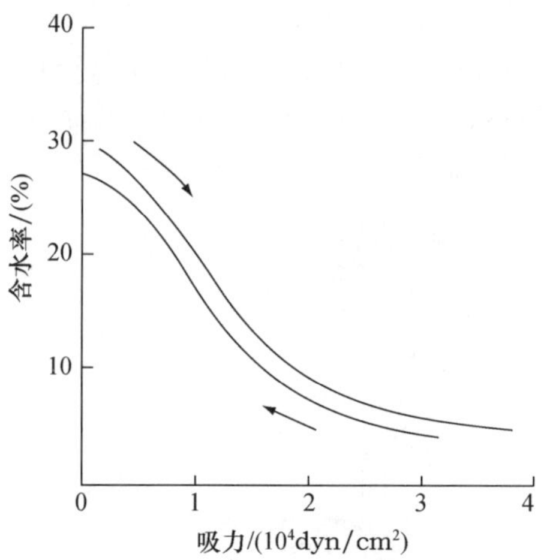

图 8.13 含水率与吸力关系曲线

不同类型的土壤,其含水量与土壤水势完全不同,但在同一吸力下,植物可吸收利用的有效土壤水分却非常接近.

张力计在干燥土壤中,由于陶瓷管的漏气而失去测量功能,最佳工作范围为相当狭窄的 $0\sim1.0\times10^5$ Pa. 但恰好是作物生长发育阶段潮湿土壤的水势变化范围. 另外张力计法的测量单元存在较大的温度系数,精确测量时须进行一定的订正. 目前,由于灵敏压力计的应用,张力计可以输出经过转换的电信号. 与控制系统相连,可以控制水的喷灌系统.

8.3.5 光合有效辐射的测量

植物的叶绿素依靠阳光进行光合作用,光合作用被叶绿素吸收的辐射为 400～700 nm,吸收率在 60%～90%,超过 700 nm 的红外辐射对光合作用无影响,低于 400 nm 的紫外辐射能量很小,它对光合作用的影响也可不予考虑. 植物吸收光辐射激发叶绿素分子进行光化学反应,进行反应的分子数与光辐射在各个波段中的光子数目存在一定的关系. 农业气象中对短波辐射的测量不是其辐射通量密度值,而是在 400～700 nm 波段范围内的光子数目.

对于每一个起化学反应的分子必须吸收一个光量子,1 摩[尔]物质进行光化学反应需要的能量 E_0 为

$$E_0 = N_0 \frac{hc}{\lambda} \tag{8.4}$$

式中,$N_0=6.061\times10^{23}$ 为阿伏伽德罗(Avogardro)常数,h 为普朗克(Planck)常数,c 为光速,λ 为波长.

一个分子产生光学反应所需的能量为 q,而且应该满足条件:

$$\frac{hc}{\lambda} \geqslant q \tag{8.5}$$

因此多余的能量将以热量的形式耗散而不能完全用于光合作用,所以光合有效辐射要用光量子数来表征其有效的作用. 单位能量的量子数为

$$\frac{N}{E} = \frac{\lambda}{hc} = 5.03\times10^{15}\lambda \tag{8.6}$$

从上式可见,单位能量的光量子数与波长成正比.若辐射能量相同,红光光子数取值为100,则蓝光光子数仅为57.

$$\frac{N_B}{N_R}=\frac{\lambda_B}{\lambda_R}=\frac{400}{700}=0.57$$

因此我们需要设计一种型号的仪器,其感应的波段在400～700 nm,并使其在各个波长的输出电压与其输入辐射能量的比例系数正比于波长.在这种条件下,仪器的输出电压与相应的光量子数成正比.

光量子传感器的输出单位为微爱因斯坦/(米^2·秒)($E\mu\cdot m^{-2}\cdot s^{-1}$),1 $E\mu$ 等于 6.02×10^7 个光子.全天空和太阳的光合作用有效辐射约为 2 000 $E\mu\cdot m^{-2}\cdot s^{-1}$.

LI-COR公司选用一种灵敏的蓝色硅光电管作为探测组件,在近红外区700～1 100 nm只有相当低的响应,而在可见光区具有很高的灵敏度,峰值响应在550～650 nm之间.太阳辐射通过漫射片进入,滤去小于400 nm的辐射,往下经过干涉滤光片滤去700 nm以上的辐射,再经过多层滤光片对太阳辐射各个波段实施一定比例的衰减.图8.14为仪器的结构图.图8.15中的实线为仪器的辐射响应,虚线为理论计算要求的响应曲线,通过各种方式的估算和实验证明,该仪器能保证±5%的误差范围.

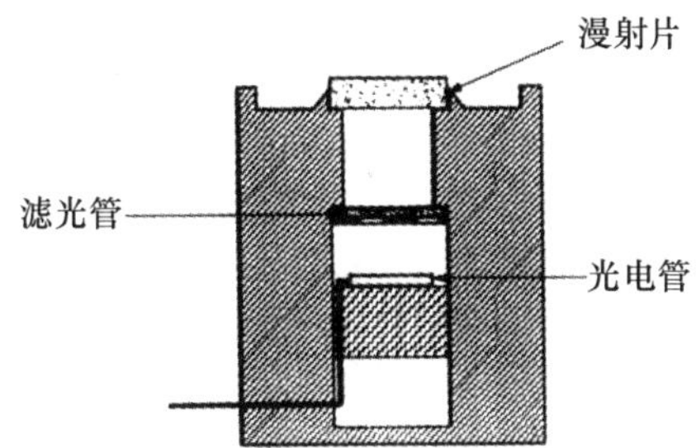

图8.14 光量子传感器的仪器结构

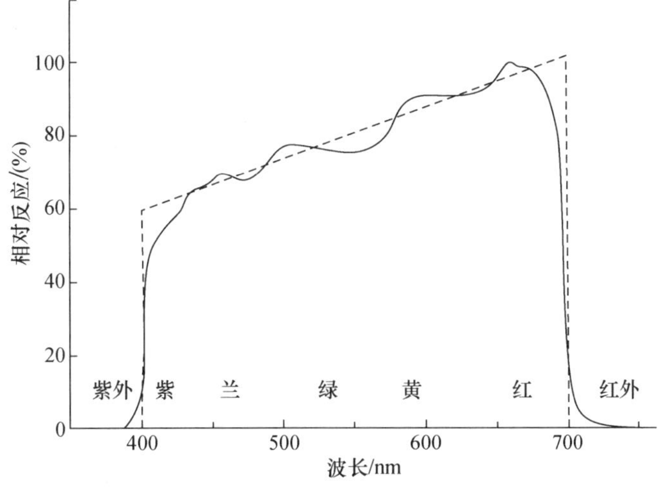

图8.15 光量子传感器的响应曲线

8.4 微气象观测系统

微气象观测系统是指温、湿、风梯度观测和辐射平衡各项的观测，它的特点是输入通道数目较大以及要求精度高. 因此必须注意各个环节的细节.

8.4.1 温、湿梯度的观测

温度和湿度的观测仪器仍然只限于干湿球温、湿度计，也只有它们能达到精度的要求. 但是它们的防辐射通风管的防辐射性能成为其控制精度的重要关键. 一般的阿斯曼通风干湿表也只能达到 0.1～0.2 ℃的精度，而梯度观测的精度应优于 0.03～0.05 ℃. 图 8.16 形式的通风管是近年最常用于梯度观测的设备，它具有以下优点：

(1) 气流从平板罩的夹缝中吸入，它在进入平板边缘时的空气流速远低于通风管道内的流速，大大减弱了吸入气流对大气垂直结构的扰动，能保证吸入的空气来自于某一高度的薄层之内.

(2) 顶部的伞罩能较好地遮蔽太阳辐射对下部组件所处位置管道的大部分直接照射. 组件所处位置的管道多不再采用双金属套管，而是采用外管壁喷涂高反射率涂层，绝热性能较好的发泡塑料管材.

(3) 干湿球测温组件均横置于气流中，可以具有较好的通风效率. 对于湿球而言，其 A 值也比较精确地达到其临界的数值.

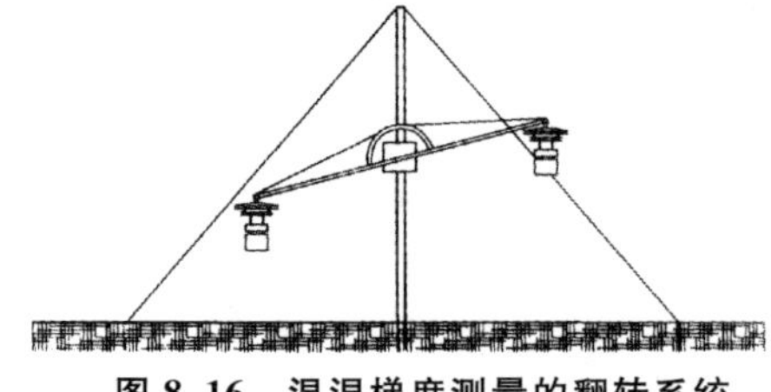
图 8.16 温湿梯度测量的翻转系统

组件的测温读数之间相对系统误差需要进行系列比较得到. 这样的比较称为水平比较，而且需要分阶段不断地进行，例如一次较长观测期的前后. 这说明某一种类型的仪器存在着一定的系统偏差，但对个别仪器仍然存在对该型仪器平均系统偏差的偏离值，这个偏离值对于温、湿梯度观测精度起着决定性的影响.

有时我们需要测量两个固定高度间的温、湿梯度，例如决定大气湍流感热通量与潜热通量的比值时. 为了消除仪器对平均系统的偏离，采用了一种交错移位系统或翻转系统(图 8.16). 一个仪器处于 z_1 高度，另一个处于 z_2 高度；一定时间之后将两个仪器所处的高度进行对换，假如在第一次观测时测得温度梯度值 Δt_1 为

$$\Delta t_1 = (t_1 + \delta t_1) - (t_2 + \delta t_2)$$

式中 t_1、t_2 和 δt_1、δt_2 分别为 z_1 和 z_2 高度仪器测量的温度真值及其系统偏差，当两个仪器的高度换位后

$$\Delta t_2 = (t_2' + \delta t_2) - (t_1' + \delta t_1)$$

假设 $t_1 = t_2'$；$t_2 = t_1'$，取两次梯度值的平均：

$$\Delta t = (\Delta t_1 + \Delta t_2)/2 = t_1 - t_2 \tag{8.7}$$

这种观测系统的优势十分明显. 如果实施多高度翻转则可以连续测量较厚气层内的温、湿度廓线.

8.4.2 风速廓线的观测

现行最常用来测量风速廓线的仪器仍然是风杯风速计，多选用微气象等级的风杯，起动风速在 0.2～0.4 m/s，长度特征尺度 L 在 1 m 左右. 对于这种风速计为制作工艺要求较严，保证其技术指标维持高度的一致性. 从风杯的工作原理分析，工艺高度一致的风速计可以保证其检定曲线的一致性，保证其输出信号是典型的方波脉冲，其高低电平准确以及互相一致. 否则很难获取光滑精确的风速廓线. 尽管如此，风速计在进行测量前后仍需放置于同一高度上进行水平比较. 以便校验出相互之间的系统偏离.

一种适合于风速廓线观测的风杯风速计，其在风洞检定结果就显示出它的检定曲线的一致性，并且能在很大的测量范围内保持线性输出关系，风速计在强风下产生主轴上下窜动以及杯架的振颤必将在高风速下灵敏度降低而使检定曲线弯曲.

风速廓线测量时，由于过高效应的影响将导致测量结果的系统偏差. 图 8.17 为一组对比的资料，其中空心圆点为手提风速表的测量结果，实心圆点为旁热式风速计测量结果. 两者的时间常数相差一个数量级. 后者的测量结果显着低于前者，两者相差约为该高度风速值的 10%.

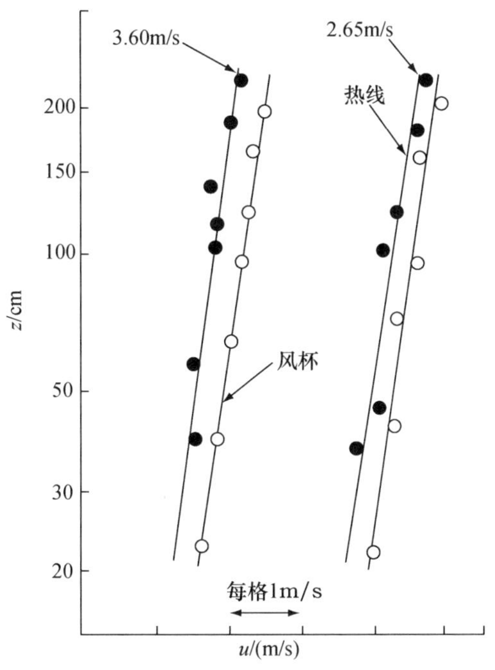

图 8.17 风杯风速表和热线风速计测量风速梯度的对比

安装仪器的主支架通常有圆柱杆和钢筋焊接的三角形桅杆塔两种，柱杆、铁塔以及其伸臂和支架对气流都将产生影响. 原则上，仪器应伸出到远离塔身的迎风方向. 许多大型的气象铁塔多在风洞中进行过模型实验，找出最佳的仪器安装方式. 仪器受到最小干扰的方向为气流来向±30°的区间内，并向外伸出一定距离，伸出距离应超出杆柱或塔身尺寸的 2～4 倍. 纵然如此，估计风速测量值仍可能偏低 5%～7%. Blance[3] 最近对这方面的研究进行了系统总结.

在近地层观测风速廓线，仪器安装的高度多取等比级数形分布，例如 8、4、2、1、0.5、0.25 m，下层的仪器距离非常靠近，如果所有的仪器全都安装在一根铁管上，相互之间的干扰不可避免. 因此观测人员宁可将每个仪器安装在单独的铁管顶端，由低到高从上风向往后排列(图 8.18). 这种观测安装方法可以说是最大限度地避免了支架对仪器，以及仪器之间的相互干扰.

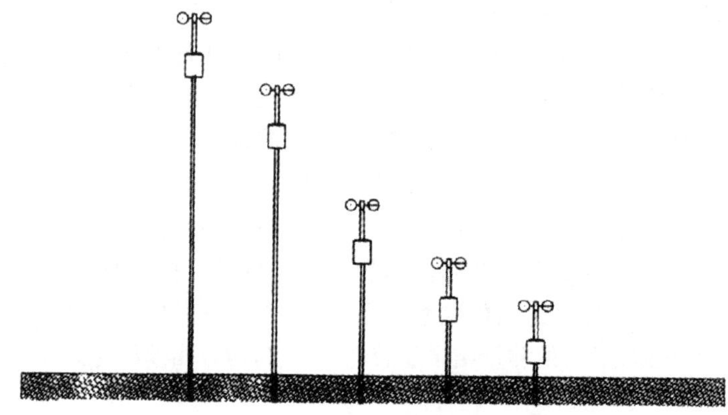

图 8.18 风速梯度观测时的仪器安装

8.4.3 土壤热通量的观测

近地面热量平衡方程为

$$E^{*} = H + EL + G$$

式中，E^{*} 为净辐射，H 为湍流交换引起的感应通量，EL 为由于地表蒸发或凝结引起的潜热通量，G 为向土壤深层或其相反方向的热通量. 净辐射的测量完全依赖于辐射仪器，一个向上的短波辐射仪器，一个向上的长波辐射仪器以及同样型号向下的短波和长波辐射仪器，这四个量的代数和即为净辐射.

$$E^{*} = E_g \downarrow - E_r \uparrow + E_l \downarrow - E_l \uparrow$$

在求取感热通量和潜热通量时，一般只求取这两项的比值，称波文比 β，即

$$\beta = \frac{H}{El} = \gamma \frac{\Delta\bar{\theta}}{\Delta\bar{q}} \tag{8.8}$$

式中，$\gamma = c_p/L_v \cong 0.0004(g\alpha_w/g_a \cdot K^{-1})$，$c_p$为定压比热系数，$L_v$为蒸发潜热. 因此直接测量两个高度的位温差 $\Delta\theta$ 和比湿差 Δq 就可以计算出 β 值.

因而问题的关键转变成对地表土壤热通量的测量. 测量的方法有三种：

(1) 直接测量土壤热通量 G；

(2) 测量土壤的导热系数 λ_g 和地表地温梯度 $(-\partial T_g/\partial z)_0$

$$G = -\lambda_g \left.\frac{\partial T_g}{\partial z}\right|_0 ; \tag{8.9}$$

(3) 通过下式测量土壤的热扩散系数 υ_g：

$$\frac{\partial T}{\partial t} = \upsilon_g \frac{\partial^2 T_g}{\partial z^2} \tag{8.10}$$

而 $\upsilon_g=\lambda_g/c_g$，$c_{g,w}$是土壤的热容量，它等于干土的热容量和土壤中水分热容量之和 c_g 和 c_w 分别为土壤和水的比热：

$$c_{g,w}=\rho_g c_g+\rho_w c_w \tag{8.11}$$

因而通过公式 8.10，利用地温观测的时间过程就能计算出 υ_g，干土的容重 ρ_g 以及比热 c_g 则可在实验室内测定，在已知土壤含水量 ρ_w 的情况下计算出土壤热容量.

选择上述三种方法中任何一种，均可以得到土壤热通量值.

直接测定 G 值的仪器称土壤热通量板，选择一种材料，其导热系数接近于一般土壤的数值，厚度在 6 mm 上下，将热电偶堆的正、负电极平贴在该导热介质的上下表面上，而后在电偶接点上方平贴上导热较强的金属薄片. 在最外层覆盖绝缘防潮的涂料(图 8.19). 该组件制成后置放于土壤表面，由热电偶堆测量的温差电动势 ε_t 等于下式.

$$G=K\cdot\varepsilon_t=K\cdot\lambda_m\cdot(t_+-t_-)$$

式中，λ_m 为热通量板介质的导热系数，t_+ 和 t_- 分别为热通量板介质上、下表面的温度，K 为换算系数. 假定不存在从通量板侧边外泄或内渗的热流 δ_G. 考虑更为细致的通量板可在测试板外围附加一个同样结构的热保护圈，用以减小侧向泄漏的热流对中心测试板的影响.

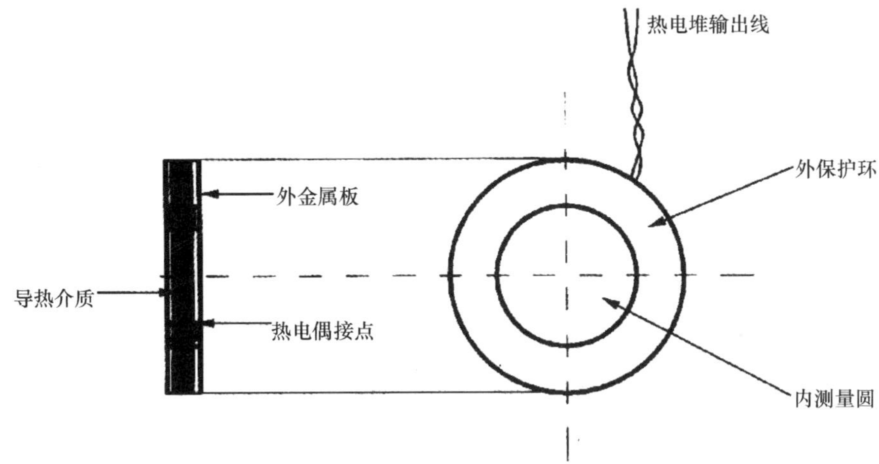

图 8.19 附加热保护圈的热通量板

土壤导热系数的测量可借助人工源散热体来完成，为求得简单的数学表达关系，可供选择的散热体形状有球体和无限长细圆管两种，达到一定细长比的铜管可以近似认为是无限长线状散热体. 以后者为例，它的构造如图 8.20 所示. 在一根薄壁的铜管中置入电阻丝，通电流加热并固定其加热功率，在管内同时封入测温组件.

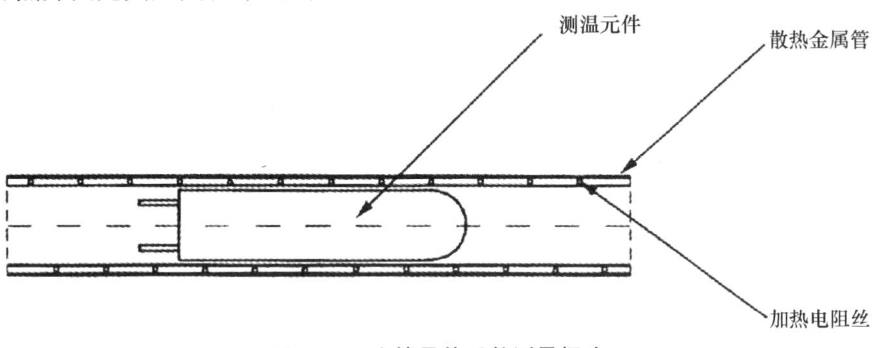

图 8.20 土壤导热系数测量探头

根据数学推导,无论是在电流加热过程中,或是加热到一定温度切断加热电流散热过程中,散热体的温度随时间变化的关系可以表达为

$$(t-t_G)\propto\frac{1}{\lambda\sqrt{\tau}} \tag{8.12}$$

式中,t 为散热体的温度,t_G为土壤介质的温度,λ 为土壤的导热系数,τ 为时间. 实际测量时可测出一组随实际时间变化的 $t-t_G$值,取 $\tau^{-1/2}$ 作横坐标,$t-t_G$为纵坐标作图(图 8.21),如果 8.12 式精确成立,实验结果应呈现为一直线关系. 从图 8.21 可见,在初始阶段由于散热体本身的热容量存在对直线的偏差,一定长的时间之后就能稳定达到 8.12 式的关系.

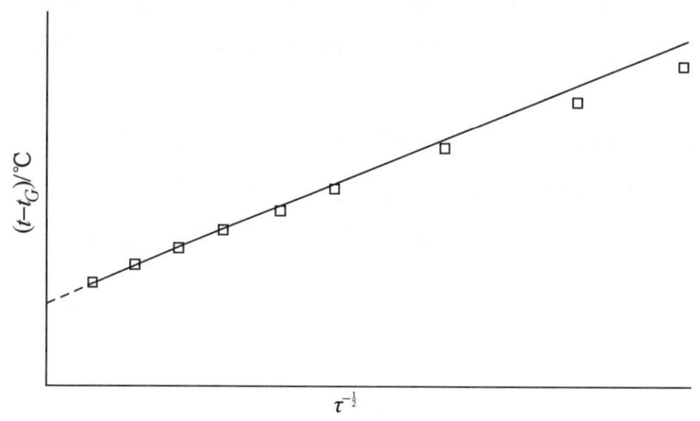

图 8.21　土壤导热测量时线状散热体温度与时间的关系

实际工作中多采用其加热过程进行测量,作出图 8.21 那样的图线,当直线段在较长的时刻确立之后,将直线外延至 $\tau=\infty$,$\tau^{-1/2}=0$ 处,得到 $(t-t_G)_\infty$,其值应与 λ 值成反比关系. 人工源散热体的标定工作可在几个与土壤导热系数相近的介质中进行,石蜡可能是最佳的标定介质.

8.5　边界层系留探空系统

铁塔的观测高度有限,建筑费用昂贵,却无法轻易搬迁. 台站日常施放的探空也无法在较长时段密集连续施放,使用系留气球带上一个轻便小型的探头,不断地上下位移可以及时收集到几百米,甚至接近 1 km 高度内的气象要素的垂直分布. 设备还可以轻便地移运,因此系留探空系统特别适合于野外科学考察工作.

系留气球的外形如飞艇,呈较好的流线型特征,在有风情况下不但能保持较小的阻力,还能始终保持艇身头部对准风的来向(图 8.22).

探头如图 8.23 所示,它包括测量干、湿球温度的热敏电阻,电容式空盒气压表,轻型风杯风速计,由于气球艇首始终对准气流的来向,可利用磁罗盘测定风向. 磁罗盘的底座上固定有环形电位器,电位器的另位对准艇首而磁针始终保持正北,电位器上的触点位置即风的来向. 为减轻电位器的磨损和电火花烧蚀,整个罗盘浸泡在油内,读数时通电使电位器磁芯产生吸力方使磁针与电位器接触.

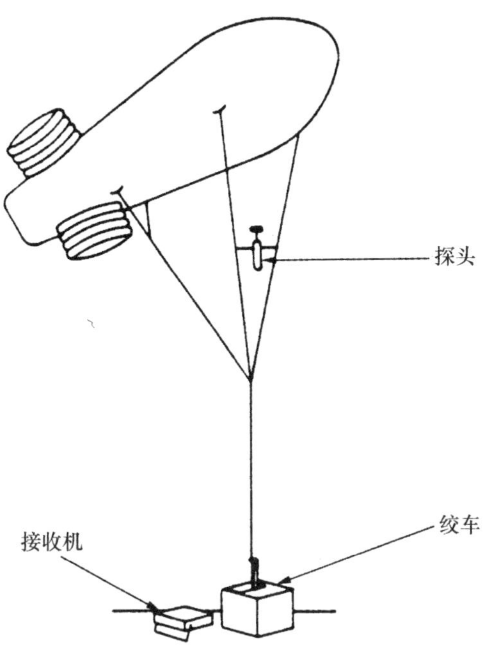

图 8.22 系留气球的艇身

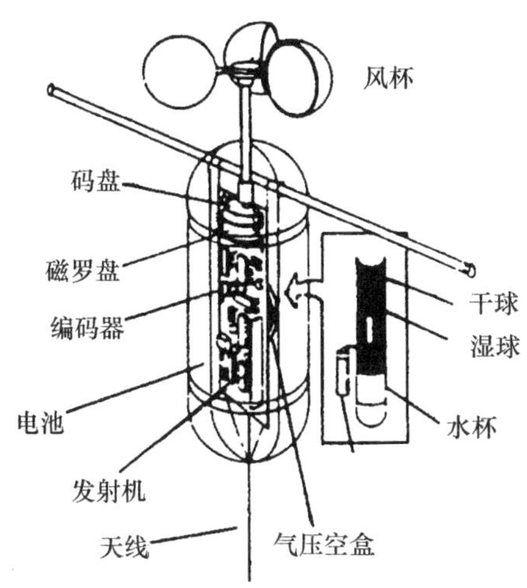

图 8.23 系留气球的探头

整个探头是一台微型自动气象站,包括数据采集、信号变低频、信号调制及射频电路. AIR 公司生产的 3 型系留探空系统是 403 MHz 调幅式发送,共有 16 个数据信道,其中 5 个信道为温、湿、压和风向、风速以及 3 个备份通道和一个探头内温度通道外,其余均为保证信号解译所需的参考点通道. 各个信道的功能说明如表 8.3 所示.

表 8.3　系留探空系统信道的功能说明

通　道	功能说明
0	由 1 kΩ 电阻发送的基准信号，为接收机便于追踪搜寻各组信号
1	为热敏电阻组件设定的 10 kΩ 低参考信号
2	为热敏电阻组件设定的 100 kΩ 高参考信号
3	探头内热敏电阻，为空盒气压组件实施温度系数订正
4	干球热敏电阻
5	湿球热敏电阻
6	为电容式空盒气压组件设定的 18 pF 电容参考信号
7	电容式空盒气压组件
8	为磁罗盘设定的高电位参考信号
9	为磁罗盘设定的低电位参考信号
10	风杯风速计
11	磁罗盘
12	主机电池电压
13～15	备用 0～1 V 通道

0 通道发送的同步信号是非常重要的，一旦接收机捕获同步信号，并根据两个同步信号的间距以及设定的通道数目，决定数据组的桢长以及每一个信道的中心位置. 接收机内的时钟将使系统同步追踪到每一个通道的信号.

接收机的框图如图 8.24 所示. 射频信号经滤波器和锁相电路锁定、解调后，将频率信号进行计数测量，送入微处理器. EPROM 保存有编译程序及检定曲线，经过数学运算器的计算，转换为物理量单位的气象要素值，从 RS-232 口输入计算机.

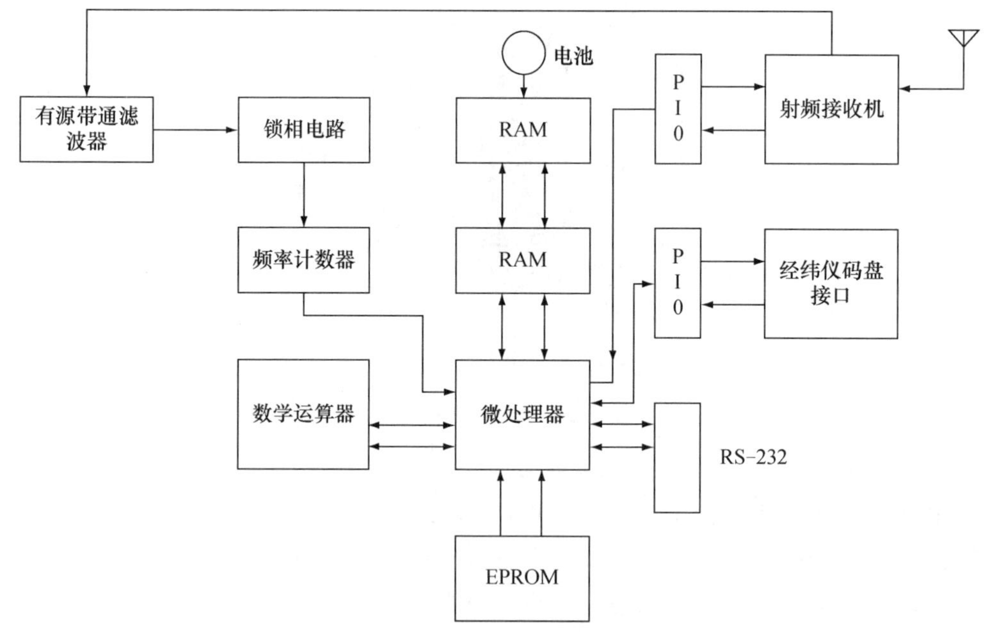

图 8.24　系留探空系统接收机的框图

系留气球施放过程为：将探头固定在气艇的支架上，打开主机及探头电源，在接收机的键盘上输入操作指令.指令包括：起动接收并清除原有指令；设定接收频率；设定接收格式和数据组采集的时间间隔；读入检定曲线；设定日期和时间；设定 RS-232 口的波特率；读入气压地面基测值等.

系留气球施放过程可以实施在不停顿升降过程中读数；也可停顿在固定高度实施定点读数.无论何种方式，均需将升降过程对应点的数据进行平均，保持各高度上的数值均取自于升降过程的中间时刻，并能消除由于滞后引起的呈相反趋势的偏差.

AIR 公司新一代的系留探空系统已是数字调频式，并在 Windows 平台下进行操作，可同时接收 6 个不同频点的探头信号.

8.6 总线型自动气象站

总线型自动气象站是指采用了总线技术的自动气象站，与传统意义上的自动气象站有很大不同.这里所说的总线技术是从工业控制系统中的现场总线(fieldbus)技术引申而来.

随着技术经济的发展，工业用户需要对生产系统实施最佳的控制，对生产过程信息的实时采集和存取，现场总线正是在这种背景下提出来的.20 世纪 80 年代以来，在微电子和计算机技术的支持下，现场测量的元件和控制阀已趋向智能化，出现了测量的智能化仪表和智能调节阀.它们不仅在内部处理功能和性能上有了很大提高，而且采用了双向数字通信技术，使其能与控制系统相互通信.其优点是不仅可传输测量结果，而且可以附带其他信息，如在传输环境湿度数据的同时，可附带传输在该环境下与产品质量有关的某些参数.数字通信的双向性，使其不仅可以实现现场仪表向控制系统传送测量数据，而且还可反过来实现控制系统对现场仪表进行标定和诊断.

该系统的测量元件具有了革命性的变化，例如测温元件已不是一般的铂电阻或热敏电阻，而是带隙(band gap)结构的半导体测温元件；这种元件利用了制备大规模积层芯片的工艺，并与相关的线路一起完成.例如测压元件可以将测温电阻、测量单晶硅空盒的应变电阻、气压和温度补偿的换算电路以及其他相关的电路单元一次性制备完成.

根据国际电工委员会 IEC1158 定义：安装在现场的装置与室内的自动控制装置之间的数字式、串行、多点通信的数据总线称为现场总线.

8.6.1 一线总线(1-Wire)技术和一线总线网

一线总线是美国达拉斯半导体公司(Dallas Semiconductor)推出的一项总线技术，与其他类型的工业现场总线相比，一线总线更适合在环境监测系统中使用，它除了具有上面的现场总线的定义所描述的特性以外，还有自己鲜明的特点，正如其名一样，它只用一条线(另加一条地线)即可完成通信和电能的传送，换句话说就是用一条数据线和一条地线即可形成一条数据链(一个数据网)，理论上这个数据链(数据网)上可以连接任意数量的节点(传感器).

一线总线网是一种低成本的主从结构网络，一台 PC 机或一个单片机都可以作为主设备(主机)，通过双绞线与子设备，即 1-Wire 探测元件进行数据通信，网络采用一个漏极开路(线“与”)的主机和多点传感器(从机)结构，即在主机端通过一个电阻上拉至 5 V 的标称电源.一线总线网络包括三个要素：① 一个总线主机及控制软件；② 连线及相应的连接器;③ 1-Wire 探测元件.系统有着严格的控制规则,节点在没有被主机授权时不能发出数据;只有通过主机,从机(智能元件)之间不能进行通信.

1-Wire 协议采用传统的 CMOS/TTL 逻辑电平,允许工作于 2.8～6 V 的宽电源电压范围.主机和从机两者自身都配有收发器,允许位序列数据双向传输,读/写数据均为低位在前,但在同一时刻只能是一个方向.1-Wire 网络通信波形与脉宽调制类似,因为在数据位传输期间是通过宽脉冲(逻辑 1)和窄脉冲(逻辑 0)发送数据的.当总线主机发出一个预定宽度的"复位"脉冲时,启动通信过程,并通过该脉冲对整个总线系统实施同步.1-Wire 器件不需要额外的系统时钟,每一个 1-Wire 器件通过内部的自身振荡器同步于主机的下降沿,而产生自时钟,通过每个 1-Wire 器件内部的半波整流器,在总线处于通信空闲期间,即数据线保持在 5 V 时,从总线上获取芯片的工作电能.不管数据线何时被拉高,半波整流器的二极管就会导通,向片内电容充电,当网络的电压低于电容上的电压,二极管被反向偏置,充电停止.电容中的电能在总线被拉低期间向从机提供工作电源.在此期间损失的储存电能将在数据线返回到高位时得到补充.这种通过网络"窃取"电源的概念被称为"寄生电源".通信时,主机使总线保持大于 480 μs 的低电平来复位网络,并释放总线,然后搜寻总线上的智能化元件发出的应答脉冲,如果检测到有应答信号,主机就可以通过呼叫该从机地址来访问它.一旦握手成功,主机将发出指令,完成主机和从机之间的任何数据传输.

8.6.2 总线器件的编码

主机之所以能够从网络上众多从机中选择其从机,这是因为它具有唯一的地址码.在每一个 1-Wire 从机内部都存有一个激光刻制的 ROM 单元,其中包含保证唯一的 64 位序列码,即节点地址.这个全球唯一的地址码由 8 字节组成,分为三个部分.从低字节开始,第 1 个字节存放 8 位家族码,以区分产品类型;接下来的 6 个字节存放定制的 48 位独立地址;最后 1 个字节,即最高字节(MSB),包含了 1 个循环冗余码(CRC)字节,该 CRC 码基于前面 7 个字节,从而允许主机判断读取的地址有无错误.由于存在 2^{48} 个序列码总量,所以总线上极不可能出现相互冲突、或相同的节点地址.

8.6.3 一线总线型自动气象站

一线总线型器件有很多种类型,充分利用这些器件的功能,就可轻松地建成一线总线型自动气象站,

1. 温度的测量

在一线总线器件中,有多种器件内部都含有测温功能,其中型号为 DS18B20 的器件最适合用来测量大气温度.

如图 8.25 所示,该芯片的外形与三极管一样,三个管脚的定义如下:GND 地线,DQ 数据线,V_{DD}电源线.在一线网络中使用时,GND 与 V_{DD}短接在一起.总线上的主机直接读取 DS18B20 中的温度值.DS18B20 的主要性能指标如下:

分辨率：0.0625 ℃
测量范围：−55～125 ℃
误差(Error)：±0.5 ℃

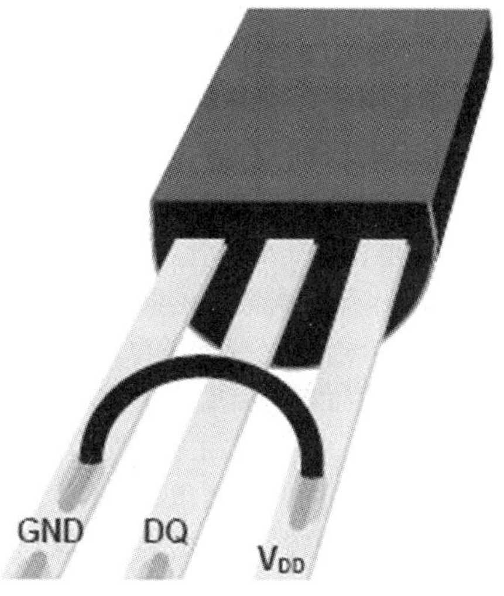

图 8.25 总线制的智能温度元件

DS18B20 与大多数直接数字化温度传感器 IC 一样，采用正比于绝对温度的半导体带隙(Band gap)结构*，经过工厂校准后，在保持线性化的条件下，其测量精度可达±0.5 ℃. 然而，这样的精度并不能满足气象上的要求. 带隙电压系数的固有弯曲度在带隙温度传感器超出一定的温度范围时不能满足线性校准所能达到的精确度. 幸运的是，电压系数的非线性呈抛物线形式(图 8.26)，用户可以通过对器件的误差曲线进行二次方程拟合，然后用拟合方程修正给定温度点的器差，轻易地将精度提高 10 倍.

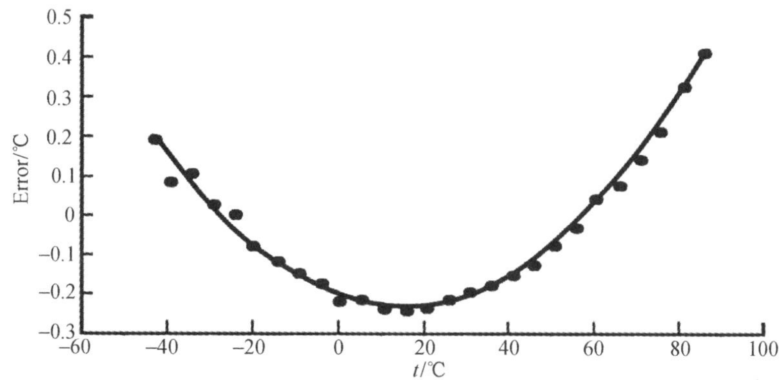

图 8.26 带隙型温度传感器的误差曲线

带隙温度传感器的二次误差特性可由下列方程表示：

$$\text{Error} = \mathrm{d}T_{S0} + \alpha\,(T_{TS} - T_{S0})^2 \tag{8.13}$$

式中，T_{TS} 为温度传感器的测量值，α 为曲线修正系数，T_{S0} 是抛物线顶点(曲线斜率为零处)的温度，$\mathrm{d}T_{S0}$ 是 T_{S0} 点的误差.

* 这相当于在器件中接入一个三极晶体管测温元件——作者注.

确定 α、dT_{S0} 和 T_{S0} 后，方程(8.13)提供了一个温度传感器输出误差曲线的近似拟合，用户可以计算任意温度的近似测量误差，然后用测量温度值减去计算值对误差进行补偿，这样，补偿后的温度可用下式计算：

$$T_{comp} = T_{TS} - \text{Error} = T_{TS} - [dT_{S0} + \alpha(T_{TS} - T_{S0})^2] \tag{8.14}$$

为了得到最佳结果，需要对每个温度传感器在规定的温度范围内单独进行测试，以便得到每个特定器件最佳拟合的误差曲线.

2. 湿度的测量

只要采用合适的敏感元件就可以通过 1-Wire 网络测量湿度，这里所指的就是输出电压和相对湿度呈线性关系，而且与电源电压成正比的敏感元件，因而多采用湿敏电容. 这就要求既测量传感器元件的电源电压，又要测量传感器的输出. 另外湿敏电容的输出具有一定的温度系数，为了得到精确的相对湿度，还要知道测湿元件所处的温度. 型号为 DS2438 的器件恰好包括了所有用于相对湿度测量和温度修正计算的功能，在图 8.27 中，湿度敏感元件 HIH-3610 的模拟输出由 DS2438 的 ADC 主输入转换为数字量，总线上的主机使 U_1，DS2438 测出 V_{DD} 引脚上的电源电压，它同时也是敏感元件 U_1 的电源电压；接着，主机通过 U_2 读出 U_1 的输出电压，并且从片内传感器中读出温度；最后根据 U_2 提供的 3 个参数计算出相对湿度.

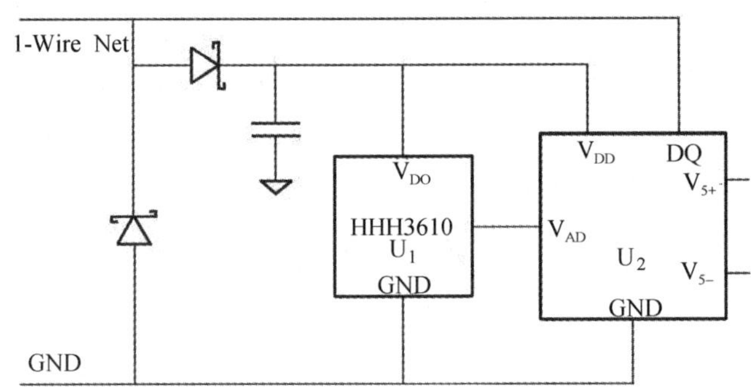

图 8.27 总线型湿敏元件的接线

计算公式为

$$V_{out} = V_P(0.0062U_S + 0.16) \tag{8.15}$$

温度补偿后

$$U_R = U_S/(1.0546 - 0.00216T) \tag{8.16}$$

其中，V_P 是电源电压，V_{out} 是元件的输出电压，U_S 是元件测试的相对湿度，U_R 是经温度系数修正后的环境相对湿度，T 是元件的温度(单位是℃).

3. 风速的测量

风速的测量是通过读取风速传感器中光电脉冲数转换而来的，这里需要一个计数器，型号为 DS2423 的器件可以实现这一功能(图 8.28). DS2423 是一个双路计数器，有两个独立的计数通道 A 和 B，测量风速时只用其中一个即可，但实际应用时往往把两个通道并联使用. 总线上的主机通过 U_1 读出光敏器件产生的脉冲，计算每分钟的脉冲数，即可换算出风速.

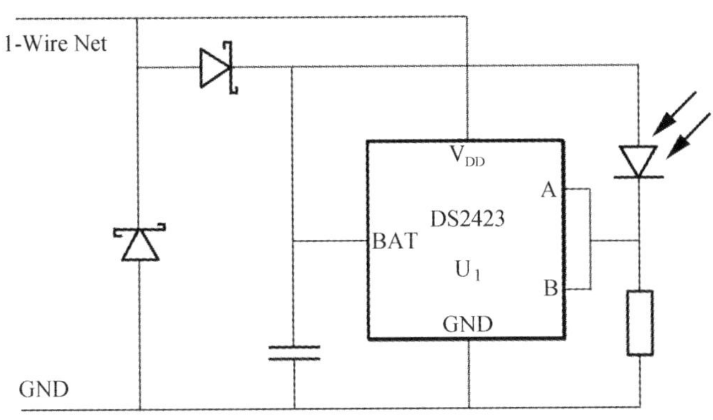

图 8.28 总线型风速仪的接线

4. 风向的测量

风向的测量是通过读取风向传感器中的格雷码盘产生的 4 位或 7 位格雷码,然后换算成风向方位角.这需要一个能读取 4 路或 7 路开关量的器件.

型号为 DS2450 的器件可以满足这个要求(图 8.29).DS2450 是一个四路 A/D 转换器,它有 A、B、C、D 四个通道,把这四个通道接到 4 位格雷码的输出端,就可以实现 4 位格雷码的读取.如果要读取 7 位格雷码,可以用 2 片 DS2450,其中一片的四个通道全用上,读取 4 位;另一片只用三个通道,读取剩下的 3 位.这样,不论是 4 位格雷码还是 7 位格雷码,这种总线型的风向传感器都只需要 2 条线即可,也就是说,只用一条数据线外加一条地线就可以完成用传统办法需要 5 条或 8 条线才能完成的任务.

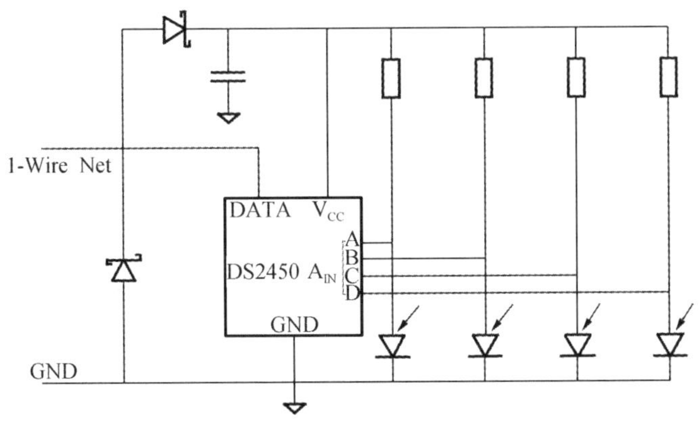

图 8.29 总线能型风向仪的接线

5. 降雨量的测量

自动气象站中测量降雨量的传感器通常是翻斗式雨量计,其计数原理与风速传感器类似,都是测量脉冲数,所以可以同样选用器件 DS2423(图 8.30).翻斗式雨量计有单翻斗和双层翻斗两种,一般认为双层翻斗的计量更准确一些.但是这种双层翻斗的雨量计只用了下面一层的翻斗计数,上面的翻斗只起到对于不同的降雨强度均衡水流的作用,现在有一种一线总线式的双翻斗雨量计上下两层翻斗都进行计数，这种雨量计的上翻斗小、下翻斗大，相当于一个小秤和一个大秤，称量重量轻的物体时用小秤，而称量重的物体时则改用大秤. 因为 DS2423 中有两个计数器，刚好可以对应两个翻斗，通过总线上的主机同时读取小斗和大斗的翻转次数，可以判断降雨强度，并计算出准确地降雨量.

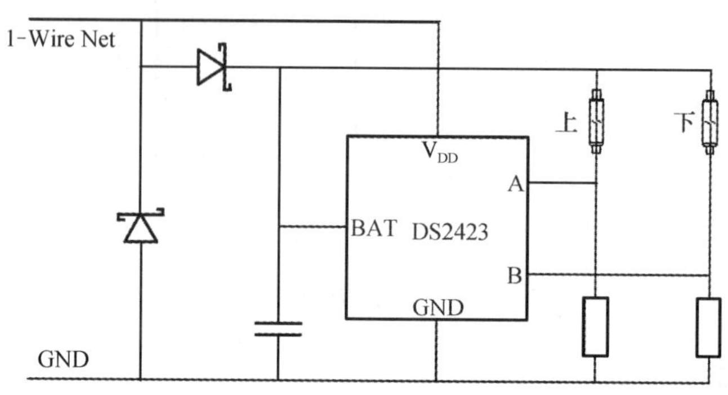

图 8.30 总线型雨量计的接线

6. 大气压力的测量

有两种类型的集成化压力传感器可供选择，一种是电压输出型，例如 MOTOROLA 公司的 MPX4115A 系列传感器；另一种是数字输出型，例如 Intersema 公司的 MS5534 系列传感器(图 8.31).

当选用电压输出型的压力传感器时，可以用与测量湿度相同的方法，即采用 DS2438 作 A/D 转换器，也可以采用上面提到的 DS2450 四路 A/D 转换器，但是由于 MPX4115 的工作电流达 10 mA，采用寄生电源不足以驱动它，另外需要一个外加电源.

一般来说，数字输出型的压力传感器要比电压输出型的精度和集成度都较高，内部含有的 CPU 可以自动进行补偿计算，直接输出数字信号，没有二次误差，使用这种类型的传感器是一个趋势. MS5534 数字输出型的压力传感器有一个三线式 I/O 接口，即时钟线 SCLK、数据输入线 DATAin、数据输出线 DATAout、一条地线. 这个 3 线式 I/O 接口是用于与单片机进行通信的，要把这个三线式 I/O 接口转换成 1-Wire 接口，需要用 2 个 DS2406. DS2406 是一个 1-Wire 型开关，它有 2 个开关通道 PioA 和 PioB. 实际应用时，一个 DS2406 开关用来向 MS5534 进行写操作，另一个用来进行读操作. 用来进行写操作的 DS2406 的 PioA 接到 MS5534 的 SCLK 端，PioB 接到 Data In 端；用来进行读操作的 DS2406 的 PioA 接到 MS5534 的 SCLK 端，PioB 接到 Data Out 端. MS5534 的功耗很低，平均工作电流只有 5 μA，寄生电源足以满足需要，而无需外加电源. 总线上的主机使 2 个 DS2406 的开关按照 MS5534 的时序要求进行开关动作，即可读出大气压力值.

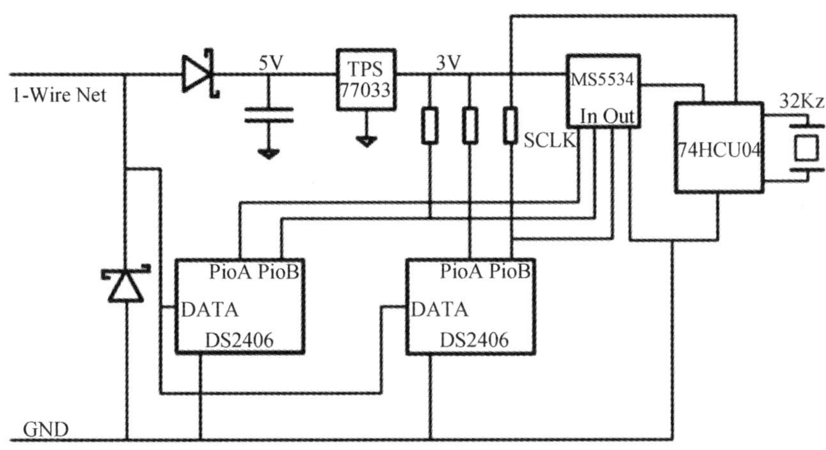

图 8.31 总线型气压计的接线

7. PC 机的串行通信口到 1-Wire 协议

前面提到过 1-Wire 协议采用传统的 CMOS/TTL 逻辑电平,允许工作于 2.8～6 V 的宽电源电压范围,然而 PC 机的串行通信口的电平并不在这个范围内,另外 1-Wire 系统工作时要求提供正确的时序和适当的输出电压摆率.

摆率(slew rate)有下摆率和上摆率之分.下摆率是指总线电平从高电平变为低电平的速率.下降速度过快(高摆率)会引起自激,在 1-Wire 总线上产生伪信号,影响有效的数据波形.而下降和上升速度过慢又可能不满足时隙要求,使过渡期受到噪声和反射的影响.

这些问题可以通过采用一个串行通信口到 1-Wire 桥接器来解决.这个桥接器主要由 DS2480 构成,DS2480 是一个专用的从串行接口到 1-Wire 网络协议转换器,只要主机具有普通的串行通行 UART,就可以通过该转换器产生严格定时和电压摆率控制的 1-Wire波形.

8. 与传统自动气象站的对比

图 8.32 是一张总线型自动气象站的示意图,从图上可以清楚地看到总线型自动站的结构与遗传因子链非常相似,每个要测量的气象要素就好像遗传因子链中的一段,这些因子与一对双绞线构成了一个完整的气象要素测量链.因此,有学者将这种结构的自动站称为遗传因子链自动气象站.表 8.4 将它与传统的自动气象站进行了对比.

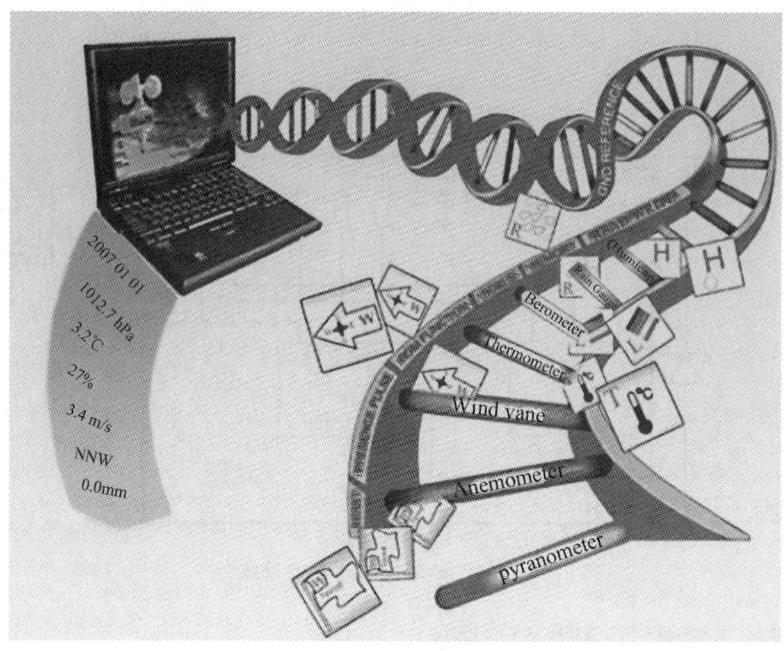

图 8.32　总线型自动气象站的示意图

表 8.4　两种自动气象站的对比

	传统型自动站	总线型自动站
传感器	模拟式、数字式和事件式等	数字化智能式(节点式)
传输导线	传感器所需求的多芯电缆	双绞线
供电方式	电压源、电流源	寄生电源
传感器接口	一对一、多种类、数量大	只需一个数字接口
数据采集板	结构复杂、成本高	无采集板
功耗	较高	低
安装	费时、费力、成本高	简单、快捷、低成本
调试	周期长	即插即用、简单
系统扩充	非常困难	简单方便
传感器更换	需重新订正	直接互换
系统准确度	由传感器和采集器决定	由传感器决定
总成本	高	低

第九章　高空风的测量

9.1　高空风的观测方法

大气中各种物理过程和天气的变化都是在三度空间中进行的，因此必须进行高空观测以取得空中各高度上的气象要素值. 不同层次大气的性质和过程各不相同，地面以上各高度上的气流情况就有很大的差异.

大气在空间的运动基本上是水平的，气流在垂直方向的分量与水平方向的分量相比，一般是很小的. 高空风的测量一般是指由地面至空中≥30 km 高度上水平气流的方向和速度，即风向、风速的测定. 垂直气流对于很多大气过程（例如云的形成和发展，天气系统的发展）是极为重要的因素，但是垂直气流的测量方法比较复杂，目前还不够成熟.

高空风测量的单位：风速为米/秒（m/s）；风向为方位度（deg），以正北为 0°，全方位分为 360°，顺时针旋转，例如风向为 90°和 270°，即东风和西风. 如果是指某一等压面高度上的风，高度单位取位势米.

高空风的测量方法由于升空观测条件的限制，具有与地面测风方法不同的特点.

（1）高空风测量法分类

① 根据气流对测风仪器的动力作用（压力的方向和大小）来测定各高度上的风向、风速. 这类方法广泛用于测定地面风，用于测量高空风时，就需要使用升空装置（系留气球、飞机等）将测风仪器（风杯、风标、风压管等）带到各个高度上，但在观测高度、观测时间上受到局限.

② 观测随气流飘动的物体在空中运动的轨迹，从而测定出风向、风速. 这类方法称轨迹法，在高空观测中广泛采用. 用来测风的飘浮物体，要求其惯性很小，没有相对于空气的水平运动的对象才能作为气流水平方向运动轨迹的示踪物. 示踪物在水平方向运动的方向和速度就是风向、风速. 需要指出的是，这样求出的风向、风速是某一时段或某一气层厚度内气流方向和速度的平均值.

高空风测量中使用的示踪物一般是灌满氢气的气球，即测风气球. 此外，天空中云团、人工施放的烟团和铝箔也可作为示踪物.

（2）气球在空中飘浮的三种方式

① 气球只飘浮在某一高度（等密度面）上，一般称为平移气球；

② 气球以一定的垂直速度上升；

③ 气球以一定的速度降落.

为了测定地面以上至空中≥30km 各高度上的风，一般都是使用定速上升的气球. 测定出气球在上升过程中的运动轨迹即可计算出大气各层中的平均风向、风速.

确定气球在空间的位置至少需要已知三个参量（见图 9.1）：

以 P 点表示气球在空间的位置，原点 O 表示观测点，OP 为视线. 则定位参量有：

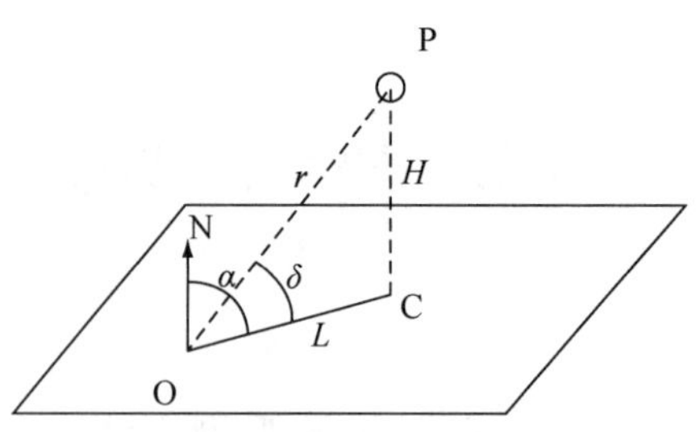

图 9.1　确定气球位置的参量

仰角 δ——气球距 OP 与其水平投影线 OC 的夹角(∠POC).

方位角 α——正北线 ON 与水平投影线 OC 的夹角,以正北为 0°,顺时针转之角度(∠NOC).

球高 H——气球距观测点所在平面的高度(PC).

斜距 r——视线 OP 的长度.

水平距离 L——气球在观测面上的投影点 C 距观测点 O 的距离(OC).

上述参量间存在的关系：

$$H = r \cdot \sin\delta \tag{9.1}$$

$$L = H \cdot \cot\delta = r \cdot \cos\delta \tag{9.2}$$

因此,只要已知 α,δ,H 或 α,δ,r,就可确定气球位置.不同的定位工具可测得不同的参量.按定位方法,气球轨迹法测风可以分为三类：① 单点测风;② 基线测风或称为双点(经纬仪)测风;③ 导航测风.这三类方法所使用的仪器设备及测定的参量见表 9.1.

表 9.1　气球轨迹法测风分类

方　法	仪器设备	测定坐标	备　注
单点测风	经纬仪	α,δ	H 由气球升速推算($H=v\cdot t$)
	经纬仪(光学或无线电) 探空仪	α,δ,H	H 由探空记录计算求得
	雷达、反射靶(一次雷达)	α,δ,r	
	雷达探空仪(二次雷达)	α,δ,r,H	H 由探空记录求得
基线测风	两台经纬仪(分设于基线两端)	α_1,δ_1; α_2,δ_2	H 由(α_1,δ_1),(α_2,δ_2)及基线长度计算求得
导航测风	卫星导航信号(探空仪导航信号接收机)、地面站	X,Y,H	气球位置由卫星导航信号求出,H 由探空记录求出

单点经纬仪测风时,只能测得两个参量(α,δ),尚缺一个参量 H. H 要由气球的升速 v 及观测时间 t 间接推算.导航测风法是近些年发展的新的测风方法,它不仅可以由地面站进行观测(接收及处理气球上的导航接收机发回的信号),而且可以将飞机、船只或其他活动平台作为测站,还可采用下投式探空气球.导航测风法特别适用于海洋地区的探测.

9.2 气象气球

9.2.1 概述

气球作为一种升空器具,是目前高空观测中使用的主要工具.与其他升空器具(飞机、火箭、卫星等)相比,具有不需要动力、花费少、使用方便的特点.气象气球的应用面很广泛.根据使用要求的不同,气象气球的外形、升速(平移或降落)、荷重、可达高度以及颜色是多种多样的.

按照使用的目的,气象气球可分为以下三类:

(1) 作为各种大气探测仪器升空运载工具的探空球.

携带各类无线电探空仪(荷重 1~2 kg)能升至 30 km 以上高度,并具有较大的升空速度(保证感应元件通风量)的气球,称为无线电探空仪气球.能保持在某一高度随风飘浮以进行大气水平探测的称为平移气球,其中如高斯特气球(GHOST)在全球大气试验中,大量用于赤道等地区的环球飞行.由地面绳索牵引停留在大气某一高度的称为系留气球,这类气球大多呈流线形,升空高度一般在 2 km 以下.此外还有随火箭升到高空(70 km),弹出后向下降落时进行探测的洛宾(ROBIN)球等.

(2) 作为气流运动轨迹示踪物的测风气球.

测定风向、风速用的测风气球,荷重很小,因此比探空球小很多,可升的最大高度较低,其主要特点是要在上升中保持球形,能按指定升速稳定上升.如果是使用雷达测风或配合探空仪测风,其大小与反射靶以及探空仪的总重量有关,一般需使用探空球.

(3) 测定云层高度的云幕气球,或称测云气球.

这类气球一般都是采用直径较小的测风气球,升速多为 100 m/min,根据自地面到没入云底的时间,计算出云底的高度.

9.2.2 气球的一般性质

气象气球有膨胀型与非膨胀型两种.

膨胀型气球的球皮是由伸缩性较大的橡胶制成.球内充气后,球内外压力差很小,气球可随大气压的降低而自由膨胀,气球可一直上升到破裂为止.这种气球一般是在大气垂直探测中应用.制造球皮的橡胶有天然橡胶与合成橡胶(氯丁橡胶)两种.为了保持球皮的伸缩性,橡胶内要适当加入耐寒、耐臭氧、耐光老化的助剂,此外还要加入防静电的物质,以防氢气爆炸.

非膨胀型气球的球皮是由聚乙烯塑料薄膜、聚脂薄膜制成.一般在超压状态下工作,球皮几乎无伸缩性,可保持一定形状,用于水平探测,制作定高气球、系留气球等.聚乙烯薄膜的性能优于橡胶,耐低温,受紫外线影响小,而且透气率小,有较高抗拉强度,因此可以用来制造使用期较长、负荷较大的气球.

我国生产的橡胶气球规格如表 9.2 所示.

表 9.2 气球规格表

用途	使用要求			规格(号)	质量/g	直径/cm	双层厚度/mm	柄宽/cm	柄长/cm	爆破直径/cm
	升速/(m/min)	荷重/kg	升高/km							
云幕球测云高、测风	100		4	10	$13\pm_{3}^{2}$	≥16	$0.34\pm_{0.12}^{0.10}$	≥3.7	≥4	≥60
经纬仪测风	200		10	20	34±5	≥31	$0.34\pm_{0.12}^{0.10}$	≥5.2	≥6	≥105
回答器测风、无线电探空	400	1	20	80	400±50	≥118	$0.34\pm_{0.12}^{0.10}$	≥10	≥10	≥380
无线电探空、回答器测风	400	1～2	30	120	950±70	≥188	$0.34\pm_{0.12}^{0.10}$	≥11	≥10	≥560
探空对比施放、高层探测	400	2～3	30	200	2 800±300	≥298	0.39±0.21	≥20	≥15	≥800

用于测风的 10 号、20 号球皮，有红、白、黑等不同颜色，施放时可根据不同的天空状况(云况)选择适当颜色，加大对比度，以便目测.

球皮不宜长期搁置. 保管条件对气球搁置寿命影响很大. 要保持避光，避免环境温度过高或过低，避免接触油类.

一般都用氢气充灌气球，有时也使用氦气. 纯氢的密度在地面条件下为 0.09 kg/m^3，一般的工业氢纯度较差，密度约为 0.13 kg/m^3. 在空气中，1 m^{3}体积的氢气球可产生 1.2 kg 左右的浮力. 氢气与空气中的氧气混合后易于引起爆炸，空气中含氢量在 25%～96%时最易爆炸. 氢气能自燃，因此充灌气球时应注意安全. 氦气比较安全，但浮力较小，成本也太高.

在得不到工业氢气供应的地方，可以用特制的钢质反应瓶(容积约 40 L)，用碱性法自制氢气. 硅(矽)铁粉 1.8 kg，苛性钠 2.3 kg，加 15 kg 的水，它的反应效果与水温有显著的关系，水温过高将会产生危险，过低又会使反应不完全. 此外也可以用电解水方法制取氢气.

9.2.3 气球的上升速度

为了控制气球在大气中的飞行状态(上升、平移或下落)，需要研究在大气中飞行气球的动力学性质. 对于上升类气球，控制其上升速度是极为重要的. 单经纬仪测风时要根据气球升速计算球高，才能确定气球的空间位置；云幕球要由气球升速及入云时间计算云底高度；为保证探空仪在一定时间到达所需的高度以及仪器的通风量，气球必须保证一定的升速. 下面将推导计算气球具有规定升速的公式.

1. 作用于气球的力

假设圆球型气球体积为 V，球内充灌气体(如氢气)的密度为 ρ_H，则球内气体的质量为 $V\cdot\rho_H$，所受重力为 $V\cdot\rho_H\cdot g$(g 为重力加速度).

设气球的球皮及其他附加物的重量为 B，则整个气球所受的向下的重力为

$$mg = V\cdot\rho_H\cdot g + B \tag{9.3}$$

m 为气球的总质量.

气球在大气中要受到向上的浮力 F，$F=\rho\cdot V\cdot g$，ρ 为空气的密度. 气球在上升过程中，周围的空气密度 ρ 是变化的，但由于球皮的自由膨胀，球内气体的密度及体积也随之而

变. 浮力保持不变. 假定球皮内外的气压及温度在上升过程中始终保持相等,由气体状态方程可知

$$V=\frac{nR_{\mathrm{H}}\cdot T}{p}$$

$$\rho=\frac{p}{R\mathrm{a}\cdot T}$$

式中 R_{H},R_{a}分别是球内气体及空气的比气体常数,n 为球内气体克数.

$$F=\rho\cdot V\cdot g=n\cdot\frac{R_{\mathrm{H}}}{R_{\mathrm{a}}}\cdot g \tag{9.4}$$

可见气球受的浮力与球内气体质量成正比. 如果在上升中球皮不漏气,n 为常数,g 随高度变化也很小,上升中气球所受浮力保持常数.

定义净举力 A 为气球所受浮力与重力之差

$$A=F-mg=\rho Vg-B \tag{9.5}$$

$$A=E-B \tag{9.6}$$

式中 E 称为总举力,是气球排开空气的重量与球内气体重量之差

$$E=\rho Vg-\rho_{\mathrm{H}}Vg \tag{9.7}$$

气球在上升中无泄漏,mg 不变,F 也保持不变,因此在上升过程中,A 和 E 也为常数.

由于在实际上升过程中球内外的压强及温度存在一定的差值,g 随高度略有减小,加上球皮渗漏气体,上述的讨论只是一种近似.

气球在上升时,周围空气阻力 R 将作用于球面上. 气球为正圆形时可认为阻力作用于质心,其方向与运动方向相反. 气球所受各种作用力如图 9.2 所示.

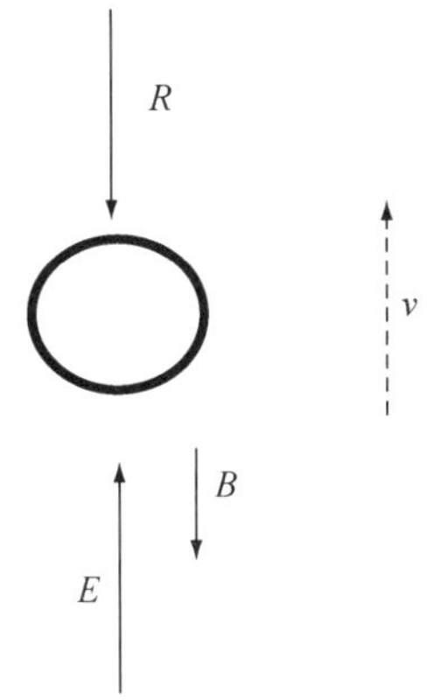

图 9.2 气球升空时受力的情况

设气球的上升速度为 v,根据实验,在 2 m/s$<v<$100 m/s 的条件下有

$$R=\frac{1}{2}C_D\cdot\pi r^2\cdot\rho\cdot w^2 \tag{9.8}$$

式中,r 为气球半径;C_D为比阻系数,是雷诺数 Re 的函数

$$Re=\frac{\rho\cdot w\cdot 2r}{\eta}$$

其中,η 是空气的黏性系数(在标准状态下 $\eta=1.73\times10^{-5}$ kg/(m·s)). 根据实验,C_D与 Re 的关系曲线如图 9.3 所示,在 Re 值较低及较高时,C_D基本不随 Re 变化,可视为常数. 在 Re

值处于某一区间($1\times10^5\sim3\times10^5$)时,$C_D$随$Re$增加而明显减小,这一区间称为"临界区"或"阻力危机区". 临界区的位置与大气中湍流强度有关,当湍流强时临界区向低Re值方向移动. 不同的研究人员给出的C_D-Re曲线有一定的差异,与实验时风洞中的湍流强度有关. 各种气象气球中只有小号低升速云幕球的Re值处于临界区以下,C_D可视为常数;测风球及探空球的Re数值都进入了临界区,因此随大气湍流强度的不同,同一Re数下,所受阻力也不相同. 湍流强,阻力小;湍流弱,阻力大.

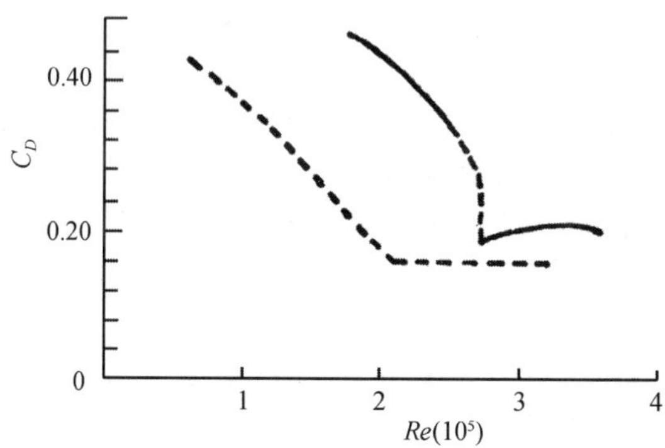

图 9.3 比阻系数与雷诺数的关系

2. 气球升速公式

气球的运动方程为

$$m\frac{\mathrm{d}w}{\mathrm{d}t}=F-mg-R \tag{9.9}$$

$$\frac{\mathrm{d}w}{\mathrm{d}t}=\frac{\mathrm{d}w}{\mathrm{d}z}\cdot\frac{\mathrm{d}z}{\mathrm{d}t}=\frac{1}{2}\frac{\mathrm{d}v^2}{\mathrm{d}z}$$

式中,z为气球所在高度. 将上式及(9.5)、(9.8)式代入(9.9),有

$$\begin{aligned}&\frac{m}{2}\cdot\frac{\mathrm{d}w^2}{\mathrm{d}z}=A-\frac{1}{2}C_D\cdot\pi r^2\cdot\rho w^2\\&\frac{\mathrm{d}w^2}{\mathrm{d}z}+\frac{C_D\cdot\pi\cdot r^2\cdot\rho}{m}v^2-\frac{2A}{m}=0\end{aligned} \tag{9.10}$$

如果取一层薄层大气,C_D、r及ρ变化很小,取为常数. 取初条件$z=0$时,$v=0$,上述方程的解为

$$w^2=\frac{2A}{C_D\pi r^2\rho}\left[1-\exp\left(-\frac{C_D\pi r^2\rho}{m}z\right)\right]$$

由此得出气球的上升速度w的计算公式

$$w=\frac{1}{r}\sqrt{\frac{2A}{C_D\pi\rho}}\left[1-\exp\left(-\frac{C_D\pi r^2\rho}{m}z\right)\right]^{\frac{1}{2}} \tag{9.11}$$

当$z\to\infty$,则

$$w_\infty=\frac{1}{r}\sqrt{\frac{2A}{C_D\pi\rho}} \tag{9.12}$$

实际上,v趋近于v_∞值的速度很快,如果取(9.11)式右边方括号的数值为0.99.

$$w=\exp\left(-\frac{C_D\pi r^2\rho}{m}z\right)=0.02$$

$$\frac{C_D\pi r^2\rho}{m}\cdot z\cdot \lg e = 1.7\ \text{m}$$

对于 20 号球皮，一般可取 $m=60$ g，$r=35$ cm，$\rho=1.3\ \text{kg/m}^3$，$C_D=0.4$，由上式求出

$$z(\text{m}) = \frac{3.9m}{C_D\pi r^2\rho} = 1.17\ \text{m}$$

可见，气球施放后上升 1 m 多就达到了其极限值的 99%，因而可以认为气球在施放之后按下式的速度稳定上升.

$$w_\infty = \frac{1}{r}\sqrt{\frac{2A}{C_D\pi\rho}}$$

因为空气阻力与 v^2 成正比，施放后气球短时加速上升，阻力逐渐加大，很快就与净举力 A 达到平衡，作等速上升. 取 $A=R$，立即就可得出式(9.12).

应用(9.12)计算气球升速不方便. 因为上升中气球不断膨胀，r 是变化的. 在气球内外的温度及压强相等的条件下，气球飞升到各高度时的气球半径可通过公式(9.5)以及将气球的体积 $V=(4/3)\pi r^3$ 代入，得出

$$A = \frac{4}{3}\pi r^3(\rho-\rho_{\text{H}})g - B$$

$$r = \left[(A+B)\frac{3}{4\pi g(\rho-\rho_{\text{H}})}\right]^{\frac{1}{3}} \tag{9.13}$$

由于假设球内外温度压强相等

$$\frac{\rho_{\text{H}}}{\rho} = \frac{R_{\text{a}}}{R_{\text{H}}}$$

取 $\alpha=1-R_{\text{a}}/R_{\text{H}}$(如球内为氢气，$\alpha$ 值为 0.93～0.90)，于是 $\rho_{\text{H}}=(1-\alpha)\rho$，代入(9.13)式，得出

$$r = \left[(A+B)\frac{3}{4\pi g\alpha\rho}\right]^{\frac{1}{3}} \tag{9.14}$$

可见 $r\propto(1/\rho)^{1/3}$，上升中 ρ 变小，r 加大. 将(9.14)式，代入(9.12)式，得出

$$w_\infty = b\rho^{-\frac{1}{6}}\frac{A^{\frac{1}{2}}}{(A+B)^{\frac{1}{3}}} = b\rho^{-\frac{1}{6}}\frac{A^{\frac{1}{2}}}{E^{\frac{1}{3}}} \tag{9.15}$$

其中，

$$b=\left(\frac{4\alpha\cdot g\cdot\pi}{3}\right)^{\frac{1}{3}}\left(\frac{2}{C_D\pi}\right)^{\frac{1}{2}}$$

因此，控制球重及净举力就可改变气球的升速. 在净举力及球重不变时，空气密度愈小，升速愈大，因而气球升速会随高度而略有加大.

一般规定在气压 $p_0=1\,013.2472$ hPa，气温为 20 ℃时的空气密度为标准密度($\rho_0=1.205\ \text{kg/m}^3$)，设在标准密度时的升速为 v_0，则有

$$w_0 = b\rho_0^{-\frac{1}{6}}\frac{A^{\frac{1}{2}}}{E^{\frac{1}{3}}} \tag{9.16}$$

由(9.15)、(9.16)式得

$$\frac{w}{w_0} = \left(\frac{\rho_0}{\rho}\right)^{\frac{1}{6}} \tag{9.17}$$

根据中纬度$(\rho_0/\rho)^{1/6}$随高度变化的年平均情况，设地面年平均值为 ρ_0，ρ 为各高度上的年平

均值,可以求出 v/v_0 随高度变化的情况如表 9.3 所示.

表 9.3 气球升速因密度因素随高度的变化

z/km	0	2	4	6	8	10
v/v_0	1.00	1.04	1.08	1.11	1.15	1.19

由表 9.3 可以看出,气球升速在 5 km 高度上将比地面值大 10%,10 km 处约大出 20%.

b 的数值与 C_D 有关.对于测风与探空气球 C_D 是随 v 而变的,b 值不是常数,要通过实验确定.如令 $b_1=b/\rho_0^{1/6}$,取 A 及 E 的单位为 g,v 的单位为 m/min.我国采用的 b_1 与 A 的关系值如表 9.4 所示,并由此计算升速值.

表 9.4 b_1 随 A 的变化

A/g	140	150	160	170	180	190	200	210	220	230	240
b_1	82.0	82.5	83.6	84.9	87.0	89.6	92.2	94.9	95.4	95.9	96.2

当 A 小于 140 g 时,b_1 取为常数 82.0;当 A 大于 240 g 时,b_1 也取为常数 96.2.

公式(9.15)可以写为

$$w = b_1\,(\rho/\rho_0)^{-\frac{1}{6}}\,\frac{A^{\frac{1}{2}}}{E^{\frac{1}{3}}} \tag{9.18}$$

应当指出,b 与 A 的关系是复杂的,随大气湍流状态及 Re 的不同而变,不同国家采用的数值存在差异.一般情况将升速的计算公式写为

$$w = q\,\frac{A^n}{E^{\frac{1}{3}}}$$

式中,q 和 n 为由实验确定的系数.对于不同型号的气球,q 及 n 取不同的值.英国使用的数值,对于 80 g 气球,n 为 1/2,q 为 94.5;对于 20 g 及 30 g 气球,n 为 1/2 ,q 为 84.而美国则使用公式

$$w = \frac{72A^{0.63}}{E^{0.42}}$$

对于探空气球,使用(9.18)计算的升速要偏低很多.表 9.5 给出了各种球重及气球升速时的净举力数值,作为一种近似值供参考.应当注意的是,(9.18)式是在许多假定条件下得出的,实际情况的差异将使气球的实际升速不同于计算值.

表 9.5 各种球重及气球升速时的净举力

气球及附加物质量/g	气球升速 v				
	2 m/s (120 m/min)	3 m/s (180 m/min)	4 m/s (240 m/min)	5 m/s (300 m/min)	6 m/s (360 m/min)
10	25	80			
30	35	125			
100		150	300	500	
1 000		250	400	650	1 000
2 000			550	900	1 400
4 000			900	1 400	2 200
6 000			1 100	1 800	2 800

3. 使气球具有规定升速的方法

在高空观测工作中要求气球按统一规定的升速上升：测风气球的升速为 100 或 200 m/min；探空仪气球的升速为 400 m/min. 相应的球皮及附加物重也是事先给定的. 为使气球具有规定升速，根据公式(9.18)，就要按当时的空气密度充灌氢气，使气球具有相应的净举力 A 的数值. 对于测风气球，我国为了实际工作的方便，制作了净举力查算表.

求取 A 值的步骤是：

首先，根据施放气球时地面的气压及气温，按所需的 v 值，求出对应的标准密度升速值. 由状态方程

$$\frac{\rho}{\rho_0}=\frac{pT_0}{p_0 T}$$

和公式(9.17)，即可得出

$$w_0=w\left(\frac{\rho}{\rho_0}\right)^{\frac{1}{6}}=w\left(\frac{pT_0}{p_0 T}\right)^{\frac{1}{6}} \tag{9.19}$$

然后根据公式 $v=q\times(A^n/E^{1/3})$ 制成查算表(标准密度升速值查算表)，由表按 v，p，T 值查出 v_0 值.

$$w_0=b\rho_0{}^{-\frac{1}{6}}\frac{A^{\frac{1}{2}}}{(A+B)^{\frac{1}{3}}}=b_1\frac{A^{\frac{1}{2}}}{(A+B)^{\frac{1}{3}}}$$

由 B 及 v_0 值即可求出 A 值，并制成对应数值表供查算.

向气球内充灌氢气时，可以用浮力天平或平衡器控制其净举力.

4. 气球实际升速与计算值的偏差

气球在大气中的实际升速与气球升速的计算值总存在某些偏差，这是因为升速公式中的一些假定不能符合实际条件. 图 9.4 给出一个研究这一偏差的观测统计结果.

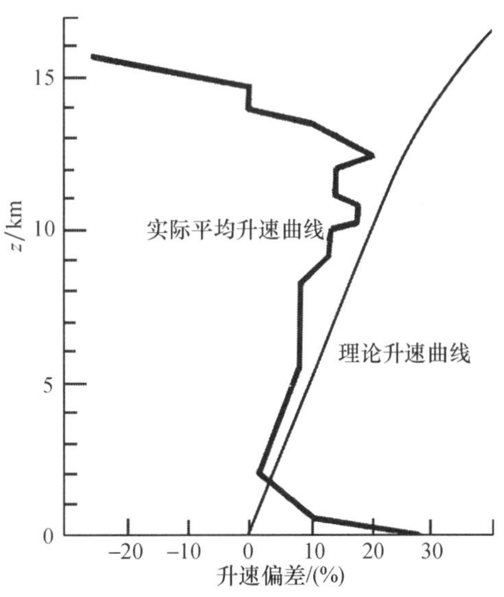

图 9.4 气球升速随高度的变化

图中横坐标为实际升速与计算值差值的百分数，纵坐标为高度 z，图上细线为计算升速值因空气密度而随高度的变化，粗线为各高度上偏差百分数的平均值. 比较两条曲线表

明：在 2～12 km 高度范围内偏差不大；2 km 以下，接近地面时偏差最大，可达 20%以上，随高度升高偏差很快减小；2 km 以上实际升速低于计算值，偏差随高度而加大. 因为空气的比阻系数 C_D值随大气湍流状况变化，而在计算中取 C_D为常数. 低层空气的湍流强，C_D值小于公式中的取值，使实际升速高于计算值；同样的理由也可说明白天的差值大于夜间及清晨. 在 10 km 以上的高空，因球皮不断膨胀变薄，球内气体向外渗漏，故导致气球升速降低. 考虑到湍流对气球升速的影响，有人建议将气球在施放前 5 min 内的计算升速加以订正：施放后的第 1 min 将升速增加 20%；第 2,3 min 将升速增加 10%；第 4,5 min 将升速增加 5%.

大气中的垂直气流对气球的升速影响极大. 大气的垂直气流使气球附加的垂直速度随地形及天气条件而异. 在山区及出现强对流天气时，大气垂直气流的数量级可与气球升速相当，背风坡强烈的下沉气流甚至会使气球的升速为负值. 因此在这种情况下，就不能用气球的计算升速值估算气球飞升的高度.

气球如果不是正球形，其所受空气阻力情况比较复杂，与正球形的实验结果会大不相同. 气球上升时将会伴随着转动和翻转，这时所受空气阻力较大，实际升速将低于计算值.

气球内、外的温度及压强实际上并不相等，使气球内外产生温差的原因：一是气球上升时气体膨胀产生降温；二是太阳辐射会使球体加热. 在对流层下部，前者作用大于后者，随着高度的升高，辐射加热作用逐渐增大. 据测定，在对流层顶球内外温差可达 10 ℃. 气球内外压差系由球皮张力所致，芬兰 Vaisala 的实验结果得出

$$\Delta p = \frac{2d_0}{r_0}p(n) \tag{9.20}$$

$p(n)$是与气球球皮性质 e 有关的函数，其中 $n=r/r_0$，r_0为气球的初始半径(或是说气球保持内外压差相同时的半径)，d_0为球皮厚度，r 为气球随内外压差增加而增大的半径，$p(n)$由实验决定.

$$p(n) = \frac{a}{n^3}e^{\left[b(n-1)-\frac{c}{n-1}\right]} \tag{9.21}$$

对同一种材料，a,b,c 是常数. $p(n)$的曲线如图 9.5 所示. 当 n 等于 1.2 即刚开始充气不久，$p(n)$达极大值；随 r 的加大逐渐减少，到 $n=3.8$ 时达到最小值；然后又略有增加.

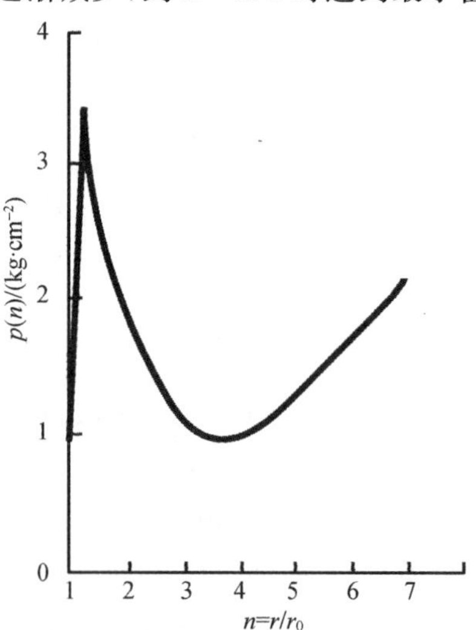

图 9.5　气球内外压差与球体膨胀的关系

如果取球皮厚度 $d_0=0.04$ cm，对于 30 g 气球其 r_0 为 8 cm，Δp 的最大值为 60 hPa；当 $r=30$ cm 时，接近于在地面充足氢气的情况，此时的 Δp 近于最小值 21 hPa. 对于大型探空气球 Δp 的数值比这个数要小得多. 考虑到上述温差及压强差，可以估算出对气球净举力及升速的影响. 结果表明，由此引起的升速误差不超过 1%. 除非在气球上升达到很高的高处，球外压力绝对值与 Δp 相当时，Δp 对升速影响将逐渐加大，在中低空大气层则可以不考虑球内外温压差的影响.

当气球上升时，大气中如有降水或气球表面结冰，将使气球增加荷重，气球的升速要大大降低. 为了使气球接近规定升速，降水时灌球净举力可能要比平时大出 75%.

5. 气球上升的最大高度

在高空观测中，气球飞升的高度愈高，就能取得更大高度范围内的探测资料. 影响气球上升最大高度的因素有：球皮的性质(气球皮的爆破膨胀率 e，$e=r/r_0$，r 为气球皮爆裂时半径，r_0 为未充气时半径；球皮橡胶的密度 σ；球皮橡胶厚度 d)，气球的净举力及荷重，大气环境条件(气温、O_3 浓度及紫外辐射强度).

气球的爆破膨胀率可在地面由实验定出，如国产球皮 e 值在 5 以上. 但 e 值在温度很低时（-60 ℃以下)急剧降低. 臭氧的氧化作用使橡胶易于龟裂，紫外辐射的照射也易使球皮破裂，所以气球升至高空时，爆破膨胀率低于地面测定的 e 值.

气球在飞升时，由于空气密度不断减小，球皮膨胀，半径不断变大. 设球内外温压相等，由式(9.14)，有

$$r=\left[(A+B)\frac{3}{4\pi g\alpha\rho}\right]^{\frac{1}{3}}$$

如果设 r 为气球爆破时半径，即可求出爆破时气球所处的大气密度 ρ，从而求出气球所在高度. 我们将 B 写成为(B_b+B_s)，B_b 为球皮重，B_s 为载荷重，$r=e\cdot r_0$，而 r_0 又与球皮重 B_b、橡胶密度 σ 及球皮厚度 d 有关，不考虑 e 随高度的变化，则可得出

式中

$$\rho=C(A+B_b+B_s)/B_b^{-3/2} \tag{9.22}$$

$$C=\frac{6\pi^{1/2}d^{3/2}\sigma^{3/2}}{e^3\cdot\alpha} \tag{9.23}$$

可见，e 愈大，ρ 愈小，气球上升的最大高度愈大；球皮愈重，也就是大球皮，可升高度大；A 及 B_s 愈大，则气球可升高度就低. 实际工作中，B_b、B_s 及 C 值都是给定的，如果为了提高球的升速而加大净举力 A，就必然使气球的最大上升高度降低，从而减低了探测的高度. 表 9.6 是利益均沾情况下上式的计算结果. 其中假定球皮厚为 $d=0.015$ cm，$e=5$. 气球升速为 5 m/s，高度是由球皮爆裂时空气的密度 ρ 换算得出.

表 9.6 各种气球总重量及最大飞升高度时球皮重量

(B_b+B_s)/g z/km	$\rho/(\mathrm{kg\cdot m^{-3}})$；z/km		
	0.413； 10	0.088； 20	0.018； 30
1 000	70	200	580
2 000	100	290	830
4 000	160	450	1 280
6 000	200	570	1 600
8 000	240	680	2 000

在实际工作中,为了提高气球的上升高度,在载荷、升速都已给定的情况下(即 B_s及 A 值不能改变),就只能改变 B_b及 e 值,也就是说,或是采用大号球皮,或是控制 e 值.使用大号球皮不经济,所以都是使用处理球皮的方法.

球皮的弹性经过存放会有所变化,e 值比出厂时降低,高空低温,e 值也要降低,处理球皮就可设法使它保持原有的 e 值.处理的方法很多,例如,合成橡胶制造的球皮可使用热水法处理,即将球皮浸入热水中,但不能使球皮内进水,将水煮沸,用光滑的棒搅动球皮,约 5 min 后,取出再晾干即可使用.

9.2.4 平移气球

所谓平移气球就是设法使气球在某一选定的高度上达到净举力为零,或者在相当厚的某一层中气球净举力为零,则气球可在某高度或某气层水平随气流移动,使用追踪定位设备测定气球在各个时刻的位置,就可计算出在选定高度上,气球位于不同 X-Y 坐标点上的位移,即风向和风速.

平移气球主要有两种类型:一种称之为随遇平衡气球,气球球皮基本上没有张力,它能随气流上下颠簸,始终保持净举力为零.另一种称之为定容超压气球,气球球皮由某种膨胀伸缩极弱的薄膜制成,当气球达到固定高度后,由于球内压力不断加大,与四周大气压力维持一个较高的压差.当压差逐渐加大,气球内氢气(或氦气)的密度增高,使气球的净举力达到零,因而使气球维持在某一等密度上平移.这类平移气球能自动返回设定平移等密度面的能力.只随大气垂直方向的湍流作用有所起伏.下文将叙述这两种平移气球的主要技术特性.

1. 等容超压平移气球

等容超压平移气球的球皮是由一种没有伸缩性而且能经受较大张力的材料制成.最常用的材料是聚脂薄膜(Mylar),也有用涤伦布制成球形后在外表面喷涂橡胶.这种气球在地面施放时刻不使氢气或氦气充满整个气球,呈瘪球状,但仍保持一定的净举力.

超压平移气球在升空过程中要经过三个阶段(图 9.6):

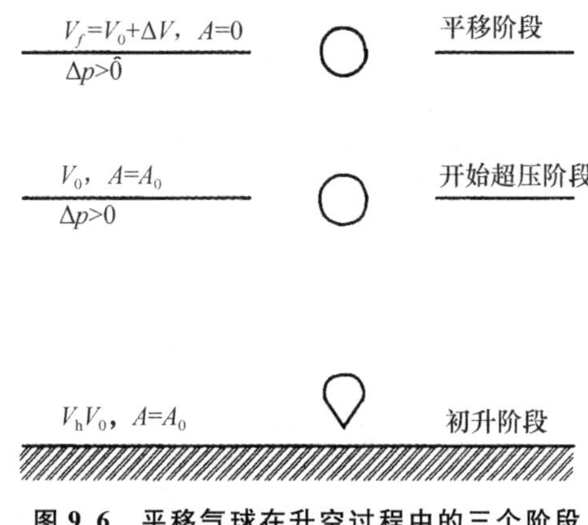

图 9.6 平移气球在升空过程中的三个阶段

(1) 由于氢气没有充满整个气球,球皮内氢气占用的体积 $V_h=R_H T/p$,其中 R_H为氢气的气体常数,p 和 T 为四周空气的压强和温度,即假设球内外的压强和温度保持一致,此时 V_h总是小于气球被胀足时的体积 V_0.

随着气球的上升,氢气的体积不断增加,逐渐充满整个球体.在这个阶段中气球的净举力基本上保持不变.

(2) 在第二阶段开始时,球内的氢气已经达到完全充满球体,$V_h = V_0$.此时球内的超压 $\Delta p = 0$,净举力 $A = A_0$,即地面释放时的净举力.

随着气球进一步上升,由于气球体积的限制,球内氢气无法膨胀,导致球内外产生超压.其主要后果是使气球逐渐丧失产生浮升的净举力.

(3) 第三阶段是气球到达平移高度.由于浮力来自于气球内外气体的密度差异,因此平移气球的移动实际上是沿着某一空气密度面 ρ_{af} 运行.气球在此高度上完全失去了净举力,$A=0$.

因为大气中存在着一定的垂直运动,达到平移高度的气球仍然有上下的起伏.当上升气流把气球托起后,气球内的超压将随之加大,整个气球系统的密度(包括氢气、球皮和附加重物进行计算)大于四周空气的密度,造成气球产生一个下沉的负净举力,促使气球返回设定的平移高度.因而平移气球的上下运动又不单纯取决于气流的影响.这一点我们在下文适当的地方还要专门加以讨论.

气球在等密度面 ρ_{af} 上平移,气球举力的平衡方程为

$$A = V_f(\rho_{af} - \rho_{hf})g - mg \tag{9.24}$$

式中 A 为净举力,V_f,ρ_{af} 和 ρ_{hf} 分别为在 ρ_{af} 高度上气球的体积、大气密度和球内氢气密度,mg 为球皮及附加重力.如果球内氢气无泄漏则上式可改写为

$$A = V_f\rho_{af}g - V_s\rho_{hs}g - mg \tag{9.25}$$

其中,V_s 和 ρ_{hs} 分别为平移气球在地面释放时的体积和氢气的密度.

假设气球在 ρ_{af} 高度实施平移,则气球必须再附加 Ag 重,以抵消其净举力.对(9.25)式微分可得

$$\frac{\partial A}{\partial p} = \left[V_f\frac{\partial \rho_{af}}{\partial p} + \rho_{af}\frac{\partial V_f}{\partial p}\right]g \tag{9.26}$$

在(9.26)式中我们保留了平移气球的体积随气压或随球内超压的大小的变化项.实际使用的气球在超压下存在的微弱膨胀,可用下式经验地表达为

$$\Delta V = \alpha(e^{\beta\Delta p} - 1) \tag{9.27}$$

ΔV 的单位取立方米(m^3),Δp 取百帕(hPa).

(9.26)式右边的两项,其第一项为正值,而第二项为负值.如果第二项的绝对值超过第一项,则 $\partial A/\partial p < 0$,必然得到不合理的结论,即气球下沉到 ρ_{af} 以下,气球的净举力反而减小.假设在平移高度气球为保持平衡已经附加了 Ag 的平衡重量,当时实际净举力已达到零值,因此下沉的气球将得到一个负的举力.下沉气球将持续下沉.同理平移气球若在随流运动中发生瞬时的上升,将使上升气球反而得到一个正的净举力,气球将持续上升.这种情况必然会导致一种结果.平移气球一旦遭遇上下颠簸的垂直运动,气球将完全失控.

图 9.7 为美国中层大气所使用的四面体平移气球公式(9.26)中右边两项变化的曲线.由图可见在超压不超过 100 hPa 时,公式右边两项之和方可得到正值.

由于平移气球随流运动中可能遇到较强的上升或下沉气流,因此必须考虑到气球在上升运动其超压最大不能超过导致 $\partial A/\partial p$ 变为负值的情况;而在下沉运动中最低也不能下

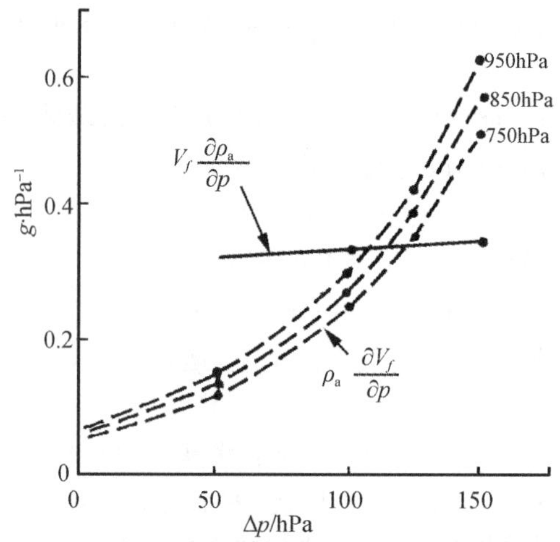

图 9.7　控制四面体气球超压的影响函数

沉到超压消失的情况.因此平移气球在高空时的超压值一般取作允许最大超压值的 1/2.

超压平移气球常用的球形为等四面体形.采取这种球形有两大优点:一是剪裁黏合比较容易;二是气球对空气的阻力系数值 C_D 比较稳定.有关这一点我们将在下文中更进一步讨论.

下面讨论平移气球施放前充灌氢气的方法和过程:

(1) 首先需要确定气球内超压为零时的最大体积,即气球浮升第二阶段开始时的气球体积 V_0:

$$V_0 = \frac{mg + A_b}{(\rho_{as} - \rho_{hs})g} \tag{9.28}$$

可利用上式在地面充气时进行测定.首先称出球皮重 mg,然后用一个三通管往球内充灌氢气,三通管一端通气球嘴,一端用皮管与氢气缸口相通,余下一端与一压力表连接.然后打开氢气缸出气口往球内充气.开始时充气速度可较快,当气球逐渐达到胀足时则需减低充气速度,并注意观测压差表,直到球皮胀足而又恰好无压差前停止充气,用弹簧秤或加挂砝码的办法测出当时净举力 A_b.然后利用(9.28)式计算出 V_0.

实际工作中为了准确确定气球胀足又恰好无压差的门槛,往往先使气球超压一个较小值,然后缓慢放气,同时监测压力表,使超压退回到零值.这样测定的 V_0 值比较准确.

公式(9.28)中的地面空气密度 ρ_{as} 和地面氢气密度 ρ_{hs} 可利用状态方程算出,但遇到氢气纯度太低时此方法不行,因而国外一般宁可往平移气球中冲灌氦气,一是为了安全,二是氦气制作过程中混入其他气体(主要是水汽)的可能性较小.

(2) 随后可按下述步骤灌球:

① 确定气球平移高度 ρ_{af},并立即得到气球体积胀足,而恰好未发生超压高度的空气密度 $\rho_{af+\Delta p}$,其中 Δp 为气球在 ρ_{af} 处的超压,可假设大气从 ρ_{af} 高度往下增加 Δp 气压的高度,气球内外压差减至零.

② 计算气球在地面处氢气所占的体积 V_s,即

$$V_s = V_0 \frac{\rho_{af+\Delta p}}{\rho_{as}}$$

③ 计算气球在地面充气时应达到的净举力 A.

$$A = V_s g(\rho_{as} - \rho_{hs}) - mg$$

④ 考虑到超压后气球存在的体积微弱膨胀，得到平移高度 ρ_{af} 处气球的体积 V_f.

$$V_f = V_0 + \Delta V$$

式中 ΔV 根据(9.27)计算.

⑤ 代入 V_f，根据(9.24)式复算气球在平移高度的净举力.

$$A = V_f \rho_{af} g - V_s \rho_{hs} g - mg$$

此时得到的 A 值应等于零，如果偏差较大则可以对气球的附加重量酌情增减. A 大于零时则附加同数值的重物，A 小于零时则从原附重上取去同数值的附重.

(3) 施放气球.

从地面施放后，由于初始的净举力能逐渐使气球上升到预计的平移高度. 但是完全依赖这种方式，气球最终达到平移高度所需的时间较长. 通常一般采用拖带法把平移气球较快地送入轨道，然后使拖带气球与平移气球脱钩，平移高度较低时也可采用系留气球把它送到预定的高度.

在气球稳定漂浮于固定高度后，便可利用光学经纬仪或其他相应的测风定位装置确定其各时刻的坐标位置. 有关这方面的内容与测风的方法相同，此处就不再赘述了.

由于大气湍流以及平均流场在空间上的不均一分布，气球不但不能沿一个方向等速均匀地运动，而且还将在顺风向(x 方向)、横风向(y 方向)和垂直方向(z 方向)呈现出不规则的起伏. 由于气球具有一定的惯性质量，球体与大气之间存在一定阻力以及在垂直方向在偏离平移高度 ρ_{af} 时存在一定的净举力，气球的运动速度 $\mathrm{d}x/\mathrm{d}t$, $\mathrm{d}y/\mathrm{d}t$ 和 $\mathrm{d}z/\mathrm{d}t$ 并不能直接代表三个方向的气流运动速度. 下面以 z 方向为例讨论如何由气球运动速度求取气流速度分量的方法.

根据气球的运动方程

$$m\frac{\mathrm{d}^2 z}{\mathrm{d}t^2} = A(z) + \frac{1}{2}\rho_a C_D S\left(v_a - \frac{\mathrm{d}z}{\mathrm{d}t}\right)\left|v_a - \frac{\mathrm{d}z}{\mathrm{d}t}\right| \tag{9.29}$$

公式中，m 为球与附加物的总质量，$A(z)$ 为球的净举力(平衡高度为零，球下移时为正，上浮时为负)，S 为最大横截面积，v_a 为空气的垂直运动速度. 上式中 m，S 和 ρ_a 皆为已知量，$\mathrm{d}z/\mathrm{d}t$ 和 $\mathrm{d}z^2/\mathrm{d}t^2$ 可以根据各时刻观测到的高度-时间序列，计算出气球的位移速度和加速度. C_D 称比阻系数，需要在地面利用实验确定，这将在下文予以叙述.

$A(z)$ 可根据(9.25)式略加变化计算得到

$$\begin{aligned} A(z) &= V_f(z)\rho_a(z)g - V_s\rho_{hs}g - mg \\ V_f(z) &= V_a + \alpha(e^{\beta\Delta p} - 1) \end{aligned} \tag{9.30}$$

比阻系数 C_D 的实验测定是一件比较困难的工作，事先应选定一个比较空旷而垂直间距比较高的建筑物，最理想的场所显然是体育馆. 将使用的平移气球充满氢气，球下悬挂砝码用来改变球的净举力，然后可按下式测算 C_D 值.

$$A = \frac{1}{2}C_D \rho_s v^2 \tag{9.31}$$

实验时借助改变气球的净举力调整成不同的气球升速 v，进行多次重复实验. 实验时让气球从地面升起测定其升速 v，可以在气球尾部系上一条轻质丝线，线上每隔 1 m 做上适当的标记. 测定升速 v 应予注意的一点是：气球飞升初期仍处在加速阶段，因此可以先让气球升高 2～4 m，等它的升速平稳之后才开始计时.

典型的球形气球的 C_D 值与雷诺数 Re 有一定的关系，$Re=v \cdot d/\mu$，其中：d 为圆球的直径；μ 为空气的动黏性系数，在常温常压下可取做 $1.461\times10^{-5}\ \mathrm{m^2/s}$，前文图 9.3 为圆球比阻系数与雷诺数的关系曲线.

该曲线的基本特征是：在小雷诺数区 C_D 值较高，而在大雷诺数区 C_D 值减小，其间有一个从高值往低值过渡的明显变化地带，在空气动力学上称为阻力危机区，在危机区的两侧均可认为 C_D 的数值稳定在某一常数值.

因此在设计平移气球时，我们希望它的工作范围或者处于雷诺数较小的高阻区，或远远处于雷诺数很大的低阻区，否则将使 C_D 的数值不稳定，影响(9.29)式计算的精度.

正是由于圆球型的这种缺陷使一些科研工作者设计了如今各国常用的四面体外形的平移气球. 由于这种球体的棱角分明，绕流性能较差，其阻力系数数值虽比圆球为大，但恰能在很宽的 Re 数范围内保持常数.

x 和 y 方向上气球运动方程将和(9.29)式有所差异，即不存在净举力项，只剩下惯性力项和阻力项.

$$\begin{aligned} m\frac{\mathrm{d}^2y}{\mathrm{d}t^2} &= \frac{1}{2}\rho_a C_D S\left(v_a-\frac{\mathrm{d}y}{\mathrm{d}t}\right)\left|v_a-\frac{\mathrm{d}y}{\mathrm{d}t}\right| \\ m\frac{\mathrm{d}^2x}{\mathrm{d}t^2} &= \frac{1}{2}\rho_a C_D S\left(u_a-\frac{\mathrm{d}x}{\mathrm{d}t}\right)\left|u_a-\frac{\mathrm{d}x}{\mathrm{d}t}\right| \end{aligned} \tag{9.32}$$

从某种意义来说，净举力是一种回复力，它使气球在偏离平移高度时能返回原控制高度，在 x 和 y 方向上不存在这种力的作用，平移气球在 xy 平面上将随大气湍流随机地偏离主导风矢量的方向，有关这方面的详细讨论请阅读下一节内容.

2. 随遇平衡型平移气球

谈到随遇平衡型平移气球时，首先可以看一组烟云粒子扩散的规律(图 9.8)，从源头释放的烟云粒子群，每一个个别烟云粒子将随大气湍流随机游走，其轨迹可能偏离平均气流的主导轨迹，即烟云的主轴. 对一组互不干扰的粒子群，每一个粒子的轨迹将各不相同. 同理，假如我们从源头一次释放一个粒子，将会是同样的情况. 第一个粒子以及随后的无数个粒子将不会互相重复各自的轨迹.

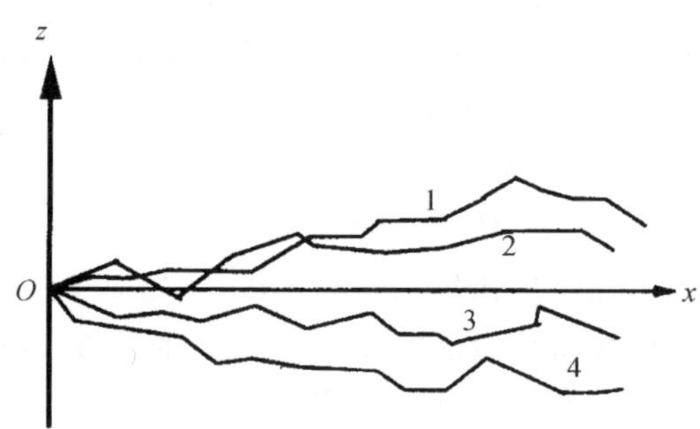

图 9.8 随遇平衡平移气球的轨迹集合

对于每一个随机游走粒子的轨迹称做一次拉格朗日实现. 如果我们释放某种粒子或者随流飘浮物，例如平移气球、肥皂泡或某种示踪粒子就可以测试出大气中污染源的扩散规律.

理想的随遇平移气球应该选择无张力的球皮，使气球随着垂直湍流上浮下沉的时候，气球能随之膨胀收缩，而且不会导致球内外存在压差以及产生引起气球返回起始平衡高度的浮力.

其实，上述的超压平移气球也只能在垂直方向上做到具有返回起始平移高度的能力，而在 y 和 x 方向也只能把它的轨迹作为一次拉格朗日实现，但是由于气球阻力和惯性的存在，它的轨迹还需要经过(9.32)式算出大气的实际速度 v_a 和 u_a.

在工作中常用的随遇平移气球就是 30 g 的测风气球，为了保证气球充灌时具有固定的横截面积，事先可用铅丝制作一个圆环，充气时使气球恰好能套入环内为宜. 充足氢气的气球在室内悬挂适当的重物达到净举力为零.

气球可悬挂在一个大型气球的下方，用绳系留的方法将它升到预定的高度，然后设法使平移气球从系留球上脱钩.

下面介绍一种比较简便易行的方法：充灌另一个测风气球，在球的尾部绳端系住一个充灌空气的玩具气球，在平移气球尾绳下端系上一个金属环，环的直径应略小于玩具气球的直径，此环应先串放在飞升气球和玩具气球之间的系绳上(图 9.9). 气球组飞升瞬间将一医用针头从球嘴球皮较厚处刺入玩具球体内，使玩具球内的空气能缓慢往外渗漏. 由于玩具球内空气的逸出，它的直径逐渐缩小，导致金属环从玩具球表面脱钩滑出.

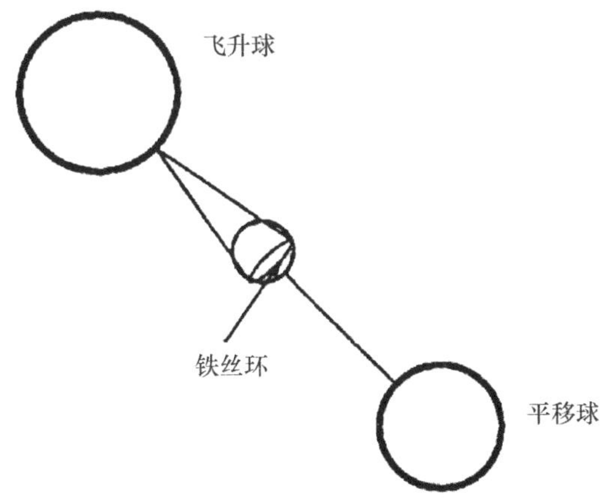

图 9.9 平移气球的释放机构

为了保证系留气球能从飞升气球上及时脱钩，须对注射器针头的漏气速率进行测定.

由于随遇平移气球所走的轨迹并不完全沿着气流的主导方向前进. 以其 xz 平面为例，单个气球的某次轨迹可能明显地上抬或下倾. 因而往往需要进行多球或多次释放.

由于气球球皮不断往外泄漏氢气将导致观测结果出现系统性误差. Longhetto 提出一个混合气体充灌法以减小气球球皮的渗漏. 理论上来说，如果气球内所充气体的分子量(例如氢气)小于空气，则渗漏将使气球失去净举力；反之如果气球内所充气体分子量大于空气，渗漏反而使气球增加净举力. 如果球内所充气体分子量比较接近于空气分子量，则必然大大降低了球内气体的渗漏速率. 在平移气球内充灌 CO_2 和 H_2 的混合气体，可按 1.7 个体积的 H_2 和 1 个体积的 CO_2 混合. 图 9.10 为氢、二氧化碳以及混合气体充满气球后，由于渗漏使气球内气体重量变化的时间曲线. 在 57 cm 直径的球体内由于空气的渗入，氢球体的重量增加，而二氧化碳球体的重量则减少，冲灌混合气的球体则保持了平稳状态.

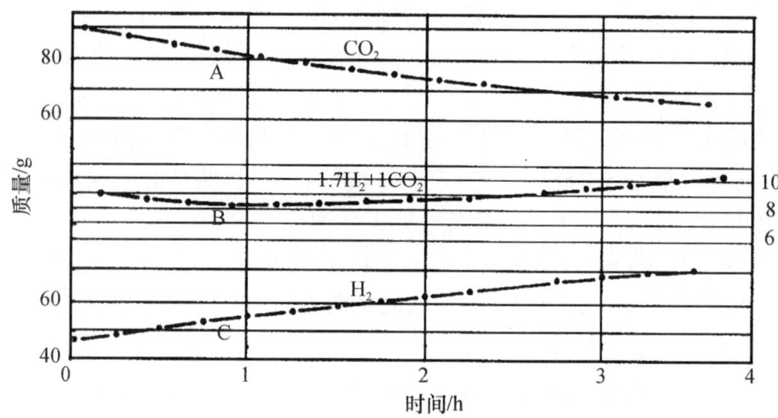

图 9.10 气球内不同充灌气体向外渗漏的速度

9.2.5 其他用途的气球

1. 系留气球

系留气球主要应用于大气边界层探测. 早期的系留气球使用膨胀型橡胶气球,近年多采用塑料薄膜制的非膨胀型流线型气球. 使用缆绳及绞车将其拴在地面并可控制其在大气中的漂浮高度. 一般是用来进行地面以上 2 km 以下的垂直探测. 为减少气球所受风力,提高气球的升起高度以及保持气球在空中的稳定,气球的形状像飞艇. 流线型会减少空气的阻力,气球尾部的水平及垂直尾翼可保持气球的稳定性. 球内充氢气或氦气,充气量的多少是由气球的大小、重量、荷重(绳索重及仪器重)及所需飞升的高度决定的. 由于风的作用,气球的缆绳与地面并非垂直,而是倾斜一个角度,因而风大时气球的高度有所降低.

因为系留气球可以任意停在大气中某一高度,在其上可安装类似地面使用的自记仪器以及通过高强度细电缆绳传送信息的仪器,还可携带无线电遥测仪器,此外还能吊挂进行梯度观测的仪器. 除进行温度、湿度、气压、风向、风速等气象要素观测外,还用来观测臭氧以及大气污染监测. 观测中,系留气球可以升高、降落或往复升降. 系留气球是长期使用的升空设备,要求球皮牢固,并有适当防护及保管措施.

2. 洛宾球

洛宾(ROBIN)球是用于下投式垂直探测的气球. 它是用聚脂薄膜制作的非膨胀型球型超压气球,充气后其直径约 1 m. 装在火箭前舱,当火箭升至最高点时(约 70 km)施放. 球皮内装异戊烷液体,利用其气化充气,充气后超压 10～20 hPa. 球内还装有八面体的角反射器,作为雷达的观测靶. 使用高精度雷达(FPS-16)进行追踪观测,使用计算机处理资料. 气球上携带下投式无线电探空仪,可进行空气密度、风、温度和压强的观测. 气球内的充气量必须保证准确,因为要利用下降的位置资料推导其他气象参数,充气不合要求,就不能得到必要精度的空气密度资料,风的资料也受一定影响. 下投式探空仪呈圆柱形,长 50 cm、直径 7 cm、重量小于 40 g,由 24 km 高处降落到地面(有降落伞)约需 40 min.

3. 棘面气球

棘面(Jimsphere)气球是美国 NASA 研制的用于雷达测风的气球. 其直径约 2 m,是专门设计为雷达追踪用的. 此球为非膨胀型,是电镀上金属的聚脂薄膜制成,其特点是球面上有数百个突出物(角锥),底直径 7.6 cm、高也是 7.6 cm 的锥体突起布满球面.洛宾球本身作为高精度雷达(FPS-16)的反射靶.球的升速也很稳定,在风速 25 m/s 的条件下,在 9 km 以下的升速精度为 1 m/s,其最大上升高度约为 18 km.由棘面气球轨迹的精确测量可以得出风及风切变的详细资料.

其他特殊用途的气球技术还有许多,例如大型的"平流层探测气球",是垂直和水平探测相结合的高层大气探测用气球.又如,串列气球(Tandem balloons)是用近于 5 m 的绳索将 2~3 个气球串列起来,这种方法的好处是在同样的球重及举力时比单个气球所能达到的高度高.当需要气球携带升空的载荷较重时,可采用这种串列气球.

9.3 确定气球位置的仪器设备

利用气球运动轨迹测量高空风,首要的就是要准确测定各个时刻气球在空中的位置.测定气球位置的仪器设备有:光学测风经纬仪、无线电经纬仪、雷达、二次雷达以及 GPS 卫星导航定位技术.小号测风气球的追踪一般都使用光学测风经纬仪,这种仪器小而轻便,角坐标测量精度高,但其测量的高度范围小(一般在 10 km 以下),而且受到天气条件的限制.气球被云等遮蔽就无法观测.结合无线电探空仪气球进行测风时,目前主要使用二次雷达,这种设备可用于 30 km 以内大气层的测风,且不受天气条件的限制,但测角精度低于光学经纬仪,设备庞大.

9.3.1 光学测风经纬仪

光学测风经纬仪是一种观测气球仰角和方位的精密光学仪器.它有多种类型,在结构、性能上有所差异.但其主要原理基本相同.我国气象台站使用的有:五八式、六三式、CFJ-2 型等,其主要技术指标见表 9.7.

表 9.7 测风经纬仪的主要技术指标

类别	名称						
	主望远镜		辅助望远镜		仰角刻度范围	照明用灯	备注
	放大倍数	视角	放大倍数	视角			
CFJ-1	22	3°	3.5	17°	−5°~185°	2.5V	内读数
CFJ-2	25	2°30′	3.5	17°	−5°~185°	2.5V	内读数
五八式	20	2°30′	3	11°	−5°~185°	4V2W	外读数
六三式	30	2°	6	10°	−10°~190°	2.5V	外读数

测风经纬仪是高空风观测中使用的一种主要仪器,施放气球后,借助于经纬仪上的光学望远镜,由人眼追踪气球,使其瞄准气球的位置,从刻度盘上直接读出仰角和方位角的度数(读数精度一般为 0.05°).

测风经纬仪与一般大地测量用的经纬仪结构有所差异,以适应气球追踪的特殊要求.测风经纬仪望远镜的光轴有 90°的折角.这样,气球在天空任何位置,即使在天顶时,也可使望远镜的目镜光轴能保持在与观测员的眼睛同一高度的水平面上,使观测员保持平视而不必仰头观测.气球在天空中是随时移动的,这要求测风经纬仪的光学系统既有足够的放大率，又有广阔的视野，保证气球不易移出视野，达到较高的观测高度. 但放大率高时与视野角将缩小，因此测风经纬仪有两个望远镜，分别满足两方面的要求. 测风经纬仪的调整及读数也要在保证精度的情况下灵活、方便，既能迅速、准确地瞄准气球，又能很快读数. 内读数的测风经纬仪其仰角、方位角的示度值映显在目镜内，可以在观测球影的同时，从目镜中读取示度值. 此外，为满足夜间测风的需要，经纬仪上有照明设备，供夜间照亮指示视野中心的十字丝及读数盘(图 9.11).

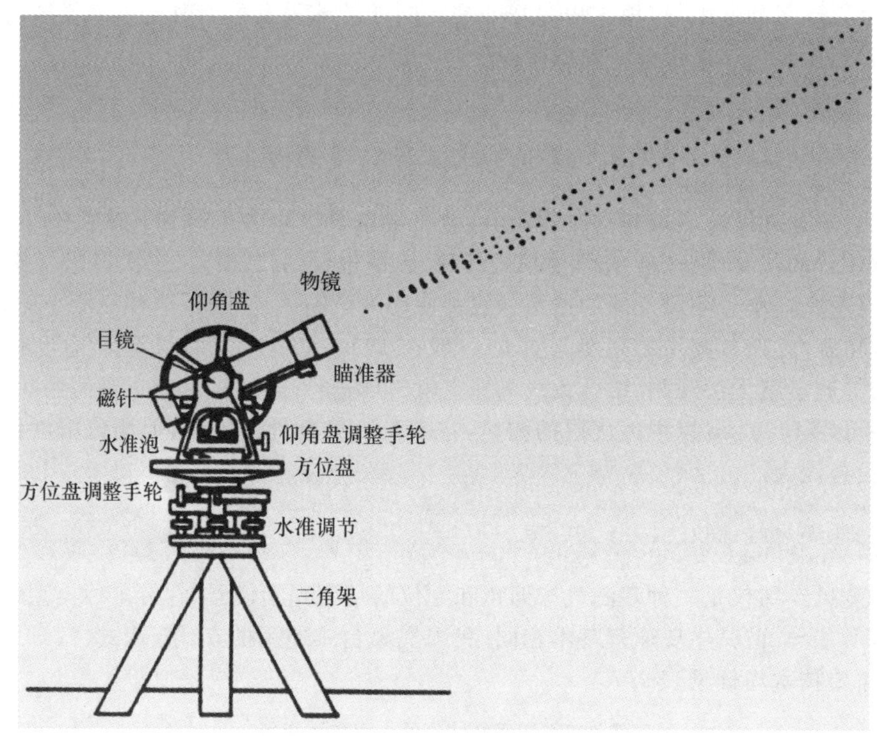

图 9.11 光学测风经纬仪

1. 光学系统

由目镜和两个物镜及反光镜组成的主、辅望远镜，用以增强人眼的分辨能力，追踪球影. 为使光轴有 90°的折角，有与目、物镜互成 45°角的大、小两个全反射平面镜(图 9.12)，

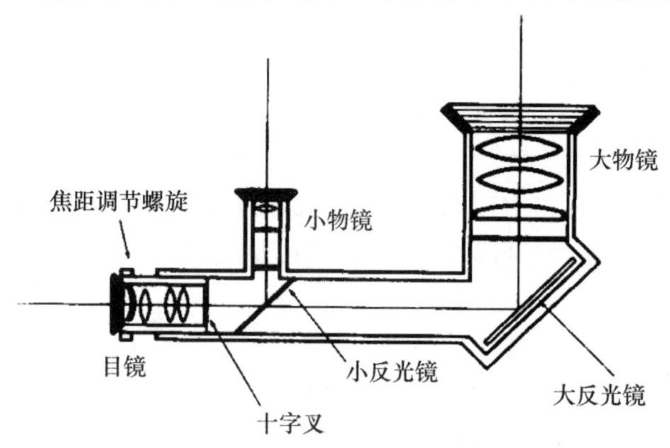

图 9.12 测风经纬仪光学系统

使物镜的光轴与目镜主轴相垂直.大、小物镜的光轴是互相平行的.主望远镜的放大倍数为25倍,但视野角小,约2.5°.在放球时,球移动的角度变化大,这时需采用粗瞄准器,使物镜基本对准气球,然后应用视角为17°的辅助望远镜追踪球影.球影稳定后,转动望远系统变倍手轮,可变换望远系统,改用主望远镜.转动仰角和方位角微动手轮,使球影保持在主望远镜十字线,在规定时间进行读数(一般每分钟读数一次).

2. 读数系统及转动系统

经纬仪的转动系统用来调整望远镜的方位及仰角.可以用手直接转动望远镜的镜筒使之绕水平轴或垂直轴旋转,这是粗调,以实现快速转动.而转动仰角及方位手轮时,可实现微调.方位及仰角刻度盘是随镜筒一起转动的,利用读数游尺可以读出方位及仰角.

3. 水平调整装置

水平调整装置包括一个水准管及三个调平螺旋.水准管及仪器的竖轴保持垂直.使水准管与任意两个调平螺旋平行,转动调平螺旋使水准泡处于正中,然后将经纬仪转动120°,再次调整水平.一般说来,经过两次调平后,整个经纬仪的底盘已处于水平面上,此时任意旋转经纬仪,水准泡将始终保持在中间位置,仪器的仰角读数才是正确的.

4. 照明装置

读数窗和定位目标物十字线均有照明装置.白天采用自然光线做光源,观测时,转动进光反射镜的位置,使读数窗采到合适的光线.夜间观测时,用小电珠作光源,采用3 V电池供电,按钮开关按入时接通电源,放手即断开电路,旋入就一直接通.

此外还有确定方位用的磁针,等等.

测风经纬仪由于制造安装精度不够或维护保管不当,会有各种器差.在使用经纬仪前,应对其各种器差进行检查,并尽量予以消除.观测者能比较方便地检查到的两个器差是:一是水准泡与底盘不平行的器差,如在水准泡处于某一位置时,将水准泡调平,使空泡处于管的中心,若将经纬仪绕垂直轴旋转180°后,水准空泡偏离中心则需调整水准泡的主轴线;二是准直误差,观测者可通过下述步骤加以确认.先将经纬仪观测一个固定目标物,读出它的方位角、仰角,然后将经纬仪绕垂直轴旋转180°,再将仰角盘绕水平轴旋转重新对准目标物并读出仰角和方位角,新的仰角和方位角读数±180°应与原读数相等,如有偏移则是因为经纬仪垂直轴与底盘没能保持垂直,或光学系统光轴没能保持垂直所造成.

9.3.2 测风雷达

1. 基本原理

雷达最初的目的是搜索飞机、舰艇以及陆地等目标物.根据同样原理,让气球携带能够反射雷达波的反射靶在天空飞翔,就可定出气球在每个时刻的位置,从而测出高空风.

有些军用雷达可以直接用于气象上,如高炮指挥雷达.它能测出敌机的方位、仰角及距离来指挥高射炮,加之它能自动跟踪,因此用它来测风是相当合适的.确实也有不少人用它来测高空风,但是它终究不是专为测风设计的,因此不免有各种各样不足的地方,如不能同时进行温、压、湿探测,探测高度不够等.因此各国都设计制造了自己的专用测风雷达.701雷达就是我国的测风专用雷达.

雷达向某一方向发射脉冲波,这个脉冲波在空间传播时遇到飞机,反射靶等物产生反射,这个反射波回到发射机处,被接收机接收.根据脉冲波往复的时间Δt和电磁波传播的

速度 c 可以求出物体与雷达的距离 r：

$$r = \frac{1}{2}c \cdot \Delta t$$

雷达测角方法大体可以分为两类，即"最大信号法"和"等信号法".

雷达的天线都具有很强的方向性，当天线对准目标时，雷达发现目标的信号最强，同时对来自目标方向的回波信号接收的能力也最强.因此，天线对准目标时，接收机的输出幅度最大，用这种方式判断天线是否已经对准目标的方法叫做"最大信号法"，读出当时天线的仰角、方位角就是目标的仰角、方位角.这种方法较简单，但由于在最大信号附近信号强度随角度的变化很小，难以判断准确的方向，因此这种方法的测角精度较低，很难达到测风所要求的精度.

以天线设定的几何轴为对称轴，让天线的波瓣依次向上、下或左、右方向偏转一个不大的角度，如果几何轴对正目标，则不论天线的波瓣偏向哪一方向，接收机输出的幅度是同样的.在图 9.13 中绘出上下两个波瓣，如气球在几何轴上的一点 P，这时不论用上波瓣接收信号或下波瓣接收信号，所得信号幅度是相同的.若气球在 P′，则用下波瓣接收信号时的幅度大于用上波瓣接收信号所得的幅度，天线应向下转动才能对正目标.当天线正对目标时，不论用上、下或左、右哪一波瓣接收信号，幅度都是相同的，因此称为"等信号法".由于按等信号法工作时，不是使用天线波瓣的最大值，而是稍微离开最大值的地方，这时天线的接收能力降低得不是太多，但是接收能力随角度变化的灵敏度却比最大值处增加了很多，即提高了角度探测的分辨能力.等信号法的另一优点是将视角增大了一倍，如果最大信号法的视角为一个波束宽度；等信号法的视角则大致为两个波束宽度.

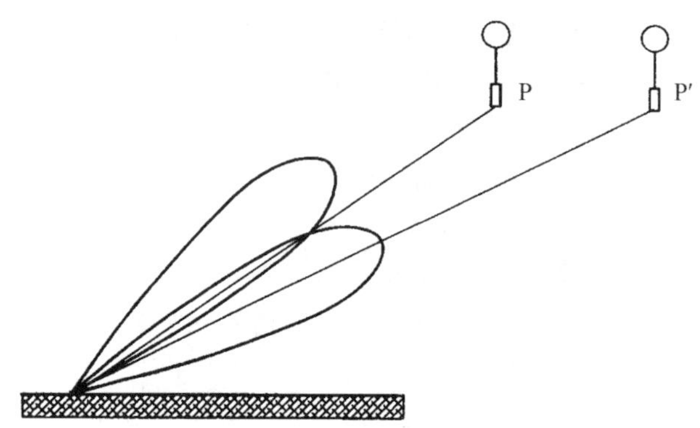

图 9.13 二次测风雷达等信号法的原理

普通雷达需要发射相当大的功率，否则回波微弱不易接收到.尤其是测风时，反射靶的重量受到限制，反射信号不容易提高.把气球上的反射靶换成回答器，就能增强回波的强度.气球上的回答器收到地面雷达发来的询问脉冲后，立即发射一个脉冲代替反射波，称为回答脉冲，回答脉冲被地面接收机接收，实现测距的目的.这种询问脉冲只要能触发回答脉冲即可，回答脉冲的能量不是来自询问脉冲，而是来自回答器的电源，因此用回答器能节省雷达的发射功率，提高回波信号的强度.这种雷达叫二次雷达，以区别于普通雷达.高空测风中更适合采用二次雷达，通常高空测风与探空是利用一个气球同时进行的，因此在原有的探空发报机上稍加改动就能担负起回答器的任务，雷达接收机也能兼探空接收机的任务，节省费用.中国的 701 雷达就是一种二次雷达测风系统.

2. GFE(L)1 型测风雷达

由于持有技术专利的种种原因，作者只能根据原 701 雷达的技术以及测风经纬仪的自控原理来讲述 GFE(L)1 型雷达的工作原理，该雷达的主要技术指标如下：

工作频率：		(1 675±6)MHz
探测范围	距离	100 m～200 km
	方位角	0°～360°
	仰角	－2°～＋92°
探测精度	距离	≤20 m(100 m～150 km)
	角度	≤0.08°(仰角 6°以上)
	风速	1 m/s(风速 10 m/s 以上)
		10%(风速 10 m/s 以上)
	风向	5°(风速 25 m/s 以上)
		10°(风速 25 m/s 以下)

图 9.14 的框图表示 GFE(L)1 雷达的几个主要部分，各部分的主要作用简介如下：

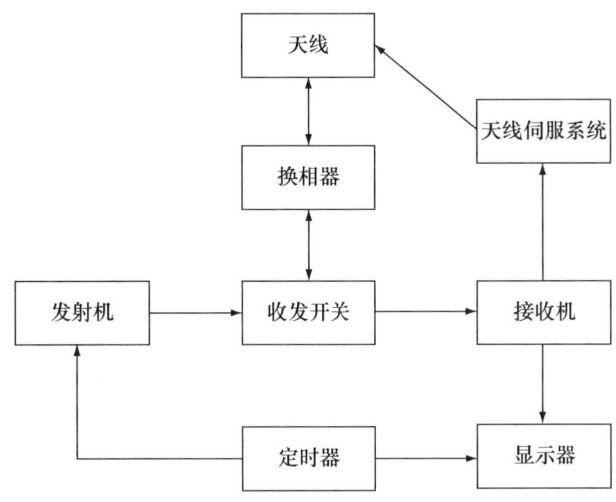

图 9.14 GFE(L)1 雷达的原理框图

(1) 天线. 在这个频段内最常用的天线是抛物面天线，雷达的天线是由上、下、左、右四个天线组成的天线阵. 与普通雷达一样，这个天线是收发共用的，天线是测仰角和方位角的重要部分，因此和经纬仪一样需要严格调整水平和方位，同时也要避免准直角误差的出现. 图 9.15 为天线阵的照片，从上至下分别为 701 型(400 MHz)的八木天线阵；GFE(L)1 型(1 680 MHz)抛物面天线阵；以及即将推出的新型号，调频式二次测风雷达(1 680 MHz)，其跟踪波束具有更好的方向性和更弱的二次波瓣.

(2) 天线转动系统. 雷达跟踪气球要不断地把天线对准气球的方向，当左、右或上、下天线接收信号强度不相等时，误差信号被放大后驱动方位角或仰角的伺服马达纠正其偏差，并注视屏幕上的左、右或上、下天线接收信号强度来判断天线是否对准气球. 当伺服马达转动时，经过一定的传动机构就能使天线绕垂直轴旋转变动天线的方位角以及带动天线绕水平轴仰俯，天线仰角能在－0.3°～＋90°的范围内转动.

图 9.15 不同波段和型号的测风雷达天线*

* 参见彩图 1.

(3) 换相器. 按等信号法工作时,天线的波瓣要不断地上、下、左、右摆动,换相器是用来实现这种摆动的. 换相器主要由两个定向环和一个换相电容组成.

定向环(见图 9.16)由 5 根电缆构成,其中 4 根的长度是 $\lambda/4$,有一根是长 0.295λ. 换相电容是由 4 个定片和一个动片构成的一种可变电容,定片以 $\pi/2$ 角的间隔分布在圆周上,当动片旋转一周时,依次与 4 个定片之间形成电容.

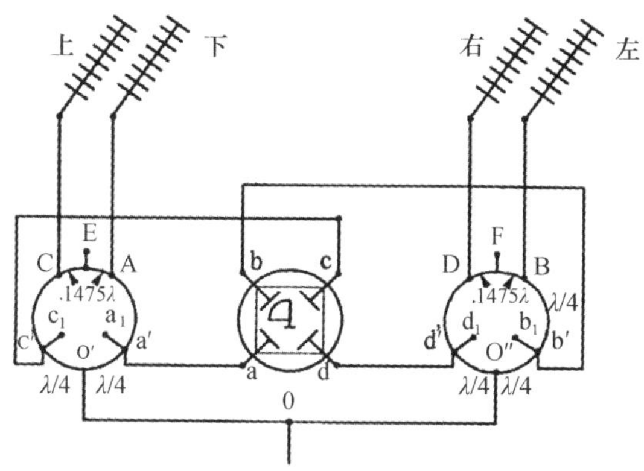

图 9.16　换相器的定向环

当动片旋转到图 9.16 中 b 的位置时,动片与定片 b 之间形成 55 pF 的电容. 对于 400 MHz 的高频来说,这个电容的容抗很小,可看做短路. 从 b 到 b′的长度为 $\lambda/2$,根据长线理论 b′处也是短路点,从而由 B 点及 O″点向 b′看去阻抗为无限大,即相当于开路. 对于换相电容的其他定片 a,c,d 来说,动片不与这些定片形成电容,因此是开路,于是得到换相动片与定片 b 形成电容时的等效电路如图 9.17 所示.

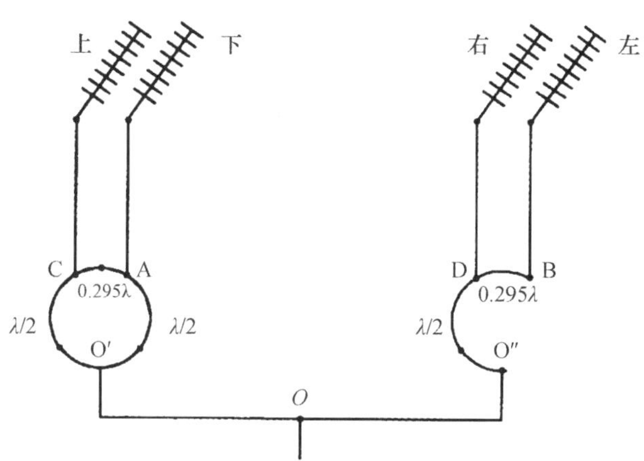

图 9.17　等信号法天线的工作原理

在天线接收的信号比右天线多走了 0.295λ,即左右两个天线同时接收的信号在 D 点相汇时左信号延迟了 106.2°,显然这时左右两个天线的合成信号不是最大值,要使合成信号最大,必须让到达右天线的电波在空间多走 0.295λ,即信号不是正对天线入射,而是从天线的左侧入射,这时左天线先接收信号,右天线后接收信号,在某个入射角上可以得到最大信号. 这样整个天线的合成波瓣就偏向左方. 一般让这个波瓣偏离 4°～5°. 同样当换相电容的动片分别与定片 a,c,d 组成电容时,天线的波瓣分别偏向上、下、右. 等信号法需要的天线波瓣的摆动就是用这种电子方法实现的，不需要使天线本身做任何机械振动.

(4) 收发开关. 雷达的发射机与接收机共用一个天线，在发射机发射脉冲信号时，把天线接到发射机上，并防止发射机的大功率进入灵敏的接收机中. 同样，发射机不发射时，把天线信号接到接收机上，并防止接收到的信号分散到发射机. 这个开关也是利用长线理论实现的，因此在收发开关中没有机械的触点，收发开关的电路如图 9.18 所示. 图中 G_1、G_2 是放电管，当发射机工作时，由于线上的电压较高，放电管放电而导通. 于是从 A 点向放电管 G_1 看去抗阻为无穷大，不吸收发射功率，放电管 G_2 的放电导通引起 C 点短路，由 B 点向 C 点看去抗阻也为无穷大，因此发射机信号不能进入接收机，只能馈送到天线，向目标物辐射. 当雷达处在接收状态时，信号微弱，G_1、G_2 都不导通，A 点阻抗为 0，相当于短路，由 B 点向 A 看去的阻抗为无穷大，相当于没有支路 AB 的情况. 从 C 点向 D 点看，进去的阻抗为无穷大，相当于没有 CD 支路，于是天线接收的能量就全部馈送到接收机. 可见收发开关是自动工作的，不需要额外的控制信号或机械拨动.

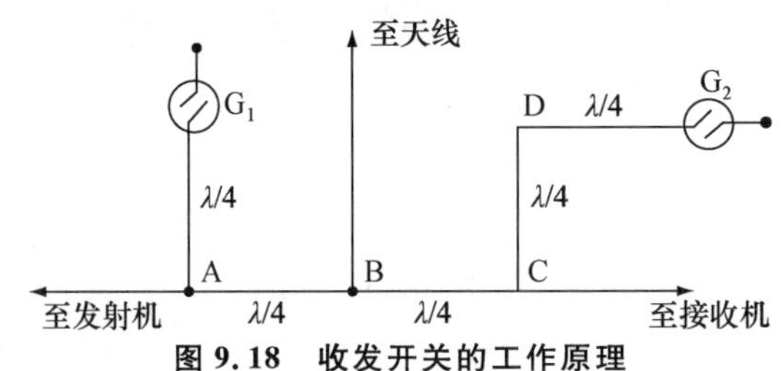

图 9.18 收发开关的工作原理

当电磁波信号频率足够高，即其波长与传输导体尺寸相当时，就需要以长线理论考虑信号在导体上的传输特征. 为了使读者对换相器定向环以及收发开关的工作原理能够理解，图 9.19 给出导线一端处于接地和浮空两种情况下，在长线传输过程中，并假设导线上为容抗，其 1/4 和 1/2 波长处的另一端的阻抗值(图 9.19).

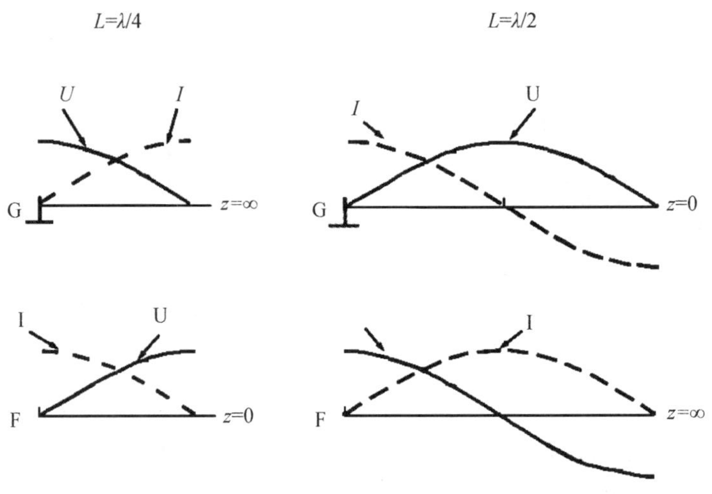

图 9.19 电磁波信号的长线传输过程

(5) 发射机. 在定时器的控制下产生超高频振荡脉冲的发射器.

(6) 接收机. 接收机的作用是把天线接收到的信号加以放大，检波转换成视频信号和音频信号，送给测距显示器和测角显示器，并通过扬声器发出探空电码的声音.

(7) 定时器．定时器是控制整个雷达工作程序的枢纽，它向发射机提供触发脉冲，以便发射机按时发射超高频脉冲；向测距显示器提供粗测距和粗测距扫描用的触发脉冲；显示器上的各种距离标识脉冲以及可移动距离标识的脉冲；向接收机和测角显示器提供抑制主波和地物回波用的方波.

(8) 主机显示面板. GFE(L)1 测风雷达是一台全自动化的设备，与装有放球操作软件和数据处理软件的计算机联机，将对雷达工作状态、原始数据和探空结果进行全方位显示. 图 9.20 给出它的显示画面详图.

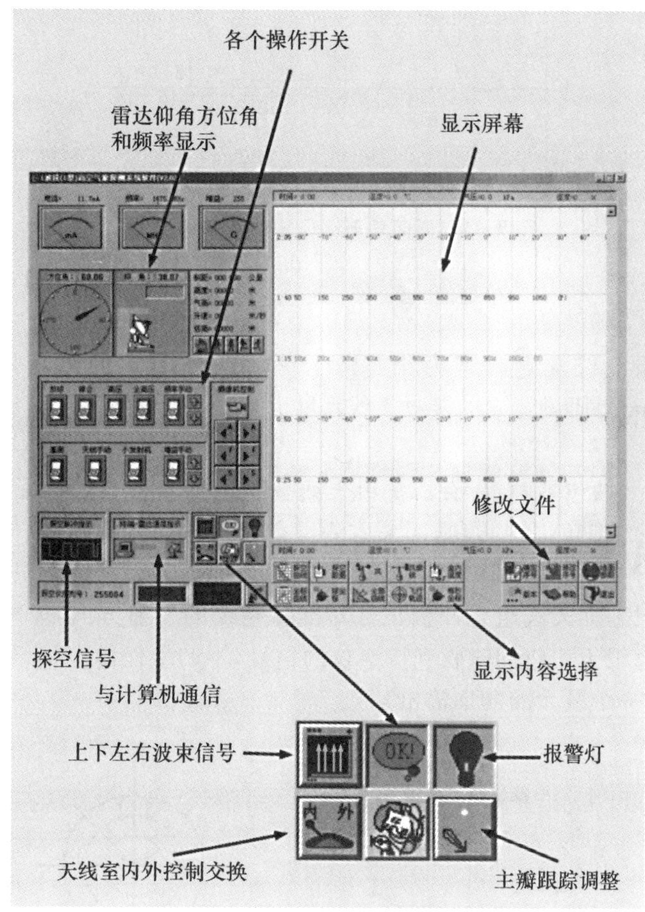

图 9.20　测风雷达主机显示面板

主画面分两大部分：左边为雷达状态的监视和控制区；右边为探空数据的录入、显示和处理区. 左边的画面又可分作三部分：上区显示探空仪的发射频率、气球所处的方位、仰角和斜距等等；中区为一组操作开关；下区为探空信号监控区，包括探空的二进位数据流，雷达对计算机的数据传送以及上、下和左、右波束回波强度，探空信号的斜距以及雷达故障报警等(图 9.20 引出放大的小图).

有一个指标"最低工作仰角"，在光学经纬仪中是没有的，是雷达测风和无线电经纬仪中特有的问题. 当仰角很低时，回波能直接被天线接收以外，还可以经地面反射之后，被天线所接收，后者传播的路程显然比直接波的路程长，这个差值引起两个信号间的位相差. 当天线的仰角增大时，路程差也随着增大，位相差将产生周期性的变化. 直接回波与地面反射的回波在天线处合成，合成后的振幅也随着仰角的增大引起周期性变动，结果在低仰角观测时，将出现周期性变化的误差，如图 9.21 所示. 这种误差往往限制了雷达工作的最低仰角. 显然，加强天线的方向性可以减少地面反射波的影响. 在不增大天线尺寸的条件下加强天线的方向性，需要缩短雷达的工作波长，采用更高的频率的雷达进行测风.

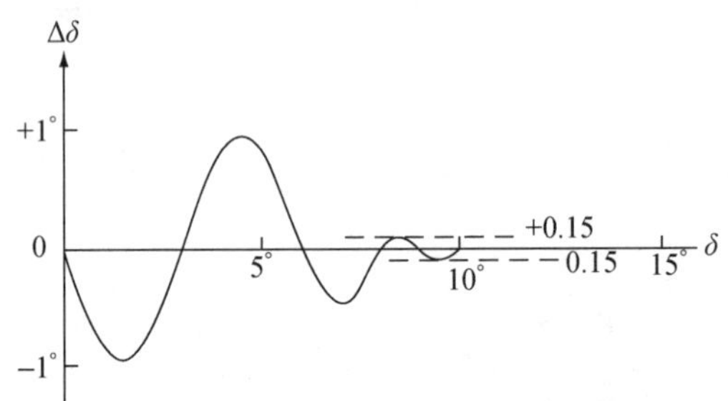

图 9.21　低仰角下测风雷达的测角误差

9.3.3　无线电经纬仪

现代无线电探空仪发射频率为 403 MHz 和 1680 MHz 的甚高频，其 1/4 波长为 18.6 cm 和 4.46 cm. 因而设置它的接收天线尺寸并不很大，与测风雷达比，具有低功耗、设备重量轻的优点.

无线电经纬仪一共包括两组天线，每组天线至少包括 4 个天线单元，其中一组天线用来监测探空仪信号的仰角，另一组则用来监测探空仪信号的方位角. 以仰角监测为例说明无线电经纬仪的工作原理. 如图 9.22，四组天线单元并排排列，保持一定的距离，假设距离的远近保持 1/4 波长，如天线组合件板正好对准探空仪的发射方向，无线电发射源垂直于天线单元组，因此每根天线将同时收到探空仪的信号，不产生任何位相差，天线输出端的四个信号叠加后得到一个最大的功率输出.

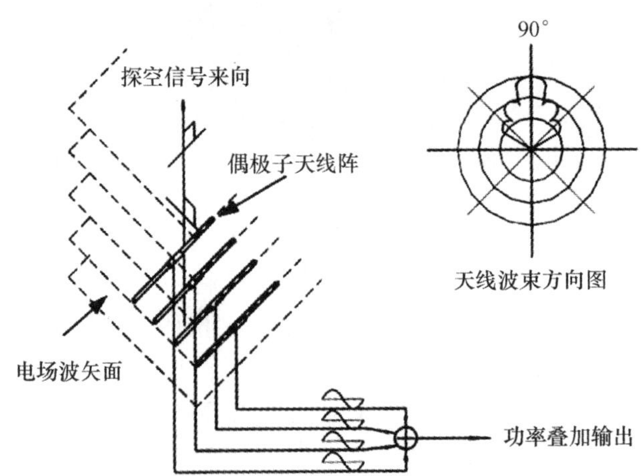

图 9.22　无线电经纬仪工作原理（对准探空仪信号时）

气球随风漂移，当天线板的法线方向偏离信号方向时，各个天线单元所收到的信号将处于不同的位相（图 9.23），例如两两之间正好相差 90°位相，此时 4 个天线的信号和将不能达到最大的功率输出.

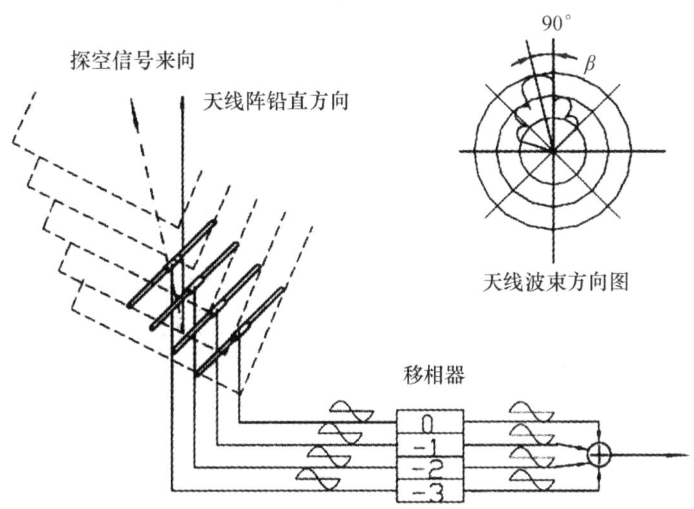

图 9.23 无线电经纬仪工作原理(未对准探空仪信号时)

如能在信号叠加前对各个天线信号进行一定的相移,使其输出功率达到极大,则可计算出信号偏移的仰角和方位角.

为了测算出偏移的角度和方向,系统设计了一个移相器产生一定数值的相移,相当于天线探测波束的主轴作一定角度的偏移,由指令控制.例如使天线波束先往下偏$-5°$;而后再往上偏$+5°$.与此同时另一组天线也可同时执行左右偏移搜索.

波束上下左右偏移角度的大小可以由软件或电路中的某个调节器控制,但也决定于天线波束的一些技术指标,主要有波束的宽度和波束边缘的陡度(图 9.23 右上角).在设计中也考虑到实际操作的需要.在探空仪飞升的初级阶段,方位角和仰角变化很大,而在气球上升到中空后,它们的变化相对缓慢,仪器一般均设有两档角度偏移指令.

根据天线波束偏移操作,仪器将输出右偏移和左偏移以及上偏移和下偏移的信号强度(二进制)S_R、S_L和 S_U、S_D,并由此计算出方位角和仰角偏差,即指标 A_I和 E_I:

$$\begin{cases} A_I = \dfrac{S_R - S_L}{S_R + S_L} \times 256 \\ E_I = \dfrac{S_U - S_D}{S_U + S_D} \times 256 \end{cases} \tag{9.33}$$

根据天线波束偏移指标,可以换算出 A_I和 E_I与角度偏差之间的关系.一般来说,在角度偏差不大时,两者可以保持较好的线性关系.许多无线电经纬仪在角度偏差较小时,并不需要操纵天线机械结构作上下、左右旋转.可对天线板仰角、方位角偏离的读数进行校正后输出,只在天线偏离较大时,方需操纵天线板旋转使其直接对准信号源,直接读取仰角和方位角.

无线电经纬仪的外形如图 9.24.它包括一个底座,天线组件板以及一个可供手动操纵天线上下、左右旋转的操纵键盘.天线板内除了天线组件外,还包括了必要的电路板组件,天线仰角、方位角读数码盘以及一对操作垂直轴和水平轴旋转的步进电机.

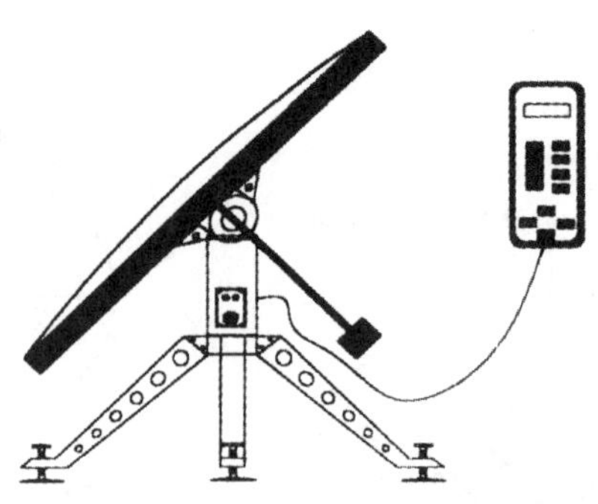

图 9.24 无线电经纬仪外形图

A_I和E_I的数值加上当时由垂直轴和水平轴码盘上读到仰角、方位角的读数，得到仰角、方位角的指令信号，即两个角度应达到的准确度数．但是，气球在不断地移动，指令信号仍然可能存在一定的误差．

图 9.25 给出了步进电机旋转控制电路．指令信号与步进电机码盘读数信号在输入端相减，再次得到误差信号．信号分为两路，一路乘以一定的比例系数 P 放大，称做微分信号；另一路信号对时间进行积分乘以一定的积分系数 I．两路信号相加输入触发脉冲发生器，脉冲宽度与信号强度成正比，此信号用以驱动垂直轴或水平轴步进电机旋转．

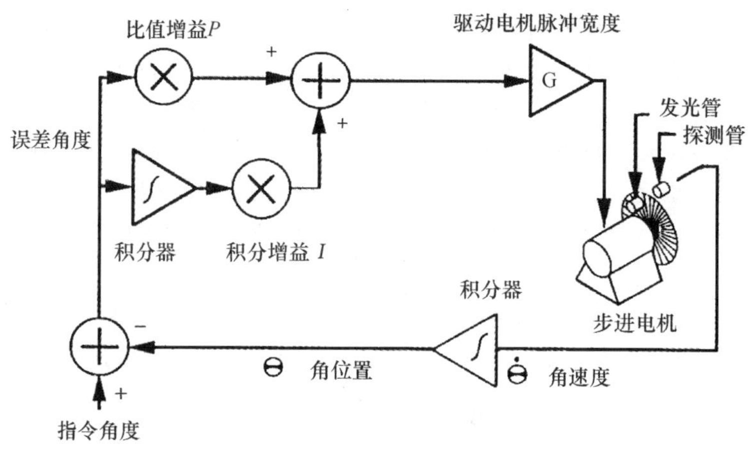

图 9.25 无线电经纬仪自动跟踪系统

新的码盘信号再次与指令信号对比．如此循环，使天线板始终保持其法线方向对准不断移动的探空气球．

无线电经纬仪的关键指标是最低可测仰角．当天线仰角低于某一角度时，天线波束的副瓣甚至主瓣将受到地面的阻挡和反射，从而使天线对信号的接收受到干扰，天线组内各个天线单元所接收的信号相位移关系将发生较大的偏差．目前世界各国厂商生产的无线电经纬仪保持正常工作状态的最低仰角在 8°～12°之间．在实际操作中这个指标应该分解成两个次级指标：第一级是受到一定的影响，但若取一定时段的平均仍能得到较为准确的仰角、方位角指示值；其次是当仰角过低时，完全无法得到仰角、方位角指示值．

另一个关键指标是追踪速度，即仰角、方位角每秒钟能变动的度数．气球释放初期以及气球越过天顶时，追踪速度过慢将导致丢失目标. 每秒达到 6～10°的追踪速度是完全必要的.

9.4 高空风的测量

测量高空风向、风速之时间和空间分布的方法很多，使用的升空器具、观测原理和仪器设备是多种多样的. 为了取得各地在 30 km 以下各高度上的风向、风速的定时观测资料，普遍使用的是气球轨迹法测风，这种方法比其他方法耗费小、方便、有效. 其他方法如飞机测风、火箭测风以及各种遥感（声波、光波、微波）测风，只在一些特殊情况及研究工作中使用，还未成为气象台站常规使用的方法. 轨迹法使用的气球一般是具有规定升速的测风球或无线电探空气球，从地面（船只或飞机）追踪. 因确定气球位置的仪器设备不同，又可将轨迹法测风分为各种方法，其中主要的是单经纬仪测风，双经纬仪测风，二次雷达测风和导航测风. 下面按地面观测点的情况分类加以介绍.

9.4.1 单点测风法

自地面上一个观测点，施放一个上升气球，使用经纬仪、雷达等测定气球的位置. 如果气球的惯性很小，没有相对于气流的水平位移，气球在各个气层的水平位移就代表各气层气流的水平运动. 对于气球的水平运动能否与其所在气层的气块水平运动一致的问题，也就是气球对风速的响应问题，研究结果表明：对于阵性风，气球的反应差些，对于测风工作中两次读数时间间隔（一般为 1 分钟）内的平均风速，响应问题对于测风结果没有多大影响，可以不考虑由此引起的误差.

自观测点 O 施放气球后，各个时刻 t_n（$n=1,2,3,\cdots$）气球在空中的位置为 P_i（见图 9.26A），C_i 为 P_i 在水平面上的垂直投影点，$L_n=OC_n$ 是各时刻气球距测点的水平距离，OC_1 是由起始时刻到 t_1 的时段内气球在水平方向位移的距离；C_1C_2 是由 t_1 到 t_2 时段内的水平位移依次类推，在 t_n 到 t_{n+1} 时段内，气球所经过的气层中气流的水平平均速度即该层的平均

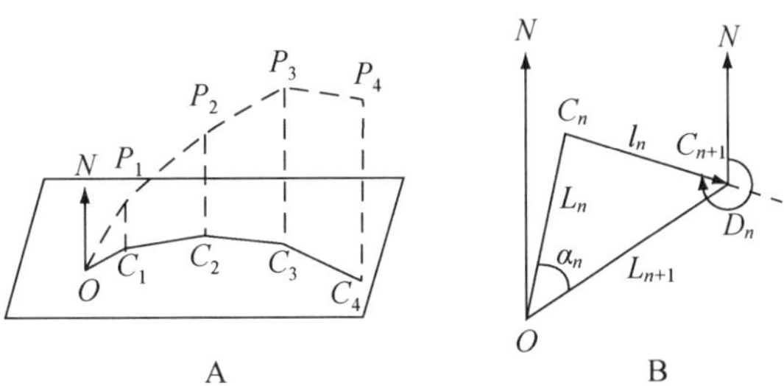

图 9.26 气球轨迹与风向、风速的关系

风速 u_n，可由该时段内水平位移的距离被该段时间间隔相除而得到

$$u_n=\frac{\overline{C_{n+1}C_n}}{t_{n+1}-t_n} \tag{9.34}$$

而由水平投影线 $\overline{C_{n+1}C_n}$ 的方向可得出该气层的平均风向（风向为气流的来向）. 以 D_n 表示该层的风向角度（见图 9.26B）. 图中 $l_n=\overline{C_{n+1}C_n}$ 为水平位移距离. 两个高度之间气层（测风气球每分钟读数一次时，这层的厚度为 200 m，探空气球每层的厚度为 400 m）中的平均

风向和风速，在实际工作中规定作为中间高度$(H_n+H_{n+1})/2$[或$(t_n+t_{n+1})/2$时间]上的风向、风速.

l_n及D_n可以由测得的气球坐标参数求得. 过去都是采用图解法进行计算. 现在可应用电子计算机取代图解法进行计算.

为了计算l_n，首先要确定每分钟气球投影点水平距离L_n：

(1) 单经纬仪测风，以测定气球的仰角δ及方位角α为基础，并需要假定气球的升速为常数w，因此各时刻气球的高度为

$$H_n = w\,t_n \tag{9.35}$$

各时刻的水平距离为

$$L_n = H_n \cot\delta_n$$

由上文可知，w并非常数，计算值也与实际高度存在差别，因而这种测风法虽然简单，但精度不高.

如果用经纬仪追踪探空气球，气球高度可由探空的温、压、湿记录进行计算，球高的误差决定于探空记录的精度.

(2) 雷达测风时，可以测得(α,δ,r)，因此

$$L_n = r_n\cos\delta_n$$

或

$$L_n = \sqrt{r_n^2 - H_n^2} \tag{9.36}$$

$H_i = r_i\sin\delta$，但也可由探空记录直接计算H_i.

由图 9.26 可知

$$l_n = L_n^2 + L_{n+1}^2 - 2L_nL_{n+1}\cos(\alpha_{n+1}-\alpha_n) \tag{9.37}$$

将l_n除以一分钟秒钟数次得到风速值.

风向的计算，情况比较复杂，与气球飞离测点还是飞近测点及其移动方位有关. 还注意到风向方位图以正北为0°，顺时针旋转方位度数增加，而三角坐标则取x轴正向为0°，逆时钟旋转增加方位度数. 除了将气球坐标变化分解为Δx和Δy外，还需增加必要的判断语句.

设

$$x_n = L_n\sin\alpha_n,\ y_n = L_n\cos\alpha_n;$$
$$\Delta x = x_{n+1} - x_n,\ \Delta y = y_{n+1} - y_n;$$
$$\theta = \tan^{-1}(\Delta x/\Delta y)$$

则可按下表的语句确定风向角D：

Δx	0	0	>0	<0	>0	>0	<0	<0
Δy	>0	<0	0	0	>0	<0	<0	>0
θ/°					>0	<0	>0	<0
D/°	180	0	270	90	θ+180	360+θ	θ	180+θ

图 9.27 为计算坐标及其取向.

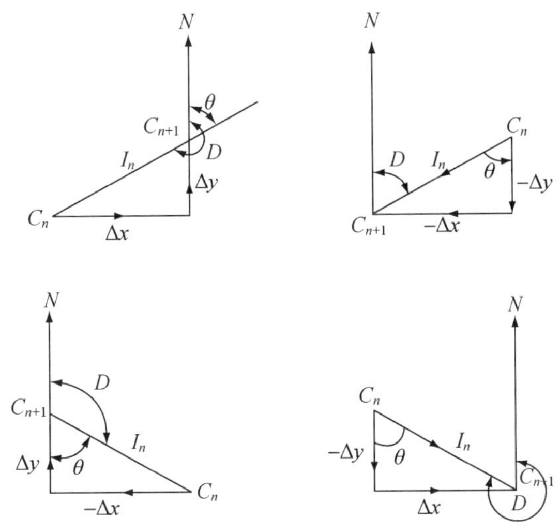

图 9.27 计算坐标及风向取向的关系

9.4.2 基线测风法

单经纬仪测风在计算风向、风速时，要根据气球的理论升速值并假定等速上升计算气球所在的测风层高度，当气球位置与实际高度偏差较大时就将产生较大的风向、风速测量误差. 基线测风法就是用两架经纬仪同时观测气球的仰角和方位角，从而能直接通过三角公式关系确定气球的高度. 这种方法首先需要确定一条已知相对高差 h，水平距离为 b，以及对正北夹角为 θ 的基线. 为方便起见，观测时 A 点视 B 点方位角取作 180°；B 点视 A 点方位角取作 0°(A 点设定为气球释放点). 但必须根据基线对正北的夹角 θ，在计算风向时加以修正.

基线测风计算气球高度的方法有水平投影和垂直投影两种方式，常见的是水平投影法. 如图 9.28为例，气球在 P 点时，A 点读出的方位角、仰角分别为 α 和 δ ；B 点则为 β 和 γ. A 点和 B 点计算出球高分别为 $PP_A = H_\delta$ 和 $PP_B = H_\gamma = H_\delta + h$；$AP_A = A'P_B = L_A$，$BP_B = L_B$.

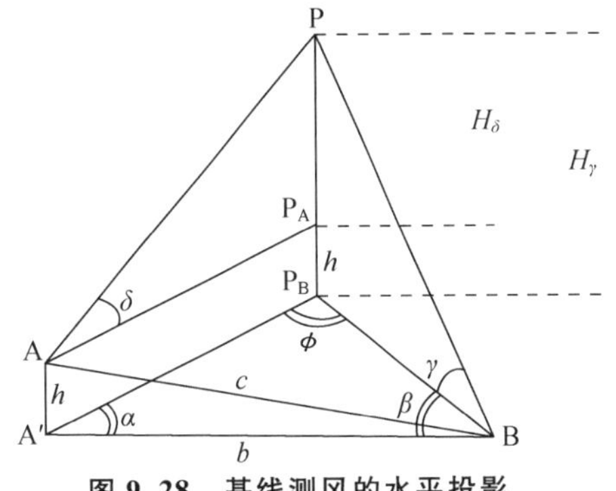

图 9.28 基线测风的水平投影

根据三角关系可求得气球高度如公式(9.38a)和(9.38b)

$$H_\delta = \frac{b \cdot \sin\beta \cdot \tan\delta}{\sin\varphi} \tag{9.38a}$$

$$H_\gamma = \frac{b \cdot \sin\alpha \cdot \tan\gamma}{\sin\varphi} \tag{9.38b}$$

如果没有太大的观测误差，H_δ 和 $H_\gamma - h$ 应保持很小的差值. 而取气球高度 $H = \frac{H_\delta + (H_\gamma - h)}{2}$，两者相差较大的数值则表明两点具有较明显的观测误差.

当方位角观测值 α 或 β 接近于 0°或 180°时，以及 δ 或 γ 接近于 0°或 90°时，利用水平投影法计算球高将可能导致较大的误差，这时可采用垂直投影法. 垂直投影为包括基线在内的垂直平面(图 9.29).

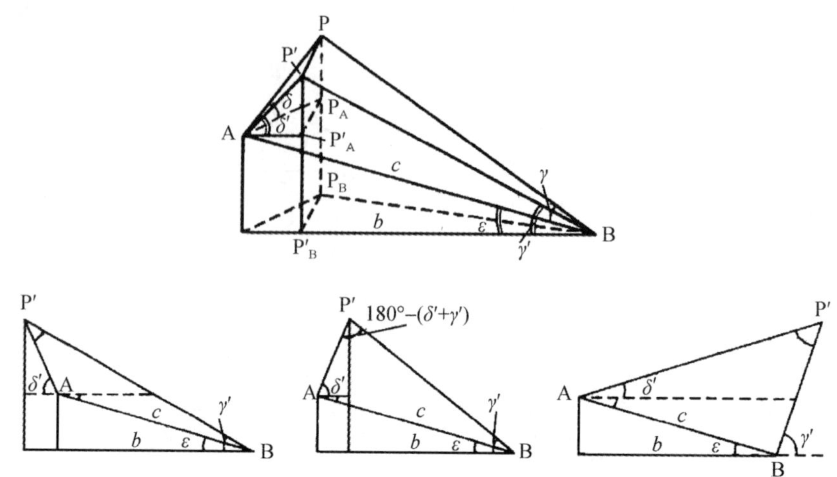

图 9.29　基线测风的垂直投影

图中 ε 角为地形坡度倾角,δ' 和 γ' 为两点仰角对垂直平面的投影,c 为 AB 两点的斜距.

$$\tan\delta' = \sec\alpha \cdot \tan\delta$$

$$\tan\gamma' = \sec\alpha \cdot \tan\gamma$$

根据三角关系

$$H_\delta = \frac{c \cdot \sin(\gamma' \pm \varepsilon)}{\sin(\delta' \pm \gamma')} \cdot \sin\delta' \tag{9.39a}$$

$$H_\gamma = \frac{c \cdot \sin(\delta' \pm \varepsilon)}{\sin(\delta' \pm \gamma')} \cdot \sin\gamma' \tag{9.39b}$$

公式(9.39a)和(9.39b)中 $\delta' \pm \varepsilon$,$\gamma' \pm \varepsilon$ 和 $\delta' \pm \gamma'$ 取加号或减号则取决于气球在投影平面的位置.可以分成气球位于投影平面 A、B 两点之间、在 A 点外侧以及在 B 点外侧三种情况(见表 9.8).

表 9.8　垂直投影情况分类

	气球在 A、B 两点之间 $270° > \alpha > 90°$ $\beta < 90°$ 或 $\beta > 270°$	气球在 A 点外侧 $\alpha < 90°$ 或 $\alpha > 270°$	气球在 B 点外侧 $\beta > 90°$ 或 $\beta < 270°$
H_δ	$\frac{c\sin(\gamma'-\varepsilon)\sin\delta'}{\sin(\delta'+\gamma')}$	$\frac{c\sin(\gamma'-\varepsilon)\sin\delta'}{\sin(\delta'-\gamma')}$	$\frac{c\sin(\gamma'+\varepsilon)\sin\delta'}{\sin(\gamma'-\delta')}$
H_γ	$\frac{c\sin(\delta'-\varepsilon)\sin\gamma'}{\sin(\delta'+\gamma')}$	$\frac{c\sin(\delta'-\varepsilon)\sin\gamma'}{\sin(\delta'-\gamma')}$	$\frac{c\sin(\delta'+\varepsilon)\sin\gamma'}{\sin(\gamma'-\delta')}$

注:如 B 点的海拔高于 A 点,ε 则取作 $-\varepsilon$,上述公式中的 ε 均反号.

Thyer 和 Schaefer 介绍另一种双经纬仪计算球高的方法,称为矢量法,其特点为:一是将两种投影方法合为一套计算模式;二是可以估算出来两个经纬仪偏离气球中心的观测误差.图 9.30(a)图为矢量法示意图.上方两个虚线小圆分别表示测量误差范围.在实际观测时 A 点瞄准了 D 点,B 点瞄准了 C 点,球的实际位置则应在 A′点.这种偏离形成的原因可能是操作者瞄准的偏差,操作者非同时读数的误差以及方位盘和仰角盘本身的误差.

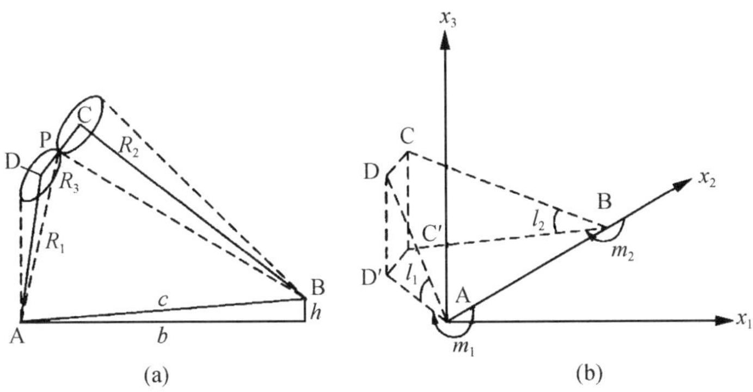

图 9.30 基线测风的矢量法原理

问题的关键是求出气球所在点 P 的位置,其坐标系统如图 9.30(b)图所示,直线 AD,BC 和 DC 各以空间矢量 R_1, R_2和 R_3表示,它们的模值分别为 r_1, r_2和 r_3,单位矢量为 i, j 和 k. 因此图 9.30(b)图中 C′D′为 CD 的水平投影;l_1和 l_2以及 m_1和 m_2为各点测得仰角和方位角,并规定方位角读数数值沿顺时针方向增加.

$$\begin{cases}\vec{R}_1 = r_1(a_1\vec{i} + a_2\vec{j} + a_3\vec{k}) \\ \vec{R}_2 = r_2(b_1\vec{i} + b_2\vec{j} + b_3\vec{k}) \\ \vec{R}_3 = r_3(c_1\vec{i} + c_2\vec{j} + c_3\vec{k}) \\ \overrightarrow{AB} = s\vec{j} + h\vec{k}\end{cases} \tag{9.40}$$

因此

$$\begin{cases}a_1 = \cos l_1 \sin m_1, & b_1 = \cos l_2 \sin m_2 \\ a_2 = \cos l_1 \cos m_1, & b_2 = \cos l_2 \cos m_2 \\ a_3 = \sin l_1, & b_3 = \sin l_2\end{cases} \tag{9.41}$$

由于 R_1与 R_2和 R_3相垂直,故

$$\vec{R}_1 \cdot \vec{R}_3 = \vec{R}_2 \cdot \vec{R}_3 = 0 \tag{9.42}$$

将(9.40)式代入上式,并考虑到条件 ${c_1}^2 + {c_2}^2 + {c_3}^2 = 1$,可解得

$$\begin{cases}c_1 = (a_3b_2 - a_2b_3)/\Delta \\ c_2 = (a_1b_3 - a_3b_1)/\Delta \\ c_3 = (a_2b_1 - a_1b_2)/\Delta\end{cases} \tag{9.43}$$

其中

$$\Delta = \sqrt{(a_3b_2 - a_2b_3)^2 + (a_1b_3 - a_3b_1)^2 + (a_2b_1 - a_1b_2)^2}$$

以上确定了和矢量值. 根据 $R_1 + R_3 = \text{AB} + R_2$,三个矢量的模值为

$$\begin{cases}r_1 = [s(b_1c_3 - b_3c_1) + h(b_2c_1 - b_1c_2)]\Lambda \\ r_2 = [s(a_1c_3 - a_3c_1) + h(a_2c_1 - a_1c_2)]\Lambda \\ r_3 = [s(a_1b_3 - a_3b_1) + h(a_2b_1 - a_1b_2)]\Lambda \\ \Lambda = c_1(a_3b_2 - a_2b_3) + c_2(a_1b_3 - a_3b_1) + c_3(a_2b_1 - a_1b_2)\end{cases} \tag{9.44}$$

因此最后可得出气球在空间三个方向的坐标点

$$\begin{cases} x_1 = r_1 a_1 + \left(\dfrac{r_3 r_1}{r_1 + r_2}\right) c_1 \\ x_2 = r_1 a_2 + \left(\dfrac{r_3 r_1}{r_1 + r_2}\right) c_2 \\ x_3 = r_1 a_3 + \left(\dfrac{r_3 r_1}{r_1 + r_2}\right) c_3 \end{cases} \tag{9.45}$$

9.4.3　GPS 导航测风法

GPS 是 Global Positioning System 的缩写. 1957 年 10 月世界第一颗卫星发射成功后，利用卫星进行定位和导航的研究工作就提到议事日程上. 经过方案论证和不断地调整，最终的 GPS 导航卫星工作系统由 21 颗工作卫星和 3 颗在轨备用卫星组成.

GPS 的组成包括三大部分：GPS 卫星、地面监控系统和 GPS 接收系统. 本节将简要介绍这三大部分.

1. GPS 卫星

24 颗卫星对其所采用的伪随机码（PRN 码）进行编号，分布在 A、B、C、D、E 和 F 六个轨道平面上，每个轨道面上共有 4 颗卫星，卫星轨道与地球赤道平面的夹角为 55°，各轨道平面升交点的赤经相差 60°，轨道平面的高度为 20 200 km，长半轴为 26 609 km，偏心率为 0.01，卫星运行周期为 11 小时 58 分钟. 图 9.31 为 24 颗卫星的分布示意图及其编号.

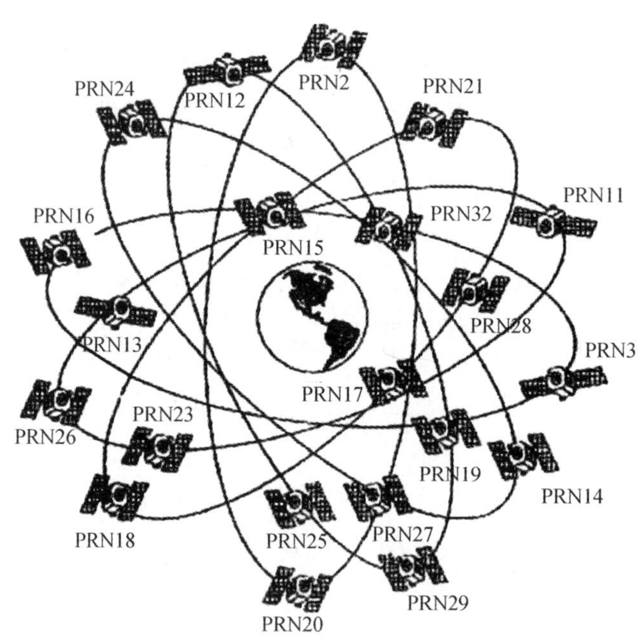

图 9.31　GPS 的 24 颗卫星分布示意图

卫星上的主要部件有电源及定向太阳能帆板充电设备；两套通信系统，一套是发射卫星定位信号和电文的天线系统，另一套是与地面监控系统保持联系的通信天线系统；第三则是作为时间和频率标准的铯原子钟，其频率稳定度达到 10^{-15}/天，保证卫星最佳潜势定位精度优于 3 m.

2. 地面监控系统

地面系统测量和计算每颗卫星的星历，编辑成电文发送给卫星，然后由卫星实时播送给用户. 地面监控系统包括 1 个主控制站、3 个注入站和 5 个监测站 (图 9.32)，监测站的主要任务是对卫星轨道进行观测，并将数据传送给主控站. 主控站利用大型计算机完成数据采集、导航电文编辑、卫星运行状态的诊断以及实施对卫星的轨道和姿态的调整. 主控站编辑的卫星电文将传送至三大注入站，定时传送至各个卫星.

图 9.32 GPS 的地面监控系统

3. GPS 接收机

接收机的种类很多，但基本结构基本相同，信号通过天线和前置放大器进入接收单元，经过变频、放大、滤波一系列过程. GPS 信号有其独特的特征：它的定位码和轨道码都是二进位调相信号(BPSK)；以及所有的卫星的载波频率均为 $L_1 = 1\ 575.42$ MHz 和 $L_2 = 1\ 227.6$ MHz. 接收机设有专门的锁相回路，码相关发生器以及一个 12 通道的多路接收机，一旦追踪到某颗卫星的信号，经过码相关器的对齐，定位码和轨道码将被分别锁定在某个接收通道之内，等待存储和处理，并进行下一颗卫星信号的追踪. 有关信号的解调过程见第十章的讨论. 下文将对 GPS 卫星导航的关键问题进行较为详细地叙述.

首先我们最关心的是卫星运行的轨道，而其坐标系是以地心为坐标原点的天球坐标系. 卫星椭圆轨道的一个焦点与地心相重合，确定椭圆形状的两个参数为椭圆的长轴 a_s 和它的偏心率 e_s；确定某颗卫星所在的轨道平面还需知道与地球赤道平面的交角 i，升交点距地球轨道平面春分点的角距 Ω，以及卫星轨道近地点对升交点的角距 ω_s(图 9.33A).

由于卫星星历电文是由注入站在某一时刻 t_0 输入的，还必须知道此时段内各个轨道参数的变化，包括升交点赤经和轨道倾角的时间变率 $\mathrm{d}\Omega/\mathrm{d}t$ 和 $\mathrm{d}i/\mathrm{d}t$，以及卫星平均运动角速度与计算值之差 Δn.

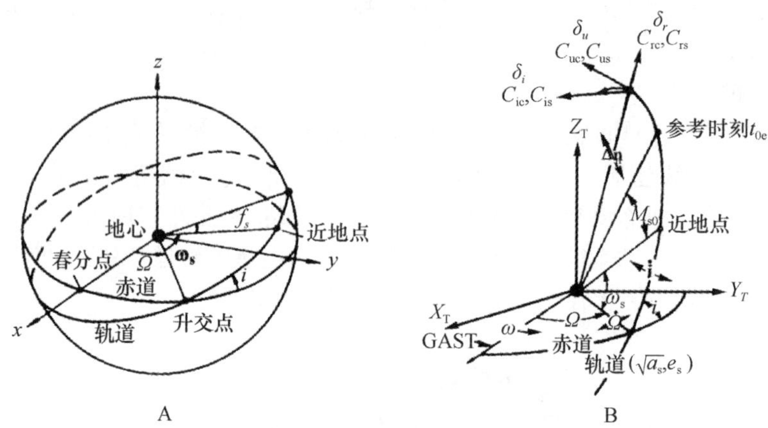

图 9.33 A、B GPS 卫星导航系统的计算坐标

另外，由于太阳和月亮引力的作用以及太阳光压的影响，卫星将偏离其开普勒轨道，产生一定的摄动，电文中包括有三个摄动改正项：升交距摄动改正项 δ_u，卫星矢径改正项 δ_r 和轨道倾角改正项 δ_i（图 9.33B）.

卫星轨道的报文将详细包括上述所有的参数，并不断地予以修正，在下一个时刻 t_1 由注入站输入更新的卫星轨道报文.

根据星历首先计算出的卫星坐标和轨迹是以地球中心为坐标原点的天球坐标系统中卫星矢径 r_k，对升交点角距 U_k，轨道倾角 i_k. 在轨道平面直角坐标系中，则卫星位置为

$$
\begin{aligned}
x_k &= r_k \cos U_k \\
y_k &= r_k \sin U_k
\end{aligned}
\tag{9.46}
$$

为方便起见，还需将轨道平面转换为地球赤道平面，然后再绕 z 轴旋转 Ω_k 度角使升交点与地球格林尼治子午线重合，计算出卫星在地心坐标系中的直角坐标值 x_k，y_k 和 z_k.

对于观测者而言，最直观最方便的办法是知道以测站为中心的直角 x_h，y_h 和 z_h 坐标，或以测站为中心的极坐标矢径 r_H，方位角 A_H 和高度角 h_H. 详细的计算步骤可见参考书[1]，它并不困难，但相当繁琐.

卫星位置确定以后，最关心的问题是 GPS 信号的结构，它包括了三种信号分量：载波、测距码和数据码（导航电文）.

GPS 使用 L 波段两个载频：L_1＝1 575.42 MHz 和 L_2＝1 227.6 MHz. 信号通过电离层时，由于大气的折射作用电波路径产生弯曲，而电离层的折射指数与信号频率（波长）有关. 根据上述两个波长到达地面接收点的延时之差，可以估算出电波路径的曲线修正值.

测距码和数据码采用调相技术调制到载波上，信号 0 与 1 的位相相差为 180°. 测距码按其精度分为粗码（C/A 码）和细码（P 码）两类，前者主要提供给民用，它们的频率分别为 1.023 和 10.23 MHz，因而两者的测距精度相差了约 1 个数量级. 其信号的组成如图 9.34 所示.

数据码的详细格式本书就不再介绍，它以 50 bit/s 的速率传送. 上述所有这些信号经过混频，模 2 相加和叠加合成后向全球发送，形成今天各地都能接收到的 GPS 信号（图 9.35）.

然而对定位而言，使用者最关心的是其中的信号码，现以其中的 C/A 码为例讲述它的产生方法.

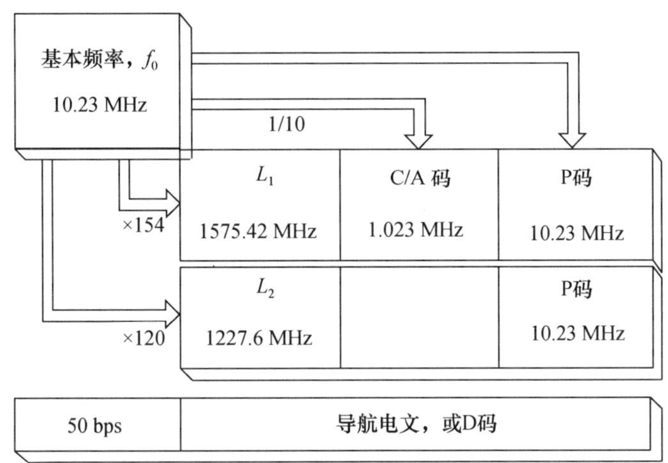

图 9.34 GPS 系统的电文

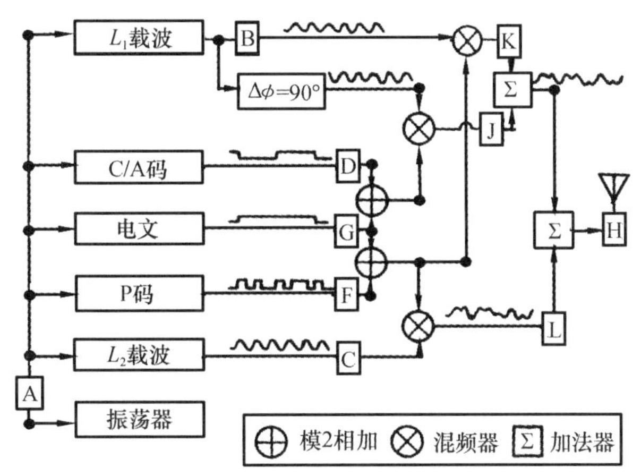

图 9.35 GPS 系统电文的叠加和合成

定位码为伪随机码(简称 PRN)，是一组人工生成的噪音码，它具有相关系数达到或接近于 1 的自相关系数，同时又具有数值很小但数值确定的互相关系数，因而具有良好的识别能力，在无线通信技术中称做 GOLD 码. 伪随机码产生的方式很多，其中常用的一种方式是最长线反馈移位寄存器序列. 为了说明简要明了，我们以一个四级反馈移位寄存器为例(图 9.36).

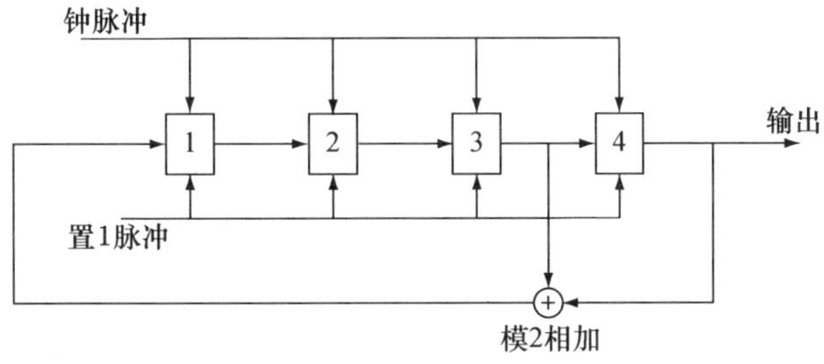

图 9.36 伪随机码发生器

在说明过程之前先介绍模 2 相加的运算规则是：$1\oplus1=0,0\oplus1=1,1\oplus0=1,0\oplus0=0$.

假设当脉冲驱动之前，所有的存储单元都置 1，当脉冲驱动开始，各个存储单元的内容顺序由上一个单元转移到下一个单元，而最后一个单元的内容则予以输出，与此同时线路将存储单元 3 和 4 的信号进行模 2 相加输入空出的第一单元. 因此一个 r 级存储单元的伪随机码发生器可以最多包括 $N_u=2^r-1$ 个码元(表 9.9)

表 9.9 四级反馈移位寄存器的码元序列

编号	各级状态				④⊕③	末级输出
	④	③	②	①		
1	1	1	1	1	0	1
2	1	1	1	0	0	1
3	1	1	0	0	0	1
4	1	0	0	0	1	1
5	0	0	0	1	0	0
6	0	0	1	0	0	0
7	0	1	0	0	1	0
8	1	0	0	1	1	1
9	0	0	1	1	0	0
10	0	1	1	0	1	0
11	1	1	0	1	0	1
12	1	0	1	0	1	1
13	0	1	0	1	1	0
14	1	0	1	1	1	1
15	0	1	1	1	1	0

C/A 码是由两个 10 级反馈移位寄存器组成. 两个寄存器于每星期日子夜零时，全部寄存单元将被置“1”脉冲置于 1 的状态，在 1.023 MHz 脉冲的驱动下，两个寄存器产生 $N_u=2^{10}-1=1\,023$ 个输出，周期长为 $N_u t_u=1$ ms 的随机信号序列(称为 m 序列)G_1 和 G_2. 它们与表 9.9 所不同的有下列几点：

(1) G_1 和 G_2 发生器进行模 2 相加的存储单元不一定是最后两个单元，两个发生器所选择的单元对也不相同.

(2) G_2 发生器的输出不是最后一个单元，而是选择两个任意单元在进行一次模 2 相加，产生一个 $G_{2i}(t)$序列.

(3) 最终的输出为 $G_1(t)$与 $G_{2i}(t)$ 模 2 相加后的结果.

C/A 码发生器的原理如图 9.37 所示.

P 码使用的移位寄存器为 12 位，并由 2 对移位寄存器组成，大大增强了它的对位精度和破译 P 码的难度.

伪随机码的接收原理为码相关法. 由接收机内的伪随机码发生器制造一组与某颗卫星 C/A 码相同的伪随机码，从卫星上发射的信号经过一定的时间延迟方能到达接收天线，其

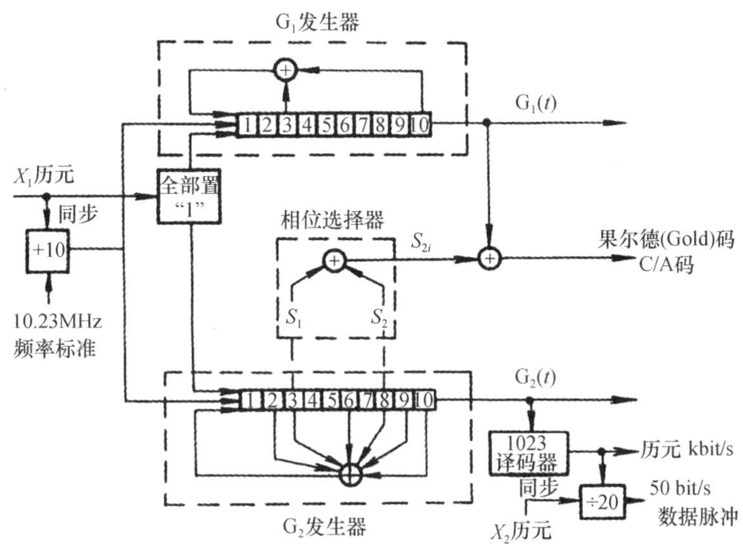

图 9.37 C/A 码发生器的原理

中还包括了大气路径折射指数变化，对曲线传播路径的修正，因而它与接收机内的伪随机码保持一定的时间差. 这段时间差经过折射路径订正代表某颗卫星对该点的矢径长度. 精确的定位完全依赖于它的测定.

接收机内将自动对相关码发生器内产生的伪随机码进行时标位移，当它与卫星信号达到相关系数极大时，则可根据其时间位移值计算出卫星对接收点的矢径长度. 定位精度的高低取决于两组随机码对位的精度，例如可达到单个码元脉冲宽度的 1/10 或更高.

GPS 定位至少需要 4 颗卫星的测量数据，设卫星的坐标为 X,Y,Z，接收机测定的矢径为 R，用户定位点的未知坐标为 U_X,U_Y,U_Z；另一个变量则可能是卫星与接收机之间的时间基值漂移 C_b. 4 个未知量则可根据下述方程组计算得到.

$$\begin{cases}(x_1-u_x)^2+(y_1-u_y)^2+(z_1-u_z)^2=(R_1-C_b)^2\\(x_2-u_x)^2+(y_2-u_y)^2+(z_2-u_z)^2=(R_2-C_b)^2\\(x_3-u_x)^2+(y_3-u_y)^2+(z_3-u_z)^2=(R_3-C_b)^2\\(x_4-u_x)^2+(y_4-u_y)^2+(z_4-u_z)^2=(R_4-C_b)^2\end{cases}\tag{9.47}$$

GPS 导航定位技术测量高空风场的主要设备是将接收机安置在气球上，然后将计算所得的气球坐标位置连续不断地发送给地面测站. 为了提高定位精度，可采取差分定位方式，即在地面测站上安置一台 GPS 接收机，从放球开始一刻起，将固定测站的定位坐标与测风气球的定位坐标同时输入测站处理单元，然后输出它们的坐标位置差值随时间的变化，计算各个高度上的风向、风速值.

GPS 测风系统遇到的挑战有两点：一是垂直方向的定位精度较差，高度值的计算还不得不依赖于探空仪的气压、温度和湿度测量值；二是价格成本太高. 如将 GPS 接收板安置在探空仪上，并将测风数据流与探空仪的温湿压信号组合成新的数据文件，还需在探空仪上加装信号微处理设备. 如何简化微处理板和 GPS 接收板的电子线路结构，以达到降低成本的目的是 GPS 探空测风系统开发商的主要课题. 有关 GPS 测风探空仪的技术细节将在下一章中予以介绍.

9.4.4 高空风测量误差

由于种种原因会使高空风的测量产生误差.轨迹法测风时,气球坐标测量的误差、记录处理和计算误差等,都将导致风向、风速有误差.有些误差是可以尽量予以消除的,例如,为提高计算精度采用计算机代替人工计算,不再使用查表及图解方法或计算尺操作,尽量避免一些人为的误差.对于由仪器精度以及观测方法上的限制而产生的误差,可根据误差分析进行估计.

气球位置的测量误差不仅与观测方法有关,而且还与气球的位置有关.只有导航测风法的测风误差几乎不随气球距施放点距离、高度和仰角而变.

实际中很难准确估算一种方法在观测中误差的实际大小,对各种测风仪器观测误差的估计,可以由两台仪器(不一定是同类型的)同时观测一个气球,进行对比得出其相对偏差.另外,我们可以根据各仪器测量气球坐标参数的偶然误差大小,由风速计算公式估计其对测风误差的影响.下面对经纬仪及雷达等的测量误差引起的风速误差进行估计.

因为风速是矢量,我们考虑风速矢量误差 $\mathrm{d}v$ 的均方差$(\mathrm{d}v)^2$.$(\mathrm{d}v)^2$是与 r,δ,α,H 本身以及它们的偶然误差 $\mathrm{d}r,\mathrm{d}\delta,\mathrm{d}\alpha,\mathrm{d}H$ 有关.气球在空间的位置,主要是其高度、方位角及仰角影响测风误差大小.令 v 代表 H 高度以下风的平均矢量大小,w 是 H 高度以下气球的平均升速,令 $Q=v/w$,则

$$Q=\overline{v}/\overline{w}=\cot\delta=\frac{(r^2-H^2)^{1/2}}{H}$$

令 t 为两次读数的时间间隔,三种方法的误差关系如下:

(1) 雷达.测量斜距 r,方位角 α 及仰角 δ

$$\mathrm{d}v^2=\frac{2}{t^2}\left[\frac{(\mathrm{d}r)^2Q^2}{1+Q^2}+(\mathrm{d}\delta)^2H^2+(\mathrm{d}\alpha)^2H^2Q^2\right] \tag{9.48}$$

(2) 单角雷达和无线电探空仪.测量斜距 r,方位角 α 及高度 H

$$\mathrm{d}v^2=\frac{2}{t^2}\left[\frac{\mathrm{d}r^2(1+Q^2)}{Q^2}+\frac{(\mathrm{d}H)^2}{Q^2}+(\mathrm{d}\alpha)^2H^2Q^2\right] \tag{9.49}$$

(3) 光学或无线电经纬仪.测量斜距 r,仰角 δ 及高度 H

$$\mathrm{d}v^2=\frac{2}{t^2}[(\mathrm{d}H)^2Q^2+(\mathrm{d}\delta)^2H^2(1+Q^2)^2+(\mathrm{d}\alpha)^2H^2Q^2] \tag{9.50}$$

当观测误差为 $\mathrm{d}r=20$ m;$\mathrm{d}\delta=0.1°$;$\mathrm{d}H$ 相当于气压误差为 1 hPa 时的高度误差;$t=1$ min时代入上述公式,计算结果见表 9.10.由上述公式及表中数值可知:三种方法的误差都随 t 的加大而减少,因此在高度加大时,可同时加大两次读数的时间间隔 t,减少其测风误差.实际工作中规定施放测风球 20 min 后,由 1 min 改为 2 min 观测一次.H 值高时,方位及仰角的误差对风速误差的影响加大.Q 值大(也就是水平风速大),气球仰角低时,误差加大.比较三种方法可见,经纬仪测风误差比雷达测风误差大.例如,对于气球升速为 5 m/s,平均风速约 15 m/s 的情况($Q\approx3$),在 10 km 高度上,方法③的风速误差达 30%,而其他方法①、②却只有 10%的相对误差.

表 9.10 随高度 h 及 Q 值不同风矢量的标准误差(knots)

Q	高度 h/km																	
	5			10			15			20			25			30		
	①	②	③	①	②	③	①	②	③	①	②	③	①	②	③	①	②	③
11	2	1	1	2	2	2	3	4	2	6	7	3	11	11	3	31	31	
2	1		3	2		5		3	8		4	14	5	7	23	5	16	62
3	2		5	3		9		4	14		5	23	6	7	37	8	13	95
5	2		11	4		22		6	34		8	51	10	10	74	12	14	165
7	3		21	6		42		9	63		1	90	14	14	125	17	18	246
10	4		42	8		83		12	125		6	173	20	20	230	24	25	392

注：① 雷达；② 单角雷达和无线电探空仪；③ 光学或无线电经纬仪.

9.5 风廓线雷达

风廓线雷达是一种遥感高空风向、风速分布的仪器.当一束无线电波发射向大气层时，由于温度和湿度的湍流脉动，大气折射指数产生相应的涨落，雷达波束的电磁波信号将被散射，其中的后向散射部分将产生一定功率的回波信号，这种回波信号与大气中的云雨质点回波散射有所不同，称之为晴空散射.

由于散射气团随风漂移，沿雷达波束径向分量风速的大小将导致回波信号产生一定量的多普勒频移，测定回波信号的频移值可以直接计算出某一层大气在雷达波束径向的风速分量值.

雷达信号是一种脉冲信号，因此同一个脉冲信号的前沿达到某一层大气高度 h 时，它的后沿同时正在影响比它高度略低的大气 $h-\Delta h$，$\Delta h=c\times\delta$，其中 c 为光速，δ 为脉冲宽度.当这个脉冲的回波沿原路返回天线接收系统，脉冲往返全程为 $2h$，因而只有 $\Delta h/2$ 厚度内空气层的信号能够在同一时刻返回雷达天线接受系统.因而雷达接收系统所得到的信号是 $\Delta h/2$ 后的空气层的体平均值.雷达回波继续往上传播，不断将各层空气经过多普勒频移的回波信号返回天线接受系统(图 9.38).

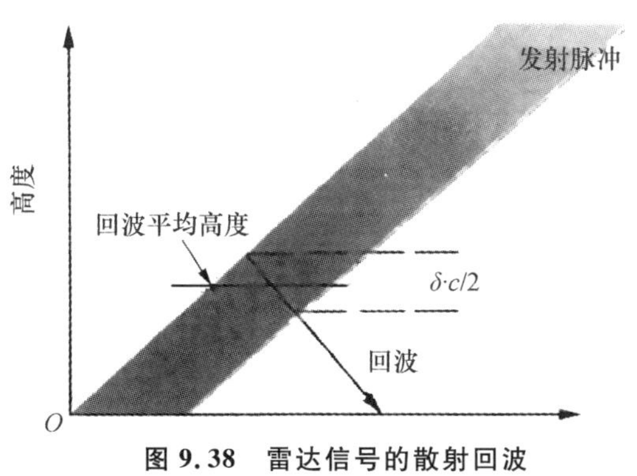

图 9.38 雷达信号的散射回波

风廓线雷达的功率，包括它的峰值功率和平均功率以及大气折射指数湍流能量决定了它的最大探测高度. 当发射脉冲到达最大探测高度后,雷达将发射第二组探测波束. 因而实际测量的多普勒频移值,不但是 $\Delta h/2$ 空间内的平均,同时又是某一时段内的平均值,以保持资料的代表性,两次脉冲发射间隔由发射脉冲的重复频率所决定.

为了能测量水平风的大小和方向,必须改变发射波束的指向. 实践上波束的指向可能设计为垂直指向,向东倾斜指向以及向北倾斜指向三种情况. 实际的仪器设计为三波束或五波束轮流发送. 包括垂直向上发送加上向东和向北倾角 15°发送;再加上向西和向南倾角 15°发送,测出各波束发射方向的径向风速,就可合成出垂直运动速度,水平风向和风速(图 9.39).

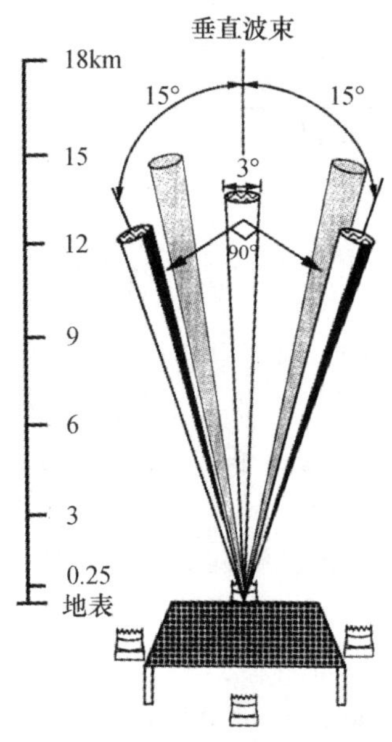

图 9.39　风廓线雷达的天线阵

风廓线雷达的天线系统由一个天线阵组成,每一个天线单元单独进行发射,其频率相同,但可以调整各自的位相. 在 9.3.3 节讨论无线电经纬仪时,它的工作原理是信号来源偏离天线平面法线时,相互平行的各个天线单元将收到经过一定位相差的同频率信号. 反其道而用之,让每一列(或每一行)天线单元相互之间保持一定的位相差,则天线发射波束将发生一定方向的倾斜. 天线阵列如图 9.40 所示,一共包括了 120 个天线单元,中心十字上则有 60 个双向分压器组成. 如天线单元是水平安置的微带天线,则轴线取 y 方向的单元只执行向东或西发射微波波束;轴线取 x 方向的单元执行向北或南发射波束. 天线板下是移相装置,最简单的移相方式是让第一列或第一行的天线单元保持相同位相,依次向后错开一定的位相. 图 9.40 中还包括了发射和接收的简单的方框图.

为了取得较佳的合成波束,可以通过计算完成最佳设计. 设中心点的无线电波源位相为零,沿 x 方向天线单元间的相位差为 φ_x;y 方向天线单元间的相位差为 φ_y. 假定中心点天线的信号为 $a\exp(\mathrm{i}\omega t)$,则空间 $Q(r,\theta,\varphi)$ 处的信号为

$$Q(r,\theta,\varphi)=\frac{a}{r}\sum_{N}\sum_{M}\exp[\mathrm{i}(\omega t-kr_{mn}-m\varphi_x-n\varphi_y)] \tag{9.51}$$

式中,r_{mn} 为第(m,n)个天线单元距 Q 点的距离. 向一定方向倾斜的无线电天线波束还应保

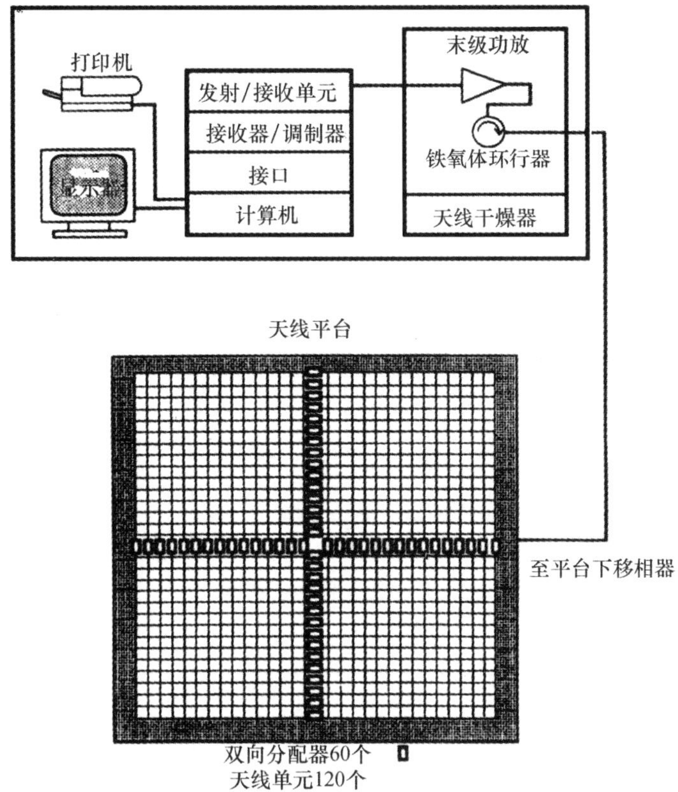

图 9.40 风廓线雷达的工作原理

持理想的主波瓣方向图以及对旁瓣的抑制，都需要对天线单元和移相电路进行反复优化设计和计算.

散射后的回波经过解调后，输出了一个回波信号强度的时间序列. 由于大气折射系数的起伏，回波信号同样显示出一定的脉动起伏，其中还包括了一些偏离过大不合理的数值，这可能是由于各种干扰所造成，剔除这些野点必须在实施光滑平均之前，光滑后的时间序列再进行总体平均，并对各个数据点去除其直流分量.

资料经过时间域的处理后，利用快速傅氏变换(FFT)计算它的频谱分布，并进一步进行光滑平均. 光滑后的谱曲线仍然带有一定的干扰信号，它们主要来自于固定的地物回波. 软件设计主要是根据它的各个阶段矩特征有别于回波进行判断. 图 9.41 为其数据处理流程图，图 9.42 给出一组风速偏北分量形成的频移值屏幕显示图像.

风廓线雷达测风的关键指标是它的数据获取率. 它在很大程度上依赖于大气折射指数起伏的强弱. 在某些天气条件下，数据获取率超过 90%几乎不能达到. 表征大气折射率起伏强弱常用的指标是折射指数的湍流结构系数 C_n^2. 根据 Van Zandt 等人的实验结果[2]，对不同的理论计算方法进行了验证，建议采用下列计算公式

$$C_n^2 = a^2 \alpha' L_0^{4/3} M^2 \tag{9.52}$$

式中，a^2 为一通用常数，取值为 2.80；α' 为与涡动黏性系数相联系的比值，与大气稳定度有关，对大气中、上层可以取值为 1；L_0 为大气湍流涡旋的主尺度；M 为折射指数的垂直梯度，写为

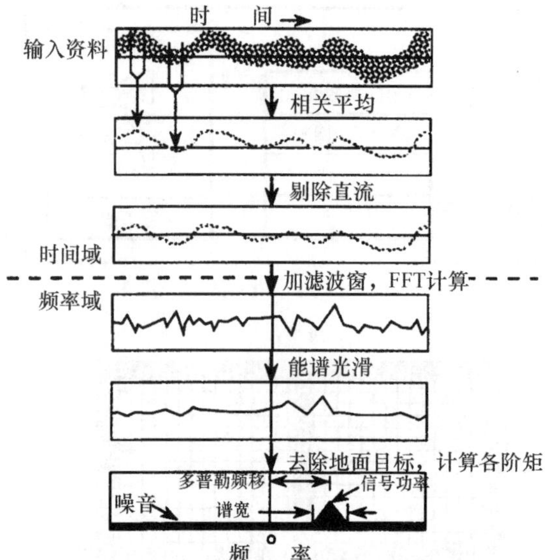

图 9.41　风廓线雷达数据处理流程图

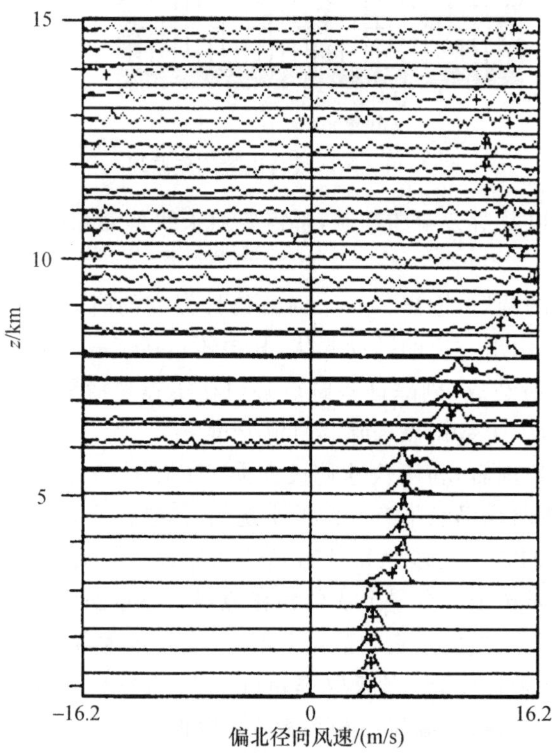

图 9.42　风廓线雷达的探测结果举例

$$M = -77.6 \times 10^{-6} \cdot \frac{p}{T} \cdot \frac{\partial \lg\theta}{\partial z}\left\{1 + \frac{15.500 \cdot q}{T}\left(1 - \frac{1}{2}\frac{\frac{\partial \lg q}{\partial z}}{\frac{\partial \lg\theta}{\partial z}}\right)\right\} \tag{9.53}$$

公式大括号前的内容表征位温梯度的强弱对折射指数的影响，括号内表征比湿梯度的强弱对折射指数的增强.

从公式可见，中性层结并保持干燥的空气层，C_n^2值将降至极低，北京地区冬季寒潮来临前后正是这种情况. 图 9.43 给出美国中小尺度天气网内风廓线雷达对三种不同天气条件，湿热(图中方块点)、温湿或冷湿(图中三角形点)和干冷(图中椭圆点)天气下，风廓线雷达各个高度上的数据收集率统计结果.

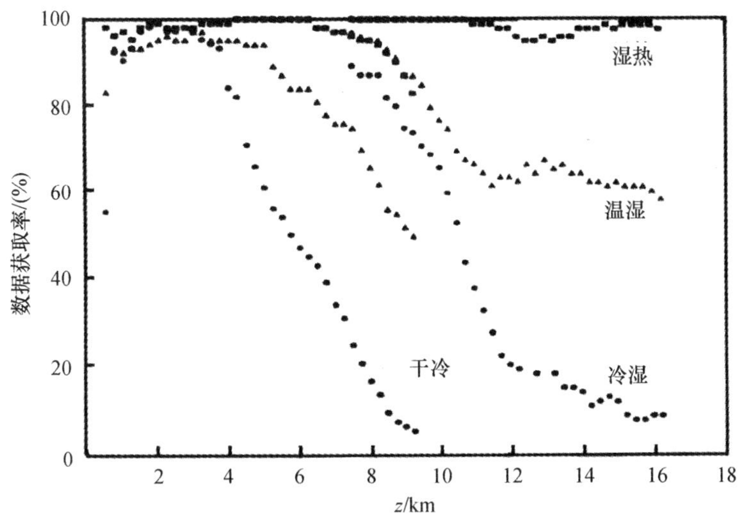

图 9.43 数据收集率与大气层条件的关系

COST 74 标准给出该值在标准大气条件下 C_n^2的垂直分布为

$$\lg C_n^2 = -0.276z - 13.862 \tag{9.54}$$

z 的单位为 km. 也就是说，在各高度上大气折射指数结构函数值不低于上述公式计算值的条件下，风廓线雷达的数据收集率应达到 90%以上.

图 9.44 给出安徽光机所曾宗泳等人在北京地区秋季实测的一组 C_n^2值随高度的变化[3]，与上式计算结果比较接近. 需要说明一点：他们只测定了温度结构函数 C_T^2值，如果再加湿度影响的订正，反算的 C_n^2值会有一定程度的加大.

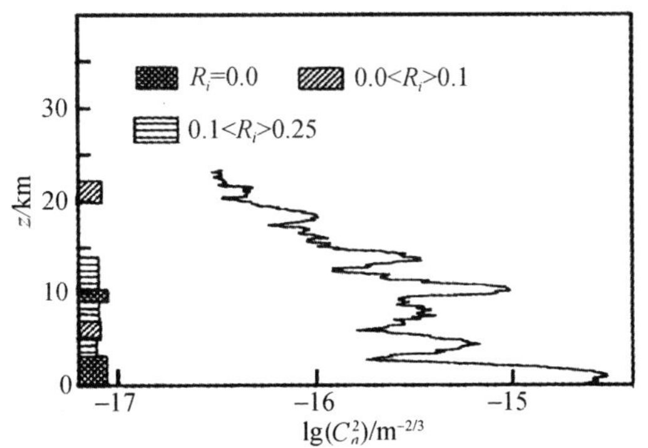

图 9.44 实测 C_n^2值与高度的关系

保证数据获取率的措施有下列几点：

1. 选择适当的发射波长或频率

波长较长、频率较低的无线电波在大气中的衰减较弱，因而其发射波能达到较高高度并保持一定的电磁场强度. 而回波强度除了与大气位温和比湿梯度强弱有关，还与大气湍流积分尺度有关. 如果发射波长接近于湍流积分尺度的 1/2 和 1/4，则可得到相对较强的回波. 目前使用的风廓线雷达按高度分为边界层探测、对流层探测以及可达平流层探测三档. 他们所采用的通用频率如表 9.11.

表 9.11 风廓线雷达分类

类 别	使用频率/MHz	可达测量高度/km
边界层探测	915～3 000	2～3
对流层探测	404～482	14～16
可达平流层探测	40～50	20 以上

2. 加大天线面积和功放级的放大倍数

这两条措施都会对仪器的使用和安装带来不便. 根据使用结果的统计，风廓线雷达各个部件的无故障使用时间大多数均能达到 40 000～80 000 h，唯独功放级只能达到 8000 h 左右，而且还需要对这个部件组采取特殊的防潮措施以及冷却系统.

3. 增强软件功能

例如上文所涉及的障碍物信号消除功能等.

风廓线雷达还具有另一种潜在的应用途径，就是将它与声雷达系统结合，测定大气的虚位温随高度的分布，如图 9.45 在无线电天线阵的四周各布上一个声源发射器. 根据理论推导，声波波长为无线电波波长的 2 倍时，受声波振荡影响无线电波的回波功率最强. 因而可根据大气虚位温的估算值，计算出当时的声音速度以及相应可选择声波波长和发射频率. 当声波向上垂直发射的过程中，可利用风廓线雷达中的垂直波束测量声波在各个高度上的音速，进而反推出各层空气的虚位温. 由于音速在 300 m/s 以上，大气中的垂直运动影

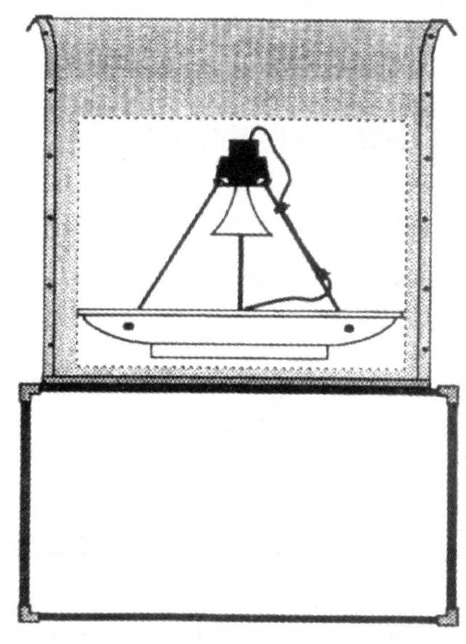

图 9.45 风廓线雷达的声波发射器

响完全可以忽略不计，这种系统被称之为 RASS (Radio Acoustic Sounding System). 但是由于声波在大气中的衰减比较明显，RASS 系统所能达到的探测高度大约为风廓线雷达探测高度的 1/3.

下面列出美国 Radian 公司生产的 LAP-16 000 型风廓线雷达的主要技术指标：

频率	449 或 482 MHz		
发射特性			
带宽	700 ns 脉冲	1.4 MHz(−3 dB)	5.6 MHz(−20 dB)
	1 700 ns 脉冲	580 MHz(−3 dB)	2.3 MHz(−20 dB)
	3 300 ns 脉冲	300 MHz(−3 dB)	1.2 MHz(−20 dB)
	6 700 ns 脉冲	150 MHz(−3 dB)	600 MHz(−20 dB)
峰值功率	16 kW		
平均功率	1.6 kW		
接收机特性			
噪音指数	0.08 dB		
+3 db 输入灵敏度	<−127 dB		
镜像干扰抑制	>45 dB		
寄生干扰抑制	>45 dB		
天线系统			
型号	同轴直排位相阵列		
面积	144 m^2		
增益	32 dbi		
波束宽度	<4°		
波束方向垂直以及向东 2、南、西、北倾斜 15°			
常用的操作参数			
脉冲宽度	1.7 μs		
脉冲重复频率	1～15 kHz		
谱点	64		
最大可测经向速度	±25 m/s		
取样厚度	250 m		
取样平均时段	3～60 min		
风速精度	<1 m/s		
RASS 的主要参数			
声源频率	1 kHz		
波束	15°		
脉冲重复周期	20 μs		
谱点	2 048		
取样厚度	250 m		
测温精度	1 K		

1994 年美国国家海洋大气局对 1987—1994 年布设在美国中部的风廓线雷达网作出

了肯定性的最终评估结论[4]，其中包括了 24 条结论性意见和 15 条建议，其主要结论如下：

(1) 风廓线雷达网的资料达到了要求的精度和可靠性，它的时间和空间分辨能力超过任何一种高空风测量系统.

(2) 风廓线雷达网的资料将会大大改善对危险天气的预报.

(3) 观测到一些新的中层大气的天气动力现象，例如浅槽对雷暴雨的触发.

(4) 一些特殊现象的观测将有助于其他行业的需求，例如风切变的观测对于飞机导航.

(5) 6 min 时段的风廓线资料能显示出锋面、短波波动、气旋和重力波等天气系统连续和详实的演变过程.

(6) 将风廓线资料实施资料同化后明显地改善了 3～6 h 临近数值预报的结果.

(7) 整个系统运行可靠，可以由非专业人员进行操作.

资料还有不少可以开发利用的余地，例如中、小尺度天气系统的分析，这里举一个有趣的例子，是由 Rutgers 大学开发的一个软件，它可从风廓线回波资料中得到大气层各高度折射指数结构函数(C_n^2)的分布，特别能清晰地反映出大气边界层的结构，图 9.46 反演出一天 24 小时折射指数结构函数的空间和时间的分布.

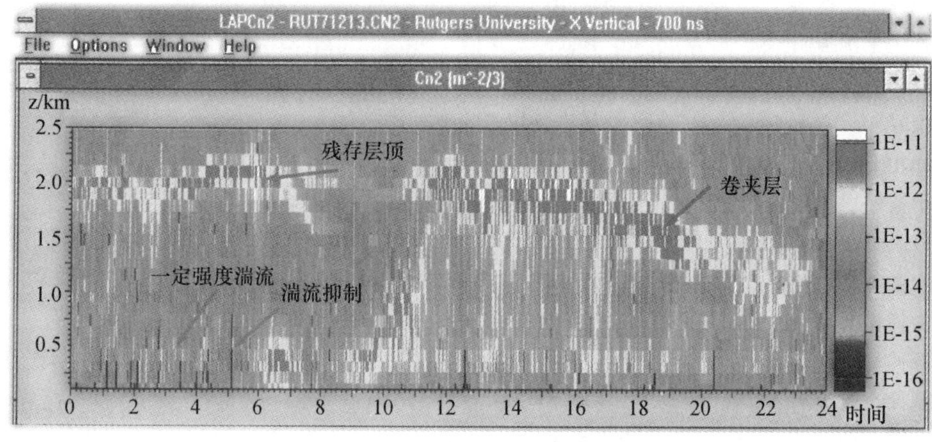

图 9.46 从风廓线雷达回波资料反演大气层各高度 C_n^2 的分布 *

白天红色的区域为湍流最强的边界层顶的卷夹层；夜间红色的区域为白天边界层顶的残存，图的下层则出现深蓝线条(湍流抑止)与浅绿窄条(湍流较为明显)交错存在的现象，表现为湍流在空间和时间上的间歇性(见彩图 2).

---

* 参见彩图 2.

第十章 高空温、湿、压的无线电探空仪探测法

10.1 概 论

直到目前为止，大气中各个高度上的温度、湿度和气压随时间和空间分布的资料，仍然是研究大气中各种热力和动力过程以及天气分析和预报的基础资料. 测量三度空间温、湿、压分布方法的途径是多种多样的. 可以由探空气球携带无线电探空仪升空；可以由气象卫星上载装的各种遥感仪器反演温度和湿度以及风速的廓线；可以由地基遥测遥感设备来进行温度、湿度和风廓线的探测. 但是，无线电探空方法仍然是一种最主要的资料获取途径. 一是因为它的资料具有较高的精确度和分辨率；二是长期以来它已经形成了一个比较严密的全球探测网，各地区各个国家的资料具有一定的可比较性，因而成为其他高空探测手段的一个基准.

无线电探空仪是一种遥测仪器，它可以将感应(而且是直接感应)的气象要素值转换为无线电信号，不断地向地面接收站发送. 地面接收机将信号收录、解调、转换和处理成空中各个高度上的温、湿、压的探测结果. 与其他探测手段相比，它的结果精度高、实时性强、操作方便，几乎不受天气条件限制. 如能配合适当的设备，如无线电经纬仪和测风追踪雷达，还可以同时获取高空风场的资料.

除此之外，还可以装配各种类型的特种探空仪，例如测量臭氧、大气电场、云内含水量和各个辐射通量的探空仪.

(1) 按探空仪使用方式和途径，可有三种装配方式.

① 常规探空仪. 由上升气球携带，升空 30～40 km，最长工作时间 2 h，信息传播距离为 200 km，气球可携带重量为 0.5～2 kg，并可保持稳定在 400 m/min 左右的升速，进行温、湿、压和风的探测.

② 定高气球探空仪. 由定高气球携带，沿等密度面水平飞行探测，探测范围可绕地球某个纬度带进行，工作时间为数天，为节约电源多采取数小时间隔的定时发报方式，地面接收站可设数个，采取接力接收方式. 探测项目除温、湿、压外，还有一些专门项目.

③ 下投式和火箭探空仪. 多使用于飞机、火箭或定高气球将仪器带到一定高度，然后将仪器弹射至携带舱外，由降落设备携带下落，工作距离约 300 km，工作时间约几个小时，可以由地面站或飞机接收其信号.

(2) 探空仪所使用的探测元件多为地面观测常规使用的元件，但与地面观测相比需要注意许多高空探测方面的特殊需求，以满足其基本精度的要求.

① 探空仪为一次性使用产品，为了降低成本，力求结构简单、体积小、重量轻，但又必须具有一定的坚固程度，本身具有一定的防辐射、防云雨沾湿以及耐高空低温的能力.

② 从地面到 30～40 km 的高空，大气中的温、湿、压的数值变化远大于地面气象站的年变化范围，气压从 1 000 hPa 变到 10 hPa 以下，温度从 +40 ℃可变到 −60 ℃以下，相对湿度在 0%～100%之间变化，要满足在全量程范围内的低相对误差和绝对误差是一件比较难以办到的事情.

③ 在一个多小时的时间内，探空仪从地面升到 30～40 km 的高空，元件必须快速响应飞升各个高度上的要素变化，探空元件应变具有足够小的滞后系数，包括在高层大气低密度流量的条件.

④ 探空仪的信号解调之后，需经过一定的关系曲线或拟合公式换算成对应的气象要素变量，称之为检定关系. 虽然探空仪的施放过程仅为一个多小时，对检定关系的稳定程度似乎要求不高，但是这些检定结果必须由探空仪生产厂进行，经过相当一段时间后才进行施放，施放前只进行基值校准. 基值校准合格与否取决于元件的长期稳定性.

无线电探空系统由两部分组成，升空装置(探空仪与气球)和地面设备，图 10.1 是通用的探空系统方框图. 探空仪的型号及其工作原理有所不同，但都由三部分组成.

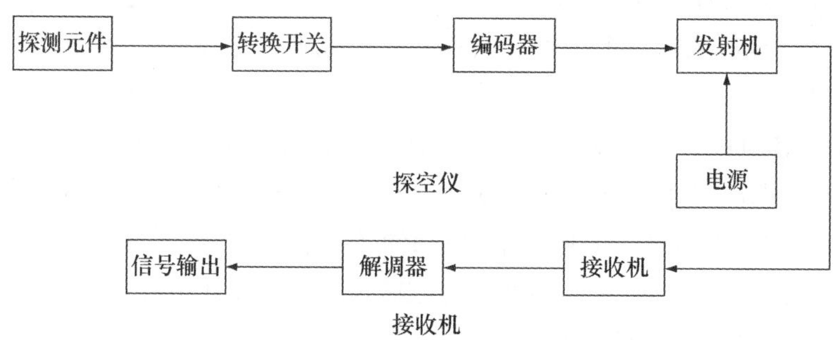

图 10.1　探空系统方框图

1. 感应元件

感应大气温度、湿度和气压的元件可分为两大类. 第一类是变形元件，要素的变化产生一定的形变位移，如测温度的双金属片、测湿的毛发和肠膜、测气压的空盒，等等. 第二类是电子元件，要素的变化引起元件的电学特征量的变化，例如电阻或电容量的变化，如温度元件中的热敏电阻和铂电阻，湿度元件中的碳膜湿度片和湿敏电容. 在一些特殊型号的探空仪上，还使用了比较复杂的测量单元，例如湿度测量中的露点/霜点仪，低气压测量用的沸点气压表等. 元件变量输出的形式在一定程度上决定了探空仪的转换开关和编码器的设计.

2. 编码部分

包括转换开关和编码器两个部分. 转换开关用来将温、湿、压感应输出量轮换接入编码器中的控制单元. 对于升速为 400 m/min 的气球，转换一周的时间应小于 15 s，保证每一个要素相邻的信号在高度上相距小于 100 m. 转换开关也可以是机械开关或是电子多路开关，主要取决于元件的类别，形变元件多半采用前者方式. 更为先进一些的探空系统，为了保证不同的信号，如模拟信号、频率信号和数字信号混合输入后，再转译成某种形式的信号，如数字信号，并将其编码成一定格式调制后进行发射，这时还需要一块微处理器协助完成这项工作.

编码器是将原元件输出量转换成某种无线电波传播形式,例如把位移型元件所处的位置编成电码发送,又如把元件电阻、电容变化转换不同频率的振荡,等等.

3. 发射机部分

由振荡器和电源组成,它是无线电探空仪载波信号发生的单元,编码器上的信号对它进行某种行式的调制后向地面发送,调制的方式无非是调幅、调频和调相三种. 载波的主要工作波段有 C 波段 400～406 MHz 以及 L 波段 1 660～1 690 MHz. 要求发射功率达到 500 mW,以保障在 200 km 距离内能使地面收到信号.

近 20 多年来,无线电探空的更新换代工作正在进入相当关键的阶段. 旧型探空仪,变高频式采取射频频率随元件电量变化而变化,其频率变化将可能产生对其他无线电通信的干扰,早已废弃不用. 电码式探空仪以元件的机械位移在码筒上发出不同的电码,其探测精度和灵敏度难于提高,并且很难向比较先进的变频数字体制过渡,只有少数国家仍在沿用,并在各自的电子探空仪研制完成后予以更替. 时距式探空仪原先只有瑞士制造使用,因而旧型探空仪只有变低频调幅式还有不少国家继续使用,并在技术细节上继续予以提高.

新型探空仪已经开始推广,采用射频调频数字体制. 已经开始使用带 GPS 测风系统的数字化调频式探空仪. 至于 GPS 探空测风系统有无可能大规模引入日常观测系统,正是各国专家关注的焦点. 它的优势是系统自动化程度高,地面测站轻便省电,缺点是探空仪售价过高.

由于近年来通信频道日益拥挤,过去旧型探空仪的射频技术指标,已经开始受到限制,包括射频允许调整的范围,频率的稳定度及其带宽. 以 AIR GPS-700 为例,该三项指标为:

射频可调范围	395～410 MHz,同步跟踪
频率稳定度	±5 kHz
带宽	5 kHz

上述这些指标均大大高于旧型号的探空仪的发射机指标. 这里面临最大的难题将是探空仪成本的增加.

无线电探空的测量单位: 气压为百帕(hPa),温度为摄氏度(℃),相对湿度为百分数(%),露点用摄氏度(霜点温度仍应根据对应的饱和水汽压值换算为露点). 高度则采用位势米(Geopt.),一个位势米取值 0.980 665 动力米.

对于无线电探空仪的测量精度,世界气象组织(WMO)根据探测数据,要求其应为大气本身波动值的一半,以满足天气分析时对等压面高度偏差的限制,提出如表 10.1 所列出的指标.

表 10.1　WMO 对探空仪测量精度的要求[1]

气象要素	范　围	准确度要求
气压	从地面到 5 hPa	±1 hPa
温度	从地面到 100 hPa 100～5 hPa	±0.5 K，±1.0 K
相对湿度	对流层	±5 %
风向	从地面到 100 hPa 100～5 hPa	±5°(<15 m/s)，±2.5°(≥15 m/s) ±5°
风速	从地面到 100 hPa 100～5 hPa	±1 m/s ±2 m/s
特性层位势高度	从地面到 100 hPa	从地面的 1%减少到 100 hPa 的 0.5%

当前实际使用的探空仪，离上述测量精度指标还有很大的差距. 这些方面的有关问题将陆续在有关章节中加以讨论.

10.2　GZZ 型转筒式电码探空仪

GZZ 型转筒式电码探空仪(五九型探空仪)是我国在 20 世纪高空气象观测中使用的常规探空仪. 这种探空仪发射机的频率一种是 24.5 MHz，另一种是 400 MHz，使用“回答器”，可配合 701 二次雷达测风.

探空仪的外形如图 10.2 所示. 中间的长方形白色纸盒具有良好的防水性和反射太阳辐射的能力. 机体(见图 10.3)放在盒中下部，机体支架上装置着温度、湿度、气压三个感应器，微电机及其减速机构和电码筒等. 纸盒上部放置电池及发射机. 纸盒两侧分别是温度感应器和湿度感应器的铝质防辐射罩.

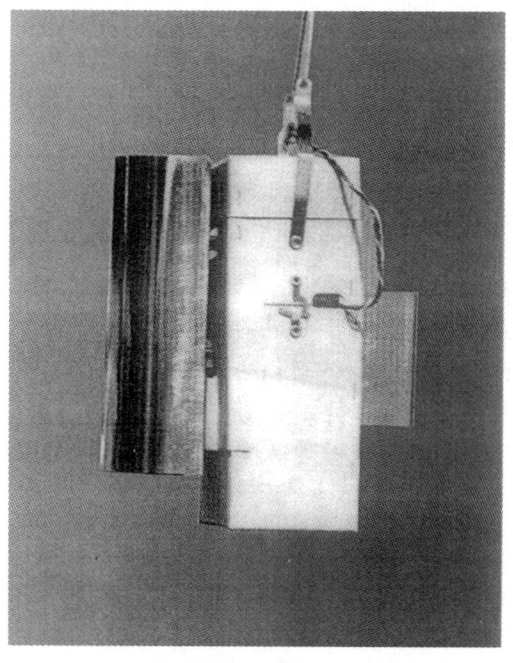

图 10.2　转筒式电码探空仪外形

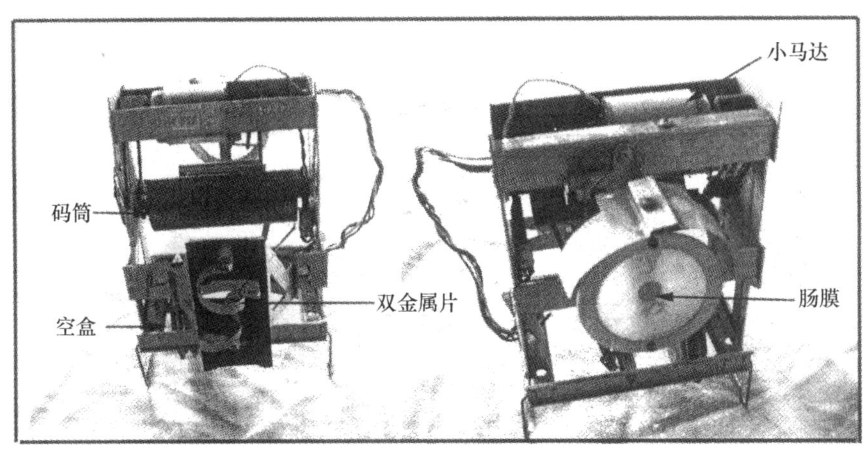

图 10.3 转筒式电码探空仪的探测元件

温度感应器为螺旋形双金属片，是由厚 0.2 mm、宽 3.8 mm、各边长 60 mm 人字形的双金属片卷曲而成. 两端固定在支架上，中心端焊有长 70 mm 的空心指针，针尖位置随温度变化移动.

气压感应器为两个膜盒组成的空盒组. 膜盒组的基部固定在支架上，顶部中心经传动装置带动一指针架回转，指针架上装有双金属片温度补偿器，用以补偿膜盒受温度影响引起的误差. 气压变化时，膜盒的厚度随之变化，使气压指针相应地移动位置. 膜盒材料近年改用温度系数小的镍铬钛恒弹性合金.

湿度感应器是鼓膜状肠衣，肠衣鼓膜直径 37 mm，其中心固定有连杆，连杆与传力架焊接并与扭力弹簧连接，使肠衣处于绷紧状态. 当湿度变化时，肠衣的形变使固定在传力架上的指针移动位置.

温度及湿度感应器都伸出在纸盒外，置于防辐射罩中，以感应空中的温度及湿度的变化. 在探空仪上升时，既可通风又可避免太阳辐射的影响.

编码部分由微电机及电码筒组成. 电码筒由卷成半圆形的电码片做表面，筒轴上附有一扇形接触片用来发出参考信号，电码片长 70 mm，上面刻有 350 条平行细槽. 当码筒转动时，3 个感应器的指针轮流与码筒表面接触，并沿这些细槽滑动. 电码片上印有两排（图 10.4）花纹，片上银色的部分（虚线条纹）是导电的，棕色的部分是绝缘的. 上排是十位数，下排是个位数. 下排是 350 个电码，每条槽线是一个电码；上排是 35 个电码，每个电码占 10 条槽纹，对应 10 个个位数电码. 当与导电部分接触时，发射机的电源接通（图 10.5），使发射

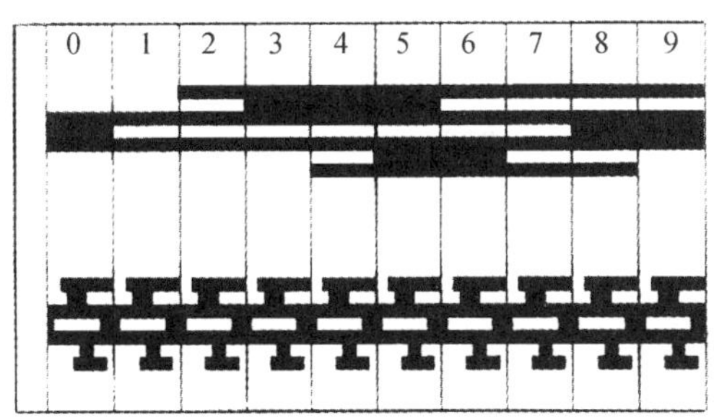

图 10.4 电码筒上的电码花纹

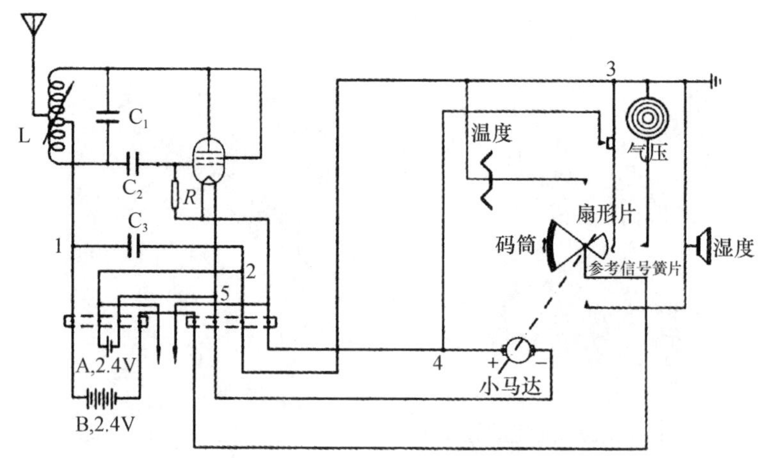

图 10.5　电码筒及发射线路

机工作，而与绝缘部分接触时，发射机电源断路停止工作. 针尖经过宽导电花纹，发出长声信号，以“—”(达)表示；经过窄的导电花纹，则发出短点声信号，以“.”(滴) 表示. 电码的译义如表 10.2 所示. 当码筒转动发出一组温、压、湿信号后，扇形接触片就与参考信号簧片接触，发出一个特长声的参考信号，按照温、压、湿参考信号的顺序，可以辨别出各要素的电码.

表 10.2　电码译义

电码	0	1	2	3	4	5	6	7	8	9
讯号	—	••	•••	—•	—••	— —	••—	••••	•—•	•—

发射机分为两种：

(1) 工作频率为 24.5 MHz 的发射机 是由 2P2 电子管与可变电感 L 及 C 所组成的电感三点式振荡器，见图 10.5. 输出是直接由电感中抽头引向单端半波天线. 线圈自耦馈电到天线，馈电点处于线圈中心点附近，以保证振荡有足够的输出.

(2) GPZ5-1 型探空测风回答器 59 型探空仪与 701 二次雷达配合进行温、压、湿、风综合探测时，发射机是用 GPZ5-1 型测风回答器(见图 10.6).

回答器有两种工作状态：一是探空状态，把探空仪的电码信号发送给地面雷达站；二是回答状态，当二次雷达发出询问脉冲时，它能及时发射回答脉冲. 两种状态由电码筒来控制.

回答器产生 400 MHz 左右的超高频振荡，印刷电路板的双线分布参数构成超高频振荡器的电感，并与电子管各极之间的极间电容构成电容式三点振荡器. 在电子管栅极处用单端半波天线直接辐射功率. 当探空仪的指针或参考簧片与电码筒相连接时，由于串联在电子管栅极回路里的 R_2C_2 有足够大的时间常数，使超高频振荡器不能维持等幅振荡，成为间歇振荡器. 间歇振荡器频率为数百赫. 地面接收站上听到探空电码正是一间歇振荡器的声频.

指针或参考簧片与电码筒不接触时，电子管栅极回路里增加了 R_7C_4 两个元件，还接入了由 BG 提供的 1 MHz 的淬频振荡器. 当间歇振荡器的电子管栅极处于截止状态时，R_2C_2 和 R_7C_4 构成的放电曲线上还叠加上 1 MHz 的信号. 这种超再生接收状态有极高的接收灵敏度(图 10.7).

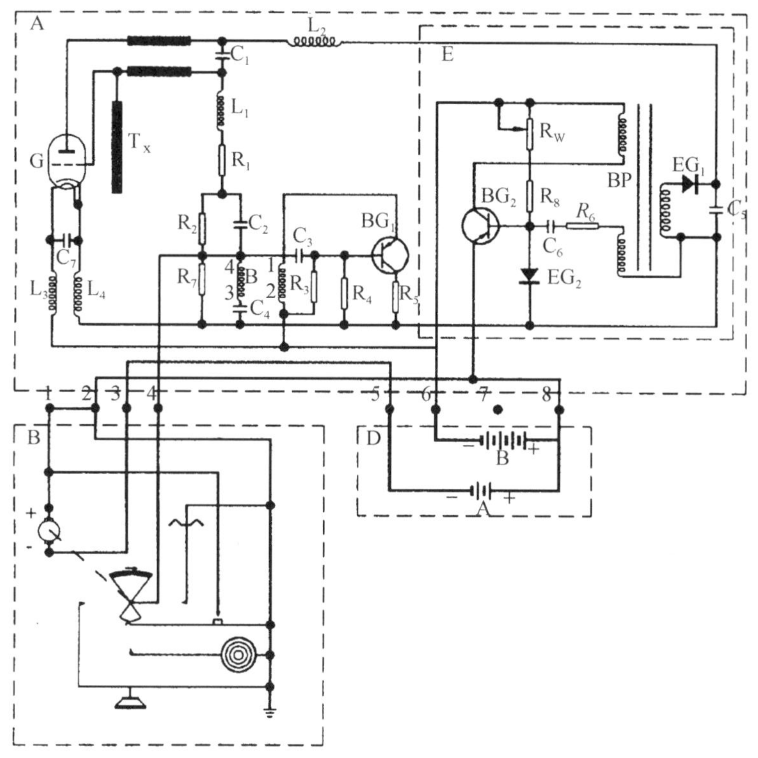

图 10.6 测风回答器电路图

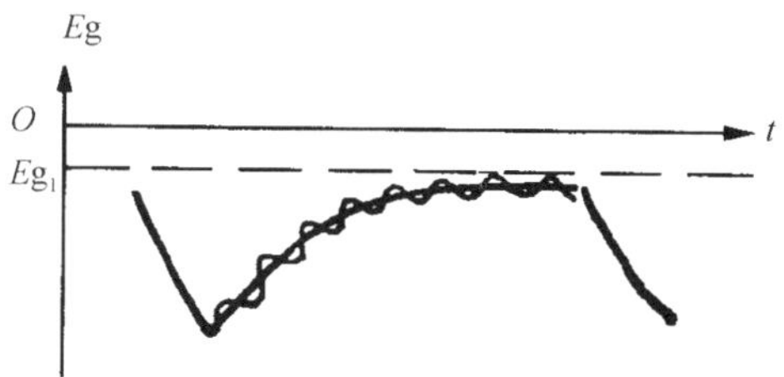

图 10.7 间歇振荡器叠加淬频信号

当外界无信号触发时,它发射一连串超再生的自激脉冲.当地面雷达站发射的询问脉冲被回答器天线 T_x所接收,则回答器很容易被触发,发射回答脉冲.

10.3 变低频式探空仪

变低频式探空仪首先是将元件的电量(电阻、电容或电感量)通过电子线路中的测量振荡器转换为低频信号,信号的频率从几十周到千周,其值随电量的变化而变化,也就是形成气象要素与信号频率的关系.低频信号经射频进行调制后,由探空仪发送至地面接收机,解调后,恢复为原始的低频信号.低频信号的调制方式可以是调幅、调频或调相的方式.变低频式探空仪最先由美国投入气象业务,其调制方式为调幅式.这种类型的探空仪目前仍在大量使用,有美国的 GMD 型,英国的 Mark 2 和 3,日本的 RS2-80,俄罗斯的 MAP-3 型,我国也曾在 70 年代设计完成 GZZ7 型.

各国的调幅变低频式探空仪的结构略有差别,使用的探测元件多为:气压-空盒,温度-热敏电阻,湿度-碳湿度片.这里以美式探空仪为例说明其转换开关和编码器的框架.

美式 VIZ 变低频式探空仪的换路器使用的是梳齿形的气压开关,探空仪上升过程中空盒带动指针在梳齿上自左向右移动(图 10.8).梳齿是由两组金属条以及相间的绝缘条组成.

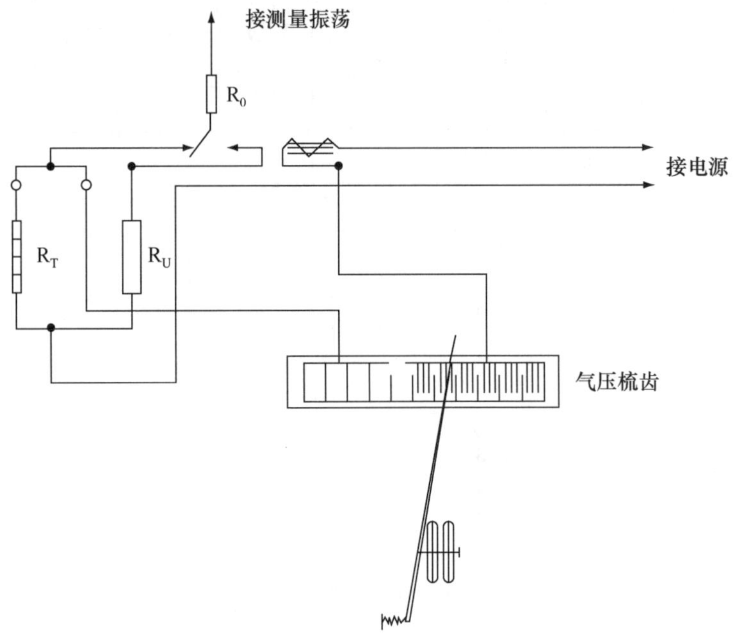

图 10.8　美式变低频式探空仪的换路器

当气压指针处于绝缘条时,加到振荡器上的电阻为热敏电阻 R_T 与参考电阻 R_0 之和;而当气压指针在参考齿条上,热敏电阻为短路,只有 R_0 被加到振荡器,发送信号为参考频率;当指针移向湿度金属齿时,继电器通电,将开关吸向右方,使湿度电阻 R_U 和 R_0 串联到测量振荡器上,根据连续变化的绝缘齿、参考齿和湿度齿信号分辨气压指针所处的段位.当气压较低时,湿度片的感应能力将无法反应正确的湿度,因而梳齿条的最后几组没有湿度齿条,放弃对湿度的接收.

无线电通信技术的发展,通信发射频率向高频段不断扩展.高频通信的优势在于它的接收系统趋于小型化,各国无线电探空仪的频率逐渐从 403 兆周的 C 波段,往 1 680 兆周 L 波段设置频点.1980 年日本在部分台站投入使用的日式 RS2-80 型变低频式探空仪是很有特色的[1].它的基本技术指标如下:

发射频率	1 680 MHz
发射功率	>0.4 W
频率带宽	6 MHz
测量元件	金属空盒、热敏电阻、碳膜湿度片
调制频率	0～2 300 Hz
信号发射顺序	Ref.(参考)-P-T-P-U-P-T-P
信号循环周期	24 s±20%

空盒的直径 60 mm，经过杠杆 7 倍的放大，指针在梳齿接点板上滑动，板上共有 78 个梳齿接点，每 10 个接点设有一个气压校验点，各接点之间均接有 6 kΩ 的电阻，往低气压变化时，电阻呈阶段性减小. 图 10.9 给出气压计组件的略图.

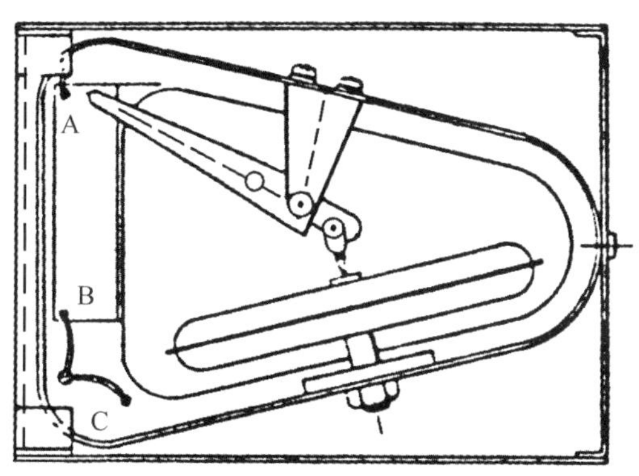

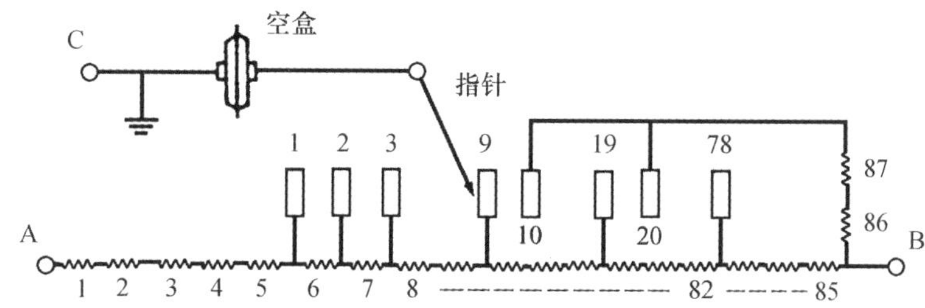

图 10.9 RS2-80 探空仪的气压空盒及其梳齿接点板

RS2-80 探空仪对热敏电阻和碳膜湿度片采用了更为精细的拟合方程，热敏电阻的拟合方程如下：

$$t(℃) = [A(\ln R_T)^3 + B(\ln R_T) + C]^{-1} - 273.16 \tag{10.1}$$

碳膜湿度片的拟合方程如下：

$$U(\%) = \frac{D + (\ln K \times R_h)^2}{A(\ln K \times R_h)^2 + B(\ln K \times R_h) + C} \tag{10.2}$$

其中：

$$K = R_h^c(33\%)/R_h(33\%)$$

$$\begin{bmatrix} A \\ B \\ C \\ D \end{bmatrix} = \begin{bmatrix} a_1 & a_2 & a_3 \\ b_1 & b_2 & b_3 \\ c_1 & c_2 & c_3 \\ 0 & d_1 & d_2 \end{bmatrix} \begin{bmatrix} t^2 \\ t \\ 1 \end{bmatrix}$$

U 为相对湿度；t 为温度；R_h 为湿度片的电阻值(kΩ)；$R_h(33\%)$表示常温下湿度片在 33%相对湿度下的电阻值；$R_h^c(33\%)$表示在上述条件下该批制作的湿度片标称值；A,B,C,D 和 $a_1 \sim a_3, b_1 \sim b_3, c_1 \sim c_3, d_1 \sim d_2$ 为拟合方程的系数.

RS2-80 型探空仪对温、湿、压信号的循环发送，并不完全依赖气压梳齿接点板，而是由电子线路中的时钟脉冲发生器和切换电路来完成. 图 10.10 给出了探空仪的总体框图.

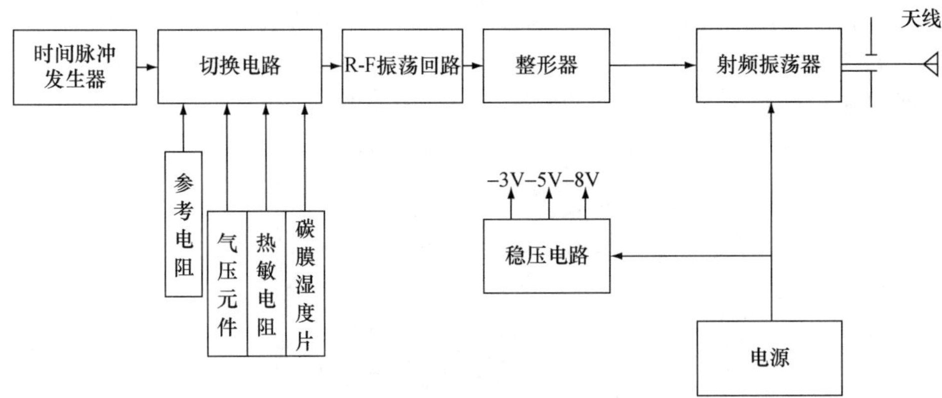

图 10.10 RS2-80 型探空仪总体框图

芬兰的 Vaisala 公司一贯愿意将元件转换为电容量，在地面观测部分我们已经介绍了它的硅单晶空盒气压表以及湿敏电容.它的变低频式探空仪全部使用电容变量控制测量振荡器的频率，对射频的调制也改变为调频式体制，与调幅式相比，它的缺点是射频频道较宽，但其优点是具有很高的信噪比，接收弱信号和同步跟踪射频的能力大大增强，下文以芬兰 RS-90 探空仪为例[2]，图 10.11 为其工作原理图.

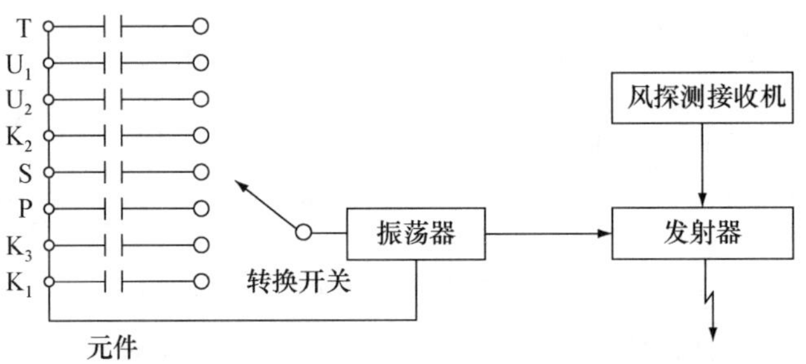

图 10.11 芬兰 RS-90 探空仪工作原理图

整个线路中共接入容抗性元件 8 个，其中 K_1、K_2 和 K_3 为三个标准电容，其电容值应选择在温、湿、压元件电容变化范围的高端、低端以及其中间值附近，其主要目的是检验探空仪上升过程中空气介质的介电常数的变化；温度元件两个，T 和 S，T 元件测量气温，S 元件测量空盒所处的温度，以便进行其温度系数的修正；湿度元件两个，U_1 和 U_2 以及气压元件 P.

芬兰探空仪采用双湿度元件的理由是为了克服探空仪入云时元件被浸润的影响.当元件被浸润后，可以启动加热电路蒸发掉元件表面所凝结的露或霜，此时元件无法进行正常观测，设置两个元件可以交替地使它们处于加热和测量状态.

除了对湿度电容增加了加热功能外，RS-90 还改用了硅单晶空盒替代金属空盒电容.其温度元件也进行了较大的工艺性改进，大大增强了反射太阳辐射的能力.芬兰探空仪的测温元件同样是容抗式，RS-80 的温度元件结构如图 10.12A，其感温元件为电介质随温度变化的陶瓷[4]（0.5 mm×0.5 mm，0.2 mm 厚），外覆绝缘层，绝缘层外真空喷涂反射率极高的金属，作为电容器的两个极板.

RS-90 型的温度元件在感温电介质陶瓷中封入铂丝两根作为电容极板，外覆绝缘层、反射金属层和防水层[2]（10.12B），它的最大特点是明显减小了探空仪的辐射误差，图 10.13A 给出两种探空辐射误差订正值.图 10.13B 则给出它们的元件经辐射误差订正，但仍然可能存在的残存偶然性误差.

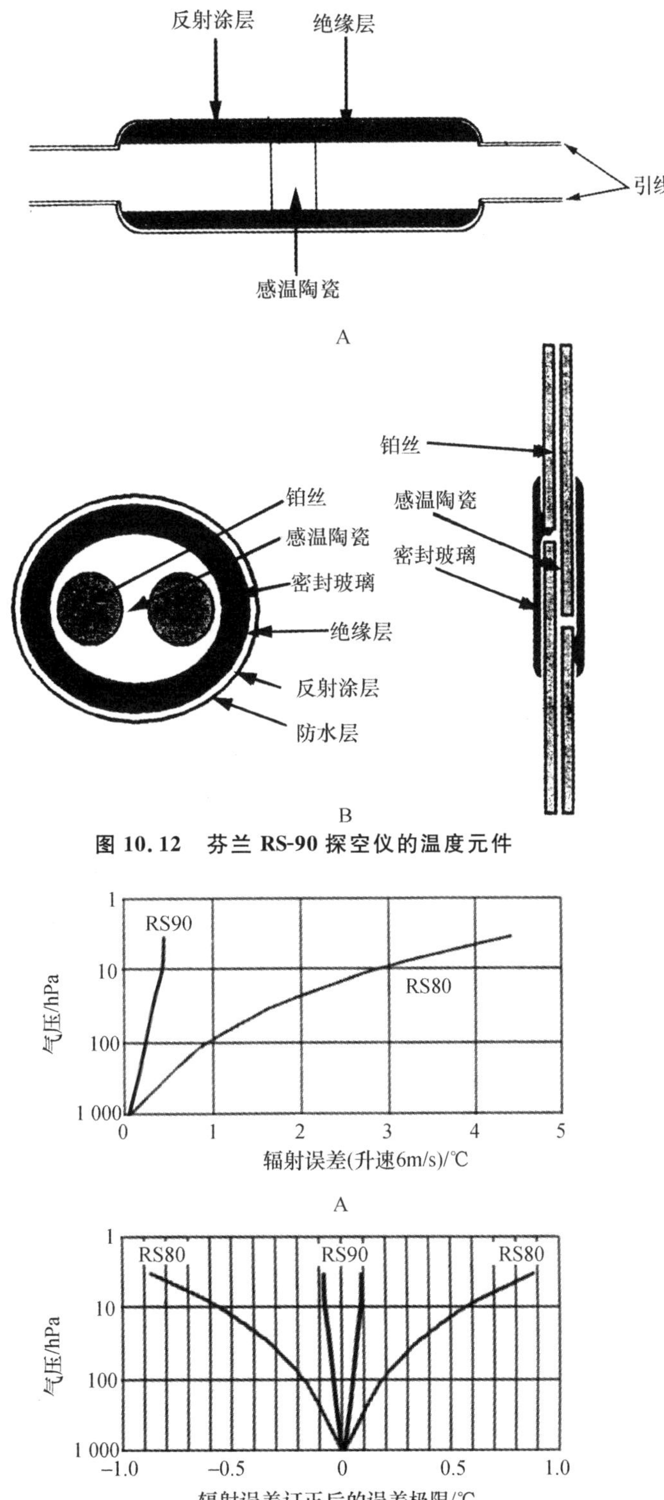

图 10.12 芬兰 RS-90 探空仪的温度元件

图 10.13 芬兰 RS-80 和 RS-90 探空仪的辐射误差订正值

表 10.3 给出了 RS-90 的技术指标. 从表中可以看出现代探空仪的指标优势.

表 10.3　RS-90 的技术指标

元件	时间常数 $v=6\ \mathrm{m/s}$, $1/e$	分辨率	精　度		
			检定时可重复性	探测误差*	标准偏差
温度	1 000 hPa: 0.2 s 10 hPa: 0.5 s	0.1 ℃	0.1 ℃	0.5 ℃	0.2 ℃
湿度	1 000 hPa, 20 ℃ <0.5 s 1 000 hPa, 40 ℃ <20 s	1%	2%	5%	2%
气压		0.1 hPa	0.4 hPa	1 080～100 hPa: 0.5 hPa 100～3 hPa: 0.7 hPa	1 080～100 hPa: 0.5 hPa 100～3 hPa: 0.3 hPa

* 指在 2σ(95.5%信度)所有可能出现的误差总和,包括可重复性、稳定性;测量条件、动态响应以及电子线路的影响,即包括了所有的系统性和偶然性误差.

RS-90 发射级的主要技术指标如下:

发射频率	403～406 MHz
频率稳定度(90%)/概率	<120 kHz
带宽	−40 dB,200 kHz
输出功率	最小 200 mW

英国的 RS3 型探空仪是旧一代探空仪中比较先进的,它的温度探头为极细的钨丝,保证较快的感应速度以及较低的辐射误差;其湿度和气压元件分别为肠膜和镍合金空盒,但以其位移拉动磁芯,改变电路的电感量(图 10.14)

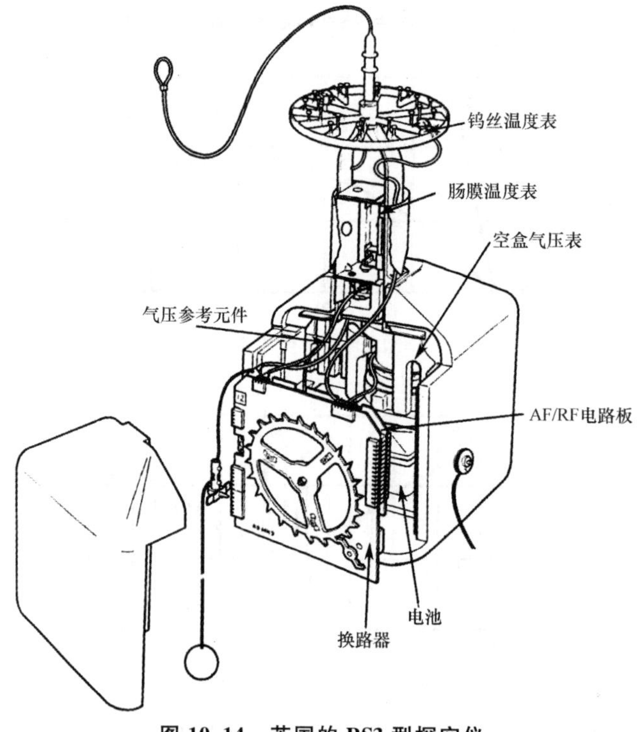

图 10.14　英国的 RS3 型探空仪

另外,美式 VIZ 型变低频探空仪也同时改变为数字化探空仪,其原理与日本的 RS2-80 型相类似.

10.4 国产新型数字式(GTS1 型)探空仪

GTS1 型数字探空仪[3]是我国近年来研制成功并投产使用的新型数字式探空仪,已分批逐步在台站上顶替电码式探空仪.发射频率为 1 675 MHz,其气压、温度和湿度元件分别为应变型硅单晶空盒、热敏电阻和碳膜湿度片;电路分辨率达到 10 000,比电码式探空仪提高了 30 倍;测量周期为 1.2 s,比电码式探空仪提高 5～10 倍.探空仪的外形以及暴露在盒顶的温度和湿度元件如图 10.15 所示.

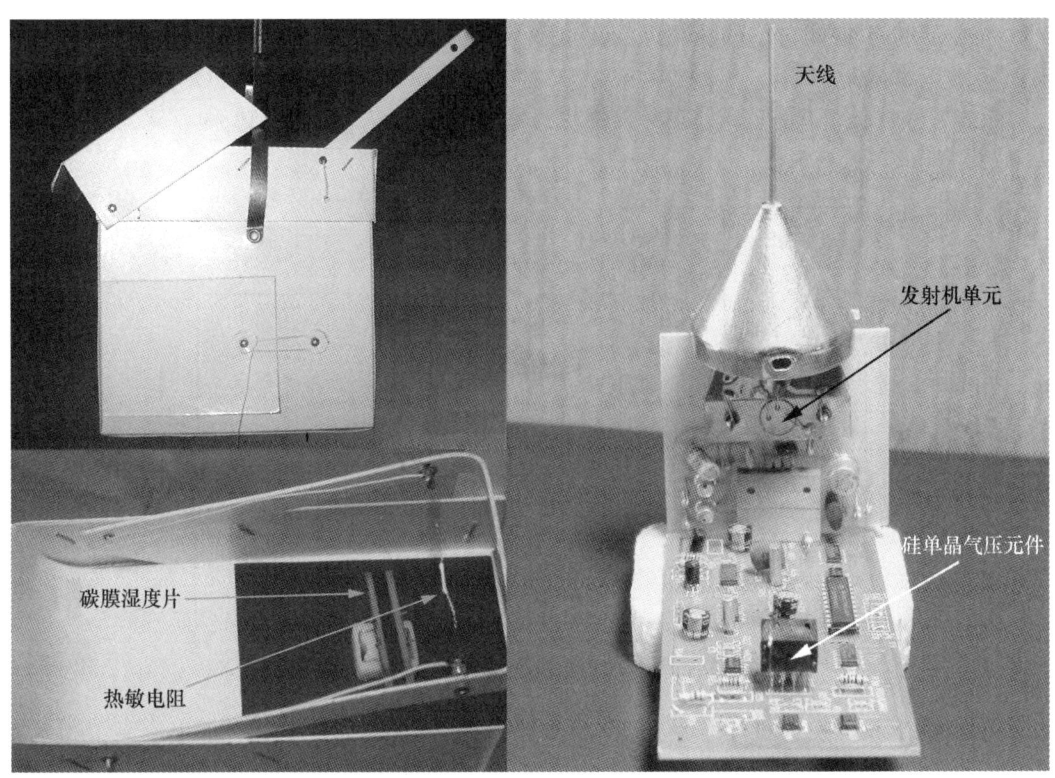

图 10.15 GTS1 型数字探空仪

探空仪在升空过程中压、温、湿元件分别随大气层的环境变化,改变其电阻值或输出电压的大小,这些变化通过智能转换器变成二进位制数字信号,并将它调制到发射机的射频上,被地面的二次雷达所接收(图 10.16).按功能区分,带二次雷达测风的探空仪电路分为:智能转换电路、超高频发射机、淬频振荡器以及数字信号调制四部分.

1. 智能转换电路

电路应包括:精度超过 14 位的 A/D 转换器;一个时序受单片机控制的各待测电压,包括基准电压,测气温热敏电阻、湿敏电阻、硅单晶空盒的电桥以及硅单晶空盒的温度补偿热敏电阻等元件的输出电压;还有对数字信号实施调制的副载波(32.768 kHz)振荡器.

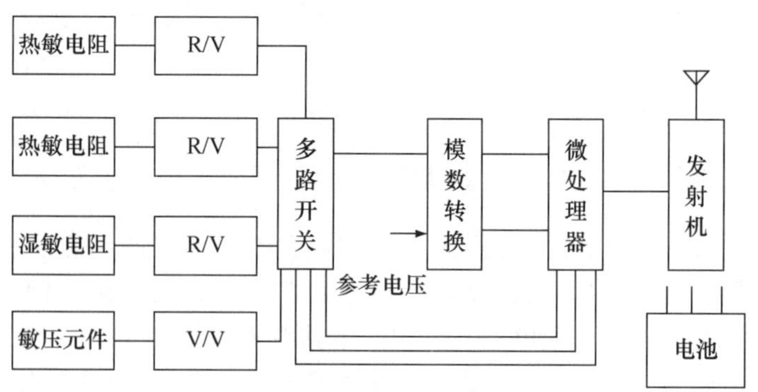

图 10.16 GTS1 型数字探空仪的工作原理

本机数字“1”为低电平，数字“0”为高电平，副载波信号受到数字“0”调制.

2. 超高频发射机

晶体管 V9、微调(频率)电容 C14、鞭状天线 W 与地网和 C12、C13 构成尾端部分的超高频发射机(图 10.17).

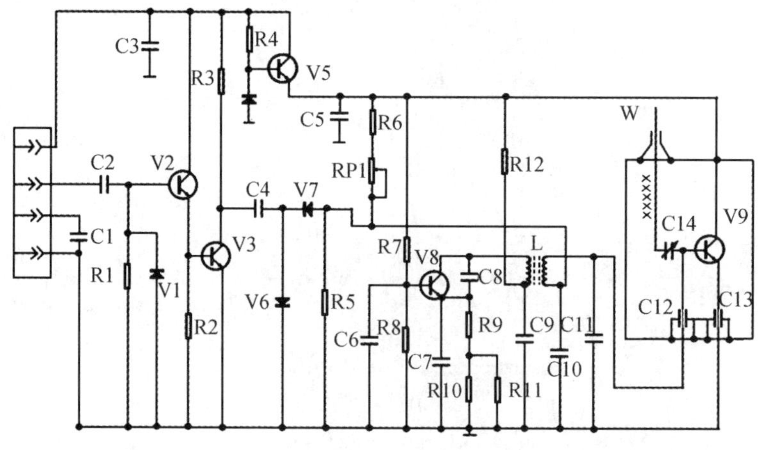

图 10.17 GTS1 型数字探空仪的电子线路

但是，探空仪的发射机除了发送 P、T 和 U 的信号之外，还需要接受地面测风雷达发射的询问信号，发射机还必须具有接收机的功能，它只能工作在超再生状态，即间歇振荡状态. 超再生状态产生的脉冲宽度以及间歇振荡重复频率决定于 C10、C11、R5、R6、RP1 以及供电电压. 但是这种自调制超再生电路接收灵敏度极低，必须在间歇振荡器休止时间叠加淬频信号，以提高超再生接收机的接收灵敏度.

图 10.18 为超高频发射机的充放电的过程及其间歇工作状态，在 τ 时间内发射机工作，此时回路的电阻、电容(R5、R6、RP1、C10、C11)的充电过程使基极电压不断下降，最后达到 V9 的截止电压，发射机停振；在 T-τ 时间内，C10、C11 通过 R5、R6、RP1 放电，V9 基极电压缓慢上升达到其开启电压，发射机又开始恢复振荡.

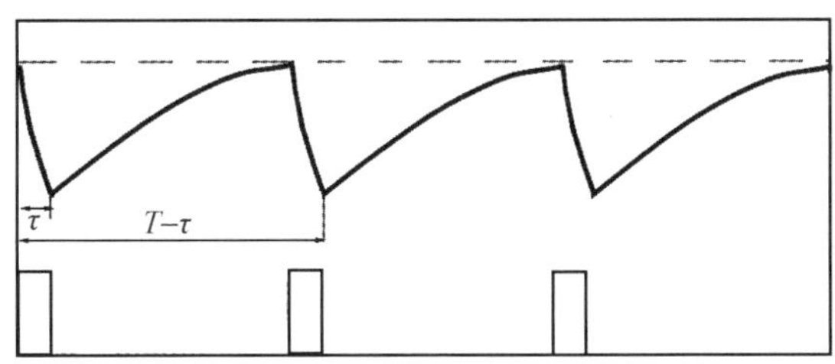

图 10.18 GTS1 型数字探空仪的间歇工作状态

为使超高频发射机有灵敏的接收效果，在其充放电的过程中叠加上淬频振荡，当地面雷达站发射的询问脉冲被回答器天线 T_x 所接收，则回答器很容易被触发，发射回答脉冲.

3. 淬频振荡器

由 V8、R7、R8、R9、R10、R11、C6、C7、C8 和变压器 L 所构成，频率为 800 kHz. 淬频振荡器调制在超高频发射机 RC 充放电回路中，其正半周的峰值附近能使放电回路电压达到发射机的"起振阀电压"，使超高频发射机振荡；而其负半周的大部分又能使发射机停止振荡，也就是超高频发射机受到淬频的调制. 如能使超高频发射机的振荡处于欠饱和状态，地面测风雷达的询问脉冲就能促发超高频发射机的振荡器达到饱和状态，向测风雷达发出回答信号. 实践和理论均证明，当淬频振荡的频率与充放电周期相等时（一分频同步），适当地调整淬频振荡的幅度，可以使探空仪与地面雷达的询问和应答工作在最佳状态.

4. 数字信号调制电路

数字信号"1"为低电平，32.7 kHz 的副载波无法对其进行调制，受到 800 kHz 正半周的影响，发射受其调制的超高频振荡；数字信号"0"为高电平，受 32.7 kHz 的副载波调制，通过 C2、R1、V2、V3 放大导相后，32.7 kHz 的副载波幅度达到 24 V，正半周电压经二极管 V6、V7 限幅隔离，反相后的零电平半周加到 V9 的基极，再受 800 kHz 的调制产生超高频振荡. 因而信号"1"只需对 800 kHz 解调，脉冲宽度窄；信号"0"需对 800 kHz 和 32.7 kHz 解调，信号脉冲宽度宽.

在探空仪升空过程中，探空的温、湿、压信号的探测和发送时段为 0.2 s，与二次雷达实施定位，进行风向和风速的探测约为 1.0 s，两者交替进行，由智能转换电路的单片机控制.

10.5 带 GPS 测风的无线电探空仪

目前大量使用的探空测风系统主要有无线电经纬仪测风、一次和二次雷达测风，其主要缺点是设备庞大、耗电量高、低仰角下测风精度明显下降，此外还有设站时必须依靠勘测部门测定站址的经度、纬度和海拔高度，如果需要临时设站做短期观测则需预先筹划地形勘测. GPS 定位系统的探空仪出现，提供一种精度极高，使用较为方便的测风系统. 与原先地面导航系统，如 Lolan-C，Ω 导航系统相比，它可以覆盖全球，无线电导航信号的传播不会受到地形地物的干扰. 因而各个国家的飞机、船舶，甚至于汽车的导航都纷纷转向 GPS 系统.

GPS 定位的基本原理已在上一章作了介绍,因此问题的关键是如何利用卫星发射的定位码与接收机内复制的定位码进行相关对比,并将复制码移位找到两者处在近于 1 的相关系数时,复制位移动的时差,计算出某颗卫星相对接收机的距离.

GPS 信号的解调过程如示意图 10.19[4]:

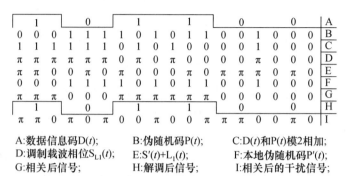

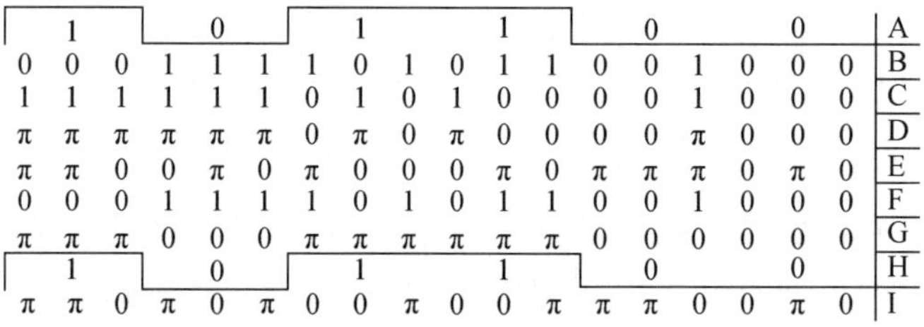

	1			0			1			1			0			0		A
0	0	0	1	1	1	1	0	1	0	1	1	0	0	1	0	0	0	B
1	1	1	1	1	1	0	1	0	1	0	0	0	0	1	0	0	0	C
π	π	π	π	π	π	0	π	0	π	0	0	0	0	π	0	0	0	D
π	π	0	0	π	0	π	0	0	0	π	0	π	π	π	0	π	0	E
0	0	0	1	1	1	1	0	1	0	1	1	0	0	1	0	0	0	F
π	π	π	0	0	0	π	π	π	π	π	π	0	0	0	0	0	0	G
	1			0			1			1			0			0		H
π	π	0	π	0	π	0	0	π	0	0	π	π	π	0	0	π	0	I

A:数据信息码D(t);　B:伪随机码P(t);　C:D(t)和P(t)模2相加;
D:调制载波相位$S_{L1}(t)$;　E:$S'(t)+L_1(t)$;　F:本地伪随机码P′(t);
G:相关后信号;　H:解调后信号;　I:相关后的干扰信号;

图 10.19　GPS 信号的解调过程

序列 A 为历书的数据系列码 D(t);序列 B 为定位的伪随机码 P(t);序列 C 则为上述两组码模 2 相加;然后去对 L_1 载波进行相移键控(PSK),调制的宽带频谱信号(序列 D)为

$$S_{L_1}(t) = A_0\frac{C}{A}\cdot D(t)\sin(\omega_1 t+\varphi) \tag{10.3}$$

在天线的接收端,除了 $S_{L_1}(t)$信号之外,还存在其他干扰信号.因此接收端的信号为干扰信号与 $S_{L_1}(t)$的叠加(序列 E),其形式为

$$S'_{L_1}(t) = S_{L_1}(t)+\sum_{i=1}^{n}S_i(t)+n(t)+J'(t) \tag{10.4}$$

其中 $S_i(t)$为其他几颗暂不跟踪的卫星信号,$n(t)$为噪音干扰,$J'(t)$为其他干扰.

在接收机内,将已经准备好的伪随机码 C/A(t)(序列 F)与接收信号相乘,即完成相关接收 C/A(t)·C/A(t)≡1,则信号转变为序列 G.

$$A_0 D(t)\sin(\omega_1 t+\varphi)+\left[\sum_{i=1}^{n}S_i(t)+n(t)+J'(t)\right]\cdot\frac{C}{A(t)} \tag{10.5}$$

式中第一项为有用的数据码 $D(t)$,后面三项均为干扰信号(序列 I),利用带通滤波器滤波.由于数据码是调相数字码,可利用适当的载波跟踪环路(PLL),实现与载波的相位同步,从而解调出 GPS 导航电文(序列 H).

GPS 卫星接收机可在市场上直接购买,通称 OEM 板,图 10.20 给出美国 SIRF 公司的产品框图.

板上的主要部件共分为三部分:两个专用的集成线路块 GRF1 和 GSP1;一些附属的部件;微处理芯片 μP 以及存储单元 SRAM 和 ROM. GRF1 完成 GPS 信号的接收和解调,主要包括天线端的前置放大器(LNA)、PLL 电路、自动增益控制(AGC)以及两位的 A/D 变换和控制逻辑. GSP1 的核心部件是一个 12 通道信号接收机,用来跟踪、锁定追踪的卫星信号,并进行数据采集,芯片内还有微型的微处理设备,控制信号的接收、解调和处理.

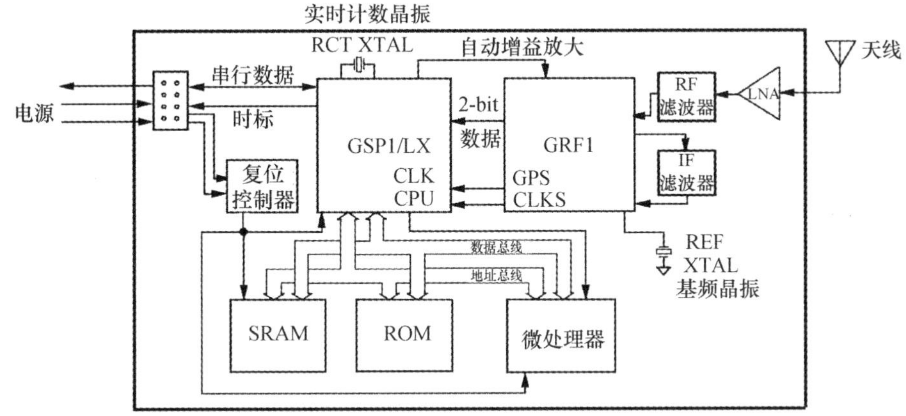

图 10.20 GPS 卫星接收机 OEM 板

具体到GPS测风系统的探空仪的结构设计，在不计成本的情况下，可以将整块的OEM板安装上去.对于我们中国来说，每年消耗的探空仪总数约为10万个，每个探空仪增加成本100元人民币，将增加1 000万元以上.对于发达国家的探空观测网，如此大数目经费支出的增加，一些发达国家尚难以接受.

已投产的GPS探空仪系统只将OEM板的部分功能安置在探空仪上.而将GPS信号处理的功能移到地面接收系统上.从已经定型的产品上分析，其技术措施主要有：

(1) 探空仪上的气压、温度和湿度信号采用模拟或数字调频式.

(2) 探空仪上的GPS接收机将收到的信号解调后，载波到探空仪的403 MHz或1 680 MHz的射频上，与PTU信号同时转发到探空地面接收站，信号在地面接收机中分离后，分别处理PTU和风速、风向的资料.

(3) 不直接计算出探空仪各个时刻的绝对坐标(对测站的 X、Y 和 Z)，而是测量GPS信号中的数据码或伪随机码的都卜勒频移值.计算出各个时刻探空仪对GPS卫星的相对位移速度，因而省去功能部件码相关发生器.

(4) 为了提高定位精度，采用探空上的GPS信号可以不断与地面GPS信号进行差分比对.充分利用差分定位精度较高的优势.例如，大气密度以及电离层强度导致折射指数随高度分布的变化，将使GPS信号在大气介质传播时形成路径弯曲和延时，对地面GPS接收机和探空仪两者在高层大气中的影响有相当一段是一致的(探空仪施放初期两者是完全一致的)，可以相互抵消.

GPS探空技术核心就是探空仪上所安装的超小型简易GPS接收机，各个公司都作为高度的商业机密，AIR公司称做GPS带宽压缩器，它将信号带宽从原先2 MHz，压缩至1 kHz.芬兰Vaisala公司称做数字信号探测器.图10.21给出AIR公司GPS测风探空系统的框图[5].探空仪式403兆周载波被接收后，经天线和接收机将GPS信号与PTU信号分离，PTU信号进入温湿压信号处理器进行解码输出.探空仪的GPS信号进入信号数字化处理器进行解码输出，地面站的GPS信号由OEM板进行解码输出，两路GPS信号同时在风处理器中进行差分处理.全部的GPS数字信号和PTU数字信号经RS-232口输入计算机.图中双线为数字信号的输送通道.

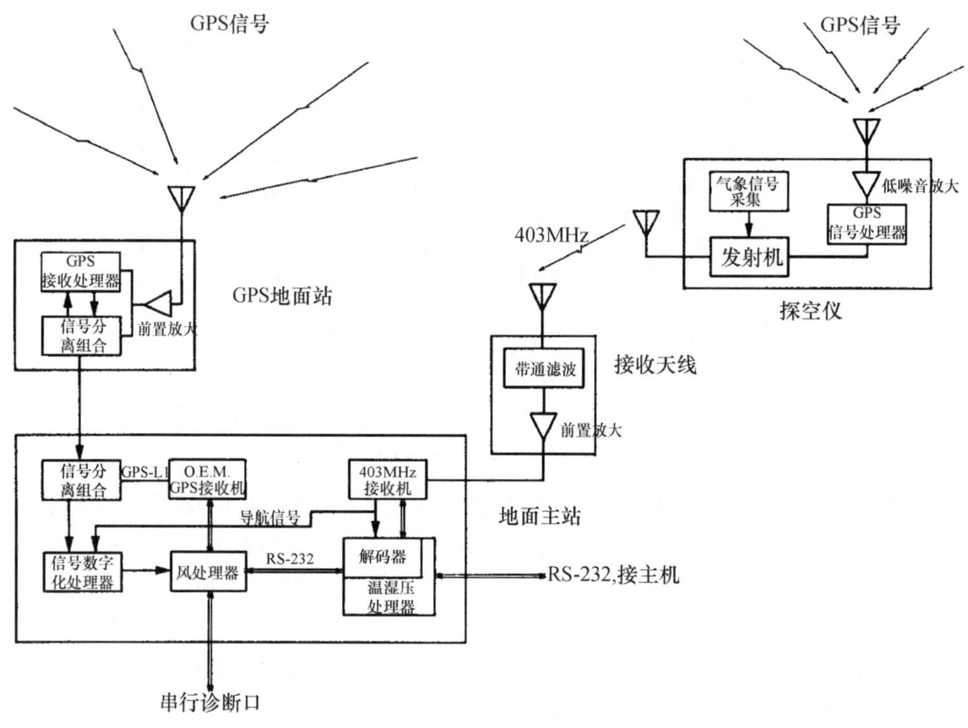

图 10.21 GPS 探空仪的工作原理的方框图

图 10.22 给出 AIR-700 型 GPS 探空与美国 MK-2 型探空二次雷达测风对比的两个实例. 两者几乎完全一致. 为了表达清晰,对 GPS 测风曲线加注了一些十字形标识.

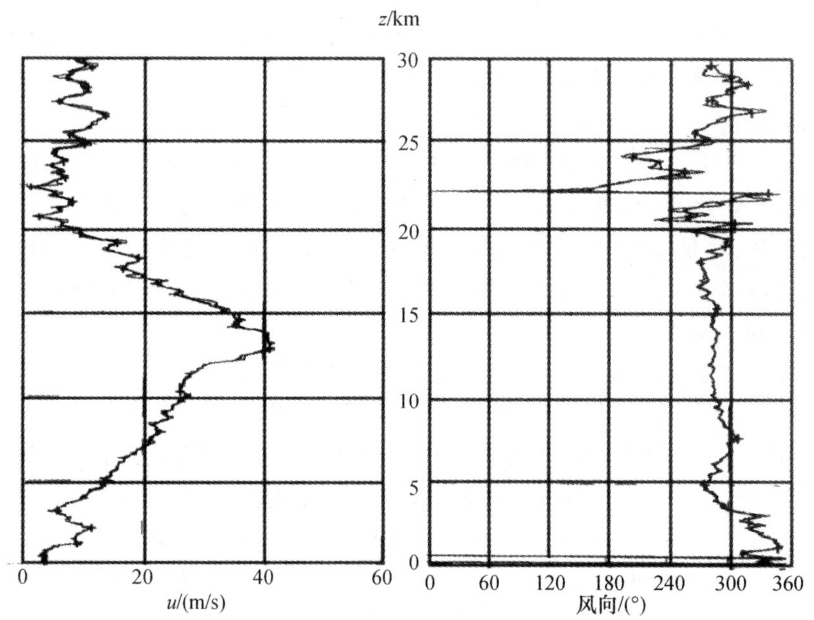

图 10.22 GPS 探空与二次雷达测风的资料对比

表 10.4 给出 AIR 公司 GPS-700 型探空以及 77 型接收系统的主要技术指标.

表 10.4 GPS-700 探空和 GPS-77 接收系统技术指标

元 件	气 压	温 度	湿 度	风速/风向
类型	空盒电容	珠状热敏电阻	湿敏电阻	GPS
测量范围	1 050～3 hPa	+50～90 ℃	0～100%	0～200 m/s,0～360°
精确度	1.0 hPa	0.3 ℃	2%	0.5 m/s(单个计算) 0.1 m/s(差分计算)
分辨率	0.01 hPa	0.01℃	0.01%	0.1 m/s, 1°
温度系数	自动补偿	——	——	
时间常数	——	<1 s	<1 s	——

探空仪的电子技术性能:

发射功率	最小 30 mW
频率可调范围	395～410 MHz(用户可选择发射频率)
调制方式	FM
频率稳定度	±5 kHz
气象信号传输率	1 000 Baud
信号采集率	1 Hz
GPS 资料	500 Hz 带宽
接收机的技术指标	
频率范围	395～410 MHz
频率同步步进率	2.5 kHz
调制方式	FM
中频带宽	30 kHz
噪音电平	<3 dB
分辨率	−92 dBm,20 dB 静态
模拟输出	±1 V,PTU,WS/WD 分时制

有关 GPS 探空仪的研制和推广工作,仍然在不停顿地进展之中.除了降低造价之外,另一个核心问题是探空仪垂直定位精度的提高.目前 GPS C/A 码垂直方向的定位精度低于水平方向,而且其显示数值较不稳定.如果能克服这些缺点,可以将空盒元件从探空仪上撤除直接测量高度,这是一条降低成本的途径.可以避免在高层大气中较大的气压测量误差.

10.6 探空资料的整理及其软件设计

中国已完成探空资料整理的全部软件及其详细说明[6],主要内容包括:

(1) 连接要素时间曲线,包括温度时间、湿度和气压时间曲线.

(2) 求各规定等压面的温度、湿度(露点温度值).规定等压面包括:地面、1 000、925、850、700、500、400、300、250、200、150、100、70、50、40、30、20、15、10、7 和 5 hPa.

(3) 求各规定等压面的位势高度,给出气球上升的时间高度曲线.

(4) 选择特性层，指该层的温度或湿度梯度与相邻的上下层温、湿度梯度具有明显差异；在要素时间曲线上，层顶和层底可以判断出明显的转折.

(5) 选择对流层顶.

(6) 选择零度层.

(7) 漏测层.

(8) 最终探测高度.

结合测风的资料还需进行下述资料的整理：

(9) 每分钟的风向和风速.

(10) 规定层的风向和风速.

(11) 最大风层.

最终完成天气电码的编写.

由于探空仪的类型不同，在进行上述过程处理前还得根据不同情况进行原始资料的预处理. 例如电码式探空仪码筒上的码纹具有一定的宽度，各要素元件指针位置处于码纹边缘和中心都发同一个电码，连接要素时间曲线时，可以允许有±0.5 电码的误差，然后再由检定曲线查算出各个要素的数值. 但是一些比较新型的探空仪具有高采样频率，很小的元件滞后系数，各个要素的时间曲线呈现出明显的脉动. 在预处理过程中往往需要进行多点的光滑平均以及判断和剔除一些明显错误的读数.

对于温度测量值还必须进行辐射误差订正，59 型探空仪的辐射误差已在 10.2 节作了介绍，下文还将讨论其他型号探空仪的情况.

10.6.1 标准等压面高度的计算

等压面的高度单位为位势米，两层等压面之间的厚度可由下式计算：

$$\Delta H = H_1 - H_2 = \frac{1}{g_r} R_d\, \overline{T_v} \ln \frac{p_1}{p_2} \tag{10.6}$$

式中 p_2 和 p_1 为层顶和层底的气压，H_2 和 H_1 分别是它们的位势高度，$\overline{T_v}$ 为空气层的平均虚温，R_d 为干空气气体常数，g_r 为标准重力加速度. 根据 WMO 的规定，各个常数值取作：

$$g_r = 9.806\,65\ \mathrm{m/s^2}$$

$$R_d = 287.05\ \mathrm{J/(g \cdot K)}$$

$$K = 273.15 + t(℃)$$

将上述值代入，并取以 10 为底的对数，有

$$\Delta H = 18\,410.019\,6 \times \lg \frac{p_1}{p_2} \times \frac{273.15 + \bar{t}}{273.15} \left[1 + 0.378\, \frac{e_{sw}(\overline{T})}{\bar{p}} \times \overline{U} \right] \tag{10.7}$$

$\bar{p}$ 取两气层间的平均气压，$\overline{T}$ 和 $\overline{U}$ 在气层较厚时就需以等面积法取其平均值.

各等压面层之间厚度进行累加，求出各等压面的海拔高度，以 $\ln p$ 和 H 为坐标拟合出它们的关系曲线. 从上式可看出，它们之间近似为一条直线，取二次方程拟合就可以得到足够准确的表达关系.

10.6.2 温度、湿度特性层

温度和湿度特性层往往具有天气意义，例如逆温层、等温层、云层形成的高湿层. 出现上

述这些情况其温度或湿度时间曲线将存在明显的转折.规定两层间的温度分布与直线内插温度比较,超过 1 ℃(对流层顶以下)或 2 ℃(对流层顶以上)以上的气层即可选作稳定特性层.

如图 10.23 所示,用直线连接探空地面释放点 B 和终止点 E(图中虚线),找出最大偏差的两点 C_1 和 C_2 点为特性点.继续连接 B 和 C_1, E 和 C_2 以及 C_1 和 C_2,得到其他特性点.图 10.23 虚圆部位放大到右侧的小图表征了最后一批特性点被确认的情况.

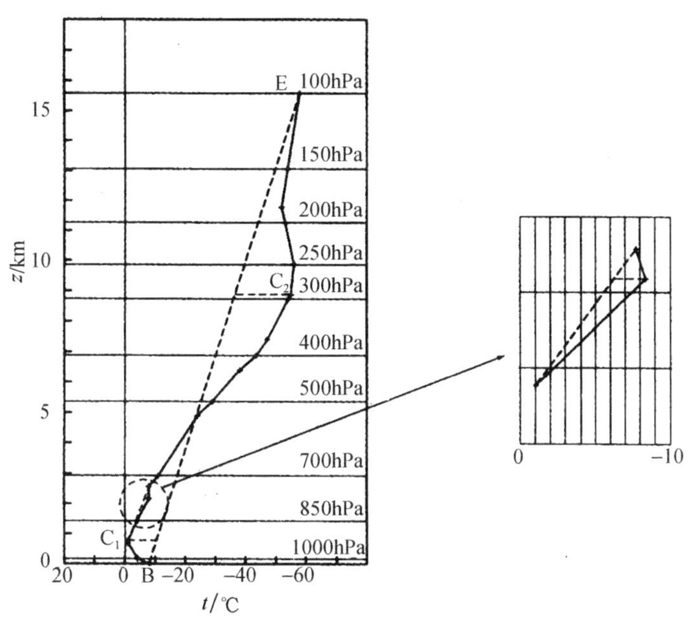

图 10.23 确认特性层转折点的方法

湿度特性层的判断标准为线性内插偏离超过 10%的特征点.

10.6.3 对流层顶的选择

按定义,对流层顶必须符合下列条件:

(1) 500 hPa 以上的特性层转折点.

(2) 在 500～150 hPa 之间,第一对流层顶往上应出现较厚的静力学稳定特性层,温度递减率小于 2 ℃/km,而且保持 1 km 以上的厚度.

(3)第二对流层顶的条件为:在第一对流层顶以上(按上款规定至少在第一对流层顶)2 km,以上出现一个较厚的静力学较不稳定的气层,然后出现第二对流层顶,即出现厚度超过 1 km 温度递减等于或大于 3 ℃/km 的较不稳定的气层,层顶以上再次出现厚达 2 km,温度递减小于 2 ℃/km 的较稳定气层.这两层空气的交界可选作第二对流层顶.

若不出现第一对流层顶, 150 hPa 以上出现符合第二对流层顶的条件,可选为第二对流层顶.

有关零度层、漏测层、最终探测高度的选择,没有过多复杂的规定,这里就不再赘述.

10.6.4 规定层风的计算

除各规定等压面层外,各规定高度层有:

距测站雷达天线高度:300、600、900 m;

距海平面位势高度：0.5、1.0、1.5、2、3、4、5、5.5、6、7、8、9、10、10.5、12、14、16、18、20、22、24、26、28、30、32、34、36、38 km.

10.6.5　最大风层的选择

(1) 500 hPa 高度以上(包括跨越 500 hPa)出现厚度较大、风速超过 30 m/s 的大风层，则在其内选取最大风层；

(2)上述大风层以上，风速降低超过 10 m/s 的小风层，往上可继续选取最大风层；

(3) 上述大风层以上，小风层风速降低虽未超过 10 m/s，但高处大风层的风速超过 500 hPa 高度上下的最大风层风速数值，仍应在该层内选取最大风层.

10.7　探空仪的观测误差以及探空仪的对比工作

目前各国投入业务使用的各种探空仪，其温、湿、压观测精度一般还没有达到 WMO 的要求，特别是 20 km 以上的观测结果. 为了使各类型的探空资料具有比较性，消除不同探空仪之间的偏差，确定探空仪的各种误差来源，进行各类型探空仪的对比是十分必要的.

探空仪的测量误差是各种因素导致的误差总和，从探空仪的制造、检定到施放、接收和数据整理过程的各个环节都可能导致误差的产生. 而气象要素感应元件的技术指标则是其中最关键的因素. 从目前探空仪所使用的元件分析，下述问题是影响观测精度的关键：

1. 空盒气压表高空探测的精度

目前使用的气压元件绝大多数是金属弹性空盒，该元件在各个气压量程内能保持大致相同的感应灵敏度. 在低空和高空保持相同的绝对精度，但在低气压测量时因而具有较高的相对误差. 例如在地面附近 500 hPa 处±0.5 hPa 的气压测量相对误差 仅为 1‰；而在 100 hPa 高处为 5‰；10 hPa 处则可达到 5%. 这样数量级的误差在计算位势高度的误差分别为 8、32 和 320 位势米.

2. 测温元件的辐射误差

高空大气密度的减小，导致测温元件滞后系数加大，散热效应减弱，元件吸收太阳辐射导致其在高空明显增温. 以 Vaisala RS-80 为例其辐射增温误差值如表 10.5. 其测温元件的涂层反射率比较高，元件滞后系数小，保持了较低的辐射误差.

表 10.5　WMO 探空仪国际对比以及随后的其他实验对各种探空仪的测压误差估计

探空仪类型	元　件	系统误差/hPa			探空仪间误差/hPa		
		850 hPa	100 hPa	10 hPa	850 hPa	100 hPa	10 hpa
Vaisala RS80	变电容空盒	1～0.5	−1～−0.5	−0.5～0	1	0.6	0.4
VIZ MK Ⅱ	变电容空盒	0～1	0.7～1.1	0.3～0.7	1	0.6	0.4
Meisei RS2-91	变电容空盒	0.2～1	−0.1～0.5	−0.2～0.2	1	0.6	0.6
AIR IS-4A	变电容空盒	0.2～1	0.3～1.3	−0.2～1.2	1	0.6	0.4
RS3 英国	空盒电感转换	−0.6～0	−0.7～−0.2	−1～0.1	1.4	1.6	2

(续表)

探空仪类型	元　件	系统误差/hPa			探空仪间误差/hPa		
		850 hPa	100 hPa	10 hPa	850 hPa	100 hPa	10 hpa
VIZ 1392	空盒气压开关	－0.1～0.5	－0.5～0.1	－0.5～－0.2	3.6	1.6	1
Philips RS4	空盒气压开关	2.2	3.2	2.2	3.6	2.8	2
Meisei RS2-80	变电阻空盒	－0.5～0.3	0～0.6	－0.2～0.2	2	0.8	0.4
GZZ 7 中国	电码筒空盒	－3.3～－1.8	－2.5～－0.8	－1.3～0.5	5	3	2.6
MRZ 俄罗斯	雷达测高	－1.5～－0.5	－1.2～－0.8	0～0.2	7	3.5	0.5
SRS-400 瑞士	沸点测压	1～1.5	0.5～0.7	0.1～0.2	1.6	1	0.2

确定探空测温元件辐射误差的方法主要是与基准探空仪进行对比.基准探空仪多采用极细的金属丝电阻测温元件固定在精巧的支架上.它具有很小的滞后系数,在地面可达到零点几秒,同时具有较高的反射率.也有一些国家在确定辐射误差时,先进行理论推导,表达为一定的函数形式,再由实验确定其中的系数.

辐射误差的影响因子十分复杂,包括探空仪距气球的距离(气球尾流区效应),元件在探空仪机壳上的安装方式,元件本身的防辐射和散热能力以及太阳高度角和空气密度的影响.

3. 湿度元件的沾湿以及低湿条件下的瘫痪效应

湿度测量仍然是探空仪精度最差的一个项目,入云后元件被沾湿或形成冻结将使元件在较长时段内失效,而随之升往高度、绝对湿度明显下降的条件下,滞后系数达到1000 s左右时,实际上元件处于瘫痪状态,无法反应湿度.

各种湿度元件均具有一定的温度系数,由于在低温条件下恒湿箱内不易准确地控制湿度,因而缺乏完整的(从＋40～－60 ℃)温度系数的实验结果.

在国际探空仪对比实验时,很少统计湿度测量的结果.

(1) 探空仪的三类误差:

① 探空仪类型间的系统误差.使某一种类型的探空仪进行多次和多个探空仪的施放,测量值与真值之间的误差平均值.

② 同类探空仪间的误差.指个别探空仪的系统误差与该类型探空仪系统误差之间的偏差.

③ 探空仪的偶然误差.一次探空中,个别测量值与它本身平均值之间的偏差.

为了得到上述各项,需要实施探空仪的对比工作.对比的方式可以是不同类型的业务探空仪对比,业务探空仪与各国自己的标准探空仪对比以及各国标准探空仪之间的对比.实践证明,最有实效的对比方式是第一种方式.

(2) WMO历来重视各国业务探空仪的国际对比工作.最近一次的系列对比工作始于1984年,共进行了四个阶段[7～10].

第一、二阶段的重点为欧美各国的探空系统,包括芬兰、英国、美国、德国、奥地利、印度的探空系统以及两种新研制未投入业务的探空仪.

第三阶段的探空仪对比主要是俄、中两国的探空系统,因为这两国施放的探空在欧亚大陆覆盖的面积最大,其资料的情况对欧亚大陆的天气预报影响重大,同时参加对比的有芬兰的 RS-80、英国的 VIZ-1392 以及在英国使用的美制 AIR-4A. 俄国参比的探空为 MARS-2 和 MRZ-3A，我国则主要对比现行的 GZZ-59 型以及新研制的调低频探空仪 TC-1 型. 第四阶段的任务是再次对比连续三个阶段均参加对比的探空仪，以及目前在技术上较为先进的新型探空仪. 有芬兰 Vaisala RS-80 两种亚型，美国 AIR 公司 IS-4A 两种亚型，以及美国 VIZ 新改进的一种三元件测温系统探空仪，它可以自行估算测温元件的辐射误差(详见下文).

第四阶段为在前三阶段始终参加对比，并作为参考基准的两种探空仪，RS-80 和 AIR-4A 单独对比得到的结果.

(3) WMO 对这些结果加以归纳和分析，一些不完整的结论还进行了补充性的其他实验，同时尽可能地照顾到感应元件多样性和它们的历史背景，给出了世界上几种主要探空仪以及各种不同类型的感应元件对比综合结果[11]：

参与对比的气压元件几乎都是金属空盒(表 10.5)，这一轮的对比完全没有包括硅单晶空盒，结果只说明了各种类型的探空仪空盒在制造工艺的水平：包括弹性后效的老化是否充分，温度补偿是否充分以及鉴定结果和施放前的基值校正是否准确等这几条是最要紧的. 表 10.5 的最末两行证明，雷达测高反算气压和沸点测压在低气压条件下有较高的精度.

测温元件以热敏电阻为主流，另外包括了两个快速反应的元件，钨丝和热电偶以及中国的双金属片. 夜间的测温精度应该比较容易满足，精度的高低取决于鉴定方法和元件热滞系数的大小，热滞系数较小的钨丝和热电偶其测量精度也较高. 表 10.6 反映出来的主要问题是：由于白涂料在红外波段有着较大的辐射放射系数(0.8)，表面涂白的热敏电阻出现了不同程度的系统偏低.

表 10.6　WMO 探空仪国际对比以及随后的其他实验对各种探空仪的夜间测温误差估计

探空仪类型	元　件	系统误差/K				探空仪间误差/K	
		300 hPa	100 hPa	30 hPa	10 hPa	30 hPa	10 hPa
Vaisala RS80	热敏电阻，镀铝	0.2～0.5	0.2～0.5	0.2～0.5	0.3～0.8	0.2	0.4
VIZ	热敏电阻，涂白	−0.3～0.2	−0.4～0.3	−0.7～0.3	−2.2～−0.6	0.4	0.6
NASA-ATM3 基准探空仪	三支热敏电阻，不同涂层反射率	参考基准	参考基准	参考基准	参考基准	0.2	0.2
Meisei RS2-80	热敏电阻，涂白	−0.1	0.1	−0.5	−1.2	0.3	0.6
Meisei RS2-91	热敏电阻，涂白	0.1	0.1	−0.1	−0.1	0.2	0.3
MRZ 俄罗斯	热敏电阻，涂白	0.2	0.2	−0.3	−0.8	1	1
RS3 英国	钨丝	−0.1～−0.3	−0.1～−0.3	−0.1～−0.3	−0.1～−0.3	0.2	0.4
SRS-400 瑞士	热电偶	−0.2	−0.2	−0.2	−0.2	0.3	0.5
GZZ 7 中国	双金属片	0.2	0.2	−0.3	−1.8	0.8	2.0

表 10.7 为不同类型探空仪的测温元件白天对夜间(12 小时前后)的测温差值，用来反映测温元件白天的辐射增温误差，由于此种误差影响因子较多，包括空气密度、太阳高度角、上下云层的反射率和透过率等等，表 10.7 只能作为参考.

表 10.7 不同类型探空仪的测温元件白天对夜间的系统偏差以及白天探空仪测温误差

探空仪类型	元件	白天-夜间系统偏差/K				白天探空仪间误差/K	
		300 hPa	100 hPa	30 hPa	10 hPa	30 hPa	10 hPa
Vaisala RS80	热敏电阻,镀铝	0.9	1.3	2.2	2.8	0.6	1.0
VIZ	热敏电阻,涂白	0.4	1.0	1.6	2.5	0.8	1.2
Meisei RS2-80	热敏电阻,涂白	0.3	0.8	1.6	2.3	0.8	1.1
Meisei RS2-91	热敏电阻,涂白	0.6	1.3	2.0	2.5	0.9	1.3
MRZ 俄罗斯	热敏电阻,涂白	1.0	1.8	3.3	5.1	1.2	1.4
RS3 英国	钨丝	0.4	0.9	1.7	2.6	0.5	0.8
SRS-400 瑞士	热电偶	0.4	0.9	1.4	1.8	0.6	0.8
GZZ 7 中国	双金属片	0.8	1.3	3.4	9.9	1.4	3.0

表 10.8 湿度元件的对比主要包括了两种目前最常用的元件和碳膜电阻片，需要注意的是：对比以 Vaisala 的湿敏电容为基准，另外两种参加对比的元件，肠膜和 LiCl 湿度片的性能均低于湿敏电容，而且只给出 −20 ℃以上的高温试验结果，因此表 10.8 只具有相对比较意义下的参考结果，不完全反映目前湿度探测结果的精度.

表 10.8 WMO 探空仪国际对比以及随后的其他实验对各种探空仪的测湿误差估计

探空仪类型	元件	系统误差，温度−20℃以上			探空仪间误差		
		80%～90%	40%～60%	10%～20%	80%～90%	40%～60%	10%～20%
Vaisala RS80A	湿敏电容	−2	−1	0	6	6	4
Vaisala RS80H	湿敏电容	−1	0	0	6	6	4
Meisei RS2-91	湿敏电容	−9	1	−4	8	6	4
VIZ MKⅡ	碳膜电阻	6	0	5	8	8	12
Meisei RS2-80	碳膜电阻	−8	−4	9	8	6	8
VIZ 1392	碳膜电阻	4	−3	−10	8	8	12
俄罗斯＋英国	肠膜	−8	−1	7	12	18	16
MKIII 印度	LiCl 湿度片	−7	−7	12	20	20	22

10.8 基准探空仪

业务探空仪对比结果的可靠性，依赖于作为基准探空仪是否具有更高的精确度和可靠性，根据现行探空仪存在的问题以及目前的探空前沿技术，基准探空仪目前的设计定型思路如下：

(1) 采用辐射误差小的测温元件，一般采用 15～20 μm 的铂丝电阻测温元件.

(2) 提高高空测压精度和灵敏度的方法是采用空盒和沸点气压表两套系统测压. 沸点气压表的灵敏度在 10 hPa 下可以比 1 000 hPa 下增高 50 倍，沸点瓶内灌注低沸点液体(例如氟里昂)可以节约液体的加热功率.

(3) 有效改善湿度测量精度的方法是使用露点仪，当然是一种比较简易有效的结构，不必要求很高的精度，例如 ±1～2 ℃. 这种方法的优势是很明显的：首先它是一种利用露点湿度定义的直接方法；其次是它使用了温度元件测定气压，在技术上要成熟得多.

近几年来，在探空仪的设计上出现了一些新的思路，下面介绍美国 NASA 新设计的基准探空仪的情况[12].

气压元件为两组：一组采用压电式电阻元件，自动温度补偿，另一组为沸点气压表，除此之外还根据 GPS 定位的测高数据，根据虚温观测结果换算为位势高度. 三组气压元件相互检验，其测压精度优于 0.1 hPa.

测温元件共用了四支温度表，包括：一支镀铝反射膜的珠状热敏电阻，直径约为 0.25 mm；一组厚约 0.88 mm 的片状热敏电阻，共三支测温元件，其表面涂层的反射率各不相同；一支极细的铂电阻温度表；一支热电偶温度表.

测湿元件为四组：两套微型露点仪；一个具有除凝结加热电路的湿敏电容；一个碳膜湿度片.

探空仪上安置了 GPS 定位系统，用来测量风向、风速和气球高度.

上述系统配置可以说是汇集现代探空的最新技术，而其中最值得一提的是三合一测温系统. 三支热敏电阻表面涂有不同反射率的涂层. 测温元件在大气层中接受太阳短波辐射和长波辐射，并以长波辐射和对流散热的方式往外散热，其热能平衡方程为

$$-H(T_i - T) - \sigma\varepsilon_i A T_i^4 + \varepsilon_i R + r_i S = 0 \tag{10.8}$$

式中 T 为实际气温，T_i 为每一支探空测温元件的测量温度，R 和 S 为元件接收的长波和短波辐射，H 为元件与空气之间的对流换热系数，ε_i 和 r_i 为每支温度元件的长波和短波辐射的吸收系数. 上式中除了 T、R 和 S 是待测未知量，其余各项均为实测或实验室测定的已知量. 因而根据 $T_i(i=1\sim3)$ 的实测结果解上述方程组可得到实际气温值 T.

第十一章　气象雷达

雷达是无线电测量与测距的缩写(radio detection and ranging),与普通雷达类似,气象雷达也是通过主动发射电磁波(通常在微波波段),接收从气象目标物散射回来的信号(即回波信号),根据回波信号强度、频率、偏振等特征确定目标物的位置和性状.

大气中的气象目标物包括气溶胶、云、雨、雪、雹和湍流块等.受照射后,目标物上的电磁波激发产生散射信号,信号的特征不仅和气象目标物的性状有关,而且还和发射电磁波的性质有关,根据气象目标物的电磁性质,气象雷达发展出多种特定用途的雷达,如:用于中尺度范围气象预警的天气雷达,还有专门的测云雷达、测雨雷达等.本章以脉冲多普勒体制的天气雷达为例介绍气象雷达的测量原理、回波特征、雷达方程等.

11.1　天气雷达测量原理、组成及其技术指标

11.1.1　天气雷达的定位原理

与普通雷达类似,天气雷达一般都具有定位和测量目标物回波强度和速度的能力.

雷达发射机产生的电磁能量,由雷达天线以电磁波的方式辐射出去,电磁能在大气中以光速 c(2.998×10^8 m/s)传播.雷达天线将电磁能量集中形成向某一方向传播的波.当传播着的电磁波遇到了目标物后便产生散射波,而且这种散射波分布在目标周围的各个方向上.其中有一部分沿着与辐射波相反的路径传播到雷达的接收天线,被接收的这一部分散射能量,称为后向散射,也就是回波信号,对这种回波信号的检测可以确定目标的空间位置和强度等参数.

对于地球上的某一定点(雷达站)而言,任一个空间目标的位置,可以用三个基本的参数表示,即斜距、方位角和仰角.

雷达用测量回波信号的延迟时间来测量距离(斜距).天线辐射出去的高频电磁波在目标方向上传播,再被目标反射回到雷达天线,并在天线上感应出相应的高频电压,经天线收发开关送至接收机,对雷达而言,从发射信号至接收到回波信号的时间是已知的.假设目标离开雷达的斜距用 R 表示,则发射信号在 R 距离上往返一次的经历时间用 Δt 表示,目标的斜距 R 便可由下式给出:

$$R=\frac{c\Delta t}{2} \tag{11.1}$$

其中,c 是光速.

雷达测量目标的方位角和仰角靠天线的定向作用完成,它辐射的电磁波能量集中在一个极狭小的立体角内.空间上任一目标的方位角和仰角,都可以用定向天线辐射的电磁波束的最大值(即波束的轴向)来对准目标,同时接收目标的回波信号,这时天线所指的方位角和仰角便是目标的方位角和仰角.雷达天线装在传动系统上,可以固定方位角而在仰角

方向扫描,或固定仰角而在方位角方向扫描.从而可以得到各个方向和探测距离内目标物的位置信息.

天气雷达接收到回波信号的强度反映了大气目标物的散射特性,强度越强意味着目标物的散射能力越强,天气越强烈;而回波信号频率相对于发射信号频率的变化则反映了大气目标物相对于雷达的运动速度,频率变化越大意味着目标物的移动速度越快.

11.1.2 天气雷达强度测量原理

天气雷达探测大气目标物的基础是云粒、雨滴、雪片、冰雹对电磁波的散射作用.当气象目标受到雷达波束的照射时,它的周围存在着电场起伏,组成目标的粒子受到变化着的电场力的作用引起粒子中电荷分布的变化,这种变化构成了一个新的辐射源,新源辐射出的电磁波称之为散射波,雷达通过测量天线接收到的散射波功率感知天气状况.为了衡量目标散射能力的大小,常用具有面积量纲的散射截面来表示.对于收发一体气象雷达来说,更感兴趣的是返回到雷达天线上的那一部分称之为后向散射的散射能量.常用后向散射截面(也称雷达截面)表示目标后向散射能力的大小.常见目标物的雷达截面(5 cm 雷达)如表11.1所示.

表 11.1 常见目标物的雷达截面

目标		σ/m^2
船	(中等大小)	400
飞机	(中等大小)	20
地物	$1\ \mathrm{km}^2$	1 000
雨或雪(10 mm/h)	$1\ \mathrm{km}^3$	100
积云	$1\ \mathrm{km}^3$	0.01
含降水粒子的浓积云	$1\ \mathrm{km}^3$	100
移动中的一群小昆虫	$1\ \mathrm{km}^3$	1
晴空湍流	$1\ \mathrm{km}^3$	0.001

大气中雨滴、冰晶、雪片或云粒对雷达波的散射,就像空气分子、尘粒等对可见光的散射,由于粒子的大小和特性不同,它们的散射可以分成如下几种情况:

1. 球形粒子(水球和冰球)的后向散射

当球形粒子的直径 D 远小于雷达波长 λ 时($\pi D/\lambda<0.1$),粒子的散射为瑞利(rayleigh)散射.由于大多数天气雷达从天线辐射出去的雷达波,它的电场向量限于在某一方向振动,与线偏振光相似.小的球形雨滴在返回雷达的方向上的散射(或叫做后向散射)能流密度以及前进方向上的能流密度都最强,而与入射方向相垂直的方向上没有散射能量.

(1) 小球形粒子的后向散射截面

为了表示小球形粒子在返回雷达方向上的散射能量的大小,通常引入后向散射截面 σ.它的定义是:小球形雨滴有一个等效截面积,它将入射在其上面的全部雷达波的能量接收下来,并将此能量以各向同性方式散射,并使得返回到接收机的能量等于雷达天线实际接收到的能量.根据理论计算,单个小球形粒子的后向散射截面为

$$\sigma=\frac{\pi^5}{\lambda^4}\left|\frac{m^2-1}{m^2+2}\right|^2 D^6 \tag{11.2}$$

式中，m 为复折射指数，$m=n-\mathrm{i}k$，实部的 n 是普通的折射指数，k 是介质的吸收系数. 例如，在温度为 0 ℃时，水的复折射指数为 $m=7.14-2.98i$. D 为粒子直径. λ 为雷达波长. 此处令 $|(m^2-1)/(m^2+2)|^2=|K|^2$ 表示取复数模的平方. (11.2)式类似于瑞利散射公式，因此又叫做“后向散射截面”的瑞利近似. 由(11.2)式可知：

粒子的后向散射截面 σ 与粒子直径 D_i 的六次方成正比. 它的直径愈大，其后向散射能力也越强，散射回到天线的能量也越多. 例如 1 mm 的小雨滴，它的散射能力 σ 要比 0.1 mm 的大云滴大 10^6 倍.

σ 和入射的雷达波长 λ 的四次方成反比，即 $\sigma\propto\lambda^{-4}$ 雷达波长越短，引起粒子的后向散射能力越强，这也就是为什么 K 波段的雷达能够探测未产生降水的云，而 S 波段雷达可以探测到降水，却不能探测云的原因.

$\sigma\propto|K|^2$. 对于液体水，温度在 20～0 ℃的范围内，雷达波长在 3～10 cm 的范围内，可以取 $|K|^2=0.93$. 对于冰，在所有的温度，当冰的密度 $\rho=1\ \mathrm{g/cm^3}$ 时，$|K|^2=0.197$，约为液体水的 1/5. 因此对于同样大小的水球和冰球，在相同的雷达波照射下，冰球的散射能力只有液体水球的 1/5. 由理论上证明，雪的散射可以看做同体积冰球的散射，所以干雪的回波强度比雨的回波强度要弱.

(2) 雷达反射率因子 Z

在雷达脉冲照射空间内，含有许多个雨滴或云粒，如果水滴大小的分布是均匀的，且水滴之间的散射独立，单位体积中水滴的散射能力可以用 $\eta=\sum\limits_{\text{单位体积}}\sigma_i$ 表示，即用单位体积中水滴的后向散射截面 σ 的总和(称为雷达反射率)来表示，这里 σ_i 是单位体积中第 i 个小球粒子的后向散射截面. 将(11.2)代入可得：

$$\eta=\sum_{\text{单位体积}}\sigma_i=\frac{\pi^5}{\lambda^4}\left|\frac{m^2-1}{m^2+2}\right|^2\sum_{\text{单位体积}}D^6 \tag{11.3}$$

雷达反射率表征了雷达照射水滴后向散射能量的强弱，其值不仅和雷达波长有关，还和水滴的尺度以及复折射指数有关. (11.3)式中进一步定义：

$$\sum_{\text{单位体积}}D_i^6\equiv Z \tag{11.4}$$

Z 称为雷达反射率因子，与雷达反射率不同，它是一个和雷达参数无关的量，仅取决于粒子的大小，Z 的单位为：$\mathrm{mm^6/m^3}$. 在单位体积中，粒子的数目多，粒子的直径大，Z 的值就大；反之，Z 的值就小.

2. 大球形粒子的后向散射

(1) 大球形粒子的后向散射截面

当水滴或冰粒的大小与入射在其上面的雷达波长相当时，粒子的散射过程比起小球形粒子的散射要复杂得多. 图 11.1 为根据米氏(Mie)散射理论计算得出球形粒子的标准化后向散射截面 $\left(\sigma_b=\dfrac{\sigma}{\pi a^2}\right)$ 和尺度数 $\left(\rho=\dfrac{2\pi a}{\lambda}\right)$ 的关系图(a 是球形粒子的半径).

由图 11.1 可见，当球形粒子相对于雷达波长很小即 $\rho\ll1$ 时，σ_b 按照瑞利散射规律随 ρ 增大而迅速增大；但当 ρ 大于一定数值后 σ_b 增大的速度将减慢；甚至减小并产生振动式的变化. 经过计算对于球形的冰粒，在 ρ 比较大的时候，它的 σ_b 可以比同体积的球形水滴大 10 倍左右. 这也就说明在雷达显示画面上见到的冰雹回波十分强的原因.

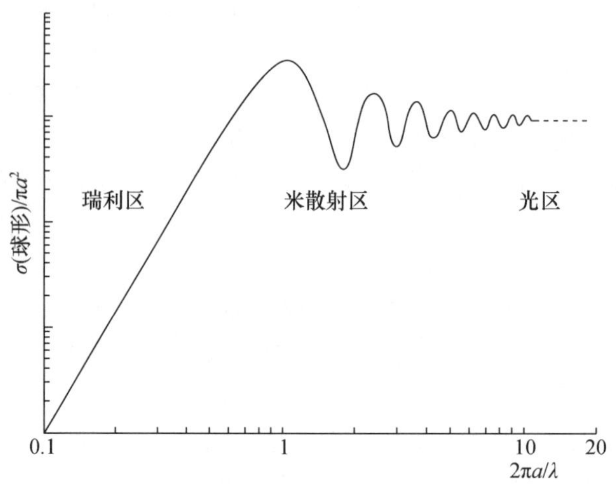

图 11.1　球形粒子米散射的标准化后向散射截面 σ_b 和 ρ 的关系图

(2) 等效雷达反射率因子 Z_e

许多情况下,粒子也许并不满足瑞利后向散射的条件,在实际情况中也不清楚是否满足小粒子的后向散射条件.这种情况下,在雷达气象应用中常先假定满足瑞利散射条件,仍用瑞利散射公式计算出反射率因子,但用标记 Z_e 来代替 Z, Z_e 称为等效反射因子.在小球形粒子的情况下,Z_e 和 Z 相等,在大粒子情况下,由公式(11.3)和(11.4)得到

$$\eta = \sum_{\text{单位体积}} \sigma_{mi} = \frac{\pi^5}{\lambda^4}\left|\frac{m^2-1}{m^2+2}\right|^2 Z_e \tag{11.5}$$

式中,σ_{mi} 为粒子米散射条件下的散射截面,Z_e 的单位仍为 mm^6/m^3,引入 Z_e 可以使雷达反射率的计算变得很简单,且在瑞利和米散射下有相同的形式.

此外,在雷达探测降水和云的过程中,还会遇到融化的冰粒.例如冰晶、雪片、冰雹降落到 0 ℃以上温度的气层中产生的融化.如果考虑融化和粒子非球形形状,其散射变化规律是相当复杂的,这里就不多作介绍了.

(3) 分贝和分贝 Z_e

由于用 mm^6/m^3 表示,Z 和 Z_e 的取值范围很大,从小雨到冰雹 Z_e 的取值范围大致如下:

小雨	$Z_e < 10^2\ mm^6/m^3$
中雨	$10^2 < Z_e < 10^4\ mm^6/m^3$
雷暴雨	$10^4 < Z_e < 10^5\ mm^6/m^3$
冰雹、龙卷	$10^5 < Z_e < 10^7\ mm^6/m^3$

因此在计算回波强度 Z_e 时,为便于表述,常采用对数尺度,即分贝 Z_e 表示,其定义如下:

$$Z_e(\text{dBZ}) = 10 \times \lg \frac{Z_e(mm^6/m^3)}{1\ mm^6/m^3} \tag{11.6}$$

这样降水回波强度的分贝 Z_e 在较小的范围内变化.

11.1.3　天气雷达速度测量原理

多普勒天气雷达测量速度的理论基础是电磁波的多普勒效应.所谓多普勒效应,是指波源相对于观察者运动时，观察者接收到的信号频率和波源发出的频率是不同的，而且发射频率和接收频率之间的差值，与波源运动的速度有关，这种现象叫多普勒效应. 由多普勒效应引起的频率变化，叫多普勒频移或多普勒频率，用 f_D 表示. 在脉冲雷达系统中，这一多普勒频移表现为相继脉冲的相位变化.

假设，有一个运动目标相对于雷达的距离为 R，雷达的工作波长 λ（相对应的频率为 f_0）. 由雷达发射的脉冲波在雷达与目标之间往返一次的距离为 $2R$，如果用雷达工作波长 λ 表示这一距离，则有 $2R/\lambda$，或者用弧度表示有 $4\pi R/\lambda$. 假设雷达发射的脉冲波的初相位为 φ_0，回波信号的相位可以写成如下形式：

$$\varphi = \varphi_0 + \frac{4\pi R}{\lambda} \tag{11.7}$$

可以看出，回波信号的相位 φ 比发射波的初相位 φ_0 落后了 $4\pi R/\lambda$ 的数值，这个数值是和距离 R 有关的. 或者说回波信号的相位变化是时间的函数. 从而可以计算出相继脉冲之间相位变化，为

$$\frac{\mathrm{d}\varphi}{\mathrm{d}t} = \frac{4\pi}{\lambda}\frac{\mathrm{d}R}{\mathrm{d}t} \tag{11.8}$$

假设目标是沿着发射波束的径向运动，运动速度为 $v_r = \mathrm{d}R/\mathrm{d}t$，称为径向速度. 相位变化 $\mathrm{d}\varphi/\mathrm{d}t$ 用角频率 $\omega = 2\pi f_D$ 表示时，代入 11.8 式后则有

$$2\pi f_D = \frac{4\pi}{\lambda}\frac{\mathrm{d}R}{\mathrm{d}t} = \frac{4\pi}{\lambda}v_r \tag{11.9}$$

$$f_D = \frac{2v_r}{\lambda} \tag{11.10}$$

式中，f_D 为多普勒频率，v_r 为运动目标的径向速度. 在表 11.2 中，列出了多普勒频率 f_D 和径向速度 v_r、工作波长 λ 的相互关系.

表 11.2 不同雷达波长和目标速度时的多普勒频率 f_D(s.$^{-1}$)

v_r/(m/s)	波长/cm			
	1.8	3.2	5.5	10.0
0.1	11	6	4	2
1.0	111	62	36	20
10.0	1 111	625	364	200
100.0	11 111	6 250	3 636	2 000

从表 11.2 中可以看出，对气象目标而言，多普勒频率 f_D 总是处在音频的范围之内. 当然，多普勒频率 f_D 和载频频率 f_0 相比是很小的. 尽管如此，多普勒频率还是可以用各种不同的方法观测到.

从式(11.8)和(11.9)中都可以看出，只要测得相继脉冲回波的相位差 $\Delta\varphi$（或频移 f_D），可以很容易地得到运动目标的径向速度 v_r. 同时还可以看出，对于固定目标，因其运动速度为零(即 $v_r=0$)，所以其相继回波的相位差也为零（即 $\Delta\varphi=0$). 也就是说，相对于一个固定的波源，固定目标的回波不包括相位变化的信息. 固定目标的回波是不变化的，而运动目标的回波都有因每个回波信号的相位变化而引起的波动.

需要指出的是利用相继脉冲回波测量的相位差最大范围为 $\pm\pi$，即最大多普勒频率为

$\pm F/2$(F 为重复发射脉冲的频率),由(11.10)可知雷达最大可测多普勒速度 v_{rmax} 为

$$v_{rmax} = \pm \frac{\lambda}{4} F \tag{11.11}$$

当目标物移动速度较快,使相继脉冲回波的相位差大于一个周期时,导致计算出的径向速度和真实速度之间相差 $2v_{rmax}$,这种现象称为速度折叠.

11.1.4 脉冲多普勒雷达组成

在结构体制上,脉冲多普勒雷达可以分成为射频功率放大型和射频功率振荡型两种形式.所谓射频功率放大型脉冲多普勒雷达,是指其发射机的末级电路由射频功率放大器组成,而射频功率振荡型是由多腔磁控管大功率振荡器组成.

图 11.2 为速调管发射机组成的射频功率放大型多普勒雷达原理框图,图中稳定本地振荡器(STALO)和相干振荡器产生连续振荡,经混频器(MIXER)产生频率较纯的信号.稳定本振产生的是频率较高的射频信号 f_0,相干振荡器产生的是接收机的中频信号 f_c.两者的信号在混频器中进行混频和滤波,输出两个信号的和频 f_t,即 $f_t = f_0 + f_c$. f_t 频率的信号经速调管和调制器放大并形成射频脉冲,发射脉冲波的相位由相干振荡器锁定.因此,发射脉冲波的相位总是和回波脉冲的相位相干.雷达接收到的信号是已经包含多普勒频率 f_D 的信号,在混频器和稳定本振的输出信号进行混频,产生两个高频的差频(即中频信号) $f_c - f_D$.中频放大器输出的信号与相干振荡器产生的参考信号在相位检波器中进行比较.

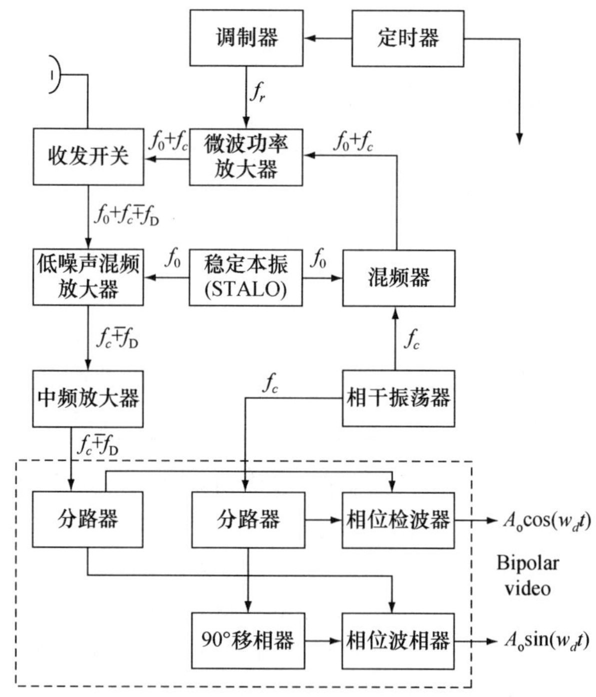

图 11.2 射频脉冲放大型多普勒雷达原理框图

在两个相位检波器中,一个称为同相相位检波器,另一个称为移相相位检波器.同相相位检波器输出同相的视频信号 $I(t)$;移相相位检波器输出相移 $\pi/2$ 的视频信号 $Q(t)$.因

此 $I(t)$ 和 $Q(t)$ 是两个互为正交的视频信号.在多普勒回波信号处理中,用来计算振幅谱和相位谱,获得多普勒速度.中频放大器还可输出另一路中频信号送往线性检波器,检测出视频信号,用于显示回波强度信息.通常,一部雷达主要包括如下组成.

1. 发射机

脉冲雷达的发射机有两种工作方式:一种是以功率振荡器作为发射机的末级电路(例如磁控管振荡器等).在调制脉冲的作用下,振荡器产生高频大功率的正弦振荡.这种工作方式称为功率振荡式(或称为单级振荡式).另一种工作方式是以功率放大器作为发射机的末级电路,这种工作方式是在调制器中已形成高频振荡的脉冲串,而发射机的末级电路只是将这种脉冲串进行功率放大.这种工作方式称为功率放大式(或称为主振放大式).

2. 定时器

在脉冲雷达系统中,定时器的作用十分重要.定时器就像一个指挥中心一样,由它输出的各种脉冲信号控制雷达各个分机的工作,使各分机之间能够协调一致地工作.定时器输出的脉冲叫做定时脉冲或触发脉冲.定时脉冲可以由独立的电路产生,也可以由频率综合器等电路产生.

3. 天线系统

雷达的天线系统,实际上是一个电磁能量的转换元件.在发射机工作时,它将发射机输出的高频大功率的电能转换成为电磁波能量向空间辐射.在这时天线将电能转换成了电磁能.当接收机工作时,它又将回波信号的电磁能量转换成电能送入接收机.由此可见,天线不但是一个能量转换元件,而且它的转换作用是可逆的.在微波雷达系统中,天线一般由辐射器和反射体两部分组成.辐射器的形式有喇叭口辐射器、裂缝辐射器等.反射体一般是由铝板或铝条制成的圆抛物面和柱面抛物面等形式.在厘米波段的雷达中,波导系统是传输高频电磁能量的主要形式.波导管由空心的金属管构成.根据金属管形状的不同,又可分成矩形波导管和圆波导管两种主要形式.但在实际工作中,矩形波导应用得十分广泛,而圆波导很少应用.

4. 天线收发开关

在脉冲雷达系统中,天线收发开关是使天线完成发射和接收双重任务的关键性元件.天线收发开关有两种常用形式:由气体放电管组成或由铁氧体环流器组成.

(1) 用气体放电管组成天线收发开关时,有接收机放电管(TR 管)和发射机放电管(ATR 管)两个装置.接收机放电管的作用是防止发射的高频大功率脉冲漏入接收机,即在发射机工作时使接收机输入端处于完全短路的状态,同时又不影响高频传输线路的匹配状态.但在实际情况下,发射机工作时,往往有相当强的脉冲功率漏入接收机,这个功率叫泄漏功率.漏入接收机的功率由两部分组成,一是在发射脉冲信号时,在放电管开始完全短路之前的漏入功率,也就是当雷达由接收状态转换到发射状态的过渡过程中漏入的功率.二是稳定放电时漏过的功率,包括电弧漏过功率和直接耦合功率两部分.

(2) 用微波铁氧体环流器组成天线收发开关时,常用具有 3 个或 4 个微波支路的环流器,如图 11.3 所示.

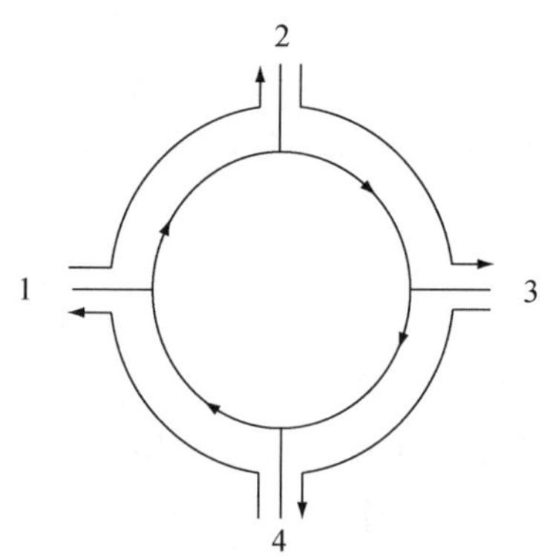

图 11.3 天线收发开关

图中箭头方向表示电磁波能量传递的方向. 由 1 臂输入能量时,只有 2 臂有输出,而 3、4 臂都没有输出. 由 2 臂输入时,只有 3 臂有输出,而 4 臂和 1 臂都没有输出,依次类推. 天线开关就是利用它的这种隔离性. 由环流器组成的收发开关具有寿命长、稳定性高、没有信号泄漏以及在天线不匹配情况下,不影响发射机的工作等优点.

应当注意,在环境温度变化较大的情况下,环流器的反向隔离度较差,一般只有30 dB左右,容易造成功率的泄漏. 另外,由于天线的旋转运动,常使馈线中有一定的电压驻波比. 而有一部分发射功率受到天线的反射而进入接收机,因此常常和气体放电管、环流器等共同组成天线收发开关.

5. 接收机

雷达接收机通常采用超外差的形式,可分成高频部分(包括低噪声高频放大器、本地振荡器和混频器等部分),中频部分(包括中频放大器、自动增益控制 AGC 和中频衰减器等部分)和视频部分(包括检波器和视频放大器等部分).

雷达天线接收到的回波信号是一个十分微弱的高频信号,而且这种微弱的回波信号往往和干扰信号、噪声信号混杂在一起,因此在雷达接收机中总是把从天线上接收下来的回波信号首先经过低噪声高频放大,再送入混频器. 低噪声高频放大器的作用,一方面对回波信号进行放大,同时对干扰和噪声也有一定的抑制作用,改善回波信号的信噪比. 在混频器中,脉冲形式的高频回波信号和从本地振荡器来的高频连续信号相混频,输出两个高频信号的差频信号,这个差频信号就是接收机的中频信号.

由混频器输出的中频信号送到中频放大器进行充分地放大. 在常规的天气雷达中,中频频率一般都选择在 30 MHz 左右,增益可达 100 dB 左右. 因此,雷达接收机的增益主要是由中频放大器的增益决定. 在现代天气雷达中,中频放大器的形式有线性中频放大器和对数中频放大器两种. 线性中频放大器的优点是结构简单、容易实现,缺点是动态范围小. 对数中频放大器的突出优点是具有较宽的动态范围,工作原理和结构也不困难. 因此,在天气雷达中对数中频放大器获得了广泛应用.

6. 信号处理器

信号处理器是电子技术和数字技术相结合,对回波信号进行处理,从中提取气象信息的设备. 对多普勒气象雷达而言,包括回波强度和径向速度、速度谱宽的计算,用数字滤波器消除地物、网络通信等.

11.1.5 天气雷达主要技术指标

天气雷达技术指标主要描述有关雷达性能的各种雷达参数，它们既表示雷达的探测能力、精度，也是雷达定量探测的依据. 这里叙述的雷达参数主要有工作波长、发射功率、天线增益、波束宽度、脉冲宽度、脉冲重复频率和接收机的灵敏度等.

1. 工作波长

雷达的工作波长 λ(或工作频率 f)是指发射机高频振荡器的工作波长(或频率)，是雷达发射到空中的电磁波波长. 工作波长是天气雷达的主要参数之一. 工作波长不同，雷达的结构、技术性能和用途也有所不同.

对于天气雷达，由于液态水滴(雨、云和雾)和固态粒子(冰晶、冰雹和雪片)对雷达波的后向散射和衰减在很大程度上取决于雷达的波长. 因此，对于不同的应用目标应选择不同的工作波长. 一般情况下，常规天气雷达的工作波长很少超过 20 cm. 常用的工作波长有 3 cm、5 cm 和 10 cm 几种. 表 11.3 列举了天气雷达波长和探测天气目标的范围.

表 11.3 天气雷达波长与探测天气目标

波长/cm	频率/MHz	波　段	可探测的目标
0.86	35 000	Ka	云和云滴
3	10 000	x	小雨和雪
5.5	5 600	c	中雨和雪
10	3 000	S	大雨和强风暴
20	1 500	L	天气监视

2. 脉冲宽度

脉冲宽度是指调制脉冲的持续时间，即雷达发射一次高频脉冲的持续时间，用 τ 表示，单位为 μm. 在其他条件一定的情况下，脉冲宽度越大，雷达的最大作用距离也越大；相反，脉冲宽度越小，雷达的作用距离也相应地减小. 这是因为在一个搜索脉冲内所包含的能量是和脉冲宽度成正比.

脉冲宽度 τ 和雷达的距离分辨率之间也有着密切的关系. 脉冲宽度 τ 越小距离分辨率越高. 距离分辨率应当满足下式：

$$\frac{2\Delta R_{\min}}{c} > \tau \tag{11.12}$$

所以

$$\Delta R_{\min} > \frac{c\tau}{2} = \frac{h}{2} \tag{11.13}$$

式中，$\Delta R_{\min}$ 为雷达可分辨的最小距离，h 为脉冲的空间长度.

另外，脉冲宽度的大小决定了雷达的盲区半径的大小. 盲区半径是指雷达能有效探测的最近范围，用 $R_{\min}$ 表示，有时也称为盲区. 在盲区以内的目标，雷达是无能力探测的. 这是因为当目标距离雷达很近(在盲区以内)时，目标回波的前沿将同发射脉冲的后沿混合在一起，以致无法分辨.

为了缩小雷达的盲区，应采用很窄的脉冲宽度. 但并不是脉冲宽度越小越好，因为脉冲宽度太小时，对雷达的最大作用距离的提高是不利的，同时也给接收机的制作带来困难. 脉冲宽度一般在 0.2～3 μs 之间.

3. 发射功率

雷达的发射功率是指发射机输出的高频振荡功率. 雷达的发射功率常用两个参数表示：一是脉冲功率，或叫峰值功率，用 P_t 表示；二是平均功率，用 P_{av}. 平均功率和脉冲功率之间的关系如(11.14)式表示：

$$P_{av} = \frac{P_t \tau}{T} \tag{11.14}$$

式中，τ 为脉冲宽度，T 为脉冲重复周期. 从上式可以看出，平均功率是脉冲功率在一个周期内的平均值.

发射功率是雷达的一个重要参数. 在其他参数已定的情况下，雷达的最大作用距离主要由发射功率决定.

4. 脉冲重复频率

脉冲重复频率是指在每秒钟内，天线向大气空间发射的高频脉冲的次数. 例如当雷达的重复频率为 400 Hz 时，表明在每秒钟内发射 400 个高频脉冲. 与重复频率相对应的参数是脉冲的重复周期 T. 重复周期 T 与重复频率 F 之间的关系可用下式表示：

$$F = \frac{1}{T} \tag{11.15}$$

重复周期的选择受雷达的最大作用距离限制，因为脉冲雷达的工作特点是必须让前一个发射脉冲的回波，可以从最大距离上回到雷达站以后，才可以发射下一个脉冲. 脉冲的重复周期应当大于：

$$T \geqslant \frac{2R_{\max}}{c} \tag{11.16}$$

如果脉冲的重复周期 T 小于上式，雷达在发射的第一个脉冲到达 $R_{\max}$ 位置之前就发射第二个脉冲，这时，第一个脉冲和第二个脉冲的回波同时回到雷达天线处，导致雷达无法确定接收回波的正确位置，这种情况称为距离折叠.

5. 波束形状与波束宽度

波束形状是描写天线定向性的重要参数. 波束形状有时也叫天线的方向性图，它说明天线辐射的电磁能量在空间的分布形式与集中程度. 一般采用波束的两个半功率点之间的夹角 θ 定义波束宽度. 如图 11.4 所示为一 C 波段雷达高斯型分布天线主瓣的 3 dB 波束宽度.

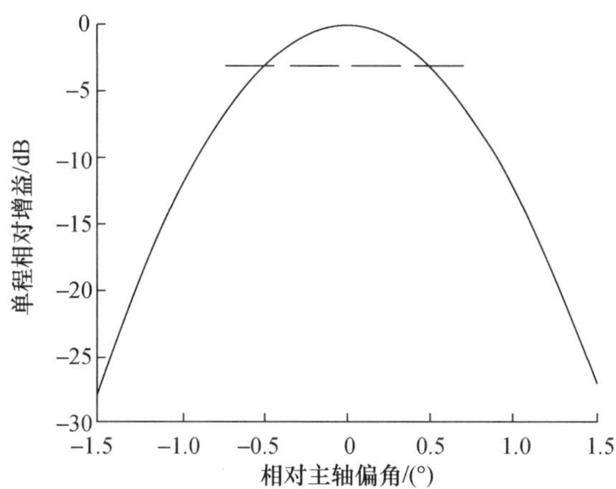

图 11.4 C 波段雷达高斯型分布天线主瓣

很显然，波束越窄，天线辐射的电磁能量在空间的分布越集中，因此天线的定向性能越好；反之，当波束宽度越宽时，则天线的定向性能越差.

天线波束的形状除天线主波束以外，还有副瓣和尾瓣. 图 11.5 为天线主、副波束的三维分布，每根等值线间隔相差 6 dB.

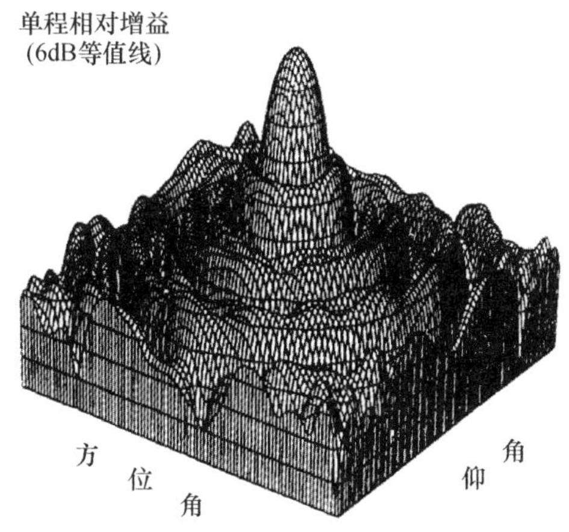

图 11.5 天线主、副波束的三维分布

当选择波束形状时，应当考虑到以下几个方面的因素.

(1) 角分辨能力

雷达的角分辨能力是指区分点目标视角分辨力. 波束宽度越窄，其角分辨力就越强；反之，波束宽度越宽、角分辨力越差. 另外，在发射功率已定的条件下，窄波束对于提高雷达的作用距离和抗干扰等都是有益的.

(2) 天线系统的结构尺寸

当不考虑其他因素的作用，天线尺寸、工作波长和波束宽度之间的关系近似可写为 $\theta=70\lambda/D$. 式中，λ 为工作波长，单位为厘米；D 为抛物面最大横截面的直径，单位为厘米. 从这里可以看出，在雷达工作波长已确定的情况下，波束宽度和天线尺寸成反比，即天线尺寸越大则波束宽度越小. 因此对定向性能要求较高的雷达，欲得很窄的波束宽度，总是用大的天线系统来保证. 必须指出，也不可为了得到窄的波束宽度而无限制地增大天线系统的尺寸.

因为当天线系统的尺寸增大时，体积和重量也必然增加，这就给天线的加工和使用带来许多困难，所以在设计天线系统时，总是在天线尺寸可以被接受的条件下，尽可能选择较窄的波束宽度，以满足测角精度的要求.

6. 天线增益

假定雷达发射一个峰值功率为 P_t 的矩形脉冲，一个各向同性的天线在所有的方向上均匀地辐射雷达的发射功率，假定天线没有损耗，投射在离开雷达的距离为 r 的目标上的单位面积的功率、即能流密度 S_{iso}，其单位为 W/m^2. R 单位为 m. 则

$$S_{\text{iso}} = \frac{P_t}{4\pi R^2} \tag{11.17}$$

由于各向同性天线没有定向能力，因此在雷达系统中很少应用. 实际上雷达使用的是有高方向性的天线，辐射能量集中在一个很窄的范围内. 假定雷达天线辐射的总功率不变，通常用来表示其超过各向同性天线能流密度的增量叫做天线增益，它是一个无量纲的量. 天线的功率增益为 $G(\theta,\varphi)$ 定义为入射在目标上的实际能流密度 S_{inc} 与各向同性天线入射在目标上的能流密度的比值.

$$G(\theta,\varphi) = \frac{S_{\text{inc}}(\theta,\varphi)}{S_{\text{iso}}} \tag{11.18}$$

式中，θ 和 φ 是目标偏离天线最大增益方向的角坐标. 天线增益常用对数尺度分贝来表示，天气雷达天线最大功率增益范围为 10^3(30 dB)到 10^5(50 dB).

7. 接收机灵敏度

接收机灵敏度是雷达接收机的重要参数，它表示接收机对微弱信号的接收能力. 灵敏度越高，接收机对微弱信号的接收能力越强，因而雷达的作用距离越远. 灵敏度可用接收到的 $P_{r,\min}$ 来表示，从雷达方程可知，最大作用距离与最小可测功率的平方根成反比，因此增强(减小)最小可测功率可以增大作用距离，这和增大发射机功率的效果是一致的.

接收机的灵敏度高与低主要取决于接收机的增益，但是增益的提高并不意味着可以无限制地提高灵敏度，灵敏度的提高受到外来干扰和机内噪声的限制. 干扰和噪声能否降低是灵敏度能否提高的主要因素. 其原因是，当回波信号电平低于噪声电平时，尽管增益很高，信号和噪声同样被放大，放大后的信号仍然淹没在噪声之中. 天气雷达的 $P_{r,\min}$ 一般在 $-105 \sim -120$ dB·mW(分贝毫瓦)之间.

表 11.4 列举了中国新一代天气雷达主要参数.

表 11.4 天气雷达主要参数

项　目	S 波段	C 波段
天线罩直径/m	11.9	6.8
反射体直径/m	8.6	4.4
天线增益/dB	≥44	≥43
第一副瓣电平/dB	≤−29	≤−29
工作频率/GHz	2.7～3.0	5.3～5.5
峰值功率/kW	≥650	≥250
波瓣宽度/(°)	≤1.0	≤1.0
最小可测功率/dB·mW	≤−112	≤−110

11.2 气象雷达信号与数据处理

不同于军用雷达，气象雷达测量的回波信号来自雷达电磁波照射体积中大量的云雨粒子，这些粒子既有整体移动，又有相对运动，因此，回波信号在振幅上存在波动，在频率上，表现为多普勒频谱，由于多普勒频率和径向速度有确定的关系如(11.10)式，因此，多普勒频谱也常称为速度谱，谱的均值称为平均径向速度，谱的均方差称为速度谱宽. 信号处理的目的就是从信号波动中提取目标物的平均功率和从速度谱中提取平均径向速度和速度谱宽.

11.2.1 回波平均功率

在常规天气雷达中的距离-强度显示图或者示波器上，可以看出降水回波幅度存在着上下起伏的现象(图 11.6). 这种起伏是任意的，没有固定的规律，它们类似于接收机的噪声，因此叫做随机起伏. 产生这种起伏现象的原因是因为降水目标由大量独立的云粒或雨滴所组成，这些粒子在气流的影响下形成相对运动，使得散射粒子之间的相对位置不断地发生变化，形成了粒子的“重新组合”. 每个粒子散射波所处的位相和原来的不同，由同一个采样体积中得到的相继回波脉冲，幅度有时增强有时减弱，从而产生了起伏. 回波起伏的快慢和粒子“重新组合”的速率有关，或者说与空气中的气流有关.

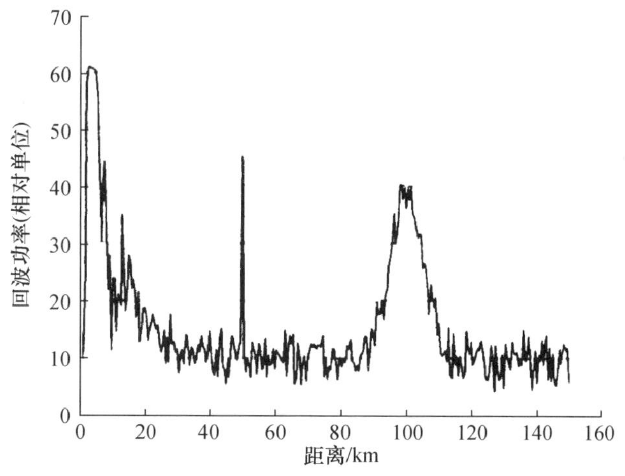

图 11.6 天气雷达距离-强度显示示意图

但是像飞机这样的大目标，它的散射物是由大量的飞机上的小面积元散射所组成，这些面积元都以相同的速度向前运动，因此回波没有起伏. 虽然在雷达荧光屏上能见到飞机回波起伏现象，这种起伏是由于飞机的姿态不同引起散射截面的变化而引起的，在起伏的概念上和上面提到的因散射粒子的“重新组合”而引起的回波起伏是完全不同的.

天气雷达探测的降水目标并不是位于一个小体积内的点目标，它由许多降水云粒子组成，分布范围远大于天线主波束在空间形成的体积. 这类覆盖面积或体积大的目标，又叫做“弥散目标”或者“分布目标”.

由于气象目标是一个分布目标，雷达天线接收到的功率是同一瞬间返回到接收机的散射功率的叠加.只有在径向深度 h 等于脉冲空间长度的一半,即 $h=c\tau/2$ 的距离单元中的粒子,才能将散射能量同时返回到达接收天线. h 又称为有效照射深度.对于 $\tau=1\ \mu s$ 的脉冲宽度,对回波有贡献区域的径向范围 $h=150$ m.

如图 11.7 所示,天线波束形似圆锥状.因此雷达波束在一特殊瞬间观测到的回波,可以近似地看做由波束中的有效照射深度 h 和波束横截面 $\pi(R\theta/2)^2$(R 是目标的距离,θ 为波束宽度)所组成的空间体积内的粒子散射所贡献,该体积称为雷达有效照射体积.如图 11.7 所示,波束横截面可以是圆或椭圆(与天线反射面形状有关).

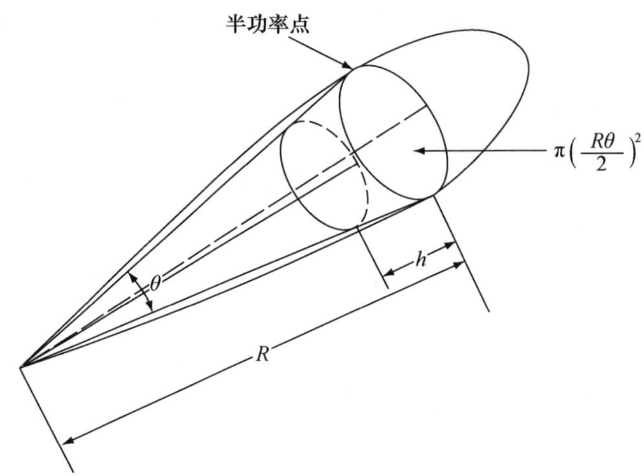

图 11.7　波束横截面所组成的空间体积内的粒子对散射的贡献

在给定的距离上,从脉冲到脉冲,每隔几个毫秒雷达有效照射体积内的粒子组合就完全不同.因此来自相同距离上的回波每隔几个或几十毫秒就取新的值,其中包含有许多降水粒子,为了消除波动引起的回波不确定性,可以计算一组脉冲的平均后向散射截面 $\bar{\eta}$,它是雷达有效照射体积内所有散射粒子的截面之和,即

$$\bar{\eta}=\sum_{j=1}^{N}\sigma_j \tag{11.19}$$

雷达显示器上显示的回波,它的强弱与许多因子有关.气象雷达方程就是把接收到的回波功率和雷达参数、目标物的距离、目标物的散射特性等特征量的关系联系起来.假定在雷达采样体积(散射体积)内 $\bar{\eta}$ 是常数,由(11.3)和(11.4)式知道雷达反射率因子 Z 是常数.如果已知雷达接收到的平均返回功率 $\bar{P}_r$,利用雷达方程可以测量降水云中含水量,降水强度以及确立判别冰雹、龙卷等强风暴的指标.

现今常用的气象雷达方程是由琼斯在 1962 推导得到的:

$$\bar{P}_r=\frac{\pi^3}{1\,024\times\ln 2}\,\frac{P_t\tau G^2\theta\varphi}{\lambda^2}\,\frac{|K|^2 Z}{R^2} \tag{11.20}$$

这里,P_t 是峰值发射功率;G 是天线增益;θ 和 φ 是水平和垂直半功率点波束宽度;τ 是脉冲宽度;λ 为波长;$|K|^2$ 是与目标的折射指数有关的常数,对于水滴 $|K|^2=0.93$;R 是目标离开雷达的距离.公式的右边分为三项:第一项为常数,其值为 1.31×10^9 m/s;第二项为雷达参数项;第三项为与目标性质有关的项.

雷达接收到回波平均功率 $\bar{P}_r$ 与目标的反射因子 Z 成比例,这里的目标指的是瑞利散射的小球形粒子.它们相对于波长而言是小的.对于大的球形粒子、雪和冰雹,$\bar{P}_r$ 比例于等效反射因子 Z_e.

云和降水回波信号的强度变化较大,回波强度的数值从小于 $10^{-13}\sim10^{-8}$ W,因此降水回波强度变化的范围达到 50 dB 以上.

回波在传输过程中,因距离而造成的衰减与距离的平方成反比(在资料处理和显示时必须予以订正).如果离开雷达 10 km 以内作为无衰减区,测量的范围在 10～200 km 以内,因距离衰减而需订正的数值在 0～26 dB 之间.

此外,回波本身的起伏性质,使得某一瞬间的回波幅度偏离于它的真实平均值,大多数的回波起伏大约在 20 dB 之内.

综上所述,天气雷达回波强度的变化范围大致在 95 dB 左右,其变化的范围是很大的.一般采用线性接收机或对数接收机,对于对数接收机,接收机的输出功率为 P_{out},它和接收功率的对数成正比例,或写成 $P_{\text{out}}=\lg P_r$.

由于降水粒子之间的相对运动,接收信号的相位存在随机起伏,雷达接收到距离 R 处有贡献区的回波功率 P_r 一般不等于其平均功率 $\bar{P}$. P_r 可以高于或低于 $\bar{P}$.为了精确估计目标的平均功率,需要在一个无限的时间间隔内平均,或者平均来自目标无限数目的独立回波样本.也就是说为了达到真正的平均值,对进行平均的样本在时间和空间上有足够的间隔,以便达到基本上是零相关.例如从空间同一个脉冲照射的体积中返回的连续信号如果在时间上有足够的间隔,使得体积中的散射粒子重新排列成另一个独立的随机阵列.这样一个时间间隔对于天气雷达来说大概为 10^{-2}s 的量级.或者在距离为 $c\tau/2$ 长的相邻接的体积内平均是独立的.因此,对目标平均强度的估计精度取决于对独立回波样本数的平均数目 k. 1964 年施密斯证明:对于 k 个独立回波强度的对数平均值,当 k 增加时,它的概率分布接近于高斯分布,分布的标准差为

$$\sigma = 5.57/\sqrt{k} \tag{11.21}$$

独立样本数 k 可由下式表示:

$$k = k_r k_\theta \tag{11.22}$$

这里 ,k_r为 距离平均长度(又称为距离库长)内的独立样本数;k_θ为方位或仰角间隔内的独立样本数.

因此,为了降低标准差 σ,就需要增加独立样本数 k.例如在计算 k 时,当雷达的脉冲宽度 $\tau=2\ \mu$s,$h=c\tau/2=300$ m.因此在距离库长为 1 km 时,$k_r=3.3$,即径向方向上 1 km 距离上有 3.3 个独立样本. k_θ值与雷达天线波束宽度,脉冲重复频率 PRF,波长和散射粒子速度分布的标准差(对于雨滴 $\sigma_v\approx2$ m/s)有关.为了保持方位间隔内样本之间的独立,对于连续回波脉冲之间要求达到独立样本的时间或相关的时间 $t\approx\lambda/2V_r$,这里 λ 为波长,V_r为径向方向上的粒子相对运动速度,例如,$\lambda=10$ cm, $V_r=2$ m/s,$t=25$ ms.

在实际雷达数据采集中,要求测量接收到的标准差 $\sigma\leqslant1$ dB,则独立样本数 $k\geqslant32$,在距离长为 1 km,$K_r=3.3$ 此时在方位间隔内需要的独立样本数为 $K_q\gg10$.

11.2.2 径向速度和速度谱宽

对于多普勒气象雷达,除了获得平均回波强度 $\bar{P}_r$,还要计算目标物的平均径向速度,也就是平均多普勒频移,最常用的计算方法是脉冲对处理(PPP).

雷达接收到的单个粒子的散射波场强可表示为

$$E_j = a_j \mathrm{e}^{-\mathrm{i}\varphi_j(t)} \tag{11.23}$$

那么,有效照射体中所有粒子的合成场强可以表示为

$$\begin{aligned} A(t) &= \sum_{j=1}^{N} a_j \mathrm{e}^{-\mathrm{i}\varphi_j(t)} = I(t) - iQ(t) \\ I(t) &= \sum_{j=1}^{N} a_j \cos\varphi_j(t) \\ Q(t) &= \sum_{j=1}^{N} a_j \sin\varphi_j(t) \end{aligned} \tag{11.24}$$

由脉冲间的信号自相关函数 $R(T)$,有

$$\begin{aligned} R(T) &= \overline{A(t)A^*(t+T)} = \overline{\sum_{j=1}^{N} a_j \mathrm{e}^{-\mathrm{i}\varphi_j(t)} \sum_{k=1}^{N} a_k \mathrm{e}^{-\mathrm{i}\varphi_k(t+T)}} = \sum_{j=1}^{N} a_j^2 \overline{\mathrm{e}^{-\mathrm{i}\frac{4\pi v_j T}{\lambda}}} \\ &= \overline{I(t)I(t+T)} + \overline{Q(t)Q(t+T)} - \mathrm{i}\,(\overline{Q(t)I(t+T)} \\ &\quad - \overline{I(t)Q(t+T)}) \end{aligned} \tag{11.25}$$

其中,T 为脉冲间的时间间隔,λ 为雷达波长,v_j 为粒子 j 的径向速度.假定在有效照射体中,粒子的径向速度可以用平均径向速度 $\bar{v}$ 和随机涨落 Δv 表示,且随机涨落满足正态分布,速度谱宽为 σ_v,则可导出:

$$\bar{v} = \frac{\lambda}{4\pi T}\tan^{-1}\frac{Q(t)I(t+T) - I(t)Q(t+T)}{I(t)I(t+T) + Q(t)Q(t+T)} \tag{11.26}$$

$$\sigma_v^2 = 2\lambda^2\left[1 - \frac{|R(T)|}{R(0)}\right](4\pi T)^{-2} \tag{11.27}$$

由式(11.26)和(11.27)得到有效照射体中散射粒子的平均径向速度和速度谱宽. PPP 处理在时域上提取平均多普勒速度和速度谱宽,具有算法简单、快速的优点,易于实时处理.

对于希望在频域上编辑和处理速度谱数据的应用,则需要将时域上的多普勒信号变换到频域上进行处理,常用方法是利用快速傅里叶变换(FFT)得到完整的多普勒速度谱,在此基础上,可以计算平均多普勒频移、速度谱宽,还可以计算回波功率、地物回波功率、反演雨滴谱(垂直指向探测)、区分云雨粒子等.

11.3 影响气象雷达探测的因素

除了雷达参数以外,影响气象雷达探测的因素还有许多,如测速测距约束、地球曲率、大气和云雨衰减等.

11.3.1 多普勒雷达测距测速约束

由式(11.11)和(11.16)可知,雷达最大探测速度和最大探测距离之积只与波长有关,即

$$R_{\max} v_{r\max} = \frac{1}{8}\lambda c \tag{11.28}$$

通常,雷达的发射波长为一常数,因此,增加最大探测距离将减小最大探测速度,增加最大探测速度将减小最大探测距离,即两者相互约束.为了克服这一约束,通常采取两种措施:

(1) 对发射脉冲相位编码,以区分相继脉冲,即给发射脉冲做"标记",以区分接收到的信号是来自刚刚发射出去的脉冲,还是更早前发射出去的脉冲,这样,在用较高脉冲重复频率测量速度的同时,还可以获得较大的探测距离.

(2) 用双脉冲重复频率扩展测速范围. 较低的脉冲重复频率可以获得较大的探测距离,但速度容易折叠,此时,对于同一个移动目标,两个脉冲重复频率测出的速度可能相同(都没有折叠),也可能不同(一个或两个存在折叠),当两者不同时,通过调整补偿整周期相位(对应 $2V_{r_{max}}$),使两者相等时的速度就是实际径向速度,这样,即使在较低的重复频率下,也可以实现较大的测速范围,常用的双重复频率之比为 3:2或 4:3.

对于已经存在距离折叠或速度折叠的雷达数据,可以用软件算法消除.

11.3.2 大气折射对雷达探测的影响

假如地球没有大气或者折射率是一个常数,无线电波是直线传播. 但雷达天线辐射的电磁波是在大气中传播的,由于大气折射率通常是随高度向上减小的,电磁波的传播路径像光线在大气传播时一样,会稍稍向下弯曲,形成曲线传播. 对于大多数实际应用的情况,空气折射指数可以写为

$$n = 1 + \frac{77.6}{T}\left(p + 4\,810\,\frac{e}{T}\right) \times 10^{-6} \tag{11.29}$$

这里 T 是绝对温度,e 为水汽压力,p 为压力. 为方便起见,设

$$N = (n-1) \times 10^{6}$$

N 称做无线电折射率. 在地球表面空气的折射指数 $n=1.0003$,相当于 $N=300$. 在标准大气中,即在地面气压 $P=1\,013\,\text{hPa}$, 地面气温绝对温度 $T=288\,\text{K}$,相对湿度为 60%,即水汽压 $e=10.2\,\text{hPa}$. 从地面向上每增加 100 m,气压减小 12 hPa, 温度降低 0.55 ℃,并且假定相对湿度在整个 11 km 范围内保持不变,折射指数随高度减小,大约每 100 m 降低 4×10^{-6},由于 $n=c_0/c$,因此波的传播速度随高度增加,波的射线弯曲向下. 如图 11.8 左图中的曲线 AC 为不发生折射的雷达波射线,AC′为发生折射情况下的雷达波射线.

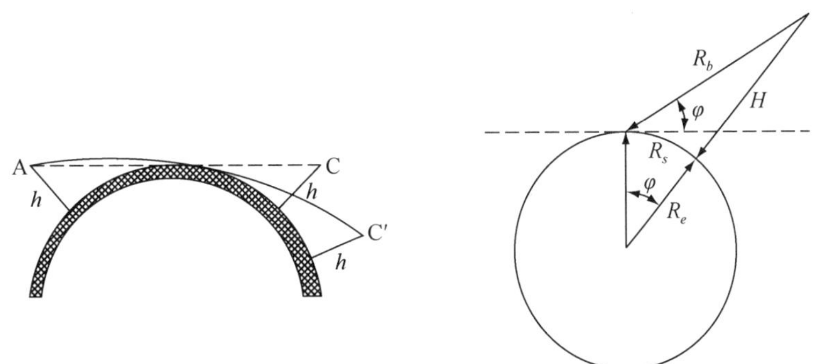

图 11.8 雷达波的折射以及等效地球半径的估算方法

雷达波射线的曲率可以由下式绘出:

$$\frac{1}{r} = -\frac{1}{n}\frac{\mathrm{d}n}{\mathrm{d}z}\cos\varphi \tag{11.30}$$

这里 φ 是波传播方向和水平面的夹角,r 为射线的曲率半径. 当射线与水平面的夹角 j 很小时,即天线的仰角很小时,射线的曲率最大. 当 φ 增加时射线的曲率减小.

在实际应用上，常用直线射线来代替弯曲的射线（图 11.8 右图中），这时地球的半径 R 用等效地球半径 $R_e=kR$ 代替. k 表示等效地球半径和实际地球半径的比值. 当射线和地球曲率保持相对不变，可以证明：

$$k=\left(1+R\frac{\mathrm{d}n}{\mathrm{d}h}\right)^{-1} \tag{11.31}$$

在正常折射时，$\frac{\mathrm{d}n}{\mathrm{d}h}=-4\times10^{-8}\ \mathrm{m}^{-1}$，$R=6\,370$ km，则 $k=\frac{4}{3}$，$R_e=8\,540$ km. 即由于正常折射造成的传播路径向下弯曲时对雷达探测的影响，相当于电磁波仍为直线传播，但地球半径增大到 8 540 km.

等效地球半径的概念可以用来求得雷达波束高度 H，天线仰角 φ，沿着波束的距离即斜距 R_b 和沿着地球表面的距离 R_s 之间的关系. 由三角余弦定律和图 11.8(b)可知：

$$H+R_e=[R_e^2+R_b^2-2R_eR_b\cos(90^\circ+\varphi)]^{1/2} \tag{11.32}$$

或者

$$H\approx\frac{R_b^2}{2R_e}+R_b\sin\varphi \tag{11.33}$$

$$\varphi=\tan^{-1}\left(\frac{R_b\cos\varphi}{R_e+R_b\sin\varphi}\right) \tag{11.34}$$

因此

$$R_s=R_e\varphi\approx R_b\cos\varphi \tag{11.35}$$

由于大多数天气回波高度低于 15 km，利用斜距 $R_b\approx R_s$ 引起的误差是小的，例如 $\delta=15^\circ$，波束高度 10 km，距离在 40 km，斜距和水平距离 R_s 之间的误差约为 1.5 km. 对于更低的仰角，如 $\delta=2.3^\circ$，在距离 200 km 处，波束高度 $H=10$ km. R_b 和 R_s 之间的误差约为 0.3 km. 图 11.9 为不同雷达仰角下，探测距离和高度的关系.

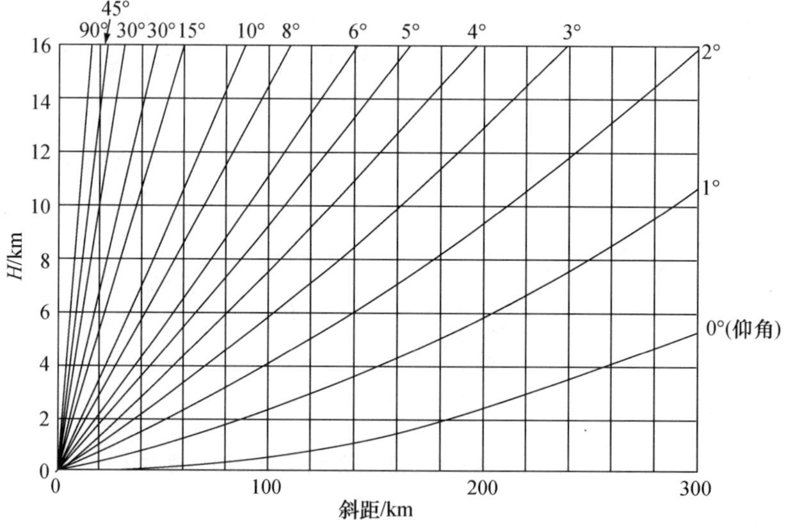

图 11.9　不同雷达仰角下，探测距离和高度的关系

11.3.3 雷达探测过程中电磁波的衰减

电磁波在雷达和目标之间传播时，其强度会减小，减小程度的高低取决于介质的性质. 引起衰减的原因，实际上是两种效应综合的结果：传播过程中介质的吸收和介质的散射. 引起雷达波衰减的介质通常有三类：① 大气中的气体（氧和水汽），它的主要作用是吸收，当 $\lambda > 3$ cm，气体的衰减是很小的，在实际工作中可以忽略不计；② 云和降水，对于云粒子和小的雨滴，他们的主要作用仍然是吸收；③ 大的雪片和雨滴，对于它们吸收和散射引起的衰减效应均应考虑. 对于 $\lambda < 10$ cm 的雷达波长，特别是在波长 $\lambda < 3$ cm 时，衰减的影响是严重的.

雷达天线辐射的电磁波在介质中传播一定距离 r，遇到目标后反射回到天线. 雷达波经过往返传播即双程路径. 到达天线的回波强度为 P_r，它和初始的没有衰减的强度 P_{r_0} 之间有下面关系：

$$P_r = P_{r_0} \exp\left(-2\int_0^R A \mathrm{d}r\right) \tag{11.36}$$

其中，A 是衰减系数，单位是 dB/km；r 单位为 km. A 等于降水衰减系数 A_p，云衰减系数 A_c 和大气分子衰减系数 A_a 之和，即

$$A = A_p + A_c + A_a \tag{11.37}$$

1. 由大气分子引起的衰减

在大气中，使高频电磁波衰减的气体主要是水汽和氧气. 它们对电磁波的衰减作用与水汽凝结物不同，其衰减作用主要是吸收. 但是，因为它的衰减数值比较小，一般都忽略不计. 从图 11.10 可见，对于波长为 3～10 cm 的电磁波，即频率从 10 000～3 000 MHz，在温度为 20 ℃ 和一个大气压时，低层大气中氧气的衰减量为 0.01 dB/km 左右. 但是同样的条件下，对 3 cm 波长的电磁波，在水汽含量为 7.75 g/m^3 的情况下，衰减系数大约为 0.002 dB/km. 在近距离观测的情况下，气体造成的衰减的影响不大，但对于几百至数千千米以上的远距离探测则需要考虑气体造成的衰减. 对于波长为 1 cm 的电磁波，也需要考虑由于气体而造成的衰减.

2. 云的衰减作用

由于云滴的直径比较小，它的衰减作用要比雨滴小得多. 在表 11.5 中给出了云的衰减系数和云中含水量的关系. 云的衰减作用主要是对电磁波的吸收和散射. 从表 11.5 中可以看出：当波长大于 5 cm 时，云的衰减作用是很小的，可以忽略不计，在冰云的情况下，其衰减系数（dB/100 km）都在 10^{-3} 数量级. 因此，冰云的衰减作用也是可以忽略不计的.

3. 雨的衰减作用

雨的衰减作用主要表现在对电磁波的散射和吸收. 在降雨强度一定的情况下，雨的衰减数值随电磁波的波长而变化. 表 11.6 中列举了根据实验而得到的衰减系数和雨强的关系式，计算出来的三种波长的衰减系数 A_p 和雨强 I 的关系.

表 11.5 云的衰减系数(dB/100 km)与其含水量的关系

含水量 /(g/m^3)	λ=5 cm		λ=3.2 cm		λ=0.9 cm	
	10 ℃	0 ℃	10 ℃	0 ℃	10 ℃	0 ℃
0.1	0.056	0.09	0.196	0.27	6.81	9.9
0.22	0.123	0.20	0.43	0.60	15.0	21.8
0.34	0.19	0.31	0.67	0.93	23.2	33.6

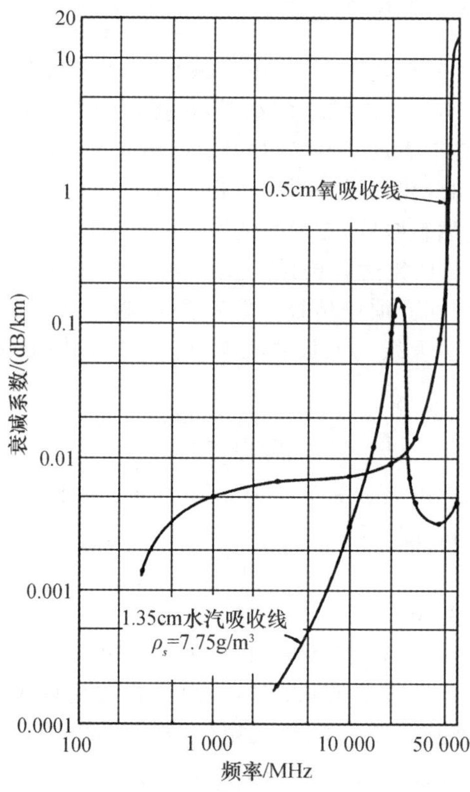

图 11.10 水汽和氧气对电磁波的衰减作用

表 11.6 从实验中得到的衰减系数 A_p 和雨强 I 的关系

降雨强度 R /(mm/h)	波长/cm		
	10	5.7	3.2
	A_p 和雨强的关系		
	$A_p=0.0003R$	$A_p=0.0003R^{1.1}$	$A_p=0.0003R^{1.3}$
0.5	0.00015	0.0006	0.003
1.0	0.0003	0.001	0.007
5.0	0.0015	0.0008	0.061
10	0.003	0.016	0.151
50	0.015	0.096	1.25
100	0.030	0.204	3.03
200	0.060	0.44	7.65
300	0.090	0.69	13.0

现在假设有一宽度为 100 km 的雨区，其平均雨强 R 为 5.0 mm/h，如果雷达的工作波长为 10 cm，则衰减量(经过 100 km 的往返路程，即为 200 km)为 0.3 dB. 当雷达的波长为 5.7 cm时，则衰减为 1.6 dB. 但是，当波长为 3.2 cm 时，则衰减量可达 12.2 dB. 由此可见，在采用 10 cm 波长时，可以不考虑雨的衰减作用，当工作波长较短时，中等的雨强就会造成相

当大的衰减,并且使雷达观测到的回波图像发生畸变.

此外,当用厘米波长探测冰雹时,会遇到强烈的衰减作用,如 3.2 cm 波长其双程的衰减值有时可达 8 dB/km.

11.4 其他气象雷达

气象雷达除了利用回波信号的强度测量大气中的水成物粒子,利用回波信号频率的多普勒效应测量径向速度,还可以利用不同的发射方式、接收特性和回波特征,构成各种不同的气象雷达:

(1) 双极化雷达能够发射水平极化波和垂直极化波,并分别接收水平和垂直回波分量,在探测非球形雨滴、冰晶、冰雹等方面有显著优势,有助于提高雷达测量降水的精度.

(2) 双波长雷达能够同时发射两个不同波长的电磁波,利用云雨粒子在不同波长下的散射和吸收差异,有助于提高雷达回波强度测量精度,消除衰减对探测的影响.

(3) 连续波雷达是连续发射电磁波的雷达.与普通脉冲体制的雷达不同,这类雷达没有发射间隙期,接收机必须在发射的同时接收回波,为了获得距离信息,通常发射电磁波的频率受到线性调制.这样,特定的距离对应特定的发射频率,可以获得比脉冲雷达更高的距离分辨率.

(4) 相控阵雷达是一种波束合成雷达,其发射天线由许许多多的发射单元阵组成,每个发射单元发射相同的频率,但相位受控,使整个发射阵的合成波束指向特定方向,通过调整发射相位,实现雷达电扫描,省去部分或全部机械扫描装置,提高扫描效率,可增加龙卷、冰雹等快速变化的强对流天气预警时间.

(5) 多基地雷达是由一部主动雷达为中心组成的雷达系统,即在一部主动雷达(普通气象雷达)周边,架设一些无源接收机,接收主动雷达发射波在无源接收机方向的侧向散射波,从而获得更多气象目标物的散射和多普勒频移等信息,对于重点区域如机场、码头等地的监测预警比较有效.

(6) 机载雷达是架设在飞机上的雷达,受制于载荷、燃料等限制,一般飞机上的雷达波长较短、功率较小,衰减比较严重,主要用于台风监测、人影作业等领域.

(7) 星载雷达是架设在卫星上的雷达,由于人员不能到卫星上进行维护保养,因此,星载雷达的稳定性、可靠性、免维护性要求都比较高.目前,已有 W 波段的测云雷达和 Ka 波段的测雨雷达在卫星上获得应用.

除了天气雷达,气象上使用的雷达还有测云雷达、测雾雷达等.

除了瑞利散射和米散射,利用晴空湍流块对电磁波的布拉格散射,构成风廓线雷达,测量晴空大气风垂直廓线.

除了弹性散射,利用分子拉曼散射,构成拉曼雷达,测量大气水汽等气体成分.

11.5 激光雷达以及遥感大气气溶胶

1960 年,国际上研制了第一台红宝石激光器,由于窄脉冲激光器具有高度单色性、窄时间脉冲、高脉冲功率,成为大气主动遥感极为理想的技术基础,为大气气溶胶和云的遥感以及不同的吸收和量子散射原理的大气气体成分探测提供了理想手段.激光雷达(light detection and ranging,LIDAR),意为激光探测和测距,是一种主动式大气遥感方式,它与气象雷达原理上是一样的,但利用激光作为发射电磁波.按照雷达的原理,这种装置不但能够检测任何一个方向上的被测大气组分的浓度,而且根据发射激光脉冲与接收到的散射光脉冲之间的时间间隔还可以知道该组分空间位置.1962 年,意大利 G.菲奥科等人研制了第一台探测高层大气的激光雷达.1963 年,美国斯坦福研究所研制了第一台探测对流层的激光雷达.此后,在短短几十年中,激光雷达技术得到了飞速发展,其应用领域也越发广泛.

中国大气科学界对激光探测大气这一新兴领域十分敏感.1963 年,中国研制成红宝石激光器,1965 年中国科学院地球物理研究所二室(现大气物理研究所)即启动激光雷达研制计划,与上海光学精密机械研究所联合研制成功中国第一台红宝石激光雷达,并开始了测云、测人工烟羽和一系列对大气气溶胶和相关参数的遥感研究.自 1967 年完成第一台激光雷达后,在 70 年代先后有三代激光雷达研制成功并投入使用.20 世纪 80 年代初,中国科学院大气物理所研制了中国第一台用以平流层气溶胶探测的中型激光雷达.此后,安徽光学精密机械研究所研制成平流层探测激光雷达,随后进一步研制了平流层臭氧探测激光雷达.90 年代中期以来,中国科学院武汉物理与数学研究所发展了探测中层大气温度和密度的瑞利激光雷达和探测中间层顶区的钠原子激光雷达.2000 年以来,武汉大学发展了中层大气探测的激光雷达.

11.5.1 大气探测激光雷达的种类

激光雷达对大气的测量工作是通过射向大气中的激光与大气中的气溶胶及大气分子的作用而产生后向散射且被探测器接收而实现的,接收器接收到的大气散射信号携带着被测物质的有关信息(吸收、散射等),通过对这些信息进行分析便可得到所需的物理量(温度、速度、密度等).根据大气测量过程中激光与大气的作用方式以及测量目的的不同,激光雷达演变为多种不同类型.

1. 散射激光雷达

散射激光雷达主要有瑞利散射法、米散射法和拉曼散射法 3 种.激光在大气中的散射,主要是瑞利散射和米散射,它们均属弹性散射.由这种散射波的强度和偏振特性以及它们对波长的依赖关系,可以反演大气气溶胶特性及其时空分布、大气能见度,并进而由气溶胶或气体的不均匀结构,将气溶胶或气体的分布作为示踪物对大气的结构及运动状况进行观测.与此同时也可对云、沙尘进行测量.米散射激光雷达从烟尘的扩散到平流层的气溶胶、从局部现象到全球规模的现象均有广泛应用.近年来国际上发展了星载激光雷达,更能发挥对气溶胶和云进行全球观测的优势.使用较多的激光源是高能量脉冲输出的 Nd:YAG 激光,频率为其基波、二次谐波和三次谐波(1.06 μm,0.523 μm,0.355 μm).

激光在大气中的另一种散射是拉曼散射,其散射截面比分子的瑞利散射弱 3 个量级,比气溶胶的米散射弱 3~21 个量级,所以一般只适合夜间没有太阳光背景的情况下的大气探测.拉曼散射最大的特点是,其散射波长和入射波长不同,两者的光子能量之差和气体分子的固有能级相对应,因而分析拉曼散射光谱,可以判定大气中多种气体的成分及其混合比.由于拉曼散射与温度有关,对于成分稳定气体所对应的通道,可通过振动拉曼散射,或转动拉曼散射来进行气温的测量,其中后者更适合于低层大气中高精度气温的测定.另外拉曼散射激光雷达应用于气溶胶的探测,它可同时提供有关气溶胶化学组分、大小、形状的参数,"气溶胶后向散射比"空间分布的必要信息.拉曼散射激光雷达通常采用 Nd:YAG 激光的二次谐波(523 nm)作为激光光源.

2. 差分吸收激光雷达

差分吸收激光雷达是利用激光被气体分子的吸收及被气溶胶、大气分子的后向散射两方面的作用效果而设置的.它主要用于大气中气体成分的空间分布测定,其中包括水汽、臭氧及其他大气痕量气体的空间浓度分布.测量原理是使用激光雷达发出两种波长的激光,其中一个波长调到待测物质的吸收线,而另一波长调到线上吸收系数较小的边翼,然后以高重复频率将这两种波长的光交替发射至大气中.此时由于激光雷达所测量到的这两种波长光信号衰减差是待测对象的吸收所致,因此通过数据分析便可得到待测对象的浓度分布.由于气体吸收光谱的特性依赖于温度和气压,当应用于某种组分比较稳定的气体吸收线时,用差分吸收法还可以遥感温度铅直分布和地面气压.用这种方法测气体含量,灵敏度比拉曼散射法高 4~5 个数量级,可以遥感极微量的大气成分.通常采用波长可调谐的 Nd:YAG 染料激光器.

3. 用于风速测量的多普勒激光雷达

当目标与雷达之间存在相对速度时,接收的回波信号的载波频率就要相对原发射信号的载频产生一个频移,即多普勒频移.多普勒激光雷达正是基于这一原理而完成测量风速工作的,就其工作方式而言,分为相干方式及非相干方式.通常在对流层风速测定中采用相干方式,而对同温层及中间层风速测定中,通常采用非相干方式,由于激光雷达工作波长短(与微波雷达相比),多普勒频率灵敏度高,故具有极高的速度分辨力.其光源大多采用 CO 气体激光器.其测量工作原理以及计算方法与微波多普勒雷达相同,最主要的一点是,单光束激光只能测到它的径向风速.但是多普勒激光雷达可以利用光学系统,由一台激光发生器产生双干涉激光束,测量实际的风向和风速(图 11.11).

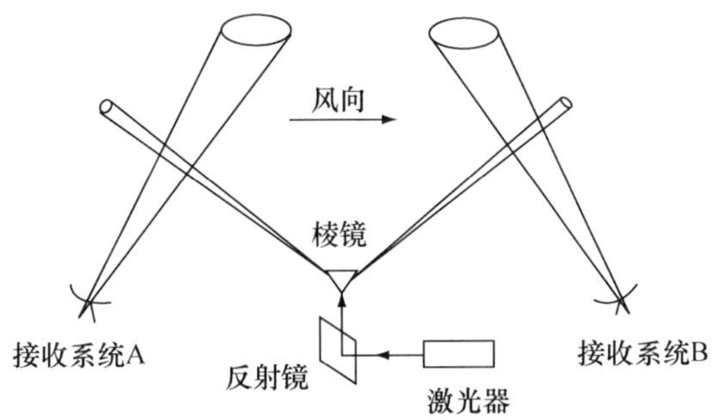

图 11.11 测风激光雷达的示意图

激光雷达在大气测量中的应用除上述各项内容外,还有专门为测量大气中臭氧分布的臭氧激光雷达;有利用荧光光谱的观测,用于测量中间层金属原子(Na、Li、Ca、Fe 等)分布的共振散射及共振荧光激光雷达;有用于高度在 30 hPa 以上中间层大气密度、大气波动现象及高层大气气温的测定的瑞利散射激光雷达等.此外还有我们已在第七章中专门介绍的,测量云高云厚的激光云高仪.

11.5.2 激光雷达的主要性能

1. 重叠系数(充填系数)

激光雷达的发射光束和接收视野角如图 11.12 所示.图中发射望远镜与接收望远镜的

光轴平行，而接收视野角大于激光发射角. 当 $R \leqslant R_1$ 时，重叠系数 $=0$；当 $R \geqslant R_2$ 时，重叠系数 $=1$；在 R_1 和 R_2 之间，重叠系数由 0 向 1 过渡.

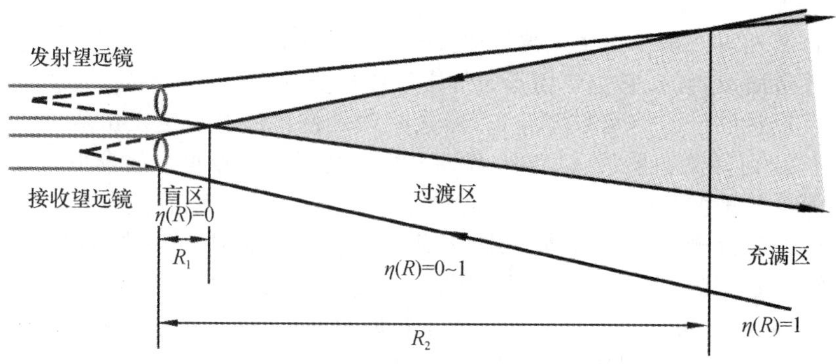

图 11.12　激光雷达重叠系数示意图

2. 接收系统的动态曲线

该曲线是因激光探头光子记数与实际接收能量的非线形关系引起，由激光探头的厂家标定. 图 11.13 为一般的激光雷达动态曲线的示意图.

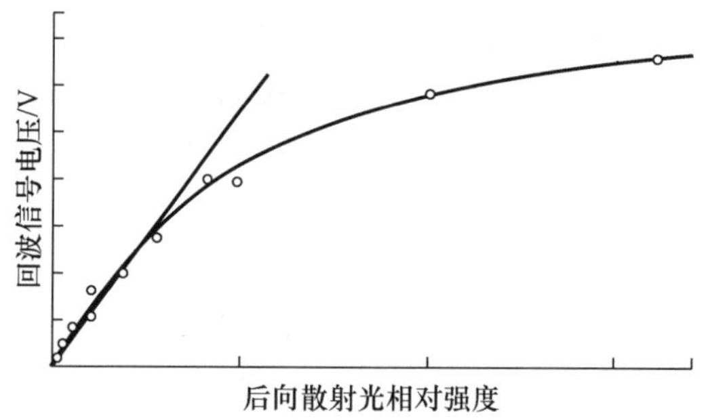

图 11.13　激光雷达动态曲线示意图

3. 仪器常数

仪器常数 C 包括了激光雷达的光学和光电器件的影响，它可以表达为下式：

$$C = \frac{Ac\eta(R)\chi k_0 r_0}{2}$$

式中，A 为接收望远镜的有效截面，c 为光速，χ 为接收系统的光学透光率，k_0 光电器件的灵敏度，r_0 为光电探测器的负载电阻.

4. 信噪比

激光雷达的噪声来源包括：发射阴极和回波信号的起伏产生的量子噪音；背景辐射；光电阴极发射电子形成的暗电流以及内部光学器件的多次散射造成的噪音；电阻器件的热噪音.

11.5.3　微脉冲激光雷达

激光雷达问世后直到 20 世纪 90 年代，在大气探测领域的业务化使用还比较少，主要原因是一般的激光雷达出射脉冲能量比较高、对人眼和飞行器的操作可能造成危害，费用昂贵、机体庞大、结构复杂，可靠性差等因素限制了激光雷达的商业化应用. 20 世纪 90 年代初,微脉冲激光雷达(Micro Pulse LIDAR,MPL)发明后,很快被应用于大气探测研究领域,尤其是应用于边界层结构探测、云和气溶胶的探测.这种激光雷达相对于一般常规激光雷达的优点在于:① 出射脉冲能量相对于一般激光雷达的0.1～1.0焦[耳](J)降到几个微焦(μJ),并且采用扩束的技术使得几个微焦的脉冲能量在直径大约20 cm的镜头射出,对人眼安全;② 体积小、结构精巧、生产费用低;③ 脉冲重复频率高,相对于一般激光雷达的几十赫[兹](Hz),它的脉冲频率达到几千赫兹,而脉冲宽度达到几十到几百纳秒(ns,10^{-9}秒),使得空间分辨能力达到几十米的精度.由于微脉冲激光雷达的这些优点,它已经被广泛用于气溶胶和云的海上走航观测、陆基观测和机载、星载观测.目前正在运行的全球微脉冲激光雷达网(The Micro-pulse Lidar Network,MPLNET)由20多台MPL组成,是美国国家宇航局(NASA)的全球观测系统(EOS)计划资助的一个项目(http://mplnet.gsfc.nasa.gov/),用于监测气溶胶和云的垂直分布信息,为卫星遥感提供对比.

这种激光雷达采用Nd:YLF激光器,发射脉冲波长为523 nm,由同轴光学部分和控制箱体组成,其中光学部分的前端为直径20 cm的望远镜,负责发射激光和接收大气对激光的后向散射.激光脉冲重复频率2 500 Hz(理论最大探测高度为60 km),出射脉冲能量在10 μJ左右,脉冲持续时间10～100 ns,允许的采样时间间隔为100、200、500、1 000和2 000 ns,对应15 m、30 m、75 m、150 m和300 m的空间分辨能力.数据记录的平均积分时间可设为15 s,这样每个记录将来自2 500 Hz×15 s=37 500次出射脉冲采样的平均.采样时间间隔和产生每个记录的平均时间决定了激光雷达的时间空间分辨能力,也决定了信号的信噪比的大小.

图11.14为激光雷达原理的简易示意图,包括激光发射器、接收器光学系统、光电转换器和计算机处理系统几个部分.图中左上部分显示与激光雷达测量空间对应的接收信号.

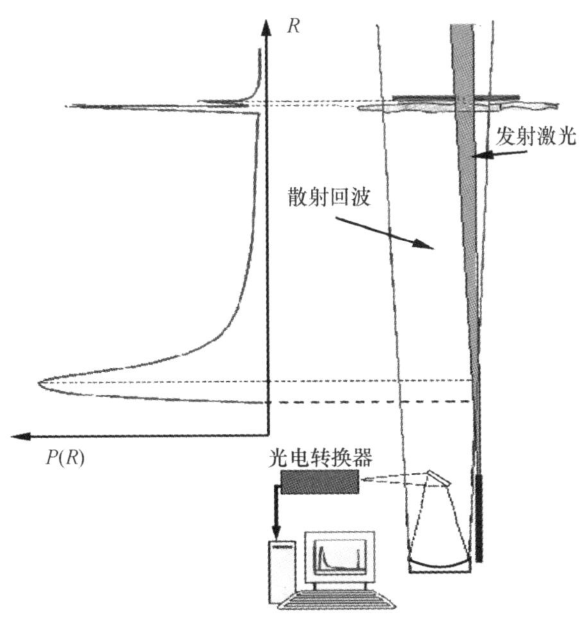

图11.14 激光雷达原理示意图

按照单次散射近似，最基本的激光雷达方程可以写为

$$P(r) = O_c(r) \cdot \frac{C \cdot E \cdot \beta(r)}{r^2} T(r)^2 \tag{11.38}$$

其中，r 表示距离；$P(r)$ 为激光雷达接收到的距离 r 处的大气组分的后向散射信号；$O_c(r)$ 为交叉重叠区的订正因子；C 为雷达常数；E 为雷达发射脉冲功率；$\beta(r)$ 为距离 r 处的大气组分的后向散射系数，$\beta(r)=\beta_a(r)+\beta_m(r)$，$\beta_a$ 和 β_m 分别代表气溶胶和气体分子的后向散射系数；$T(r)$ 为距离 r 处到雷达发射和接收系统间的大气透过率：

$$T(r) = \exp\left(-\int_0^r \sigma(z)\mathrm{d}z\right) = \exp\left(-\int_0^r (\sigma_a(z) + \sigma_m(z))\mathrm{d}z\right)$$

这里，距离 z 处的消光系数

$$\sigma(z) = \sigma_a(z) + \sigma_m(z),$$

即为气溶胶消光系数和分子消光系数之和. 气溶胶消光系数包括气溶胶散射和吸收两部分的贡献. 分子消光系数包括分子散射（瑞利散射）和分子吸收两部分的贡献. 作为气溶胶观测的激光雷达，激光波长避开分子吸收线的情况下，分子吸收的影响可以忽略. 分子散射的部分可以按照瑞利散射的有关理论和大气状态进行计算.

11.5.4 激光雷达探测大气气溶胶的资料处理和反演

1. 重叠区订正方法

重叠区订正(overlap correction)一般采用将激光雷达朝水平方向观测的方法来获取.

由方程(11.38)可设距离订正后的后向散射信号为

$$r^2 \cdot P(r) = O_c(r) \cdot C \cdot E \cdot \beta(r) \cdot T(r)^2 \tag{11.39}$$

两边取对数，得到

$$\ln(r^2 P(r)) = \ln(O_c(r)) + \ln(C \cdot E \cdot \beta(r)) + 2 \cdot \ln T(r)$$

假设水平均一 $\beta(r)$ 和 $\sigma(r)$ 为常数，即

$$T(r) = \exp\left(-\int_0^r \sigma(z)\mathrm{d}z\right) = \exp(-\sigma \cdot r)$$

代入上式，得

$$\ln(r^2 P(r)) = \ln(O_c(r)) + \ln(C \cdot E \cdot \beta) - 2\sigma \cdot r \tag{11.40a}$$

在一定的距离以外 $r>R_0$，$O_c(r)=1.0$ 为常数，则

$$\ln(r^2 P(r)) = \ln(C \cdot E \cdot \beta) - 2\sigma \cdot r \tag{11.40b}$$

将 $\ln P(r)$ 的数值按距离 r 的分布绘图，$r>R_0$ 部分拟合的直线斜率的绝对值的 1/2 就是消光系数 σ，而直线的常数项即为 $\ln(C \cdot E \cdot \beta)$. 进而求得 $r<R_0$ 时的填充系数 $O_c(r)$.

图 11.15 为利用 2003 年 3 月 11 日下午 14:43 到 14:53 十分钟内在香港科技大学的观测数据的平均值，对微脉冲激光雷达进行的重叠区订正. 图中的直线 $y=-0.4717x+2.364$ 来自于距离 4～6 km 的数据进行的拟合. 消光系数 σ 为 0.2358/km（对应大约 16.6 km 的能见距离，这也是利用激光雷达测量大气能见度的一种方法），$C \cdot E \cdot \beta$ 为 10.63. 进行这一订正实验成功的关键在于选择大气水平方向比较均一的时机，观测的时候需要注意观测视野内没有任何阻碍物（包括云）出现.

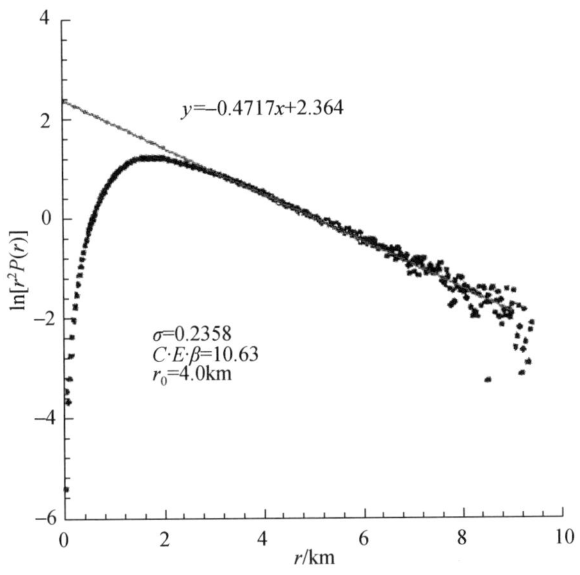

图 11.15 微脉冲激光雷达的重叠区订正

2. 雷达常数的校准方法

设 $X(r)=\dfrac{r^2\cdot P(r)}{O_c(r)}=C\cdot E\cdot[\beta_a(r)+\beta_m(r)]\cdot\exp\left\{-2\int_0^r[\sigma_a(z)+\sigma_m(z)]\mathrm{d}z\right\}$，将激光雷达对垂直方向观测，这时在一定的高度以上($r>H_0$)，气溶胶的散射与分子散射相比可以忽略时，有

$$\begin{aligned}X(r)&=\frac{r^2\cdot P(r)}{O_c(r)}\\&=C\cdot E\cdot[\beta_a(r)+\beta_m(r)]\cdot\left[\exp\left(-2\int_0^r\sigma_a(z)\mathrm{d}z\right)\right.\\&\quad\left.\cdot\exp\left(-2\int_0^r\sigma_m(z)\mathrm{d}z\right)\right]\end{aligned}\tag{11.41}$$

设 $AOD=\int_0^r\sigma_a(z)\mathrm{d}z$，为气溶胶光学厚度，可以通过地面太阳光度计对准太阳观测比较精密地确定. 忽略分子吸收部分，分子消光系数就是散射系数. 分子散射系数和后向散射可以通过实测或大气平均状况廓线来事先计算. 因此可以通过上式来得到雷达常数 C.

由于这一订正需要利用一定的高度以上($r>H_0$)的资料，得到的 C 值大小与原始数据的订正精度比较敏感，尤其是受各种噪音订正精度的影响很大.

3. 气溶胶消光系数的反演

对激光雷达方程：

$$\begin{aligned}X(r)=&C\cdot E\cdot[\beta_a(r)+\beta_m(r)]\cdot\left[\exp\left(-2\int_0^r\sigma_a(z)\mathrm{d}z\right)\right.\\&\left.\cdot\exp\left(-2\int_0^r\sigma_m(z)\mathrm{d}z\right)\right]\end{aligned}\tag{11.42}$$

比较常用的求解方法是假设气溶胶消光系数与后向散射系数之比为常数，即

$$s_a=\sigma_a(r)/\beta_a(r),$$

该常数不仅与气溶胶单次散射反照率 ω_0 有关，而且与气溶胶后向散射相函数 $P(\pi)$有关，

$$s_a=\frac{4\pi}{\omega_0 P(\pi)},$$

其中，ω_0 为气溶胶单次散射比；$P(\pi)$为 180°的相函数；与气溶胶粒子大小和形状有关；s_a 在数值上一般在 10～100 sr 之间.

对于瑞利散射的消光与后向散射比有理论值：

$$s_m=\sigma_m(r)/\beta_m(r)=8\pi/3.$$

利用 s_a 与 s_m 为常数，可解得气溶胶后向散射系数：

$$\beta_a(r)=\frac{X(r)\cdot\exp\left[-2(s_a-s_m)\int_0^r\beta_m(z)\mathrm{d}z\right]}{C\cdot E-2s_a\int_0^r X(z)\cdot\exp\left[-2(s_a-s_m)\int_0^z\beta_m(r)\mathrm{d}r\right]\mathrm{d}z}-\beta_m(r) \quad (11.43)$$

利用 $\sigma_a(r)=s_a\cdot\beta_a(r)$得到气溶胶消光系数. 方程(11.43)的计算量比较大，实际反演中可采用一定的递推算法.

11.5.5 微脉冲激光雷达气溶胶的监测结果

自 2003 年以来，香港科技大学将 MPL 观测站设在香港元朗香港环保署的基本站，经纬度为 114.023°E 和 22.445°N，地处香港九龙半岛新界的西北部，濒临深圳湾，与深圳隔海相望. 雷达向北方向倾斜 75°. 雷达采样间隔设置为 15s. 图 11.16 为 2003 年 5 月 21 日 MPL 在香港新界元朗观测得到的归一化后向散射信号，时间是 21 日 00 时到 22 日 00 时(见彩图 3).

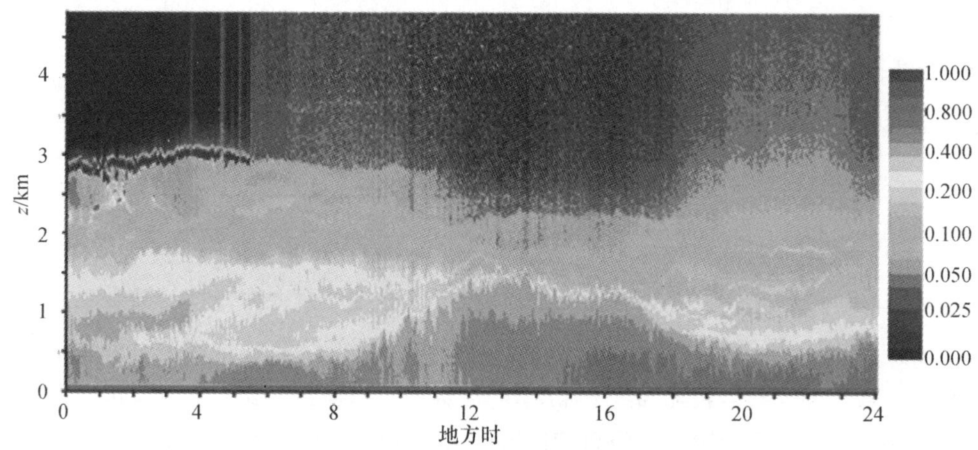

图 11.16 2003 年 5 月 21 日元朗 MPL 观测的归一化后向散射信号 *

图 11.17(见彩图 4)为由上述归一化后向散射信号反演得到的，后向散射比为19.1 sr. 当天为弱高压控制天气，元朗平均地面风速在 1.5 m/s 左右，最大风速 2.5 m/s，风向基本为东南风. 图像中明显可见这一地区的边界层演变过程：夜间稳定边界层内，气溶胶呈现分层状态. 0:00～9:00 除近地面有高值外，在 1.0～1.5 km 的高空也存在一个高值区域，对应气溶胶在夜间稳定边界层的输送. 7:00 到 13:00 清晰可见白天混合层高度按时间发展的接近线性增长过程，在 13:00 达到最大高度 1.7 km. 17:00～18:00 随着太阳逐渐西落，混

---

* 参见彩图 3.

合开始减弱，高度逐渐降低. 19:00 以后到次日 0:00 夜间依然存在大约 500 m 高的城市夜间边界层，该层内垂直混合依然旺盛、气溶胶浓度始终较高. 上面的残存层内气溶胶呈现分层波动状态、出现明显的重力波影响的痕迹.

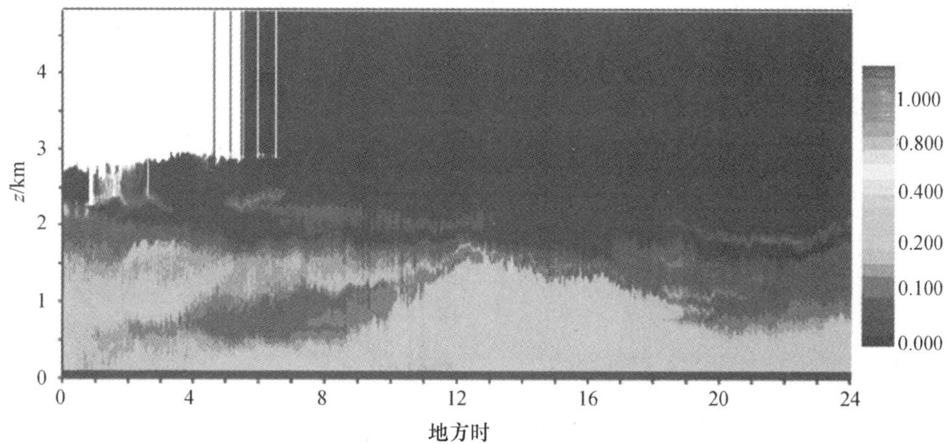

图 11.17 2003 年 5 月 21 日元朗 MPL 观测归一化后向散射信号反演的气溶胶消光系数*

需要说明的是，图 11.16 和 11.17 原为彩色图像，转换为灰度图像后. 只有下层的后向散射信号和气溶胶消光系数与灰度等级保持明确的关系.

图 11.18 为 3 个时次的气溶胶消光系数小时平均的廓线. 右边在 x 轴上截距为 0.013/km 的斜线对应分子散射的消光系数. 早晨 06:00～07:00 的曲线上 1.5 km 和近地面具有高值；中午 12:00～13:00 整个混合层内几乎相等，顶层略大于近地面层；夜间 20:00～21:00地面达到最大，上层迅速减小，存在于夜间的大约 400～500 m 以下的高值区，可能因为城市热岛效应导致的混合层在城市地区的夜间并没有完全消失.

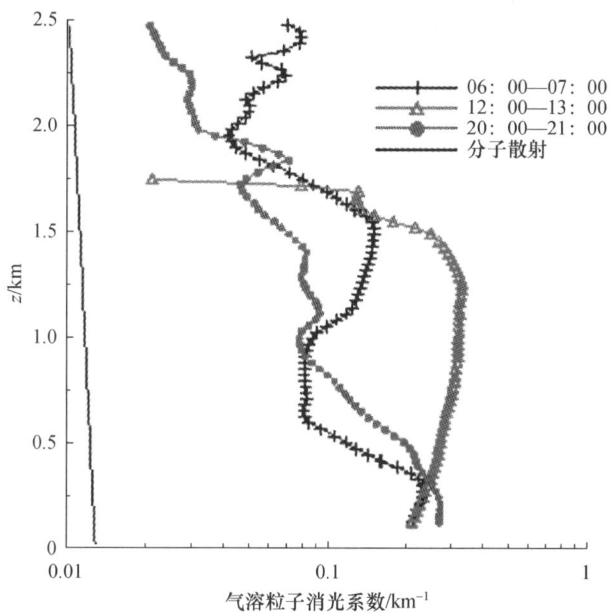

图 11.18 2003 年 5 月 21 日元朗 MPL 观测的 3 次的气溶胶消光系数廓线(小时平均)

* 参见彩图 4.

图 11.19 为利用香港环保署在同一站点测定的可吸入颗粒物 PM10 质量浓度与 MPL 观测的最低层(130 m)的气溶胶消光系数对比,因为 LIDAR 数据每 15 s 一个记录,图中曲线是经过 1 小时滑动平均的结果. 图中可见二者的变化趋势极其吻合:在 6:00～7:00 有一个峰值,随着白天混合层的发展,地面污染物浓度在 11:00 达到最小值;随后持续上升,在傍晚达到另外一个峰值.

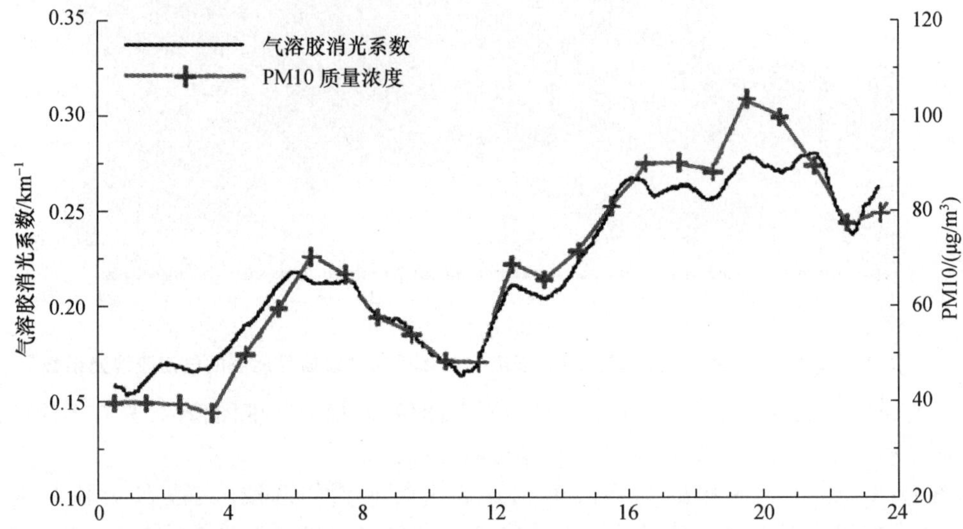

图 11.19 2003 年 5 月 21 日元朗 MPL 气溶胶消光系数与同站点 PM10 质量浓度对比

激光雷达经历几十年的发展,已经成为现代大气探测中一种成熟的、具有广泛应用的、必不可缺的手段. 随着时代的发展,这一应用将会更加广泛和深入.

随着微脉冲激光雷达的商业生产和业务应用,在监测气溶胶污染物浓度的空间分布、时间变化和大气边界层的结构特征和演变方面提供了一个强有力的工具. 由于气溶胶消光系数受到相对湿度、气溶胶类型等因素的影响,气溶胶污染物的质量浓度与激光雷达观测的消光系数间的关系会随时间和天气条件有所变化. 配合气象资料的分析以及化学组分的观测结果,激光雷达在长时间气溶胶分布特征、大气污染的输送形式和大气边界层的演变特征的研究方面可以提供重要的信息.

第十二章　气象卫星探测[1]

12.1　气 象 卫 星

20 世纪 40 年代初期，气象观测不充分的问题有了可能解决的方案，装有仪器和照相机的火箭收集资料返回地面，这些资料和云图照片给人们以很大的启示. 1960 年美国 TIROS-1 气象卫星发射成功，60 年代中期 ESSA 极轨卫星开始提供全球卫星云图，70 年代初 NOAA 极轨卫星提供了昼夜全球性红外云图，并提供了无云地区反演出来的大气温度廓线. 60 年代中期另一种运行方式的气象卫星，静止气象卫星开始云图的拍摄和资料传送，70 年代中期美国的 GOES 气象卫星的红外通道已能提供半球范围内的 24 小时天气监视业务.

前苏联从 1962 年 4 月开始 COSMOS 极轨气象卫星的系列发射，从 1969 年 3 月开始 Meteor 极轨气象卫星的系列发射. 1972 年欧洲空间研究组织(ESRO)发展准业务运行的静止卫星 Meteosat 的计划. 日本则于 1973 年 7 月开始 GMS 静止气象卫星发射. 印度则在 1983 年开始多用途静止卫星 Insat 的发射.

中国的风云气象卫星，第一颗 FY-1 于 1977 年开始研制，FY-1A 和 FY-1B 试验卫星分别于 1988 年 9 月 7 日和 1990 年 9 月 3 日发射升空，并于 1997 年正式发射了 FY-2 静止气象卫星.

推动气象卫星业务的直接原因是数值预报工作对增加气象资料时间和空间分布密度的需求. 直接观测可以得到比较精确的资料. 但是，尽管努力增加台站的数目，布设自动化程度较高的自动气象站，仍然远远不能满足组建一个全球性的极其密集的三度空间观测网的要求，尤其是在大范围的海洋上空. 天气雷达的资料覆盖范围也只能达到几十千米半径的区域，而一个极轨卫星在 12 小时内几乎能收集到全球主要地区的天气资料，900 km 高的 NOAA 气象卫星瞬时观测区为一个近 1 000 km 范围的圆形区域约占地球表面面积 2%，12 小时之内可以扫描半个地球有效观测面积为地表面积的 25%. 定点在赤道上空的四颗静止卫星，理论上可以覆盖了全部赤道地区.

气象卫星探测也有一定的局限性，由于卫星距地球较远，所有目前的探测设备均属间接式遥感仪器. 它的探测分辨率，包括空间、时间和信号强度的分辨率受到一定的限制. 此外，遥测信号的传输过程将受到其路径内大气层的干扰产生较大的误差. 遥感信号反演为各种要素的空间、时间变化，仍然依赖于定点观测资料作为参照.

表 12.1 列举了几颗曾受到我们关注的气象卫星的轨道参数. 由于不断有新的卫星升空，下列数据供参考.

表 12.1　气象卫星概况

卫　星	类别	国别	周期/min	近地点/km	远地点/km	倾角/(°)
NNOAA-11	极轨	美国	102.139	845	863	98.91
GOES-7	静止	美国	1436.1	35759	35826	0.0493
Meteor-2,12	极轨	前苏联	104.0	950	975	82.5
FY-1	极轨	中国	102.86	约 900(偏心率<0.005)		约 99
GMS	静止	日本	定点 140°E,保持在东西 0.5°,南北 1.0°范围内			

从表 12.1 中可见,气象卫星基本上分为极轨卫星和静止卫星两大类.

1. 极轨卫星

极轨卫星以一定周期绕地球旋转,轨道倾角接近于 90°,因此其轨道倾角减去 90°就是卫星到达地球南北极上空时对南北极偏离的度数.它的运动速度与地球绕太阳公转的速度相同,称之为太阳同步.太阳同步的优点使卫星观测的地球景物处于相同的照明.近于圆形的轨道则保证卫星对地球观测的均匀性和地面站对卫星有效的控制.卫星每运行一周再一次达到赤道时,所观测的地点将向东移动一定的经度,但到达下一个赤道上空观测点的地方时时间与上一个观测点相同.图 12.1 为 NOAA-G 轨道示意图.

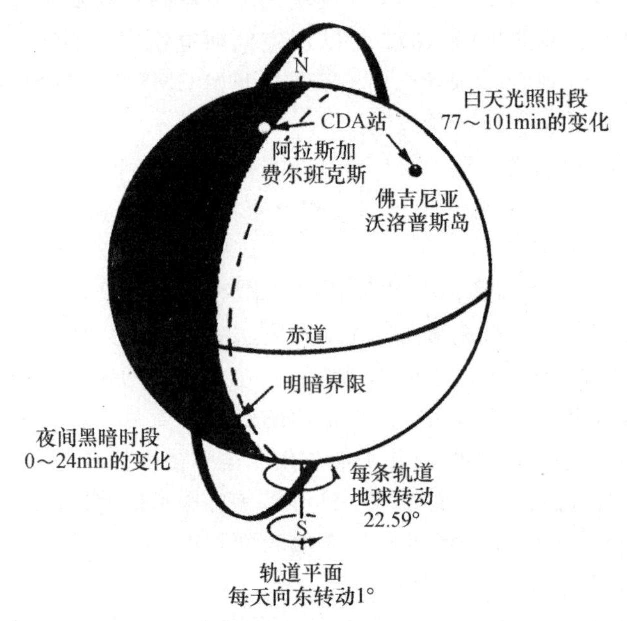

图 12.1　NOAA-G 轨道示意图

极轨卫星的定位高度较低有利于进行高分辨率的观测.在一定定位高度上,对赤道平面保持一定的倾角(而不是 90°),首先是保持对太阳同步的需要,但极轨卫星的轨道将产生一定的进动,即绕地球运行一周后的卫星轨道并不闭合,呈一定形式的螺线旋进.

2. 静止卫星

静止卫星多定点在赤道上空某一个经度上,对赤道平面的偏离将导致卫星在南北方向产生一定的摆动.图 12.2 为现有几颗主要静止卫星在地球上空分布的情况,其中的实线区域为其有效观测区域.

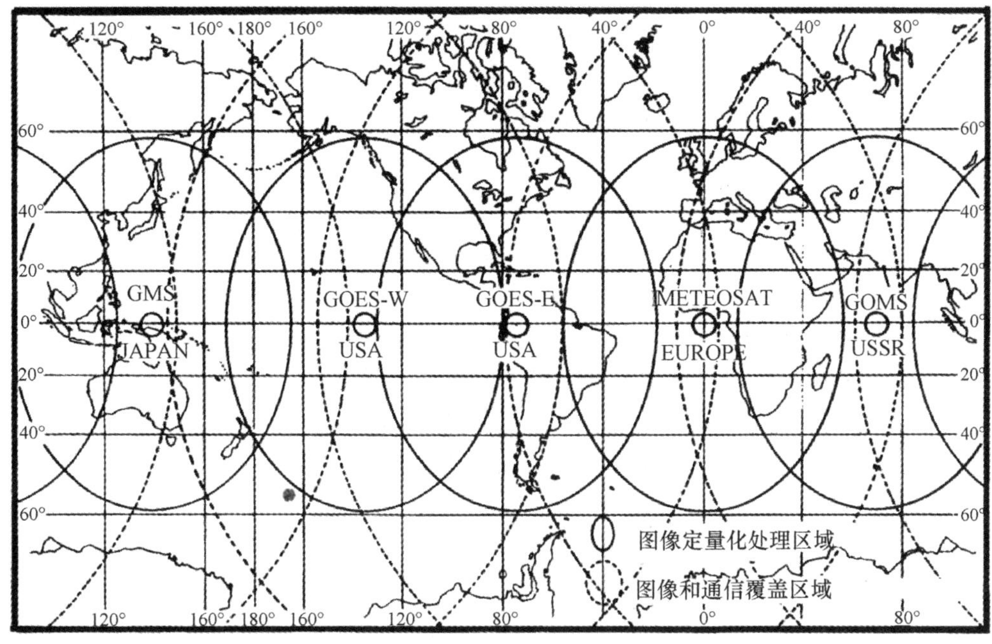

图 12.2 主要静止卫星在地球上空分布的情况

静止卫星所在高度多在 35 000 km 上下,因而它对地球大气观测的空间分辨率远低于极轨卫星,它的优势是能对一些快速演变的天气系统实施连续性监测.

12.2 卫星遥感仪器

卫星遥感仪器测量大气和地表下垫面发射、反射和透射电磁波辐射,按其工作原理又可分为被动式和主动式两大类.被动式仪器接收来自目标物自身的发射、反射和透射信号;主动式仪器则能发射较强功率的电磁波辐射,测量经目标物反射或散射回来的回波信号.由于主动式仪器需要较大的电源功率,目前还没有得到普遍应用,1997 年 11 月投入运行的热带降雨观测卫星(TRMM)已经安装了测雨雷达,发射频率为 13.796 和 13.802 GHz.图 12.3 给出一个遥感仪器通常所具备的基本组件.

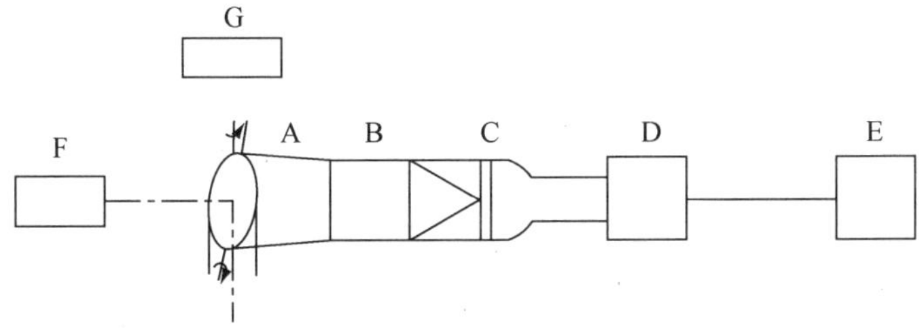

图 12.3 一个遥感仪器通常所具备的基本组件

从图 12.2 上可以看出静止卫星的扫描区域是一个圆盘(图中显示的变形为地图投影的效应),其覆盖面积南北顶端可达±80°；东西可跨越 80 个经度.极轨卫星的扫描角度可达到左右各为 55.4°天底角的范围.

图 12.3 中 A 为定向跟踪或扫描部件,用于获取二维空间各个位置上的信息.在极轨卫星上由旋转镜提供一维扫描,而由卫星沿轨道的运动提供另一维扫描；

B 为电磁波辐射收集器,由透镜、反射镜或微波天线组成,它们将目标物的信号聚集在探测器的成像平面上,并经过特殊的部件进行信号处理；

C 为检测器,将已处理的电磁辐射信号处理为电信号；

D 为电子处理部件,将检测器的信号进行运算转换为所需的测量值；

E 为资料存储单元；

F 为主动式仪器目标物照明系统或电磁波发射系统；

G 为定标源,用来定期检验标定仪器的标尺和灵敏度；

在静止卫星上,由卫星的自旋提供一维扫描,而由步进电机转动扫描镜角度保持另一维扫描.

图 12.4 和 12.5 分别给出静止卫星和极轨卫星扫描方式的示意图.除此之外,一些卫星也安装某种特殊的扫描系统,例如印度的 Insat 三轴稳定静止卫星可以跨轨迹扫描,必要时对各种尺度天气进行小范围监测.

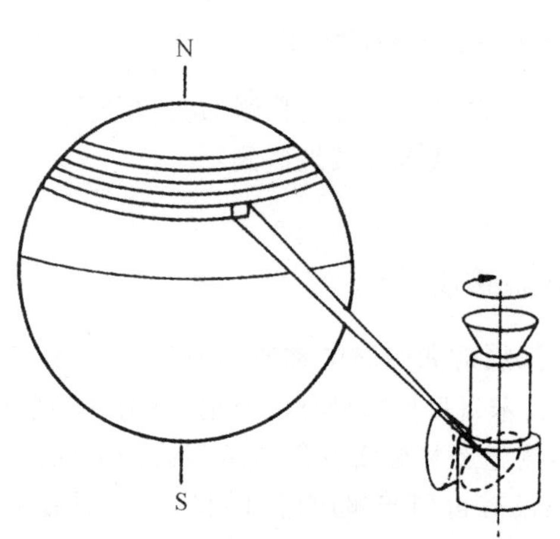

图 12.4 静止卫星扫描方式的示意图

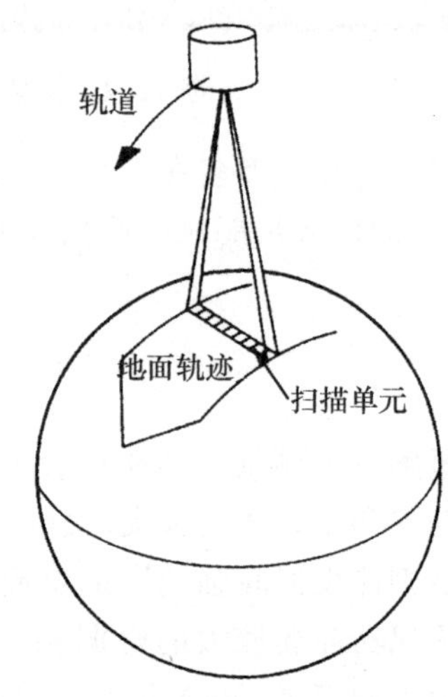

图 12.5 极轨卫星扫描方式的示意图

扫描的方式和速度决定了像素点的采样面积.假定极轨卫星将一个 186 km^2 的面积成像在 2.54 cm^2 大小具有 2 325×2 325 个像素点的成像平面上,考虑其地面分辨率约为 80 m,摄像管的曝光时间为 1/250 s,极轨卫星以 7 km/s 的速度运行,在曝光时间内卫星运行了 28 m,因此每个像素点的地面面积为 80 m×108 m.

静止卫星的情况较易推算.它的典型情况为 1/100 min 自旋扫描一次,然后步进到下一条扫描线,从北到南共扫描 1 800～2 500 线.由于静止卫星的运行高度远大于极轨卫星,它的像素点的地面面积取决于扫描器的瞬时视野角.

最为人们所熟知,而其资料也是应用比较广泛的星载仪器有可见光和红外辐射仪以及微波辐射计两种.前者主要用来获得地球及云的可见光、红外、水汽图像以及晴天无云或云顶以上大气层的温度廓线，后者则可进行全天候条件下的温度廓线观测. 根据云的图像的连续观测还可推算出风速廓线的资料，这种资料称之为“云迹风”. 下文将着重介绍可见光和红外辐射仪以及微波辐射计的工作原理.

12.2.1 可见光和红外辐射仪

TIROS-N 上装载的可见光辐射仪和红外辐射仪通称 AVHRR；单指红外辐射仪称 HIRS.

为了拍摄卫星云图的一般需求，仪器的设计要求比较简单. 当我们希望通过辐射仪的资料反演无云天气条件或云层顶部以上大气温度廓线以及下垫面和云顶的温度状况时，问题将显得复杂得多.

首先，我们必须选择接收适当的波段. 根据辐射学的基本定律，下垫面、云体和大气依据其绝对温度的高低发射红外辐射，大气中的各种成分对辐射具有一定的吸收作用，不同成分具有一定的吸收谱区. 又是根据辐射学的基本定律，吸收较强的区域同时也具有该波长较强的发射能力，卫星上的辐射仪则可在该波长接收到比较强的信号. 图 12.6 给出撒哈拉沙漠地表、地中海洋面和南极大陆发射的辐射经过大气层吸收衰减之后的谱图. 它们分别可以代表三种不同气候地区地表辐射以及大气吸收的状况. 图中同时给出水汽、二氧化碳、臭氧和碳氢化合物吸收谱区的位置. 可以明显地看出，二氧化碳和碳氢化合物吸收谱区最为明确清晰.

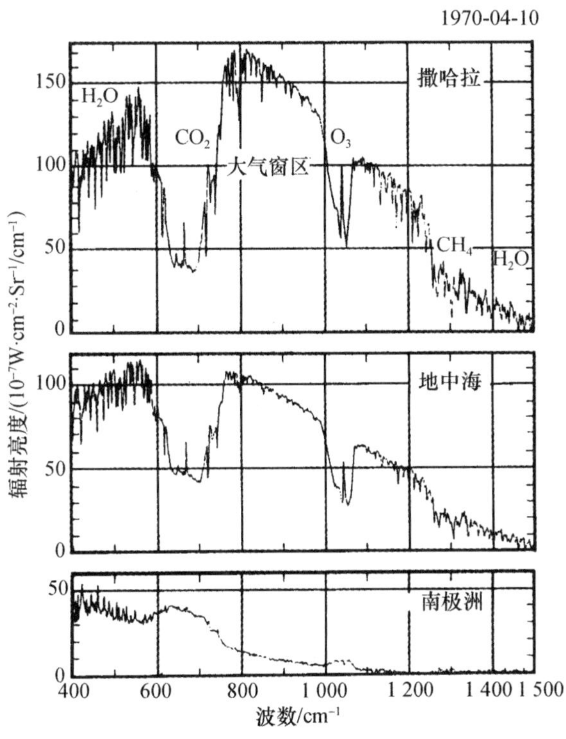

图 12.6 二氧化碳和碳氢化合物吸收谱区

大气下层的辐射，在经过较长的路径达到大气上界时将受到明显地削弱，特别是那些与水汽、二氧化碳、臭氧和碳氢化合物吸收强烈的谱区，这些谱区在大气上界的辐射则多来自于高层大气，而那些吸收较弱的辐射则多来自于中层或低层大气. 图 12.7 给出了二氧化碳各频道在大气上界的透过率. 图中横坐标为透过率，纵坐标取大气压力，图内的曲线为卫星辐射仪所使用的 8 个频道在各个压力层上对大气上界的透过率，其中 668.7 cm^{-1} 为二氧化碳吸收最强的谱线，而底部的 899.0 cm^{-1} 为二氧化碳吸收最弱的谱线.

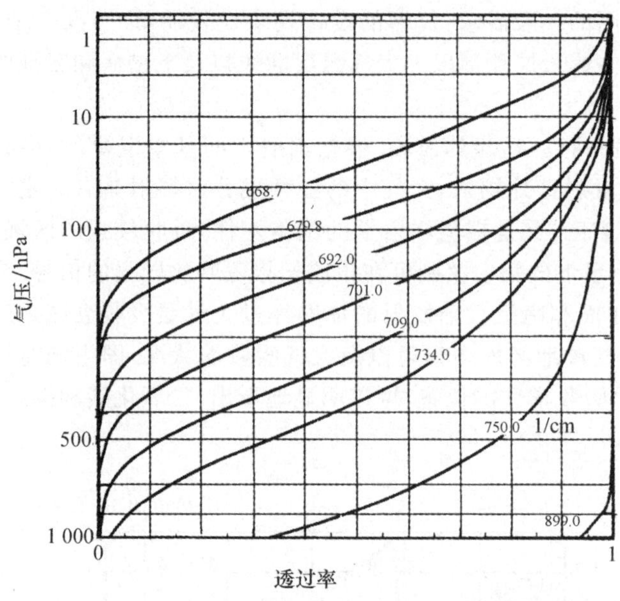

图 12.7 二氧化碳各频道在大气上界的透过率

除了靠近下垫表面的空气层外，由于二氧化碳在大气中的分布比较稳定均匀. 在大气上界所测到的各个波道的红外辐射信号，虽然是整层的综合影响结果，但各层大气影响的权重却大相径庭. 高透过率的波道其贡献主要来自于大气低层，而低透过率的波道信号则来自于高层大气. 根据平均大气条件我们可以计算出一个权重函数的曲线，来表征各个高度上、各个波道辐射对大气上界所接收到信号的贡献比例，称做波道辐射权重函数. 图 12.8 为其计算结果.

上述结果有着非常重要的意义，由此就可以推算出各个高度上的温度分布. 但不是多通道的红外谱线观测，是无法计算出温度的垂直分布；而各个波道权重函数在高度上的合理配置，是可以提高温度廓线反演的精度和它的高度分辨率.

一般静止卫星主要是进行云的可见光、红外、水汽图像的观测以及无云或云顶上层空气层温度廓线的反演. 表 12.2 为我国风云二号静止卫星多通道扫描仪的特性指标. 图 12.9 为静止卫星光学望远镜系统及探测器的简图.

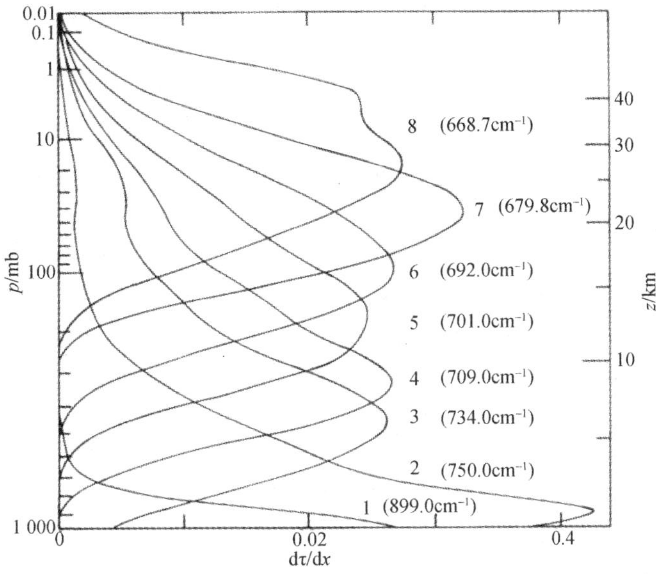

图 12.8 二氧化碳各频道对大气上界的红外辐射贡献的权重函数

表 12.2 风云二号辐射扫描仪技术指标

通道	通道数	扫描仪数	瞬间视场 /μrad	光谱带 /μm	星下点分辨率/km	扫描步角 /μrad	量化等级
可见光	4+(4)*	2 500×4	35×35	0.55～0.75	1.25	140	6
红外	1+(1)	2 100×1	140×140	10.5～12.5	5	140	8
水汽	1+(1)	2 500×1	140×140	6.3～7.6	5	140	——

* 表中括号内为备份通道数.

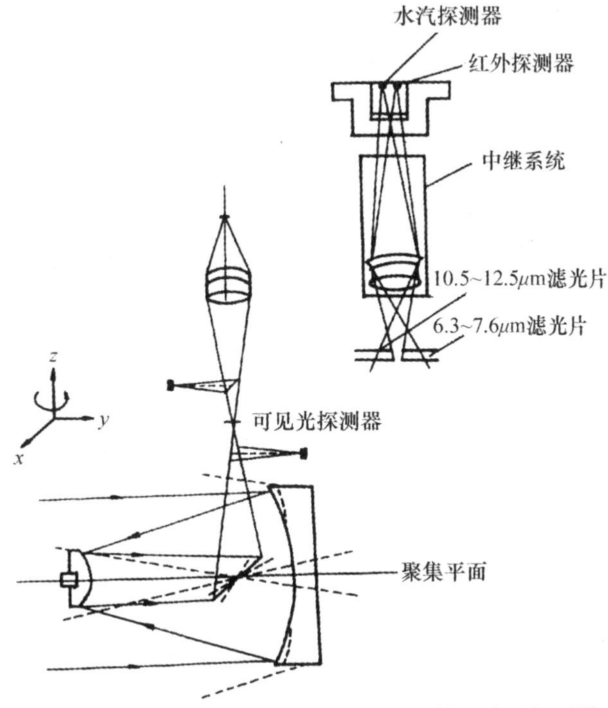

图 12.9 中国风云二号静止卫星的光学望远镜系统及探测器

12.2.2 微波辐射计(MSU)

大气中的氧分子和水汽分子对于微波有强烈的吸收,例如 2.52 mm 和 5 mm 波段氧分子的吸收,1.35 和 1.6 cm 波段水汽的强烈吸收,因而必然在这些波段有强烈的辐射.大气将它们作为热噪音源信息向上和向下传播.与红外辐射相比它们有着各自的优缺点.红外辐射强于微波辐射,但它的测量精度却低于微波辐射,而且微波的测量灵敏度也高.但更重要的一点还在于红外辐射受云的干扰大,微波处于较长的波长可以穿透云层,一般高云的影响完全可以略去,因而能够反演出有云地区大气层的温度廓线.图 12.10 给出 O_2 分子发射的微波辐射在大气上界观测时的反演权重函数.在雨云卫星上总共用了 5 个波道来探测 20 km 以下的廓线,它们分别为 22.235、31.400、53.650、54.900 和 58.800 GHz.其中前面两个波段的资料用来反演大气中的总水汽含量.

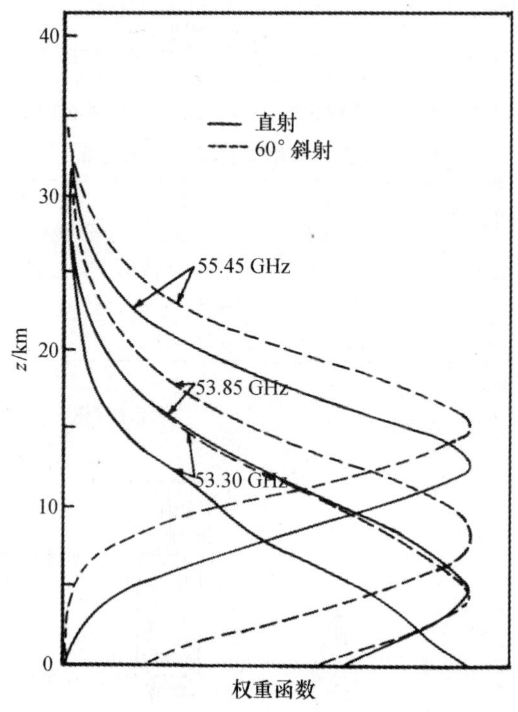

图 12.10 O_2 分子发射的微波对大气上界辐射贡献的权重函数

最新运行的 NOAA-15 的 AMSU-B 系统(Advanced Microwave Sounding Unit-B)包括了 5 个通道:89.0+/-0.9,150.0+/-0.9,183.31+/-1.00,183.31+/-3.00 和 183.31+/-7.00 GHz 首次实施湿度廓线的遥感和反演.

图 12.11 给出 TIROS 卫星上微波探测器的工作原理图.这里唯一需要加以说明而在图中没有表现出来的功能是它的标定系统.探测器每经过一次扫描要进行一次定标.定标装置中的一个是微波黑体定标负载,其温度由监测器提供;另一个是对准大气外层冷空间,设定为 3 K 的微波辐射.

除了上述两类仪器之外,不同发射用途的卫星还装置了其他类型的仪器,其中还有一些设备正在进行方案性设计.这里介绍几种与大气探测关系最为密切的设备.

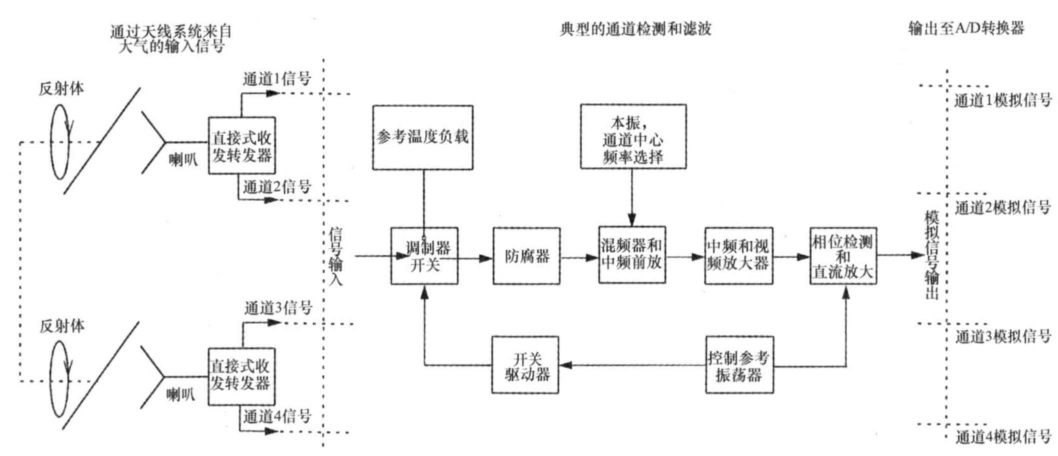

图 12.11 TIROS 卫星上的微波探测器的工作原理框图

(1) 太阳后向散射辐射计(SBUV)

仪器在 160～400 nm 光谱范围内工作，测量内容包括太阳直接辐射光谱以及臭氧强吸收带的后向散射紫外辐射的光谱辐射强度. 仪器以 11.3°视场在天底方向，波长 252.0～339.8 nm 之间选择 12 个波段进行测量，测量带宽为 1.1 nm ，其资料主要用于高层臭氧含量的估算.

(2) 地球辐射收支测量仪器(ERBE)

其主要目的是确定局地、区域和全球尺度的月平均辐射收支以及辐射收支平均日变化. 它们包括非扫描仪和扫描仪两种设备. 非扫描仪有宽和中等视场两种模式. 由 5 个通道组成，其中四个观测地球，一个观测太阳.

探测器属于第六章中所介绍的空腔式辐射表. 测量光谱范围有 0.2～50 μm 和 0.2～5 μm 两种，它们分别为全波道总辐射以及太阳短波辐射值，观测太阳的通道可以准确地测定太阳常数的数值.

(3) 平流层探测器(SSU)

它的工作波段为 CO_2强吸收的谱线 668.7 cm^{-1}(波数)的辐射计系统，因而能专门用来准确地测定高层的温度廓线. 整个系统采用了一种特殊的压力调制系统. 在一个 CO_2气室内以振动活塞进行低频振荡(15～40 Hz)进行调制，从而改变该 CO_2气室的透过率. 接收的辐射通过气室达到检测单元，以此改变接收辐射权重函数与高度的关系. 美国的探测器包括气压为 100 hPa、35 hPa 和 10 hPa 的三个气室，分别测定穿过这三个气室的辐射，其结果与三条不同波数谱线的观测有异曲同工之妙.

(4) 空间环境探测器(SEM)

它是一个非气象测量项目，提供对卫星运行的保障参数. 测量内容包括太阳质子、α 粒子和电子流的密度、能谱和总粒子能量分布. 敏感能量为 30 keV 到 60 MeV 的质子、电子和离子. 采用固态的核探测器件，结果输入信号分析仪，再经数据采集系统进行转换、发送和储存.

12.3 气象卫星接收系统和资料的处理

我们以风云-2 气象卫星地面系统以及美国 TIROS 极轨卫星资料处理系统为主作为例子,并适当补充一些其他国家系统的内容. 图 12.12 为风云-2 接收系统示意图. 图中双向箭头表示具有双向交换控制或传输的功能. 单向箭头则表示单向(上行或下行)控制或传输的功能.

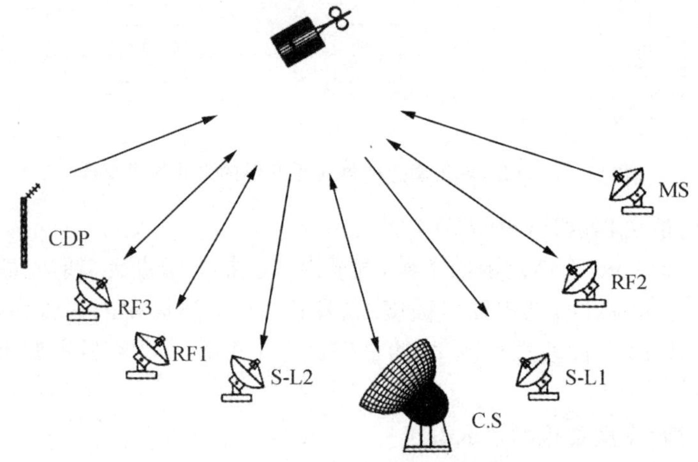

图 12.12 风云-2 接收系统示意图

主中心站(CS)是一个多功能、实时的实验性业务系统,包括指令数据接收站、数据处理中心和系统运行控制中心,是整个气象卫星产品的处理、控制和分发的核心机构.

测控中心(MS)是一个独立机构,执行保障卫星发射、对卫星轨道和姿态实施监控.

测距站包括北京主站、广州站(RF1)、乌鲁木齐站(RF2)和澳大利亚站(RF3),任何三点的测距信号,经过数据中心预处理后,其参数与原始云图合并处理可生成分辨率较高的展宽数字云图.

数据收集平台(DCP),包括收集许多利用卫星通信的气象、水文、海洋漂浮、地震和森林火警遥测站的观测资料,由主中心站转发和储存.

中型和小型资料利用站(S-L1 和 S-L2)接收由主中心站指令数据站通过卫星转发的展宽数字云图(S-VISSR),天气图传真(WEFAX)以及较低分辨率的云图和天气图(S-FAX). 用户可通过它们得到所需要的资料. 表 12.3 给出它的产品一览表.

表 12.3 风云-2 图像产品

产　品	分辨率 /km	覆盖范围	次数/天	估计用时 /min
展宽数字图像	可见光 1.25 红外 5	圆盘	24	准实时
水汽图像	5	部分	24	
部分放大图	5	1/4 圆盘和中心地区	8	10
兰勃托投影图	10	亚洲、太平洋地区	24	30

(续表)

产　品	分辨率/km	覆盖范围	次数/天	估计用时/min
麦卡托投影图	10	45°N～45°S 45°E～165°E	红外 4	60
天气图传真	10	1/4 圆盘	8	5
云分析图	10	亚洲、太平洋地区	4	60

装备完善的卫星的产品可能包括下述内容：① 标准等压面之间的层间平均温度；② 层间可能产生的最大降水量；③ 对流层顶及其温度；④ 臭氧含量；⑤ 云覆盖量；⑥ 云迹风；⑦ 洋面温度；⑧ 晴空辐射等.

下文将简要叙述资料处理的一些步骤和内容.

卫星资料首先进行预处理.先将原始的高分辨率图像资料(HRPT)进行卫星资料重新格式化,并分离成各种不同产品的数据流.将地球定位和仪器定标参数附加到资料中,成为在网格上准确定位的数据.原始的数据资料一般表示为 0～1 023 计数,经过转换并引用定标参数转换成辐射温度.微小的时标和定位误差在一般情况下可以忽略,必要时可以进一步通过图像/导航软件加以进一步地修正.如果有些扫描线经过鉴别后确认为漏测或误测,可通过软件利用相邻扫描线的结果进行内插式修复.

3.7 μm 通道较容易受到各种因素的噪音干扰,它是一个计算洋面温度重要的通道,可以通过软件适当减小其噪音电平.

在计算洋面温度之前,还需首先确定一些重要的因子,包括云况、地形高度变化以及表面放射率和温度.

相当一部分的气象资料来自于 DCP 数据采集平台以及气象站网的观测结果,它们需要进行定位后标注到适当的云图产品上.

下面将分别叙述处理过程中的一些主要环节：

(1) 数据的临边订正

卫星扫描的图形只在星下点的位置处于电磁波辐射的垂直入射方向,大多数像素点是以一定倾斜角度向卫星接收仪器发射辐射,越靠近扫描线边缘的单元入射角度越小,而且通过大气的路径也较长,因而卫星接收到的辐射值较弱.假设在同一条扫描线的大气或地表辐射温度相同,其接收到信号计数值也会不同.对于这种影响必须采用适当的途径予以修正,包括可见光、红外和微波辐射均需进行修正.

(2) 晴空辐射修正

在一些情况下需要确定云况云量,例如计算洋面温度时,有云区域完全或大部分覆盖了下垫面的辐射,就需要舍弃这些像素点的资料,好在洋面的温度分布比较均匀,水平梯度较小,因此无云覆盖的地区其辐射值起伏较小,而且水平分布变化较慢,比较容易判别.因此首先要确定云污染的程度,计算出云量和云高,然后根据情况舍弃或修正这些像素点的资料.

(3) 廓线反演

这里可能包括温度、湿度和臭氧含量的反演.以温度廓线反演为例,卫星仪器观测的数据是一组有效辐射层的热状况的信息.描述红外辐射传输过程的积分方程为

$$I(\nu) = B[\nu, T(x_0)]\tau(\nu, x_0) - \int_0^{x_0} B[\nu, T(x)] \frac{\mathrm{d}\tau(\nu, x)}{\mathrm{d}x}\mathrm{d}x \tag{12.1}$$

式中 $I(\nu)$卫星测得地气系统的放射辐射率或辐射强度，$B[\nu, T(x)]$是普朗克函数，T 是温度，x 代表垂直方向的高度变量，$\tau(\nu, x)$是波数为 ν，从高度 x 到大气上界的大气透过率，$\mathrm{d}\tau(\nu, x)/\mathrm{d}x$ 为权重函数. 方程右边第一项表示地表辐射对卫星测值的影响，如果这项的值可以通过别的途径进行确定，则方程可以简化为

$$L(\nu) = \int_0^{x_0} K(\nu, x) b(x) \mathrm{d}x \tag{12.2}$$

所谓反演，就是由公式左边 $L(\nu)$反演积分中的 $K(\nu, x)$的数值. 其数学反演计算方法很多，比较常用的演算过程是首先设定一个初值，然后用迭代方法逐渐逼近真值，直到两次相近的计算值之差$[K^n(\nu, x) - K^{n-1}(\nu, x)]$小于设定的误差范围. $K^n(\nu, x)$的初值 $K^0(\nu, x)$可以选择该地区该时刻探空结果的气候平均廓线.

(4) 云迹风计算

利用云体随风被动移动的特点，可以测得高空风场的资料，但必须注意两点：一是云体的特征部分稳定少变的云种，例如积云、积雨云，它们云体发展变化较为迅速，很难追踪测定它的特征部位；二是云体的移动受到除气流运动以外的其他因素制约，例如波状云. 测定云迹风的另一个主要环节是确定云高，最简单的办法是根据气候资料所得到的各类云型在某个季节的平均高度；比较精确的方法是确定出各种不同类型云的辐射发射率，通过测定云顶辐射值推算出它的温度，再根据温度廓线资料确定云顶的高度.

在大气探测日益走向自动化的今天，一些目测项目能否保留开始成为关注的话题. 作者在本教材附录了一个雷达和卫星的观测云图集，图集中包括一些大、中和小系统或一些不同尺度的天气现象在这两种云图中的表象.

附录 A　云的形成与分类[1]

云和雾的形成最根本的条件是空气达到饱和状态，并有水滴或冰晶凝结聚集成云体. 根据大气物理的过程，成云的主要条件包括：① 绝热冷却使空气达到过饱和；② 辐射冷却；③ 混合冷却；④ 水汽或水滴输送进入某空气层使其达到过饱和.

上述四个过程以第一个最为重要. 使空气绝热冷却的动力或热力过程可以有对流抬升、锋面抬升和地形抬升等过程. 而锋面抬升能够在较大的范围内形成云系. 图 A1 给出冷暖锋云系的概况.

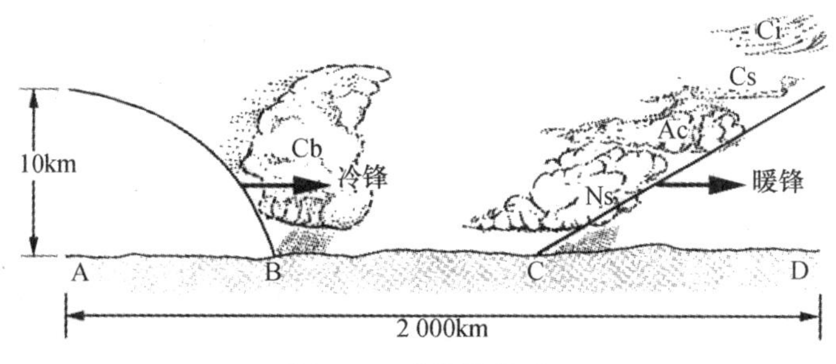

图 A.1　冷暖锋云系

空气层达到过饱和形成云体之后，其外形的基本特征决定于大气层中的静力学稳定度. 不稳定空气层的成云多具有对流云的特征，而稳定空气层中的成云则具有层状云的特征. 拉马契克在开始进行云型分类时把基本云型分为四类：积状云、层状云、层积状云和冰晶云. 冰晶云又称卷云属，由于云的高度已达到 4～6 km 以上，水汽凝华成冰晶，冰晶在其下落的过程中，地面能明显观察到它的丝缕状结构. 对于层积状云，人们既能观察分辨出它的云块单体结构，又时常表现为众多云块平铺成占较大云量的云层. 有些学者给予它一个更确切的称谓，限制性对流云，它的云体的垂直发展显然没有对流云那么旺盛.

它的外形细节还决定于云的修饰过程. 这些过程同样与大气层中的热力和动力过程有着密切的关系.

1. 第一个讨论的修饰过程——风场的切变

我们首先观察一块对流云的发展过程. 对流云发展初期形成的云称淡积云(Cu hum). 它有一个很平的云底. 由于垂直气流在云体中间最强，然后向两边减弱，形成明显的垂直运动的水平切变，使云内流体具有较强的旋度，因而使云顶呈圆弧形突起. 另外，淡积云底仍处于大气边界层的顶部，边界层内水平风速切变的旋度同样对云体产生影响，其旋度对云体的前沿增强，而削弱云体后部的旋度. 因此淡积云的前沿圆弧形将比后部明显.

淡积云继续发展形成浓积云(Cu cong). 浓积云顶部的花椰菜结构表现出对流单体内各种涡旋尺度的存在，或者可以说明其云体旋度空间分布的不均一.

浓积云顶达到水滴凝结高度后，云顶有冰晶开始形成，云顶有变平的趋势，并能观察到丝缕状结构，此阶段称秃积雨云(Cb calv). 它若能持续发展，云顶虽受到对流层顶强稳定气层的抑制，其强劲的对流能量使云顶向四周扩展，形成如铁砧状的砧状积雨云或称鬃积雨云(Cb cap).图 A.2 显示出淡积云、浓积云和鬃积雨云的基本外形特征.

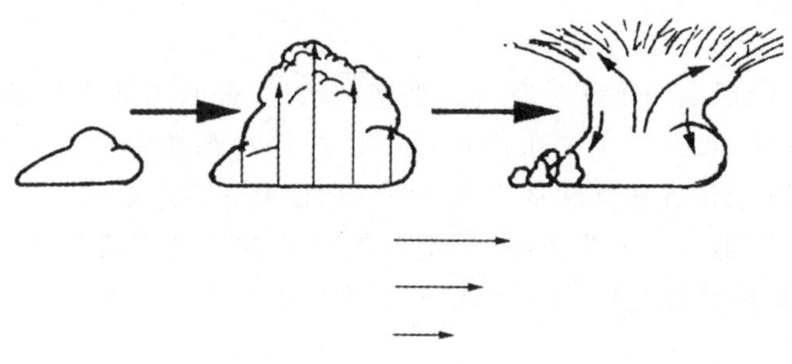

图 A.2 淡积云、浓积云和鬃积雨云的基本外形特征

强气流剪切对钩卷云(Ci unc)的影响更为明显,如图 A.3 是钩卷云的一个单体,云顶是其母体,云内冰晶下坠受风切变的影响,将明显地呈现往后拖带的外形.

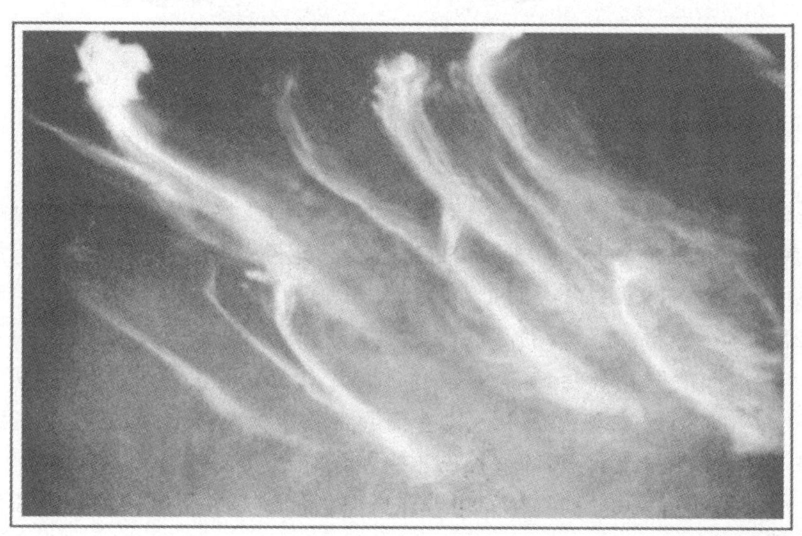

图 A.3 钩卷云

与钩卷云成明显对照的两种卷云是毛卷云(Ci fil)和密卷云(Ci dens).卷云形成过程中,水汽的凝华将释放出较大量的升华热,对云体提供一定的对流能量.密卷云的云体厚实,能释放出大量的升华热,又由于云体所在的高度风速较小,其丝缕状排列呈现较混乱的状态.毛卷云多出现有一定风速的大气层中,下坠冰晶仍可观察比较有规则的结构.

风速和风向的切变对波状云的形成有明显的修饰作用,如图 A.4,L 表示云层下的风矢量方向和大小,H 表示云层上的风矢量的方向和大小,S 为上下层风矢量的剪切方向,波状云的波动方向将沿着 S 方向推进,图 A.5 给出一张波状高积云(Ac und)的图片.

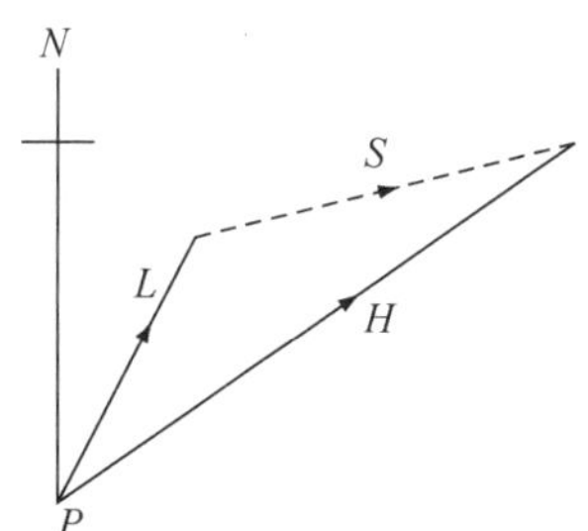

图 A.4　风速和风向切变

图 A.5　波状高积云

另一种对云具有修饰作用的流场是气流的波动.一般与过山气流场有密切关系,图A.6是过山气流对荚状层积云(Sc lent)和荚状高积云(Ac lent)形成的示意图.

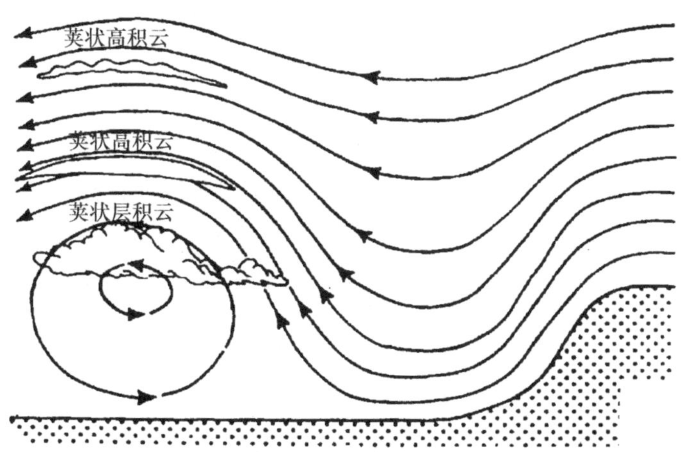

图 A.6　过山气流对荚状层积云和荚状高积云形成的示意图

流场对云修饰的形式是多种多样的,例如低层风速较大时,淡积云表现为碎积云(Fc),

或淡积云、浓积云呈现为塔状云，碎雨云(Fn)表现为分散多变是由于雨层云下的小尺度湍流的扰动等等.

2. 第二个重要的修饰过程——云层上下的静力学稳定度的分布

在不稳定气层内形成的云体应具有对流云的特征，而在稳定气层内形成的云体多具有均匀、平铺层状云的特征，如果云层上的空气层与云层内的稳定度存在较大差异，云的外形将会受到明显的修饰作用，例如层状云的顶部大气稳定度转变为不稳定条件时，云层将产生一定的对流，而使云层破碎，演变为层积云和高积云.

初入门的观测员往往对识别众多分类的高积云感到棘手. 不论是层积云(Sc)、高积云(Ac)或卷积云(Cc)，它们有另外一个恰如其分的识别称谓，即限制性对流云. 除了我们上面所说的层状云蜕变过程中所形成的层积云、高积云外，大多数属于这种限制性对流云. 这类云的云层内多为不稳定层结，而其云顶则为相对较为稳定的层结，云的外形主要特征取决于云内和云上气层稳定强弱的对比程度.

云内极端不稳定，而云顶又遭遇强稳定气层对其垂直发展的抑制，使云体具有垂直厚度发展不大，但云体具有对流云的特征，圆弧状突起的外形，图 A.7、图 A.8 为堡状高积云(Ac cast) 和絮状高积云(Ac flo)的示意图. 絮状和堡状外形的明显差别是前者具有明显的下垂圆弧形或带有雪幡，后者具有明显的垂直发展上冲的顶部.

图 A.7 堡状高积云

图 A.8 絮状高积云

堡状层积云(Sc cast)也经常被观察到,一些学者还曾拍摄到堡状密卷云(Ci cast)的照片.另外还有一些云图照片显示,当云层极薄时,云体对流向上后受到上层干燥、稳定以及较大风速的影响,云体水分迅速蒸发形成如渔网一般的云层,产生对流的空气微团反而没有云体显示.国际云图中称之为网孔状云(lac),其中以网孔状卷积云较为多见.

以高积云为例,以云内和云上空气层稳定度强弱对比为序,大致可以排列成下列顺序:

堡状高积云	Ac cast
絮状高积云	Ac flo
复高积云或蔽光高积云	Ac dup, Ac op
波状高积云	Ac und
荚状高积云	Ac lent
普通透光高积云	Ac tra

未列入上述排列的有积云生高积云(Ac cug),它属于积云或积雨云消退过程中过渡云种.另外,此处列入的荚状高积云与上文所述地形流场波动的荚状云不属同一个形成修饰过程.有的学者认为,有一种荚状高积云的修饰过程为:云上为较强的上升气流,云下为较强的下沉气流(图 A.9).复高积云或蔽光高积云排列在较前位置是因为它们代表了中空的不稳定层结较厚.此外,在天气报告云码中有一个称之为危险天气下的中云码 C_M 9,云图中说明为:低云出现浓积云,中云出现两层以上的高积云,其中一层为堡状或絮状.不言自明,它代表了整个中下层大气层处于整体不稳定的潜势.

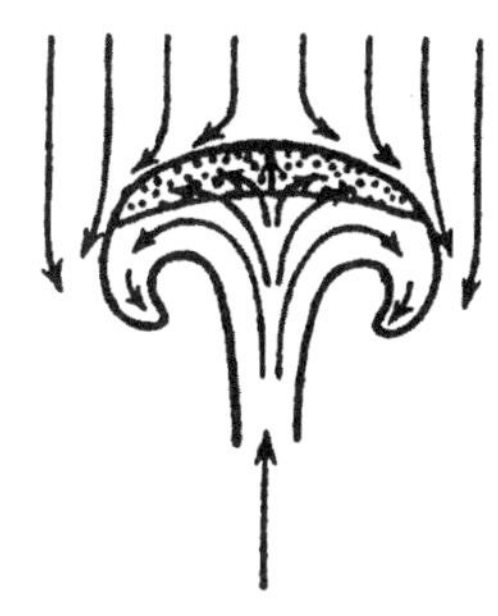

图 A.9 上升气流和下沉气流

附录B　天气现象的观测

天气现象共分为六大类,包括:地面凝结现象、降水现象、雾现象、雷电现象、大气光学现象以及其他造成视程障碍的现象.它们的观察和记录有助于正在过境的天气系统以及大气中的动力和热力过程.

1. 地面凝结现象

露:地面凝结的水珠.

霜:冻结的露珠或白色松脆的冰晶.

晶状雾凇:白色毛绒状的冰晶层.

粒状雾凇:乳白色无定形粒状冰层.

雨凇:半球形过冷却雨滴在地表的冻结.

2. 降水现象

毛毛雨:小于 0.5 mm 的漂浮雨滴降水,飘落至水面无波.

雨:大于 0.5 mm 的雨滴降水.

阵雨:骤下骤停,强度变化较大的降水.

雪:六角形的片状固体降水.

阵雪:性质同阵雨的固体降水.

雨夹雪:半融化的雪和雨同时降落.

阵性雨夹雪:性质同阵雨的雨夹雪.

霰:白色或乳白色,2～5 mm 的圆锥形颗粒,多从积雨云中降落.

米雪:从层云中将降落,小于 1 mm 的不透明扁长颗粒.

冰粒:1～3 mm 坚硬透明的冰粒,多半从积雨云中降落.

小冰雹:从积雨云中降落,2～5 mm 半透明球形冰块.

冰雹:大于 5 mm 的冰雹.

3. 雾的现象

洼地浅雾:低洼地区顶高低于 2 m 的雾层.

蒸汽雾:较暖水面上空的雾层.

轻雾:能见度在 1～10 km 的雾层.

雾:能见度小于 1 km 的雾层.

雾天顶可辨:能见度小于 1 km 的雾层,但天顶状况可见.

冰晶雾:极寒冷地区由冰晶构成的雾层.

4. 雷电现象

远电:远处闪电但听不见雷声.

远雷暴:闪电和雷声间隔超过 10 s 的雷击.

雷暴:闪电和雷声间隔不超过 10 s 的雷击.

5. 大气光学现象

⌒ 虹霓:雨后太阳相对方向出现的七彩圆弧光带,内红外紫,视角42度,称虹;有时在虹外出现内紫外红的另一光带,称霓.

日华和月华:透光高层云上内红外紫的光环,其视角与云滴大小有关.

日晕和月晕:卷层云上内紫外红的光环,其视角有22°和46°两种,偶尔伴有其他奇特现象.

6. 其他造成视程障碍的现象

大风:8级或以上的大风.

飑:突发的8级或以上的大风.

尘龙卷:旋风将地面沙尘卷到10 m高度,形成约2 m,直径的漏斗状尘柱.

][水龙卷:从积雨云底下挂的乌黑漏斗状云体,直径约100~200 m.

雪暴:大量的雪片随风飞舞,能见度显著降低.

高吹雪:强风将积雪从地面卷起,能见度小于10 km.

$ 沙尘暴:大量沙尘被大风卷起,能见度低于1 km,全天浑浊黑暗.

扬沙:同沙尘暴过程,但影像程度较弱,能见度在1~10 km.

S 浮尘:大量的细小的沙尘由远处传送到本地区上空,太阳惨白,天空呈黄褐色,能见度仍大于10 km.

∞ 霾:浮于大气的吸湿粒子造成的视程障碍,天空呈黄褐色,能见度大于10 km.

习　题

第二章

1. 列出玻璃温度表、热电偶、电阻温度表、热敏电阻温度表以及数字式温度表的灵敏度实用的表达方式，例如电学温度表常用 mV/℃表示，而不是 V/℃.

2. 列出电桥输出的热敏电阻温度表在测量气温时各个环节的下列误差(温度表灵敏度为 mV/℃).

A. 检定误差；B. 非线性误差；C. 电流增温误差；D. 百叶箱防辐射误差；E. 读数误差.

3. 达到最佳效果的气温测量的防辐射设备应采取哪些技术措施？

4. 体温表需在人体腋下放置 5 min 方能进行读数，试估算它的“λ”值.

5. 估算环境和电路对铂丝电阻温度表的电流增温误差. 设其直径 $d=10\ \mu\text{m}$，长度 $l=100\ \text{cm}$，$\lambda=0.01\ \text{s}$，比重 $c_m=21.45\ \text{g/cm}^3$，比热 $c_p=0.133\ \text{J/(g}\cdot\text{K)}$，流经元件的电流 $i=1\ \text{mA}$.

第三章

1. 列出湿球结冰和被饱和盐溶液沾湿时的干湿球湿度表的测湿公式.

2. 假设干、湿球的两支温度表具有同样的热容量，湿球温度表的滞后系数几乎小了一倍左右，可以表达为下式：请解释公式右边两项的物理意义？

$$\frac{1}{\lambda_w}=\frac{hS}{cm}+\frac{kS\cdot 0.622\cdot L(t_{\text{w}})}{cm}\times\frac{\mathrm{d}e_{\text{sw}}}{\mathrm{d}t}$$

3. 大多数测湿元件是以元件表面的饱和水汽压与大气的水汽压相平衡的原理进行测湿工作的，共有冷却表面、溶液表面和小孔内凹面的饱和水汽压与大气的水汽压相平衡三种方式. 请问露点电仪、碳湿度片、湿敏电容和 LiCi 湿度片各属于何种类型？

4. 利用光学吸收法测量大气湿度为何要用双光源，除此之外还需要什么技术措施保障其测量精度？在高、低湿不同的条件下应对仪器进行什么样的调整，以提高其测量精度？与露点仪相比，它在低温下的测量灵敏度和精度降低的程度如何？

第四章

1. 水银气压表的主要误差来源是什么，其大致的数量是多少？若以水柱替代水银柱，其误差可增加到多大？

2. 双管气压表的特点是：可以任意抬高或降低基点的水银面的高度并读出其数值. 写出可利用这个特点来估算气压表管顶真空度的方法.

3. 空盒气压表的读数随气压变化的走势如图 4.10B，请问在测压范围内它的最大测量误差是多少，出现在哪个气压值附近？

4. 假设空盒气压表和沸点气压表的测压和测温精度为 0.5 hPa 和 0.1 ℃，请问适合这两种气压表的测压范围.

5. 由于气压室的门窗封闭不严，使室内产生附加的动压力. 在这种情况下其动压力系数可取作 0.2，给出在气流正对门窗和平行门窗时室内产生的附加动压力值的大小和符号.

6. 在海拔 1 500 m(可设 $p=850$ hPa，$t_m=15$ ℃)的测站，为保证海平面气压订正值的精度优于 0.5 hPa，其海拔高度和气柱的平均温度应该达到什么的精度?

第五章

1. 风杯风速计的起动风速是否与空气密度有关，它的表达式的物理意义是什么?

2. 新型超声风速计的两大优点是什么，超声风速计的尺度常数和时间常数是仪器的什么参数或尺度? 超声风速计本身是否存在过高效应? 由于哪两种原因使风杯风速计的测量风速大于超声风速计?

3. 热线风速计的尺度常数和时间常数是什么，它的时间常数与风速是否成反比关系? 若非如此，时间常数应与风速成何种关系?

4. 风向坐标系以正北为零度，角度沿顺时针方向增加；而三角函数坐标系以正东为零度，角度沿逆时针方向增加. 请以简单的程序语句或公式写出两者的转换关系.

第六章

1. 列举各种辐射仪器的技术指标，并给予简明的解释.

2. 辐射仪器常使用串联热电偶以提高仪器的灵敏度，假设单个热电偶所产生的热电势为 ε，其内阻为 r，流经测量仪器的电流为 i，在仪表两端的测试电压为 iR，因此，单个电偶和 n 级串联电偶堆在测量仪器的电流为分别为

$$i=\frac{\varepsilon}{R\left(1+\frac{r}{R}\right)}$$

$$i_n=\frac{n\,\varepsilon}{R\left(1+n\,\frac{r}{R}\right)}$$

若要使 i_n为 i 的 N 倍，N 只能$\leqslant(R+r)/\,r$，请证明此结果，并说明其含义.

3. 在晴朗天气，利用绝对日射表和总辐射表平行观测的方法，可以很准确的得到总辐射表的仪器常数，请列出这种检定方法的详细步骤.

4. 按定义，有日照的时间为：太阳直接辐射在 120 W/m^2 以上的时数. 请以此为准评论本书所介绍的三种日照计.

第七章

1. 雨量筒安装防风圈的主要目标是使桶口上方维持平直气流，按这样的要求在(局地)的哪些环境条件下，应避免作为安置雨量筒的地点?

2. 按能见度的测量原理：仪器应测量大气层的吸收和散射削弱系数，前向散射能见度仪测量的内容是什么? 它能否精确地折算成吸收和散射削弱系数，或与透射仪对比后得到

仪器的转换系数，因而较精确地达到这种要求？请予以评论.

3. 假设闪电探测网内探头间的距离为 200 km，若要求探测精度为 500 m，对探头要求的测角和测时精度各是多少？

4. 光学雨强计主要工作原理是什么？它是如何分辨雨和雪，大雨和小雨的；至于毛毛雨和雪，降雪和吹雪又如何？能否有相应的辅助性的手段？

5. 根据已有的观测站设备，利用哪些要素的观测结果，来判定与分辨天气现象轻雾、雾、高吹雪、雪暴、沙尘暴、扬沙和霾？

第八章

1. 根据数据采集板的全部功能，请以方框图绘出模拟信号、事件信号和数字信号从输入到输出的主要环节和流程.

2. 对比土壤湿度测量的三种方法：烘干称重法、中子散射法和时域反射法的优势和缺陷.

3. 微气象观测所要求的精度显然要高于一般气象观测，请列出这两者对温度、湿度、土壤温度、风速和辐射各项的精度要求.

4. 总线制的自动气象站中的测量元件有许多与‘前’不同的特点，例如其元件可以与电子集成电路同时制作完成. 请列出它的其他特点，并绘出如图 8.1 的方框图.

第九章

1. 气球的阻力危机是怎么回事？表 9.2 的各种气球各在哪个阻力区内？

2. 图 9.4 表明，气球上升阶段其升速变化可分为三个阶段，即 2 km 以下的低空、2～12 km 的中空以及 12 km 以上的高空. 请解释这三段升速变化的原因.

3. 试述从单经纬仪测风到基线测风，再到矢量计算方法都对测风和计算方法作出了什么样的改进？

4. GPS 定位卫星和气象极轨卫星的轨道星历，有哪几个主要轨道参数，还包括哪几个摄动修正项？

第十章

1. 通过探空仪的国际对比，你是否可归纳出最常用的温、湿、压元件的测量误差？

	热敏电阻（夜间）	热敏电阻（白天）	湿敏电容	碳湿度片	气压空盒
−20 ℃以上					
850 hPa					
300 hPa					
100 hPa					
30 hPa					
10 hPa					

2. 试讨论造成上表所列误差的主要因素.

3. 写出探空仪释放前后到资料整理齐全所实施的每一个操作步骤.

其他章节

1. 名词解释：

(1) 干湿表系数

(2) 基准气压表

(3) 风向标的自振动

(4) 空腔式绝对日射表

(5) 超压平移气球

(6) GPS 测风探空仪

(7) 等信号法测风系统

(8) 气象多普勒雷达

(9) 静止气象卫星和极轨气象卫星

(10) 卫星辐射仪信号的权重函数

2. 什么是系统误差和偶然误差？请各举两个例子予以说明.

3. 实验室进行严格检定后的仪器，在观测点的平台上安装后，将在自然暴露的条件下产生一定程度的误差，试举两个例子予以说明.

4. 如何定义绝对仪器(基准仪器)和相对仪器？试举例予以说明.

参考书籍和文献

第一章

[1] 中国大百科全书. 1987. 大气科学大事年表，中国大百科全书大气科学、海洋科学、水文科学卷. 北京：大百科全书出版社：857—859.

[2] WMO. 2005. 测量准确度，气象仪器和观测方法指南(第六版). 中译本 1.6 节. 中国气象局监测网络司：9—15.

第二章

[1] 国家技术监督局计量司. 1990. 1990 国际温标宣贯手册. 北京：中国计量出版社：232.

[2] 杜金林，潘乃先. 1987. 热敏电阻测温电桥的一种线性化方法. 气象学报，V. 45：485—487.

[3] Brock F V, et al. 1995. Passive Multiplate Solar Radiation Shields, 9th Symp. On Observ. & Instrum：329—334.

[4] Brock F V. 1995. Passive Solar Radiation Shields：Wind Tunnel Testing, 9th Symp. On Observ. & Instrum：179—183.

第三章

[1] 李英干，范金鹏. 1990. 湿度测量. 北京：气象出版社：545.

[2] Wylie R G and T Lalas. 1981. The WMO Psychrmeter, CSIRO, Division of Applied Phsics Technical Report, No. 3：1—58.

[3] Stormbom L. 1995. Recent Advances in Capacitive Humidity Seusors. Vaisala News, No. 137：15—18.

[4] Weiheimer A J And R L Schwiesow. 1992. A Two Path, Two Wave length Ultraviolet Hygrometer. J. of Atmos. and Oceanic Tech. V. 9：407—419.

[5] Cerni T A. 1994. An Infrared Hygrometer for Atmospheric Research and Routine Monitoring. J. of Atmos. and Oceanic Tech. V. 11：445—462.

第四章

[1] Jarvi P. 1995. Silicon Barocap Hits the Ten Year Mark. Vaisala News, No. 137：6—7.

第五章

[1] Kaimal J C, et al. 1990. Minimizing Flow Distortion Errors in a Sonic Anemometer, Boundary Layer Meteorology, V. 53：103—115.

[2] Tatsuo Hanafusa, et al. 1982. A New Type Sonic Anemometer Thermometer for Field Operation. Papers in Meteorol. and Geophys., V. 33：1—19.

第六章

[1] 王炳忠. 1988. 太阳辐射能的测量与标准. 北京：科学出版社：334.

[2] Halldin S and A Lindroth. 1992. Errors in Net Radiometry: Comparsion and Evaluation of Six Radiometer Designs, J. Of Atmos. and Oceanic Tech. V. 9: 762—783.

[3] Albrecht B and S K Cox. 1977. Procedures for Improving Pyrgeometer Performance. J. of Appl. Meteorol., V. 16: 188—197.

[4] Alodos-Arboledas L, et al. 1988. Effects of Radiationon the Performance of Pyrgeometer with Silicon Domes. J. of Atmos. and Oceanic Tech., V. 5: 666—670.

[5] Lorenz D and P Wendling. 1996. The Chopped Pyrgeometer: A New Step in Pyrgeometry. J. of Atmos. and Oceanic Tech., V. 13: 114—125.

[6] WMO. 2005. 日照时数的测量,气象仪器和观测方法指南(第六版). 中译本 8.2.1 节. 中国气象局监测网络司:150.

[7] Bush B C, et al. 2000. Characterization of Thermal Effects in Pyrannometers, A Data Correction Algorithm for Improved Measurement of Surface Insolation. J. of Atmos. And Oceanic. Tech., V. 17: 165—175.

第七章

[1] Wang T I, et al. 1978. Simplified Optical Path-Averaged Rain Gauge. Applied Optics, V. 17: 384—390.

[2] Wang T I, et al. 1983. Laser Rain Gauge: Near-Field Effect. Applied Optics, V. 22: 4008—4012.

[3] B E Goodison, P Y Louic and D Yang. 1998. WMO Solid Precipitation Measurement Intercomparsion, Final Report, WMO Instrument and Observing Methods Report 41 (TD No. 872).

[4] D Yang, et al. 2000. An Evaluation of the Wyoming Gauge System for Snowfall Measurement. Water Resources Reser., V. 36: 2665—2677.

[5] Griggs D J, et al. 1989. The First WMO Inter-comparison of Visibility Measurement, Final Report (United Kingdom, 1988—1989). WMO Instrument and Observing Methods Report 67 (TD No. 401).

[6] Cummins K L, et al. 1998, A Combined TOA/MDF Technology Upgrade of the U. S. National Lightning Detection Network. J. of Geophys. Res. D8: 9035—9044.

[7] Dimensions. 1998. Thunderstorm Hazards Nowcasting System. Dimensions Co. Confidential Document.

[8] Maier M W and M B Wilson. 1996. Accuracy of the NLDN Real Time Data Service at Cape Canaveral, Florida, International Lightning Detection Conference, Tucson, AZ, Nov. 6—7.

[9] Idone V P, et al. 1997. Performance Evaluation of the National Lightning Detection Network in Eastern New York, Part I: Detection Efficiency. J. of Geophys. Res., D8: 9045—9056.

[10] Idone V P, et al. 1997. Performance Evaluation of the National Lightning Detection Network in Eastern New York, Part II: Location Accuracy. J. of Geophys. Res. D8: 9057—9080.

第八章

[1] Topp G C, et al. Electromagnetic of Soil Water Content: Measurement in Coaxial Transmission Line. Water Resour. Res. V. 15: 574—582.

[2] 龚元石等. 1998. 土壤容重和温度对时域反射仪测定土壤水份的影响. 时域反射仪测定土壤水份技术成果汇编,中国农业大学土壤和水科学系.

[3] Blanc T V. 1983, A Practical Approach to Flux Measurements of Long Duration in the Marine Atmospheric Surface. J. Clim. Appl. Meteorol., V. 22: 1093—1110.

第九章

[1] 王广运等,1996. 差分 GPS 定位技术与应用. 北京:电子工业出版社: 316.

[2] Vanzandt, et al. 1978. Vertical Profiles of Refractivity Turbulence Structure Constant: Comparison of Observations by the Sunset Radar with a New Theoretical Model, Radio Science, V. 13: 819—829.

[3] 曹宗泳等. 1997. 温度微结构的高空气球观测. 大气科学, V. 21: 379—384.

[4] The National Weather Service and the Office of Oceanic and Atmospheric Research. 1994. Wind Profile Assessment Report and Recommendations for Future Use. Publishing by U. S. Department of Commerce and National Oceanic and Atmospheric Administration: 141.

第十章

[1] 观测部高层课. 1981. RS2-80 型测风探空仪. 测候时报, V. 48:313—330.

[2] Vaisala Co. 1998. RS90 Radiosondes Information Release. R634en 1998—05: 16.

[3] 上海无线电 23 厂. GTS1 型数字探空仪工作原理和使用方法(说明书).

[4] 王广运等. 1996. 差分 GPS 定位技术与应用. 北京:电子工业出版社:26—32.

[5] AIR Inc. 1995. Technical Proposal to Provide a Navair GPS-700 System. AIR: 1—22.

[6] 中国气象局监测网络司. 2005. L 波段(1 型)高空气象探测系统业务操作手册. 北京:气象出版社: 1—116.

[7] Hooper A H. 1986. WMO International Radiosonde Comparison-Phase I, Final Report (Beaufort Park, U. K., 1984), Instruments and Observing Methods Report No. 28 (TD No. 174): 118.

[8] Schmidlin F. J. 1988. WMO International Rediosonde Comparison-Phase II, (WMO, 1985) Instruments and Observing Method Report No. 29 (TD No. 195): 113.

[9] A Ivanov, et al. 1991. WMO International Rediosonde Comparison-Phase III. Final Report (Dzhambul, USSR, 1989) Instruments and Observing Method Report No. 40 (TD No. 401): 135.

[10] Yagi S, et al. 1996. WMO International Rediosonde Comparison-Phase IV, Final Report (Tsukuba, Japan, 1993). Instruments and Observing Method Report No. 59 (TD No. 742): 130.

[11] WMO. 2005. 无线电探空仪的误差,气象仪器和观测方法指南(第六版). 中译本 12.8 节. 中国气象局监测网络司:202—211.

[12] Dabberdt W F, et al. 1995. A Reference Radiosonde, 9th Symposium on Meteorological Observations and Instrumentation, American Meteorological Society. Charlotte NC (March 27—31): 55—59.

第十一章

[1] Rinehart R E. 1991. Radar for Meteorologists, Part Ⅲ. Grand Forks: 334.

[2] Doviak R J and D S Zrnic. 1984. Doppler Radar and Weather Observation. Academic Press: 458.

[3] Heiss W H, et al. 1990. Nexrad: Next Generation Weather Radar (WSR-88D). Microwave J., V. 33: 79—98.

[4] Michelson M, et al. 1990. Terminal Doppler Weather Radar. Microwave J., V. 33: 139—148.

[5] 孙景群. 1986. 激光大气探测. 北京:科学出版社:269.

[6] Spinhirne J D. 1993. Micropulse Lidar. IEEE Transactions on Geoscience and Remote Sensing, V31 (1): 48—55.

[7] Welton E J, et al. 2002. Measurements of aerosol vertical profiles and optical properties during INDOEX 1999 using micropulse lidars. Journal of Geophysical Research-Atmospheres, V107 (D19): 8019—8041.

[8] Voss K J. et al. 2001. Lidar measurements during Aerosols99. Journal of Geophysical Research-Atmospheres, V106 (D18): 20821—20831.

[9] Welton E J., Campbell J R. 2002. Micropulse lidar signals: Uncertainty analysis. Journal of Atmospheric and Oceanic Technology, V19 (12): 2089—2094.

[10] Campbell J R, et al. 2002. Full-time, eye-safe cloud and aerosol lidar observation at atmospheric radiation measurement program sites: Instruments and data processing. Journal of Atmospheric and Oceanic Technology, V19 (4): 431—442.

第十二章

[1] Rao P K 等编. 1990. 气象卫星——系统、资料及其在环境中的应用(1994 中译本). 许健民等译. 北京:气象出版社:500.

附录 A

[1] Ludlam F H and R S Scorer. 1957. Cloud Study. John Murray: 80.

名词索引中英文对照

B

- 玻璃温度表的仪器误差 Instrument errors of liquid in glass thermometer
  - 基点的永恒位移 Irreversible elastic
  - 刻度误差 Scales error
  - 暂时跌落 Reversible elastic
- 部分压力控湿法 Hygrometric control with partial pressure

C

- 测风雷达 Wind finding radar
  - 八木天线阵 Yagi antenna
  - 定时器 Timing device
  - 等信号法 Equal return echo method
  - 二次测风雷达,GFE(L)1 型 Secondary radar, model GFE(L)1
  - 发射机 Transmitter
  - 换相器 Phase converter
  - 接收机 Receiver
  - 抛物面天线 Parabolic antenna
  - 天线转动系统 Antenna coordinate rotating system
  - 收发开关 Transmit/receive switch
  - 显示面板 Display board
  - 最大信号法 Maximum return echo method
  - 最低工作仰角 Lower limited operating elevation angle
- 测温元件电功率增温 Temperature sensors self heating due to current
- 测温元件 Temperature sensors
  - 带隙温度传感器 Band gap temperature transducer
  - 感温电介质传感器 Thermal sensing dielectric transducer
  - 红外辐射温度表 Infrared radiation thermometer
  - 金属电阻温度表 Electrical resistance thermometer
  - 热电偶温度表 Thermocouples
  - 热敏电阻温度表 Thermistor
  - 水银温度表 Mercury thermometer
  - 四引线电阻温度表 Four wiring resistance thermometer
  - 液体玻璃温度表 Liquid in glass thermometer
  - 有机液体玻璃温度表 Spirit in glass thermometer
  - 最低温度表 Minimum thermometer
  - 最高温度表 Maximum thermometer

超声风速表	Ultrasonic anemometer
阴影效应	Shadow effect

D

电话通讯接口板	Telephone modem
电线结冰探测器	Cable freezing sensor

F

翻斗式雨量计	Tipping-bucket rain gauge
沸点气压表	Hypsometer
风杯风速计	Cup anemometer
尺度常数	Distance constant
过高效应	Over-estimate effect
起动风速	Starting speed, Speed threshold
时间常数	Time constant
风车风速表	Windmill anemometer
风洞	Wind tunnel
风扇段	Fan section
浮筒微压计	Floating tube manometer
工作段	Working section
拐角	Corner
回流式	Return circuit type
扩散段	Diffuser
皮托管	Pitot static tube
收缩段	Entrance cones
斜压管微压计	Inclined tube manometer
直流式	Open circuit type
风廓线雷达	Wind profiler radar
风速廓线的观测	Wind profile observation
风向标的动态特性	Wind-vane dynamic performance characteristics
临界阻尼	Critical damping
实际风向标参数取值	Parameters adopting for operating wind-vane
无阻尼固有谐振周期	Damping free intrinsic period
振幅增益	Amplitude gain
质量因子	Quality factor
阻尼谐振周期	Damping harmonic period
阻尼比	Damping ratio
风向的 16 个方位	16 Directions of wind-vane
浮子水位计	Float water meter
辐射测量基准	Radiation measuring reference
埃斯川姆绝对日射表	Ångström absolute pyrheliometer
世界日射测量基准(WRR)	World radiation reference(WRR)

水注日射表	Water-flow pyrheliometer
ACR、空腔绝对日射表	ACR cavity absolute pyrheliometer
Angstrom Scale 1905	Ångström scale 1905
CROM、绝对日射表	CROM cavity absolute pyrheliometer
IPS 1956	IPS 1956
PACRAD 绝对日射表	PACRAD cavity absolute pyrheliometer
POM 空腔绝对日射表	POM cavity absolute pyrheliometer
Smithsonian Scale 1913	Smithsonian Scale 1913
辐射仪器的性能	Specifications of radiation instruments
精确度	Accuracy
灵敏度	Sensitivity
热漂移误差	Hot offset error
输出线性度	Output linearity
温度系数	Temperature coefficient
余弦响应度	Cosine response

G

干湿球湿度表	Psychrometer
标准干湿球湿度表	Reference psychrometer
测湿精度与气温的关系	Humidity measuring accuracy vs temperature
干湿球湿度表系数	Psychrometric constant
湿球与空气的辐射热交换	Radiation heat transfer between wet-bulb and air
高空风测量误差	Upper air wind measuring error
光合有效辐射	Photosynthetically active radiation
光学测风经纬仪	Optical theodolite
光学湿度计	Optical hygrometer
红外湿度计	Infrared hygrometer
拉曼-阿尔法湿度计	Lyman-alpha hygrometer
光学雨强计	Optical rain intensity meter
硅单晶薄膜空盒	Silicon film aneroid
电容式	Capacity type
应变电阻式	Strain resistance type
硅单晶罩红外辐射表	Silicon dome pyradiometer

H

黑白片总辐射计	Black and white strips pyranometer
黑片总辐射表	Blackened surface only pyranometer
恒湿盐控湿法	Hygrometry control with salt solution
环形遮光带,散射测量	Shadow ring

J

激光雷达	Lidar

分贝	Decibel
后向散射截面	Back scattering cross section
球形粒子的后向散射截面	Back scattering cross section of sphere particle
雷达反射率	Radar reflectivity
雷达反射因子	Radar reflective factor

N

能见度	Visibility
白昼能见距离	Daytime visibility range
灯火能见距离	Lighting visibility range
对比感阈	Contrast threshold
照度阈值	Illumination threshold
能见度仪	Visibility meter
侧向散射式	Side scatter type
后向散射式	Back scatter type
前向散射式	Forward scatter type
双基线透射式	Dual base line transmission type
透射式	Transmission type

P

蒲氏风级	Beaufort wind scale

Q

气温测量的辐射防护	Radiation shielding of air temperature measuring
阿斯曼通风干湿表	Assmann psychrometer
百叶箱	Screen
叠罩盘式防辐射罩	Multi-plate radiation shield
简易防辐射罩	Outer radiation shielded
微气象用通风管	Micro-meteorology ventilated psychrometer
气象雷达方程	Meteorology radar equation
气象气球	Meteorological ballon
比阻系数	Drag coefficients
测风气球	Pilot ballon
超压平移气球	Super pressure constant level ballon
棘面气球	Jimsphere ballon
洛宾气球	Robin ballon
上升最大高度	Limited rising height
升速公式	Ascending speed formula
随遇平衡型平移气球	Random motion constant level ballon
探空气球	Sounding ballon
系留气球	Kytoon，Tethered ballon
云幕气球	Ceiling ballon

R

消去二次项法	Quadratic power elimination method
日射表的遮光筒	Collimator tube
日照计	Sunshine recorder
光电日晷型	Photoelectric dial mode
康培司托克型	Campbell-stokes mode
Foster 型	Foster mode

S

三轴风速计	XYZ anemometer
散热式风速表	Cooling of heated wire anemometer
恒流式	Constant current method
恒温式	Constant temperature (resistance) method
旁热式	Side heating method
直热式	Direct heating method
闪电定位系统	Lighting location system
方位测定法	Directional method
闪电无线电经纬仪	Lightning radio theodolite
时间到达法	Time arrival method
Impact 探头	Impact sensor
湿度的定义和单位	Humidity definition and its units
比湿	Specific humidity
冰面饱和水汽压	Saturation vapour pressure over ice surface
混合比	Mixing ratio
露点温度	Dew point temperature
水面饱和水汽压	Saturation vapour pressure over water surface
水汽压	Vapour pressure
霜点温度	Frost point temperature
相对湿度	Relative humidity
有效饱和水汽压	Moist air effective saturation vapour pressure
Goff-Gratch 公式	Goff-Gratch equation
湿敏电容	Humicap
数据采集板	Data logging board
数据采集软件	Data logging software
数字天气雷达	Digital weather radar
定时器	Timing device
发射机	Transmitter
脉冲调制器	Pulse modulator
接收机	Receiver
距离高度显示器（RHI 显示器）	Range-height indicator
距离显示器(A 显示器)	Distance scale scope
平面位置显示器（PPI 显示器）	Plan position indictor
天线收发开关	Antenna transmit/receive switch
天线系统	Antenna system

信号处理器	Signal processor
数字天气雷达的标定	Digital weather radar calibration
双温控湿法	Hygrometric control with dual thermostats
水银气压表	Mercury barometer
定槽式气压表	Kew barometer
动槽式气压表	Fortin barometer
水银气压表的读数订正	Reading correction of barometer
海平面气压订正	Sea level pressure correction
温度订正	Temperature correction
仪器误差的订正	Instrument errors correction
重力订正	Gravity correction
水银气压表的仪器误差	Instrument errors of barometer
表管内的毛细管现象	Mercury surface capillary depression in tube
管顶的真空度	Vacuum of tube top
基点和标尺不准确	Zero point and scale errors

T

探空仪	Radiosonde
淬频振荡器	Burst oscillator
定高气球探空仪	Constant level ballon radiosonde
回答器	Responda
火箭探空仪	Rocket radiosonde
基准探空仪	Reference radiosonde
数字探空仪，国产 GTS1 型	Digital radiosonde, China model GTS1
下投式探空仪	Drop radiosonde
GPS 探空仪	GPS radiosonde
变低频式，日本 RS2-80 型	Variable audio frequency type, Japan, model RS2-80
RS-90 探空仪，芬式	Radiosonde, Finland, model RS-90
RS3 型探空仪，英式	Radiosonde, United Kingdom, model RS3
VIZ 变低频式，美式	Variable audio frequency type, VIZ, USA
探空仪的国际对比	International radiosonde comparison
探空仪的误差	Radiosonde errors
测湿元件的瘫痪	Humidity sensor standstill
测湿元件的浸润	Humidity sensor over moisten
测温元件辐射误差	Temperature sensor radiation error
偶然误差	Accidental error
类型间的系统误差	Systematic errors between types
同类探空仪间的误差	Systematic errors between sondes of same type
探空资料整理软件	Radiosonde data processing software
对流层顶	Tropopause leaf
规定等压面	Specific isobaric surface
规定风层	Specific wind layer
特性层	Significant layer

最大风层	Maximum wind speed layer
碳膜湿度片	Carbon film hygrometer
天气多普勒雷达	Doppler weather radar
天气雷达技术指标	Specifications of weather radar
波束形状与宽度	Beam pattern and width
工作波长	Operating wave length
发射功率	Transmitted power
脉冲宽度	Pulse duration
脉冲重复频率	Pulse repetition rate
天线增益	Antenna gain
接收机灵敏度	Receiver sensitivity
土壤含水量的观测	Soil moisture observing
烘干失重法	Soil drying and weighting method
时域反射法	Time domain reflectometry
土壤水势测量（张力计）	Soil moisture potential measuring，(Tensimeter)
中子土壤湿度仪	Neutron soil moisture meter
土壤热通量的观测	Soil heat flux observing
土壤导热系数探头	Soil thermal conductivity sensor
土壤热通量板	Soil heat flux plate

W

微脉冲激光雷达的资料处理	Data processing of micro pulse lidar
激光雷达常数校准	Lidar Constant correction
气溶胶消光系数的反演	Aerosol extinction coefficient retrivaling
重叠区订正	Overlap correction
卫星无线电发射机	Satellite radio transmitter
温、湿梯度的观测	Temperature and humidity gradient observing
温度表的热滞	Thermal lag of thermometer
热滞系数	Thermal lag coefficient
无线电经纬仪	Radio theodolite

X

系留探空系统	Tethersonde system
下垫面状况探头	Pavement sensor
相对日射表	Normal incidence pyrheliometer
旋臂机	Rotating arm mechanism
旋桨式风速表	Propeller anemometer

Y

遥感探测	Remote sensing
雨量筒	Rain gauge
防风墙	Wind turf-wall

防风圈	Wind shield
防风围拦	Wind break

Z

折射指数的湍流结构系数	Refractive index structure constant
振筒式压力表	Vibration tube barometer
蒸发皿,蒸发池	Evaporation pan, Evaporation pool
折算系数	Reductive parameter, Converting parameter
直接探测	Direct detection
紫外辐射表	Ultraviolet pyranometer
自动气象站	Automatic weather station
总线型自动气象站	Bus automatic weather station
一线总线	One wire bus
一线总线网	One wire bus network

G

GPS 导航测风	GPS navigation wind finding
测距码	Ranging codes
C/A 码	Coarse/Acquisition code
P 码	Precision code
地面监控系统	Ground monitoring and controlling system
多通道接收机	Multi channels radio. receiver
数据码(导航电文),(星历)	Data codes, (navigation text), (Ephemeris)
伪随机码	Pseudo random noise codes
GPS 卫星	GPS satellite

I

ITS-90 温标	ITS-90 temperature scale
测温参考点	Fixed point for temperature measuring
测温二类参考点	Secondary fixed point for temperature measuring
第一系列铂电阻标准温度表 ITS-90	Platinum reference resistance thermometer defined by ITS-90

R

RS-232C 通讯口	RS-232C communication port